Mitteilungen der Geographischen Gesellschaft in Hamburg

Band 107

Im Auftrag des Vorstandes
herausgegeben von Frank Norbert Nagel

2015

GEOGRAPHISCHE GESELLSCHAFT HAMBURG
FRANZ STEINER VERLAG STUTTGART

Die Entwicklung der Windenergie: Onshore versus Offshore

Industrieräumlicher Wandel in Europa zwischen inkrementeller und radikaler Innovation

Pascal Sommer

Die Abhandlung wurde als Dissertation mit dem Titel: „Die Entwicklung der Windenergie: Onshore versus Offshore - Industrieräumlicher Wandel in Europa zwischen inkrementeller und radikaler Innovation" an der Universität Hamburg - Fakultät für Mathematik, Informatik und Naturwissenschaften - Fachbereich Geowissenschaften auf Grund der Gutachten von Prof. Dr. Frank N. Nagel und Prof. Dr. Max-Peter Menzel angenommen. Sie wurde am 28. Januar 2015 erfolgreich mündlich verteidigt.

Abbildung auf der Titelseite:

Das Titelfoto zeigt einen Offshore-Prototypen des Typs REpower 5M im Bremerhavener Stadtteil Weddewarden. Die 5-Megawatt-Testanlage wurde auf einem ebenfalls für Offshore-Zwecke entwickelten Jacket-Fundament der Firma Weserwind im Jahr 2008 errichtet. Seit dem Jahr 2010 befindet sich die WEA im Besitz der swb AG. Insgesamt wurden in den Jahren 2004 bis 2009 53 Anlagen des Typs 5M errichtet, bevor die Nachfolgegenerationen 6M126 (2007) und 6M152 (2014) eingeführt wurden. Im Hintergrund sind der 1990 erbaute 3,75MW-Onshorewindpark Schottwarden mit jeweils fünf WEA der Typen AN Bonus 450/35 und Enercon E-33 sowie die Nordsee, die Einsatzumgebung der Offshore-Serienanlagen, zu sehen. Foto: Jan Oelker 2010.

Gedruckt mit Unterstützung von: **Freie und Hansestadt Hamburg** (Hochschulamt)

Bibliographische Information der Deutschen Bibliothek

Die Deutsche Nationalbibliothek verzeichnet diese Publikation in der Deutschen Nationalbibliographie; detaillierte bibliographische Daten sind im Internet über http://dnb.d-nb.de abrufbar.
Autor: Sommer, Pascal
Die Entwicklung der Windenergie: Onshore versus Offshore/ Pascal Sommer.- Stuttgart: Steiner, 2015
(Mitteilung der Geographischen Gesellschaft in Hamburg; Bd. 107) Zugl.: Hamburg, Univ., Diss. 2015
ISBN: 978-3-515-11087-7
ISSN :0374-9061

Selbstverlag der Geographischen Gesellschaft in Hamburg.
Ab Bd. 70 im Vertrieb durch Franz Steiner Verlag Wiesbaden GmbH, Sitz Stuttgart.
Druck: Schüthedruck GmbH, 20179 Hamburg - Printed in Germany

Inhalt

Abbildungsverzeichnis

Tabellenverzeichnis

Kartenverzeichnis

Abkürzungsverzeichnis[1]

AB	Aktiebolag
ABB	Asea Brown Boveri
AG	Aktiengesellschaft
AI	Architectural Innovation
AKW	Atomkraftwerk
ASEA	Allmänna Svenska Elektriska Aktiebolaget
AWEA	American Wind Energy Association
AWZ	Ausschließliche Wirtschaftszone
BARD	Bekker Arngolt Russland Deutschland
BBC	Brown, Boveri & Cie.
BDEW	Bundesverband der Energie-und Wasserwirtschaft e.V.
BMFT	Bundesministerium für Forschung und Technologie
BMU	Bundesministerium für Umwelt, Naturschutz und Reaktorsicherheit
BRD	Bundesrepublik Deutschland
BSH	Bundesamt für Seeschiffahrt und Hydrographie
BTE	Behind the Ear
BWE	Bundesverband WindEnergie e.V.
BWEA	British Wind Energy Association
BWU	Brandenburgische Wind- und Umwelttechnologien
CCV	Cold Climate Version
CD	Compact Disc
CDU	Christlich Demokratische Union
CEO	Chief Executive Officer
CMS	Condition Monitoring System
CNRC	Conseil national de recherches Canada
CO2	Kohlenstoffdioxid
CoE	Cost of Energy

[1] Abkürzungen, inbesondere von Eigennamen, entsprechen ggf. den Schreibweisen der Unternehmen und Institutionen.

CSC	Cuxhaven Steel Construction
CTO	Chief Technical Officer
CWMT	Center für Windenergie und Meerestechnik
DENA	Deutsche Energie-Agentur
DEWI	Deutsches Windenergie Institut
DEWI-OCC	Deutsches Windenergie Institut Offshore Certification Centre
DFG	Deutsche Forschungsgemeinschaft
DMR	Dieselmotorenwerk Rostock
DNV	Det Norske Veritas
DOTI	Deutsche Offshore-Testfeld und Infrastruktur GmbH
EDF	Électricité de France
EDP	Energias de Portugal
EEG	Erneuerbare Energien Gesetz
EEW	Erndtebrücker Eisenwerk GmbH & Co. KG
EEHH	Erneuerbare Energien Hamburg Clusteragentur GmbH
EK	Eigenkapital
EOF	Era of Ferment
EU	Europäische Union
EVU	Energieversorgungsunternehmen
EWEA	European Wind Energy Association
EWG	Evolutionäre Wirtschaftsgeographie
FDP	Freie Demokratische Partei
FET	Fundamenteinbauteil
FINO	Forschungsplattformen in Nord- und Ostsee
FPN	Forschungsplattform NORDSEE
F&E	Forschung und Entwicklung
GE	General Electric
GIS	Geoinformationssystem
GL	Germanischer Lloyd
GmbH	Gesellschaft mit beschränkter Haftung
GROWIAN	Große Windenergie Anlage
GW	Gigawatt

GWh	Gigawattstunde
GWEC	Global Wind Energy Council
GWPL	Global Wind Power Limited
HAWT	Horizontal Axis Wind Turbine
HGÜ	Hochspannungs-Gleichstrom-Übertragung
HQ	Head Quarter
HS	Hochspannung
HSW	Husumer Schiffswerft
IBN	Inbetriebnahme
IEA	International Energy Agency
IFAM	Institut für Fertigungstechnik und Angewandte Materialforschung
IKZM	Integriertes Küstenzonen Management
IRENA	International Renewable Energy Agency
ISET	Institut für Solare Energieversorgungstechnik
IT	Informations Technologie
ITE	In the Ear
IVH	Industrieverband Hamburg e.V.
IWES	Institut für Windenergie und Energiesystemtechnik
IWR	Internationales Wirtschaftsforum Regenerative Energien
KfW	Kreditanstalt für Wiederaufbau
KG	Kommanditgesellschaft
kV	Kilovolt
kW	Kilowatt
kWh	Kilowattstunde
LCoE	Levelized Cost of Energy
LKW	Lastkraftwagen
m	Meter
m^2	Quadratmeter
m/s	Meter pro Sekunde
MAN	Maschinenfabrik Augsburg-Nürnberg
MBB	Messerschmitt-Bölkow-Blohm
MEDDE	Ministère de l'Écologie, du Développement durable et de l'Énergie

Mio.	Million(en)
MIT	Massachusetts Institute of Technology
MOD	Model
Mrd.	Milliarde(n)
MS	Mittelspannung
MW	Megawatt
MWh	Megawattstunde
NASA	National Aeronautics and Space Administration
NAREC	National Renewable Energy Centre
NEWIN	Nederlandse Windenergie Vereniging
N.N.	Nomen Nominandum
NOK	Norddeutsches Offshore Konsortium
NRW	Nordrhein-Westfalen
NS	Niederspannung
NWEA	Nederlandse Wind Energie Associatie
OECD	Organisation for Economic Co-operation and Development
OFW	Offshore Forum Windenergie
OS	Offshore
OTB	Offshore Terminal Bremerhaven
OWA	Offshore Wind Accelerator
OWIA	Offshore-Wind-Industrie-Allianz
OWIO	Offshore Wind Investments Organisation
OWP	Offshore-Windpark
OWS	Offshore Wind Scotland
OWST	Offshorewindstammtisch
PC	Personal Computer
PMG	Permanentmagnet-Generator
PV	Photovoltaik
RAVE	Research at alpha ventus
RCA	Radio Corporation of America
REZ	Renewable Energy Zone
R&D	Research and Development

SAAB	Svenska Aeroplan Aktiebolaget
SCADA	Supervisory Control and Data Acquisition
SDL	Systemdienstleistung
SE	Societas Europaea
SEK	Schwedische Krone
SOW	Strabag Offshore Wind GmbH
SPD	Sozialdemokratische Partei Deutschlands
SWT	Siemens Wind Turbine
TP	Transition Piece
TU	Technische Universität
TÜV	Technischer Überwachungsverein
TW	Terrawatt
TWh	Terrawattstunde
UE	Unternehmenseinheit
UK	United Kingdom
USA	United States of America
US$	United States Dollar
ÜNB	Übertragungsnetzbetreiber
VAWT	Vertical Axis Wind Turbine
VDI	Verein Deutscher Ingenieure
VDMA	Verband Deutscher Maschinen- und Anlagenbau e.V.
VoC	Varieties of Capitalism
WAB	Windenergie-Agentur Bremerhaven/ Bremen e.V.
WEA	Windenergieanlage
WEC	World Energy Council
WKA	Windkraftanlage
WLO	Window of Locational Opportunity
WWEA	World Wind Energy Association
XEMC	Xiangtan Electric Manufacturing Corporation

Danksagung

Großer Dank gilt meinem Doktorvater Prof. Dr. Frank Norbert Nagel. Er war es, der mich zu einer Promotion motivierte und mein Interesse für die Bedeutung der Windenergie und ihre Auswirkungen erkannt und gefördert hat. Dies wäre jedoch nicht möglich gewesen ohne die weiteren gemeinsamen Interessen für Frankreich und die Frankophonie.

Meinem Zweitgutachter Prof. Dr. Max-Peter Menzel möchte ich insbesondere für die wissenschaftlich-theoretische Unterstützung danken. Ihm verdanke ich zudem die Motivation mich mit meiner laufenden Arbeit auf Konferenzen und Tagungen der wissenschaftlichen Diskussion gestellt zu haben.

Meinen Kolleginnen und Kollegen sowie Freundinnen und Freunden am Institut für Geographie danke ich für die herzliche Atmosphäre und die spannenden Diskussionen über verschiedenste Themenbereiche hinweg. Besonderer Dank gilt Katharina Wischmann, Eike Winkler, Christian Daneke, Thomas Pohl und Markus Adrian.

Jörn Hünteler vom Chair of Sustainability and Technology der ETH Zürich möchte ich ausdrücklich für die spannenden und fruchtbaren Diskussionen im Laufe dieser Arbeit danken.

Für das Entstehen dieser Arbeit waren zudem die sich ergebenden Einsichten aus dem eigenen Berufsumfeld der Windenergie bei der REpower Systems AG/SE (heute Senvion SE) von großer Bedeutung. Insbesondere war die Möglichkeit, die Industrie- und Technologieentwicklung aus der ersten Reihe beobachten zu können, grundlegend für diese Arbeit. Für die Unterstützung und das Verständnis möchte ich mich bei meinen ehemaligen Berufskollegen Sabine Marggraf, Heiko Glücklich, Norbert Giese und Falko Mertens besonders bedanken.

Johannes Kammer danke ich als Freund und (ehemaligem) Instituts- und Berufskollegen für den langjährigen Austausch und seinen Windschatten im eigentlichen, wie im übertragenen Sinne.

Der größte Dank gilt jedoch meiner Frau Jennifer und meinen Eltern Angelika und Daniel. Meinen Eltern möchte ich für die Möglichkeit des Studiums, ihre langjährige Unterstützung, Kritik und Liebe danken. Jennifer möchte ich insbesondere dafür danken, dass Sie trotz der Belastung durch ihre eigene Promotion immer auch ein offenes Ohr für meine Probleme hatte.

Hamburg, im Februar 2015 Pascal Sommer

1. Einleitung

Europa und die Welt stehen vor wichtigen Herausforderungen und Entscheidungen hinsichtlich einer konsistenten und nachhaltigen Energieversorgung. Die Liste der Konflikte und Probleme ist umfangreich. Neben einer sicheren und volkswirtschaftlich zu vertretenden Energieversorgung wird, als eine Reaktion auf den Klimawandel, eine Reduktion des CO2-Ausstoßes angestrebt. Aus dem globalen Energiehunger resultieren zunehmend gewaltsame Konflikte um fossile Ressourcen und ihre ungehinderte Zugänglichkeit, während sich, insbesondere in Deutschland und Europa, die Gesellschaft verstärkt gegen eine nukleare Energienutzung ausspricht.

Im Wesentlichen sind es die Eckpunkte des Spannungsdreiecks der Energiewirtschaft *Kostenfreundlichkeit*, *Versorgungssicherheit* und *Umweltverträglichkeit*, die die Debatte um die Energieversorgung von heute und morgen dominieren.

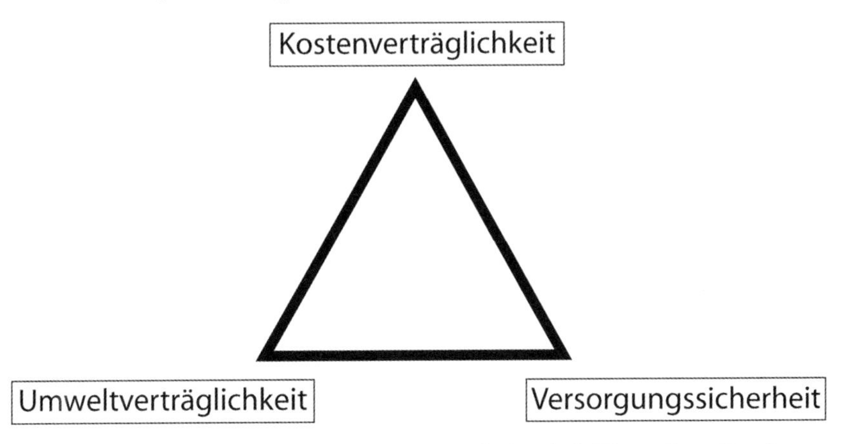

Abbildung 1: Das Spannungsdreieck der Energiewirtschaft [Eigene Darstellung]

Im Rahmen dieser Debatte rücken regenerative Energien im Allgemeinen und die Windenergie im Besonderen immer mehr in den Mittelpunkt. Sowohl der Ausbau der Onshorewindenergie, im Kontext von Neuaufstellungen oder Repowering, als auch der Ausbau der Windenergie auf See spielen eine wichtige Rolle, um die vorgegebenen Ziele erreichen zu können. Insbesondere die Offshore-Windtechnologie wird in Teilen als ein zentrales Element angesehen, um die ehrgeizigen Ausbauziele der einzelnen Staaten erreichen zu können.

Auf räumlicher Ebene kommt es daher zu einem Konfigurationswandel der Energielandschaft, der aus verschiedenen Gründen auch durch Industrie- und Technologiewandel geprägt ist.

Wird die Historie der Windenergie betrachtet, so fällt auf, dass die Nutzung des Windes immer wieder im Zusammenhang mit Energiekrisen bzw. Krisen der Energienutzung neue und vermehrte Aufmerksamkeit erfuhr. Dr. Albert Betz merkte im Jahr 1926 an, dass die Überlegungen zur Nutzung von Windenergie nach dem Ersten Weltkrieg direkt mit *„der allgemeinen Kohlennot"* in Verbindung standen [BETZ, A. 1926: III]. Auch im Laufe des zweiten Weltkrieges wurde die Windenergie als ein möglicher Ausweg aus einer herrschenden Energieknappheit angesehen. Hier mündeten die Überlegungen in das Windkraft-Versuchsfeld in Bötzow auf dem Mathiasberg [TACKE 2004: 96]. Eine wichtige Person für die Windenergie zu dieser Zeit war der Ingenieur Hermann Honnef[1], der u.a. den „Reichswindkraftturm"[2] konzipierte.

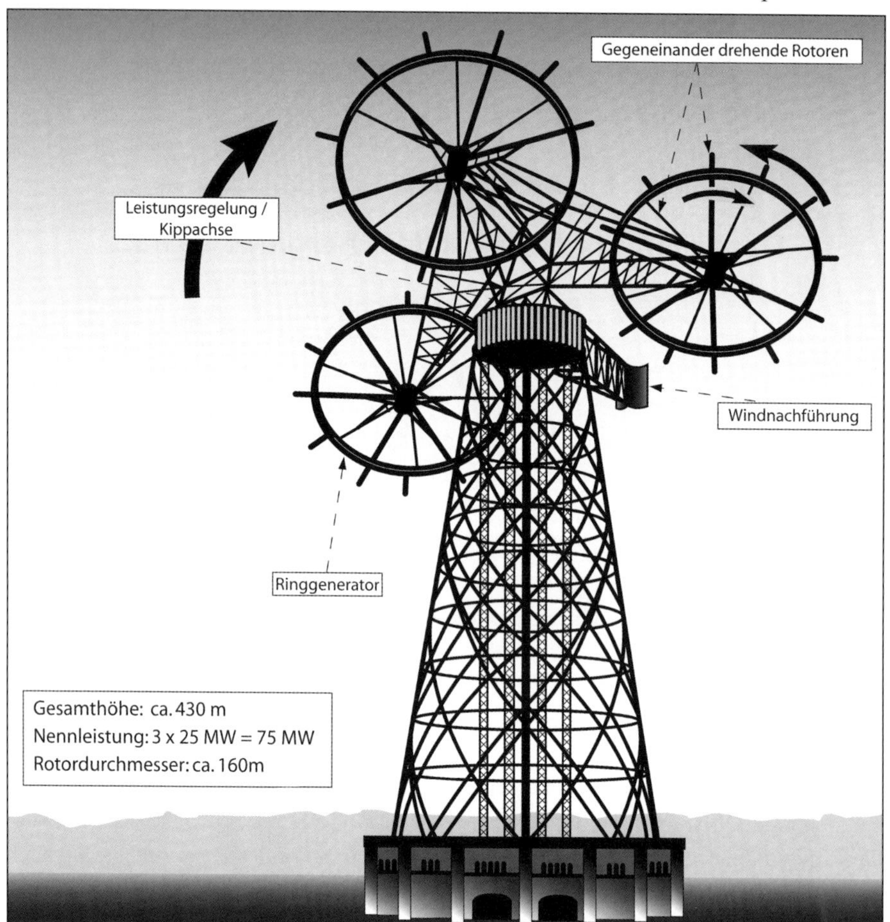

Abbildung 2: Reichswindkraftturm [Eigene Illustration nach PAUL 1932: 613]

[1] Honnef erhielt für seine Verdienste um die Windenergienutzung am 16. Juli 1952 das Große Bundesverdienstkreuz der BRD.

[2] Der Reichswindkraftturm und andere von Honnef konzipierte Windtürme sahen für jede der drei Rotoreinheiten den Einsatz von zwei gegeneinander drehenden Rotoren vor. Ein Rotor sollte einen polinduzierenden Kranz (Stator), das gegenläufige Pendant einen polinduzierten Kranz (Rotor) tragen. Es kann davon ausgegangen werden, dass die jeweiligen Ringgeneratoren bei einem Durchmesser von 160m pro Rotoreinheit eine Tiefe von bis zu 10m gehabt hätten.

Die moderne Windenergie kann auf ähnliche Schlüsselmomente mit Bezug zu Energieversorgungsproblemen zurückblicken. Insbesondere die Ölkrisen der 1970er Jahre waren mit ausschlaggebend für die intensiven Bemühungen um die moderne Windenergieindustrie [HEYMANN 1995: 343, BRUNS et al. 2008: 29].

Auch in den direkten Entstehungszeitraum dieser Arbeit fallen zwei Ereignisse, die für die Windenergieindustrie besonders in Deutschland, aber auch weltweit hoch relevant waren und die Entwicklung der Industrie maßgeblich beeinflusst und gestaltet haben, es aktuell tun und auch in absehbarer Zukunft eine prägende Rolle auf die Industrie haben werden:

Erlebten regenerative Energien und somit auch die Windenergie zum Beginn der 2000er Jahre aufgrund der rasant steigenden Preise für fossile Energieträger - der Rohölpreis für ein Barrel der Sorte Brent stieg zwischen den Jahren 2001 und 2009 von durchschnittlich 24,44 US$ auf durchschnittlich 97,26 US$ [BP 2013: 15] - einen Aufschwung, da unter anderem der Vorteil ihrer relativen Ressourcenunabhängigkeit in den Fokus rückte, so wurde auch die Windenergiebranche von den Ende der 2000er Jahre eintretenden Krisentendenzen auf den europäischen und globalen Märkten getroffen. Sowohl staatliche als auch wirtschaftliche Unterstützungen wurden in Form und Ausmaß von nun an stärker in Frage gestellt.

Gegenläufig hierzu brachte die Havarie der Reaktoren 1-4 des Kernkraftwerks Fukushima-Daiichi im japanischen Fukushima der Windenergie Zuspruch[3]. Die japanischen Ereignisse lösten insbesondere in der BRD massive Einwände gegen die Nutzung von Nuklearenergie aus. Letztendlich kam es zum sogenannten Ausstieg vom Ausstieg vom Ausstieg[4] , der 2011 durch die CDU/FDP Regierung gesetzlich im ‚13. Gesetz zur Änderung des Atomgesetzes vom 31. Juli 2001‘ [BMU 2011] festgehalten wurde.

In diesem Zusammenhang wurde nicht bloß die Windenergie, die sich inzwischen in Europa (Dänemark, Deutschland, Spanien) etabliert hatte, erneut in den Fokus gestellt, sondern insbesondere die Nutzung von Windenergie auf See. Offshore heißt das neue Zauberwort von Industrie, Energiewirtschaft und Politik.

[3] Das Kernkraftwerk Fukushima Daiichi havarierte infolge eines Tsunamis, der am 11.03.2011 die japanische Küste traf [ZEIT.DE 2011].

[4] Die Regierungskoalition von SPD und Bündnis 90/Die Grünen leitete mit der „Vereinbarung zwischen der Bundesregierung und den Energieversorgungsunternehmen vom 14. Juni 2000“ [BMU 2000] den Ausstieg aus der Nutzung der Kernenergie in der BRD ein. Eine Regierungskoalition von CDU und FDP setzte im Oktober 2010 eine Laufzeitverlängerung der Atomkraftwerke durch [BUNDESTAG.DE 2010]. Dies wurde allgemein als Ausstieg vom (Atom-) Ausstieg bezeichnet. Aufgrund der erneuten, maßgeblich durch die Havarie des japanischen AKW Fukushima Daiichi motivierten Demonstrationen der Bundesbürger verabschiedete der Bundestag das „13. Gesetz zur Änderung des Atomgesetzes“, welches wiederum eine Aufgabe der Kernenergienutzung regelt [BMU 2011]. Dieser Vorgang wird allgemein als „Ausstieg vom Ausstieg vom Ausstieg“ bezeichnet [TAGESSPIEGEL.DE 2011].

1.1 Problemaufriss

Eines der Zentralthemen moderner Wirtschafts- und Industriegeographie ist der Einfluss technologischen Wandels auf Industrien und deren räumliche Aspekte und Ausprägungen [STORPER & WALKER 1989, BATHELT 1991, RIGBY & ESSLETZBICHLER 1997, BOSCHMA & LAMBOOY 1999, OINAS & MALECKI 2002, FRENKEN & BOSCHMA 2007, COOKE et al. 2011]. Dabei wird Innovation als ein wichtiger Aspekt für die Dynamik von Industrien hervorgehoben. Insbesondere radikale Innovationen und (technologische) Diskontinuitäten geraten unmittelbar in den Fokus, wenn es darum geht, auf den Wandel oder „Endzeitsituationen“ [CHRISTENSEN et al. 2011: VI] von Märkten oder Industrien reagieren oder diese erklären zu können.

Derzeit befindet sich die Windenergieindustrie in einer Phase des technologischen, strukturellen und organisatorischen Wandels [BRUNS et al. 2009, MARKARD & PETERSEN 2009, IWES 2011, WEBER 2011, WEINHOLD 2012], wobei die Industriezweige Onshore und Offshore einen Trennungsprozess zu durchlaufen scheinen. Diese Annahme wird gestützt durch die Beobachtung, dass die Akteure im Bereich der Offshorewindenergie nicht deckungsgleich mit den Akteuren im Segment der Onshorewindenergie sind. Intraindustriell gibt es drei verschiedene Gruppen. An erster Stelle finden sich Akteure, die bereits lange in der Sparte der Onshorewindenergie beheimatet sind, dort in Teilen auch als Pioniere bezeichnet werden können und auch heute noch ausschließlich in diesem Sektor aktiv sind. Ihnen gegenüber stehen Akteure, die ausschließlich in der Offshorewindenergieindustrie beheimatet sind. Die dritte Gruppe widmet sich beiden Bereichen.

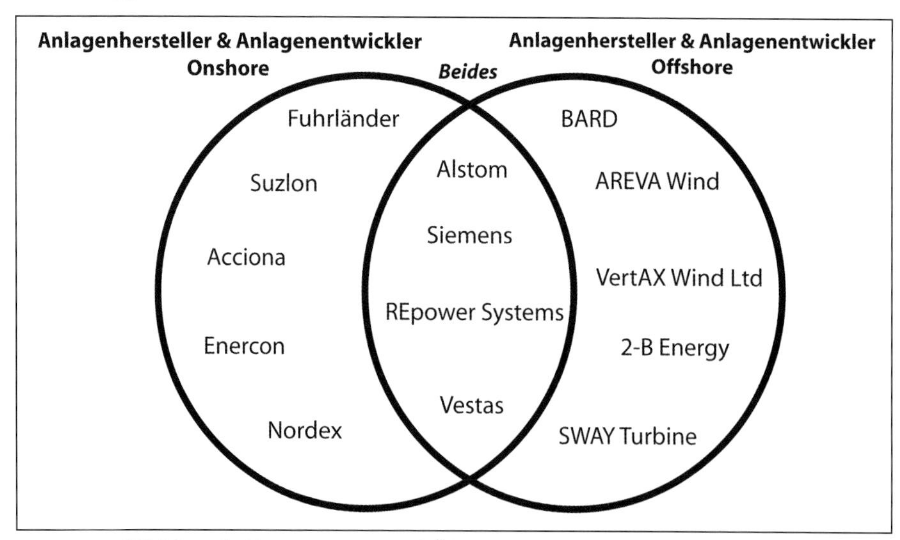

Abbildung 3: Akteursgruppen und Überschneidungen [Eigene Darstellung]

Ein zweites Indiz für den vermuteten Wandel der Windenergieindustrie stellt die industrielle Verortung der Akteure dar. Findet sich im Onshorebereich eine nennenswerte Anzahl mittelständischer Unternehmen wie Nordex und Enercon, so wird der Offshorebereich zunehmend von großen Technologiekonzernen wie Siemens und AREVA dominiert. Dies bedingt, so wird im Rahmen dieser Arbeit argumentiert, Veränderungen auf industrieräumlicher Ebene. Dabei ist zu beobachten, dass die genannten Veränderungen auf zwei Ebenen stattfinden: Zum einen verlagert sich die Produktion, zum anderen die Organisation.

Zur Überprüfung der Annahme eines technologischen und industriellen Wandels galt es an erster Stelle eine theoretische Grundlage zu schaffen, die eine Erklärungsmöglichkeit für die beobachteten Entwicklungen bietet. Während dieses iterativen Prozesses wurden verschiedene Theorien geprüft und festgestellt, dass geläufige Ansätze wesentliche Prozesse der beobachteten (räumlichen) Industrietransition zwischen Onshore und Offshore nicht ausreichend erklären können.

Bedient man sich der Standorttheorie von WEBER [1909: 70 ff.], die in weiten Teilen dem Standortfaktor Transportkosten beziehungsweise einer potenziellen Transportkostenminimierung die maßgebliche raumgestaltende Rolle für industrielle Standorte zuschreibt, so wäre eine Erklärung für die Herausbildung der küstennahen Produktionsstandorte der Offshorewindindustrie wie beispielsweise in Bremerhaven, Cuxhaven oder Emden möglich. Die Argumentation wäre, dass Transportkosten nach wie vor als ein zentrales Erklärungsmoment für die Standortdynamiken heutiger Schwerindustrien anzusehen sind. Dieser Ansatz beschränkt sich jedoch nur auf einen Teil der aktuellen Entwicklungen, der regionalwirtschaftlich nicht zu vernachlässigen ist, kann jedoch die aktuellen Prozesse nicht in ihrer Gesamtheit fassen. So bleiben organisatorische und industriestrukturelle Veränderungen unterbeleuchtet. Als Exempel seien an dieser Stelle die aktuellen Entwicklungen der Industrie in Städten wie Hamburg oder London genannt. Insbesondere die Organisations- und Steuerungszentren der Windenergieindustrie unterliegen einer räumlichen Restrukturierung [ADRIAN & MENZEL 2013]. Bei einer rein auf Transportkosten fokussierten Untersuchung blieben wesentliche strukturelle Transformationen wie Verschiebungen der Akteurskonstellationen und Veränderungen der Industrieroutinen außen vor. Impliziert wäre, dass außerhalb der Produktion keine oder nur geringe Veränderungen stattfänden. Neue Markteinsteiger und der Ausstieg etablierter Hersteller aus einzelnen Segmenten, beziehungsweise eine Restrukturierung der Marktstrukturen sowohl auf Hersteller- als auch Betreiberseite würde nicht ausreichend erklärt. Der Transportkostenansatz ist, zumindest für die europäische Windenergieindustrie, nur bedingt valide, da Windenergieanlagen und Komponenten entsprechender Größe inzwischen auch aus dem Hinterland exportiert und über große Distanzen transportiert werden. Als Beispiele können hier die Getriebehersteller Eickhoff und Winergy mit ihren Werken in Klipphausen/Sachsen beziehungsweise Voerde/Nordrhein-Westfalen genannt werden, die ihre bis zu 30t [EICKHOFF 2013: 4] beziehungsweise 62t [WINERGY 2013: 2] schweren Getriebe nach ganz Europa, an verschiedene Anlagenhersteller, liefern. Bei den Anlagenherstellern können exemplarisch GE mit dem Werk in Salzbergen oder Enercon mit ihrem Magdeburger Produktionsstandort genannt werden. Die Anfang 2013 größte Windenergieanlage der Welt, die Enercon E-126, wird im Werk Magdeburg-Rothensee produziert und von dort aus bis an die niederländische Küste (Noordoostpolder) und nach Stor-Blåliden in Nordschweden transportiert. Dieses Beispiel zeigt, dass große Distanzen für die Windenergieindustrie, auch im Falle großer Massen - die Enercon E-126 wiegt ohne Fundament ca. 3.500 t [HOLDING AG 2010: 5] -, nur eine untergeordnete Rolle spielen.

Eine ähnliche Problematik findet sich, nähert man sich verschiedenen Ansätzen zur Pfadabhängigkeit. Ein kontinuierlicher Entwicklungspfad entlang der Windindustrie ginge von einem inkrementellen Prozess mit nur geringen Veränderungen aus. Da die beobachteten Wandlungsprozesse, insbesondere auf industrieorganisatorischer und industriestruktureller Ebene, nicht mit dem klassischen Ansatz eines inkrementellen Wandels zu erklären sind, ist zu hinterfragen, ob der Offshore-Entwicklungspfad von einer anderen, evtl. benachbarten Industrie beeinflusst und gestaltet wird. Für die Entstehung der Produktionszentren der Industrie wäre es möglich, dass Pfadabhängigkeiten zwischen der Werft- und der Schiffbauindustrie und Offshorewindindustrie eine Rolle spielen, da aufgrund des gemeinsamen marinen Umfelds eine Verbindung bestehen könnte. Ein direkter Zusammenhang der beiden Industrien ist dabei aber rudimentär, lässt sich doch die Verbindung beider Sektoren maßgeblich über die Nutzung der benötigten Infrastruktur wie Werften und schwerlastfähige Kaikanten erklären [MOSSIG et al. 2010, FORNAHL et al. 2012].

Nach einer ersten Arbeitsphase wurden die genannten Ansätze aufgrund ihres mangelnden Erklärungsgehalts für die beobachteten Entwicklungen verworfen. Es rückten verschiedene wirtschaftsgeographische Arbeiten mit vielfältigen evolutionär-dynamischen Ansätzen [STORPER & WALKER 1989, BATHELT 1991, MALECKI 1991, BOSCHA & WENTING 2007, BOSCHMA & MARTIN 2010, für einen weiteren Überblick: Schamp 2012] und die entliehenen Theorien und Praktiken der Evolutionsökonomik in den Fokus. Insbesondere der bereits erwähnte Prozess der Innovation, der *„im Kern der EWG“*[5] [SCHAMP 2012: 122] steht, bot in Hinblick auf die gemachten Beobachtungen mögliche Erklärungsansätze. Bei der Aufarbeitung traditioneller Innovationsansätze stach heraus, dass diese Ansätze Innovation entlang einer Entwicklung inkrementellen Wandels hin zu radikalen Brüchen beschreiben [DEWAR & Dutton 1986, Tushman & Anderson 1986]. Dabei wird insbesondere Radikalen Innovationen die Bildung von *Windows of Locational Opportunity* (WLO) zugesprochen [STORPER & WALKER 1989: 114]. Diese Ansätze, die Innovationsdynamiken in radikale und inkrementelle Innovation unterteilen, reichen jedoch nicht aus, um wesentliche Prozesse der beobachteten technologischen, organisatorischen und räumlichen Veränderungen zwischen Onshore und Offshore zu erklären.

Eine rein dichotome Betrachtungsweise wird somit der Komplexität technologischen Wandels und dessen Bedeutung für industriellen Wandel nicht vollständig gerecht. Diese Feststellung trifft auch für die Windenergieindustrie zu. Trotz eines vermeint-

[5] Evolutionäre Wirtschaftsgeographie

lich inkrementellen Wandels (gleiche Produkte, gleiche Konzepte) scheint die Windenergieindustrie bei der Hinwendung zur seeseitigen Installation von WEA mit der Einführung neuer Produkte, dem Einstieg neuer und dem Ausstieg etablierter Akteure und einer sich wandelnden Industrieorganisation einen mehrdimensionalen Bruch zu erleben, der sich aus neuen Risiken und Herausforderungen, die die marine Umgebung mit sich bringt, ergibt. Daraus folgt die Annahme, dass der Wandel der Industrie und die Trennung der Segmente Onshore und Offshore in einer Black Box zwischen inkrementellem und radikalem Wandel stattfindet.

Abbildung 4: Zwischen radikalem und inkrementellem Wandel [Eigene Darstellung]

Basierend auf den oben angeführten Bemerkungen wird der hier postulierte Wandel der Windenergieindustrie in einen räumlichen Fokus gerückt und die Entwicklungen in Europa genauer betrachtet, nachverfolgt und analysiert.

1.2 Thesen, Ziele und theoretischer Unterbau der Arbeit

Basierend auf den ersten erarbeiteten und vorgestellten Indizien, die in Teilen bereits während der Studienzeit und im Rahmen der Studienabschlussarbeit des Forschenden [SOMMER 2009] gesammelt wurden, ist die überspannende These der vorliegenden Arbeit formuliert worden. Sie lautet:

Die Windenergieindustrie befindet sich in einem Transformations- beziehungsweise Spaltungsprozess in die Industriezweige Onshore und Offshore.

Auf einer feinkörnigeren Betrachtungsebene resultieren aus dieser überspannenden These weitere Unterthesen, die eine detailliertere, strukturiertere und somit bessere Behandlung der Thematik ermöglichen.

These 1: Der postulierten Industrieteilung liegt ein technologischer Innovationsprozess zugrunde, der sich im Spannungsfeld der Dichotomie radikal und inkrementell bewegt.

These 2: Der Spaltungsprozess manifestiert sich auf industrieorganisatorischer Ebene.

These 3: Der Spaltungsprozess manifestiert sich auf industrieräumlicher Ebene.

These 4: Der räumliche Industriewandel bietet neue Chancen für strukturschwache und periphere Küstenregionen.

Dabei implizieren die genannten Thesen detailliertere Fragestellungen zu technologischen, organisatorischen und räumlichen Aspekten der angenommenen Diskontinuität. Beispielsweise gilt es zu beantworten, ob das Offshore-Segment als eigener Industrie- oder Technologiezyklus mit differierenden Akteuren angesehen werden kann. Wird ein neuer Technologie- oder gar Industriezyklus mit möglichen industrieräumlichen Effekten in Verbindung gebracht, so gilt es den Fragen nachzugehen, ob ein möglicher Industriebruch ein neues Window of Locational Opportunity öffnet, beziehungsweise welche räumlichen Auswirkungen sich ergeben. Gibt es industrieräumliche Gewinner und Verlierer? Sind die räumlichen Keimzellen der Windenergieindustrie die Profiteure des Gangs Offshore, oder bilden sich grundsätzlich neue Strukturen heraus?

Um die Frage beantworten zu können, ob technologische Innovationsprozesse mit für eine mögliche neue räumliche Gliederung der Windenergieindustrie verantwortlich sind, wurden in einem ersten Schritt die Fragen nach verschiedenen Innovationsprozessen, deren Funktionsweisen und Eigenschaften gestellt. In bisherigen Betrachtungen von räumlichen Auswirkungen verschiedener produkt- oder technologiebezogener Innovationsprozesse wurde sich meist auf die ursächliche Dichotomie von inkrementellen und radikalen Innovationsprozessen beschränkt. Eine Berücksichtigung möglicher Zwischenstufen und derer (räumlichen) Auswirkungen blieb bis dato komplett unbeachtet. Ein Ziel der vorliegenden Arbeit ist es, einen ersten Vorstoß zur Schließung dieser Lücke zu machen.

Am Beispiel der Windenergieindustrie wird die industrieräumliche Relevanz von technologischen Entwicklungen im Allgemeinen und das Konzept der Architectural Innovation (AI) [HENDERSON & CLARK 1990] im Besonderen aufgegriffen. Das Konzept der AI fiel bei der Recherche nach alternativen Erklärungsansätzen auf, da es eine theoretische Erweiterung der traditionellen Innovationsdimensionen darstellt.

Um den aufgestellten Thesen ausreichend gerecht zu werden, mussten zweckdienliche Theoriegerüste aufgearbeitet werden, um im Anschluss ein passendes Forschungsdesign entwerfen und ausarbeiten zu können. Die vorliegende Arbeit stützt sich im Wesentlichen auf drei Rahmenwerke, die im weiteren Verlauf als Kernheuristiken dienen.

Hierbei handelt es sich um den konzeptionellen Rahmen zur Identifikation und Hierarchisierung von technologischen Objekten, ihren einzelnen Komponenten und Subsystemen sowie zur Einordnung von Kernkomponenten und Dominant Designs nach MURMANN & FRENKEN [2006]. Das Rahmenwerk wurde in Teilen übernommen und für die Untersuchung der Produkte Windpark und Windenergieanlage weiterentwickelt und ausdifferenziert. Es stellt den ersten Schritt in der notwendigen Analysekette dar und ermöglicht Objekte derart zu klassifizieren, dass der Vergleich verschiedener Komponenten, Subsysteme und Verknüpfungen stringent erfolgen kann.

Diese Vergleichsmöglichkeit ist die zwingende Grundlage für den Rückgriff auf das, im Rahmen dieser Arbeit, zweite genutzte Konzept der „Architectural Innovation“ von HENDERSON & CLARK [1990]. Erst die Identifizierung einer Produktkategorie, eines Dominant Design und seiner inhärenten Kernkomponenten ermöglicht einen kontrastiven Vergleich zweier Produkte beziehungsweise zweier Evolutionsstufen eines Produktes. Nur so ist die Möglichkeit gegeben, Innovationsformen und Innovationsschritte als radikal, inkrementell sowie modular oder architectural[6] zu bestimmen. Um die Identifizierung der genannten Innovationsformen voranzutreiben, wurden die entsprechenden Eigenschaften der Innovationsformen nach HENDERSON & CLARK [1990] isoliert. Somit können vorgefundene Innovationsprozesse gegliedert und mittels des in dieser Arbeit eigens entworfenen Methodenansatzes identifiziert werden.

Die theoretische Bedeutung einer Architectural Innovation oder einer Radikalen Innovation für ein Produkt und somit eine Industrie wird mit dem Ansatz des Technologiezyklus von TUSHMAN & ANDERSON [1986], ANDERSON & TUSHMAN [1990] und TUSHMAN et al. [1997] dargelegt. Dieser letzte Schritt erlaubt es schließlich, technologische Evolution und technologische Diskontinuitäten, sowie deren Bedeutung für die industrielle Evolution in den Mittelpunkt zu stellen.

1.3 Aufbau der Arbeit

Da ein Problemaufriss geleistet und in die zugrundeliegenden Thesen eingeführt wurde, wird folgend der weitere Aufbau der Arbeit dargelegt.

Das erste Kapitel schließt mit der Vorstellung bisheriger energiegeographischer Arbeiten im Allgemeinen und geographischen Arbeiten zur Windenergie im Speziellen. Kapitel zwei geht eingangs der Frage nach, was sich hinter den Begriffen Onshore und Offshore verbirgt. Dabei wird verdeutlicht, dass insbesondere die Offshore-Dimension Zwischenstufen aufweist, die es bei der Betrachtung von Technologie- und Industrieevolution zu berücksichtigen gilt. Im Anschluss folgt die Herausstellung sozialer, wirtschaftlicher und politischer Motivationen, die die Etablierung der Offshore-Windenergie beeinflussen.

Kapitel drei wird in die theoretischen Hintergründe einführen. Hierzu gehören insbesondere die Betrachtung und Analyse technologischer Evolution und die Eingliederung entsprechender Thematiken in einen geographischen Zusammenhang.

Es wird sich dezidiert mit dem Themenfeld der technologischen Innovation, Innovationsformen und der damit in Verbindung stehenden (räumlichen) Evolution von Industrien auseinandergesetzt.

Der erste Teil des vierten Kapitels dient der Beschreibung der Datengrundlage zur Darstellung und Analyse der gewählten Industrie und Behandlung der aufgestellten Thesen. Zudem werden mögliche Datenlücken und Interpretationsmöglichkeiten kritisch diskutiert. Der zweite Teil des vierten Kapitels widmet sich einer kritischen Auseinandersetzung hinsichtlich methodischer Überlegungen zur Einteilung von Innovationsformen und der Herausarbeitung eines eigenen Identifikationsansatzes, um

[6] Im Rahmen der vorliegenden Arbeit soll der von HENDERSON & CLARK 1990 verwandte Begriff der Architectural Innovation genutzt werden. Um einer möglichen Begriffskonfusion oder -unschärfe vorzubeugen, wird auf eine Übersetzung des Begriffs „architectural“ verzichtet.

technologische Innovation greifbar und kategorisierbar machen zu können. Zu diesem Zweck wird insbesondere auf die methodischen Ansätze von ANDERSON & TUSHMAN [1990], HENDERSON & CLARK [1990] und MURMANN & FRENKEN [2006] zurückgegriffen. Das Methodenkapitel schließt mit einem Zwischenfazit zur technologischen Evolution der Windenergieindustrie im Wandel zwischen ‚Onshore' und ‚Offshore'.

Die Kapitel fünf, sechs und sieben widmen sich der Beschreibung und Analyse der Evolution der Windenergieindustrie und sind als gedankliche und inhaltliche Einheit zu begreifen, da die dargestellten und analysierten Prozesse als Kontingent verstanden werden. Die inhaltlichen Schwerpunkte werden auf die technologische Evolution (Kapitel fünf), die organisatorische Evolution (Kapitel sechs) und letztlich auf die räumliche Evolution (Kapitel sieben) gelegt, wobei der in Kapitel 3.4.1 vorgestellte Entwicklungszyklus/-pfad jeweils als gedanklicher Leitfaden dienen soll. Die räumliche Industrieevolution wird dabei zuerst auf einer großräumlichen Ebene, die den gesamten Untersuchungsraum umfasst, und im Anschluss auf ausgewählter regionaler Ebene betrachtet.

Kapitel acht fasst die Arbeit zusammen und widmet sich sowohl einer kritischen Auseinandersetzung der Ergebnisse als auch der Besprechung des weiteren Forschungsbedarfs.

1.4 Energie im geographischen Kontext

Wie einleitend beschrieben, sind es Fragen der Ressourcenverfügbarkeit, der Ressourcennutzung, der Ressourcenverteilung, der Energieumwandlung und der Energieversorgung, die eine zentrale Rolle für die lokalen, regionalen und globalen Gesellschaften darstellen. Dies führt dazu, dass sich die Geographie und ihre einzelnen Unter- und Nachbardisziplinen immer auch mit Thematiken beschäftigten und beschäftigen, die implizit oder explizit einen Bezug zu energierelevanten Thematiken hatten und haben [BRÜCHER 1997: 330f., BRÜCHER 2009: 31, HAMHABER 2010: 9].

Die ‚Energiefrage' findet sich folglich in einer Reihe geographischer Arbeiten oder Arbeiten mit geographischer Perspektive wieder. Zur Illustration seien hier *selektiv* nachfolgende Arbeiten herausgestellt. Der französische Geograph PIERRE GEORGE publizierte im Jahr 1950 seine *‚Géographie de l'énergie'*, in der er neben Fragen der Verteilung und Nutzbarmachung von Kohle- und Ölvorkommen auch auf Hydroenergieprojekte in Frankreich (Savoie) eingeht [GEORGE 1950]. Fast ein Vierteljahrhundert später widmet er sich erneut der Energiethematik und geht in seiner *‚Géographie de l'électricité'* auf die globale Elektrizitätserzeugung und -nutzung ein und befasst sich dabei erneut sowohl mit regenerativen (Hydroenergie) als auch mit fossilen (Nuklearenergie) Energieträgern [GEORGE 1973].

Ausschließlich der geographischen Verteilung von Aktivitäten der Ölindustrie widmet sich ODELL [1965] in *‚An economic geography of oil'*. GUYOL [1971] betrachtet in *‚Energy in the perspective of geography'* regionale, sektorale sowie globale Energiebedarfe. Dabei wird insbesondere auf die geographischen und historischen Nutzungsschwankungen fossiler Energieträger eingegangen [GUYOL 1971: 7ff.]. Zu Beginn der 1980er Jahre finden sich die ersten Kommentare zur Windenergie in geographischen Arbeiten. So hält KOTTKAMP fest, dass *„(...) der Bau von Windkraftanlagen kein technisches Problem mehr (darstellt)“* [KOTTKAMP 1988: 56].

Eine direkte und explizite Auseinandersetzung mit energiebezogenen Themen ist somit kein Novum in der Geographie. Die hier genannten Beispiele zeigen auf, dass dem Thema der Energie seit langer Zeit Beachtung geschenkt wird. Dennoch ist anzumerken, dass die Betrachtung energiebezogener Themen und Fragestellungen in der Geographie - im Vergleich zu anderen Themenbereichen - lange Zeit relativ wenig Aufmerksamkeit erfahren hat.

Die Gründe für die erwähnte randständige Behandlung von Energie in der Geographie führt BRÜCHER auf verschiedene Sachverhalte zurück. So wurden Fragestellungen und Themen, die heute im Bereich einer Energiegeographie angesiedelt sind, häufig der Industriegeographie zugeordnet [BRÜCHER 2009: 32 ff.]. Diese Eingliederung ist in weiten Teilen nachvollziehbar, da es sich bei der Nutzbarmachung und Wandlung von Energie um industrielle Prozesse handelt. Insbesondere wenn der Fokus auf regenerative Energien gelegt wird, werden häufig die dahinterstehenden Technologien und Industrien beleuchtet [DEWALD 2011, KAMMER 2011].

Die Betrachtung von Konflikten um Ressourcen und Energie war zudem meist in der politischen Geographie verortet. Hier werden fossile Energieträger mit als kausal für geopolitische und geostrategische Konflikte und Entwicklungen eingestuft, stehen jedoch auch hier nicht im Untersuchungsmittelpunkt. HARVEY [2003: 18 ff.] beschreibt die zentrale geopolitische Bedeutung von fossilen Energieträgern, insbesondere von Erdöl, und benennt präzise die damit in Zusammenhang stehenden (neo-) imperialistischen Tendenzen kapitalistischer Staaten. Auch der Nuklearwissenschaftler CLIFFORD E. SINGER betrachtet die Zusammenhänge internationaler Kriege in Verbindung mit der Sicherung fossiler Ressourcen in globaler Perspektive. SINGER verweist wie auch JIUSTO [2009: 536] hierbei neben den Konflikten, die um die Verfügbarmachung von Erdöl entstehen, auf neoimperialistische Tendenzen, die aus der Sicherung der globalen Uranlagerstätten resultieren [SINGER 2008: 227 ff.].

Inzwischen hat sich die Betrachtung von Aspekten der Energieumwandlung, der Energienutzbarmachung, des Energieverbrauches und der Konflikte um Energien in der Geographie als eigenes Forschungsfeld durchgesetzt. Seit Mitte der 2000er Jahre und parallel zum Aufstieg der erneuerbaren Energien hat sich die Energiegeographie zumindest in einem deutschsprachigen Kontext etabliert. Im Jahr 2006 wurde der Arbeitskreis Geographische Energieforschung in der deutschen Gesellschaft der Geographie ins Leben gerufen. WOLFGANG BRÜCHER veröffentlichte im Jahr 2009 das erste deutsche Lehrbuch, das sich ausschließlich energiebezogenen Themen widmet und energiegeographische Themenkomplexe und Fragen sowohl zu fossilen als auch regenerativen Energieträgern erörtert. Mit diesen Entwicklungen und dem zunehmenden Wandel der Energieversorgung ist eine Vielzahl verschiedener Arbeiten entstanden, die Aspekte der Energieversorgung und Energieindustrien in einer räumlichen Perspektive behandeln.

Da die vorliegende Arbeit aufgrund der gewählten Industrie gleichermaßen in einen energiegeographischen Kontext eingeordnet wird, wird in Tabelle 1 eine Übersicht über die *aktuelle* energiegeographische Forschung gegeben. Die Tabelle stellt einen kurzen Auszug verschiedenster Untersuchungen der letzten Jahre dar, die im Rahmen einer geographischen Energieforschung aufgegriffen wurden. Die aufgeführten Arbeiten befassen sich überwiegend mit den Thematiken der regenerativen Energien und verschiedenen Transitionsprozessen im Rahmen der Gestaltung einer regenerativen Energieversorgung.

Autor(en)	Titel / Thematik	Jahr
SCHLIEPHAKE & SCHULZE	Energie. Globale Probleme in lokaler Perspektive	2008
JIUSTO	Energy Transformations and Geographic Research	2009
KAMMER & NAUMANN	Energiewirtschaft und regionale Profilbildung	2010
SCHÜSSLER	Geographische Energieforschung	2010
BRACHERT & HORNYCH	Formierung des PV-Clusters in Ostdeutschland	2011
DEWALD	Das deutsche Photovoltaik-Innovationssystem	2012
ESSLETZBICH-LER	Renewable Energy Technology and Path Creation: A Multi-scalar Approach to Energy Transition in the UK	2012
LINDER	Räumliche Diffusion von Photovoltaik-Anlagen in Baden Württemberg	2013

Tabelle 1: Übersicht der Untersuchungen zu energiebezogenen Themen in der Geographie (Auszug) [Eigene Zusammenstellung]

Auch wenn die Anzahl der Beiträge und Arbeiten zu energiegeographischen Themen stetig wächst, bleibt festzuhalten, dass viele Fragestellungen und Betrachtungsobjekte, die durch die Energiegeographie neue Aufmerksamkeit erhalten, unter der Anwendung und Betrachtung anderer Modelle oder Konzepte als der von BRÜCHER im Rahmen seiner Energiegeographie vorgeschlagenen „Prozesskette“ [BRÜCHER 2009: 36] behandelt werden. Gleiches gilt auch für die konzeptionelle Rahmengestaltung dieser Arbeit.

1.4.1 Windenergie im geographischen Kontext

Die erneuerbaren Energien waren seit dem Beginn ihres modernen Aufkommens im Rahmen der postindustriellen Phase Gegenstand wissenschaftlicher Untersuchung im geographischen Kontext [BRÜCHER 2008: 4f]. In diesem Kontext haben auch die Windenergie und die dazugehörige Industrie innerhalb der letzten Jahre eine zunehmende Aufmerksamkeit erfahren. Geographische Untersuchungen der Industrie fanden unter der Betrachtung verschiedener Perspektiven und unter Zuhilfenahme diverser Theorieansätze statt.

MOSSIG et al. [2010] sowie FORNAHL et al. [2012] analysieren den Entwicklungspfad der deutschen Offshore-Windenergieindustrie und seine Verbindung zur Schiffbauindustrie. CAMPOS SILVA & KLAGGE [2011] untersuchen die Rolle der Politik hinsichtlich der Branchen- und Standortentwicklung in globaler Perspektive. KAMMER & MENZEL [2011] betrachten die Entwicklung der Windenergieindustrie in Dänemark und den USA kontrastiv vor dem Hintergrund KLEPPERS [2007] Heritage-Theorie in Abhängigkeit des Varieties of Capitalism-Ansatzes von HALL & SOSKICE [2001]. KAMMER [2011] leistet einen bedeutenden Beitrag zur geographischen Untersuchung der Windenergieindustrie, indem er umfassend ihren Aufstieg und ihre Konfiguration in einer globalen Perspektive herausarbeitet. Die Beschreibung der Evolution der Windenergieindustrie von einer heterogenen Pionierphase zu einer globalen Wachstumsindustrie folgt dabei dem Ansatz der industriellen Entwicklungspfade von STORPER & WALKER [1989]. KAMMER stellt die Kernakteure der Industrie, ihre Evolution und räumliche Struktur heraus, lässt aber das Offshore-Segment außen vor. Die Industrie wird in ihrer Betrachtung als Einheit verstanden. Diese Sichtweise wird der Industrie inzwischen nicht mehr gerecht. So merkt KAMMER [2011: 285] an, dass die Offshorewindenergie bislang unter wirtschaftsgeographischer Sicht unbetrachtet geblieben ist und diesbezüglich weiterer Forschungsbedarf existiert. Auch aktuelle Industrieentwicklungen finden wirtschaftsgeographische Betrachtung. KLAGGE et al. [2012] erarbeiten ein dezidiertes Bild des aktuellen chinesischen Windenergieinnovationssystems und seiner Evolution, MENZEL & ADRIAN [2013] zeigen die räumlichen Effekte organisatorischer Diskontinuitäten in globalen Wertschöpfungsketten am Beispiel Hamburgs auf. Einen besonderen Fokus auf die Offshore-Windenergieindustrie Norwegens legen STEEN & HANSEN [2013], wobei sie auf verschiedene Prozesse des Wissenstransfers zwischen der Öl- und Gas-Industrie und der Offshore-Windenergieindustrie eingehen.

Die hier genannten Beispiele für die Auseinandersetzung der Geographie mit der Windenergie beschränken sich auf die Betrachtung der Industrie. Aber auch in anderen Kontexten, und vor dem Hintergrund differierender Fragestellungen, wurde die Windenergie in der Geographie und ihren verschiedenen angrenzenden Nachbardisziplinen behandelt. AHLHORN & SIMMERING [2001] gehen der Frage nach, welche Rolle Offshorewindparks im Integrierten Küstenzonenmanagement (IKZM) übernehmen können und welche Konsequenzen sich aus dem Bau von seeseitigen Windfarmen für die verschiedenen Akteure im Küstenbereich ergeben. An diese Thematiken grenzen die Fragestellungen hinsichtlich der landseitigen und seeseitigen landschaftlichen Beeinträchtigung durch WEA an. Welche Auswirkungen deren Existenz auf die landschaftliche Wahrnehmung und die touristische Akzeptanz haben, beleuchten NOHL [2005], VOGEL [2005], GREGOROWIUS [2006] und SCHÖBEL et al. [2008]. GEE [2007] hält fest, dass *„(Die) Grundsatzkritik an Offshore-Windparks [...] selten (ist)“*, es jedoch eine *„Reihe von Konflikte(n) um die Offshore-Windkraftnutzung [gibt]“*, der BYZIO et al. [2005] nachgehen. SEUFFERT kommt in seiner Abwägung zwischen den Vor- und Nachteilen, die die verschiedenen Nutzungsformen der Windenergie mit sich bringen, letztlich zu dem Schluss, dass zumindest für die BRD gilt: *„Die Zukunft der Windenergie liegt im Offshore“* [SEUFFERT 2008: 119].

Autor(en)	Titel / Thematik	Disziplin	Jahr
GARUD & KARNØE	Entrepreneurship und technologische Entwicklungspfade	Ökonomie / Industrie-Soziologie	2003
ANDERSEN	Industrielles Lernen in der Windenergieindustrie	Wirtschaftsingenieurwesen	2004
BRUNS et al.	Die Innovationsbiographie der Windenergie	Innovationsforschung	2008
OHLHORST	Innovationsprozess der Windenergie in Deutschland	Politik- und Verwaltungswissenschaften	2009
NEUKIRCH	Pionierphase der Windenergienutzung	Innovations-Soziologie	2010
KARNØE & GARUD	Entwicklungspfad des dänischen Windindustrie-Clusters	Ökonomie / Industrie-Soziologie	2012

Tabelle 2: Untersuchungen zur Windenergie in Nachbardisziplinen (Auswahl) [Eigene Zusammenstellung]

In Hinblick auf die bedeutende Rolle der Energieversorgung und der mit ihr in Verbindung stehenden Technologien ist es vor einem energiegeographischen Kontext unerlässlich, sich weiterhin mit dem Aufbau, der Bedeutung und dem Wandel dieser Technologien auseinanderzusetzen. Diese beeinflussen, eingebettet in sozioökonomische Strukturen, massiv die Gestaltung von Industrielandschaft und Energieversorgung. Die Behandlung der Windenergieindustrie und ihrer Entwicklung beschränkt sich zweifelslos nicht auf die Geographie. Auch andere Disziplinen befassen sich eingehend mit ihr. Tabelle zwei gibt eine komprimierte Übersicht aktueller und lesenswerter Arbeiten zur Thematik. Möchte der interessierte Leser einen deutlich ausführlicheren Überblick über die Behandlung der Windenergie in anderen Disziplinen erlangen, so sei auf [KAMMER 2011: 7ff.] verwiesen.

2. Windenergie - Begriffe und Motivationen

Nachdem sowohl die gestellten Fragen und die Ziele der vorliegenden Arbeit dargelegt wurden als auch ein Überblick über die bisherige Aufarbeitung der Windenergie (-industrie) gegeben wurde, sollen einführend grundlegende Begrifflichkeiten und Motivationen aus dem Kontext der (Offshore-) Windenergie erläutert werden. Dies geschieht mit dem Ziel, ein tieferes Verständnis für die späteren Ausführungen und Analysen zu ermöglichen.

2.1 Onshore und Offshore - Eine Definitionsangelegenheit

Beginnend soll der Antagonismus um die Begrifflichkeiten Onshore und Offshore aufgearbeitet werden. Dies ist notwendig, um eine Einsicht in die Industrieentwicklung, ihre Erfolge und ihre Fehlschläge zu bekommen und um die Komplexität und die Herausforderungen bei Planung und Umsetzung nachvollziehen zu können. Es wird gezeigt, dass eine Beschränkung auf das Gegensatzpaar Onshore-Offshore der Evolution der Industrie nicht gerecht wird. Zwischen Onshore und Offshore gibt es Zwischenstufen und fließende Grenzen, die während der Technologie- und Industrieevolution sukzessive durchlaufen wurden. Um sich einer konsistenten Begriffsklärung zu nähern, werden die einzelnen Dimensionen herausgestellt, die zu einer Abgrenzung der beiden Bereiche führen. Auch innerhalb der Windenergieindustrie sorgt die Opposition von Onshore und Offshore immer wieder für Diskussionen. Grund hierfür ist die Tatsache, dass es keine eindeutige und vor allem allgemeingültige Definition oder gar Klassifikation im Sinne einer Normierung gibt.

Je nach Ansatz variieren die bisherigen Definitionen zwischen der einfachen Feststellung, ob eine WEA im Wasser steht oder nicht, [EWEA 2009: 16] bis zu diversen, scheinbar willkürlich festgelegten Rahmenlinien, die zum Teil ausschließlich die Küstenentfernung betrachten, oder solchen, die Küstenentfernung und Wassertiefe miteinander vereinen.[7] Dass es unabdingbar ist, beide Dimensionen, sowohl Küstenentfernung als auch Wassertiefe, in die Begriffsklärung mit einzubeziehen, da die alleinige Opposition Festland - Wasser nicht ausreichend ist, wird folgend aufgezeigt.

2.1.1 Die Dimension Küstenentfernung

Die Dimension der Küstenentfernung stellt die horizontale Ebene des seeseitigen Installationsorts dar. Für die bundesdeutschen Gewässer muss sich eine Windenergieanlage in einer Mindestentfernung vor der Küstenlinie befinden, bevor sie nach dem Gesetzgeber als Offshore-Anlage gilt.

[7] Laut KPMG werden Offshore-Windparks innerhalb einer Entfernung von 20km vor der Küste als „küstennah" bezeichnet. Parks, die in weniger als 20m Wassertiefe errichtet sind, gelten als „in niedrigen Wassertiefen errichtet". [KPMG 2010: 42]

Das Erneuerbare Energiengesetz EEG[8] (Fassung vom 01.01.2009 und Fassung vom 01.01.2012) definierte eine Offshore-Anlage wie folgt:

> *§3 Begriffsbestimmungen, Abs. 9*
>
> *„Offshore-Anlage" eine Windenergieanlage, die* ***auf See*** *in einer Entfernung von mindestens drei Seemeilen gemessen von der Küstenlinie aus seewärts errichtet worden ist. Als Küstenlinie gilt die in der Karte Nummer 2920 Deutsche Nordseeküste und angrenzende Gewässer, Ausgabe 1994, XII., sowie in der Karte Nummer 2921 Deutsche Ostseeküste und angrenzende Gewässer, Ausgabe 1994, XII., des Bundesamtes für Seeschifffahrt und Hydrographie im Maßstab 1 : 375 000) dargestellte Küstenlinie* [BMU 2009, BMU 2012].

Die genannte Entfernungsmarke soll hier aufgenommen werden. Entsprechend gilt, dass WEA und Parks, die in weniger als drei Seemeilen Entfernung errichtet wurden, als Nearshore bezeichnet werden.

Im EEG findet sich hinsichtlich der Vergütung eine weitere Entfernungsmarke, die zwölf-Seemeilen-Marke. Von dieser Entfernungsmarke wird, neben der zusätzlich berücksichtigten Installationstiefe, die Vergütungsdauer abhängig gemacht.

> *§ 31 Windenergie Offshore, Abs. 2*
>
> *„In den ersten zwölf Jahren ab der Inbetriebnahme der Offshore-Anlage beträgt die Vergütung 15,0 Cent pro Kilowattstunde (Anfangsvergütung). Der Zeitraum der Anfangsvergütung nach Satz 1 verlängert sich für jede über zwölf Seemeilen hinausgehende volle Seemeile, die die Anlage von der Küstenlinie nach § 3 Nummer 9 Satz 2 entfernt ist, um 0,5 Monate und für jeden über eine Wassertiefe von 20 Metern hinausgehenden vollen Meter Wassertiefe um 1,7 Monate"* [BMU 2012].

Aus dieser Überlegung geht hervor, dass Installation und Betrieb von Offshore-Anlagen mit steigender Küstenentfernung signifikant komplizierter und kostspieliger sind. Zudem gehen mit hohen Distanzen zur Küstenlinie höhere Kosten für den Netzanschluss einher. An dieser Stelle soll nun jedoch die zwölf-Seemeilen-Grenze im Fokus stehen und in den hiesigen Betrachtungsrahmen übernommen werden, um die Kategorie **Far-from-Shore** einzuführen. Diese soll für alle installierten Einrichtungen gelten, die in zwölf Seemeilen oder mehr vor der Küstenlinie installiert werden.

2.1.2 Die Dimension Wassertiefe

Dass die Dimension der Küstenentfernung um die vertikale Dimension der Wassertiefe zu erweitern ist, wird im EEG festgehalten, dies jedoch nicht im Zusammenhang der Definition des Offshore-Begriffs. Die Wassertiefe wird erst in Hinblick auf die

[8] Zum aktuellen Zeitpunkt (Dezember 2013) ist davon auszugehen, dass es im Jahr 2014 zu einer weitreichenden Novelle des EEG kommen wird.

Vergütungsberechnung herangezogen. Das EEG führt hierbei eine 20m Grenze ein, deren Überschreitung zu einer Vergütungsverlängerung führt. Diese Abgrenzung geht einher mit dem Begriff des Tiefwassers (**Deep Water**), der in der Industrie inzwischen geläufig ist [MUSIAL & BUTTERFIELD 2004: 3, KPMG 2007: 74].

Da im Vergleich zu den auf historischen und/oder rechtlichen Normen basierenden Entfernungsmarken drei beziehungsweise zwölf Seemeilen die Tiefenabgrenzung von 20m willkürlich erscheint, wurde diese eingehender betrachtet. Das Bundesseeamt für Seeschifffahrt und Hydrographie (BSH) spricht im Rahmen des Schiffsverkehrs ab einer Tiefe von 17m von Tiefwasser[9]. Dieser Wert soll hier (abweichend von der 20m-Marke des EEG) übernommen werden.

Eine Erweiterung der Dimension der Wassertiefe soll in Anlehnung an die Kategorie Nearshore hinsichtlich solcher Einrichtungen entstehen, die in seichtem Wasser errichtet werden. Hierfür wird in Bezug auf die angemerkte drei Seemeilen Marke, sowie auf den mittleren Tiedenhub der Nordsee die drei-Meter-Marke gewählt. Einrichtungen, die in einer Wassertiefe von weniger als drei Metern errichtet werden, sollen folgend als in Seichtwasser (**Shallow Water**) errichtet gelten.

2.1.3 Zusammenführung der Dimensionen

Die Vorüberlegungen zeigen, dass die einfache Opposition Onshore - Offshore nicht ausreichend ist. Somit sollen die folgenden Abstufungen festgehalten werden:

Als **Onshore** sollen in dieser Arbeit all jene Areale bezeichnet werden, die sich landseitig der Küstenlinie befinden. Hierbei wird nach KELLETAT [1999: 86] als Küstenlinie die Linie der unteren Sturmflutgrenze festgelegt. Dabei können die betreffenden Areale sowohl aus natürlichem wie auch künstlichem Festland bestehen. Als künstliches Festland sollen Köge oder Polder beziehungsweise durch Deichbau und Entwässerungsmaßnahmen dem Meer abgerungenes Nutzland verstanden werden. Einrichtungen, die hingegen auf anthropogen geschaffenen Bauten wie beispielsweise Betonmolen im Wasser errichtet wurden, werden hier grundsätzlich als seeseitig errichtete Anlagen betrachtet.

Küstennahe Standorte sollen ergänzend hervorgehoben werden, da diese sekundär auch den Einwirkungen des Meeres ausgesetzt sind. Als Küstenbegriff soll an dieser Stelle ebenfalls auf DIETER KELLETAT verwiesen werden, der die Küste als das Gebiet zwischen der *„obersten und äußersten landeinwärtigen und der untersten und äußersten seewärtigen Brandungseinwirkung“* [KELLETAT 1999: 85] begreift. Eben diese landeinwärtige Einwirkung der Brandung (Spray, Salzgehalt der Luft) hat einen Einfluss auf das System Windpark und ist somit sowohl für die Standortbetrachtung und -klassifikation, als auch die technologische Evolution von Relevanz.

[9] Telefonische Auskunft BSH (Referat Seevermessung und Geodäsie) 03/2011

Die Klassifikation der seeseitigen Standorte stellt sich in Rückbezug auf die herausgearbeiteten Grenzen als vielschichtiger dar. Hier lassen sich - bei einer stringenten analytischen Betrachtung - neun verschiedene Bereiche herausarbeiten.

Nearshore Shallow Water soll in Anlehnung an das EEG innerhalb der Drei-Seemeilen-Grenze liegen, wobei die Wassertiefe drei Meter nicht übersteigen soll. ***Nearshore*** bezeichnet alle Standorte, die innerhalb der Drei-Seemeilen-Grenze und in einer Wassertiefe > drei Meter und < 17 Meter liegen. Standorte innerhalb der Drei-Seemeilen-Zone und > 17 Meter Wassertiefe stellen folglich ***Nearshore Deep Water***- Standorte dar.

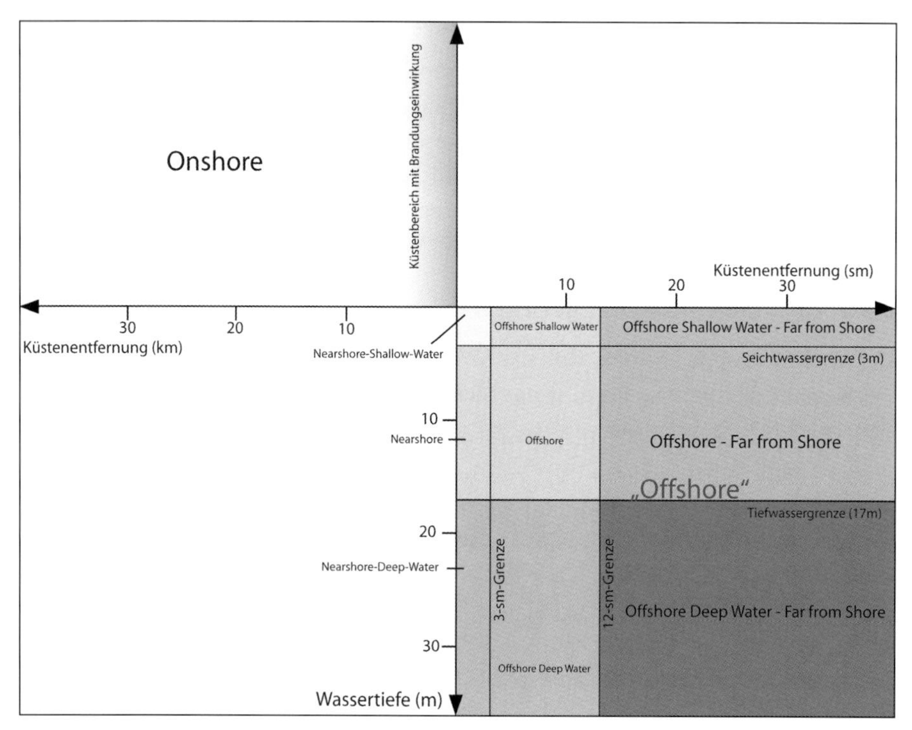

Abbildung 5: Klassifikation Einsatzumgebung, Onshore/Offshore [Eigene Darstellung]

Der Offshore-Bereich soll alle Regionen umfassen, die sich in einer Entfernung > drei Seemeilen von der Küstenlinie befinden. Die Erweiterung um die Tiefenkategorisierung ergibt somit die Einteilung ***Offshore Shallow Water*** (> drei Seemeilen, < zwölf Seemeilen, < drei Meter Wassertiefe), **Offshore** (> drei Seemeilen, < zwölf Seemeilen, > drei Meter und < 17 Meter Wassertiefe) und ***Offshore Deep Water*** (> drei Seemeilen, < zwölf Seemeilen, > 17 Meter Wassertiefe), ***Offshore Shallow Water-Far From Shore*** (> zwölf Seemeilen, < drei Meter Wassertiefe), ***Offshore-Far From Shore*** (> zwölf Seemeilen, > drei Meter und < 17 Meter Wassertiefe) und ***Offshore Deep Water-Far From Shore*** (> zwölf Seemeilen, > 17 Meter Wassertiefe).

Die mögliche Abstufung seeseitig installierter Anlagen ist im direkten Vergleich deutlich feiner.[10] Die ersten klassischen Windenergieanlagen, die zu Beginn der 1990er Jahre errichtet wurden, standen auf eigens errichteten Betonfundamenten in unmittelbarer Nähe vor dem Festland. Zwei Beispiele für Anlagen, die zur Kategorie ***Nearshore Shallow Water*** gezählt werden können, sind die 1990 vor der Helgoländer Südwestmole errichtete WKA60 sowie die ein Jahr später im schwedischen Nogersund eingeweihte Wind World W2500/220 (Siehe 5.3.1).

Trotz der Tatsache, dass die WKA60 vor der Südwestmole Helgolands auf einem eigens errichteten und von einer Spundwand umgebenen Betonzylinder errichtet wurde und nur über eine Brücke erreichbar war, wurde sie nie als seeseitig installierte Anlage wahrgenommen. Diese Tatsache verwundert, zumal die im Jahr 2004 am Dollart errichtete Enercon E-112, hinsichtlich Installationsart sowohl vom Standort als auch der technischen Umsetzung, deutliche Parallelen aufweist und in gängigen Datenbanken wie LORC.DK oder 4COFFSHORE.COM als Nearshore-Anlage begriffen wird.

Festzuhalten bleibt, dass die 1991 in Betrieb genommene Anlage von Nogersund in 200m Entfernung vom Festland und einer Wassertiefe von drei bis sechs Metern installierte WEA als erste allgemein anerkannte seeseitig errichtete Anlage gilt und Nearshore in Shallow Water errichtet wurde.

Ein Beispiel für eine Windfarm, die in Teilen ***Offshore Shallow Water*** errichtet wurde, findet sich in einem Binnensee. Die im Dezmber 2009 in Betrieb genommenen WEA finden sich im schwedischen Vännern-See. Bei einer Festlandsentfernung von sieben Kilometern (3,8 sm) stehen sie in einer Wassertiefe von drei bis 13 Metern.

Da mit der Zunahme der Küstenentfernung in der Regel die Wassertiefe zunimmt und entsprechend mögliche Standorte eher durch Untiefen dargestellt werden, finden sich keine realisierten Beispiele für die Kategorie ***Offshore Shallow Water-Far* from Shore.**

Als klassische ***Nearshore***-Anlagen können das BARD Demonstrator-Projekt vor Hooksiel oder die *Teesside Offshore Windfarm* vor Middlesbrough (UK) genannt werden. Inwieweit die südlichsten WEA des geplanten Windparks vor der Küste von Cherbourg (Frankreich) unter die Kategorie ***Nearshore Deep Water*** fallen können, bleibt abzuwarten. Sollten diese in einer Entfernung von 5 Kilometern (3,2 sm) vor der Küste errichtet werden, würde die Wassertiefe > 30m betragen.

In die einfache ***Offshore***-Kategorie lassen sich die Parks *Arklow Bank* und *Kentish Flats 1* eingliedern, wohingegen die Windfarm *Walney 2* mit ihren 25 Kilometern (13,5 sm) Küstenentfernung als ***Offshore-Far from Shore*** bezeichnet werden kann. In einer ähnlichen Entfernung zur Küste wie *Arklow Bank* lässt sich *Barrow* finden. Da die Wassertiefe hier bis zu 20 Meter beträgt, kann berechtigterweise die Kategorie

[10] Es soll ausdrücklich festgehalten werden, dass die Betrachtung der Errichtungsorte und ihre Kategorisierung nicht mit der technologischen Dimension verwechselt werden darf.

Offshore Deep Water herangezogen werden. Das Extrem ***Offshore Deep Water-Far from Shore***, welches zumindest in Hinblick auf die Großzahl der geplanten Windparks in der deutschen AWZ ein Standard werden wird, kann anhand des ersten Test-Parks, der im Jahr 2009 in der Deutschen Bucht errichtet wurde, alpha ventus, dargelegt werden. Die zwölf Turbinen wurden in 60 Kilometer Entfernung zur Küste und in Wassertiefen von bis zu 45 Metern errichtet.

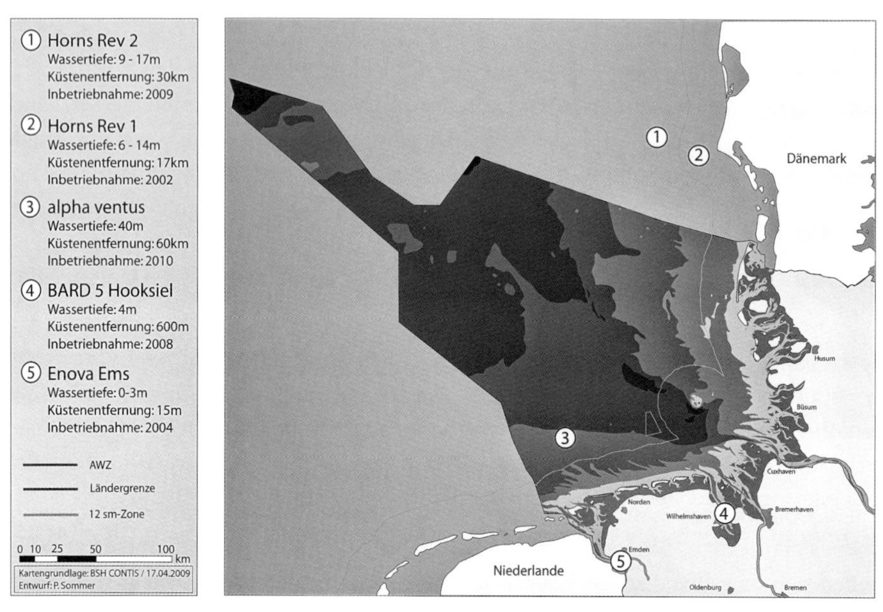

Karte 1: Klassifikation Einsatzumgebung, Onshore/Offshore [Eigene Darstellung]

Die hier vorgestellte ausführliche Einteilung stellt keinen Selbstzweck dar. Sie soll auf wesentliche Aspekte der Komplexität der Offshoretechnologie hinweisen. Im weiteren Verlauf der Arbeit wird aufgezeigt werden, wie eng die Innovations- und Evolutionsstufen der Windenergieindustrie mit der entsprechenden Einsatzumgebung der Industrieprodukte einhergehen.

2.2 Warum Offshore-Wind?

Wie in Kapitel 3.3.1 aufgezeigt werden wird, ist Technologie und technologischer Wandel in der Regel in eine Logik von Mechanismen, die ihren Ursprung in dem Bedürfnis einer Zweckerfüllung haben, eingebunden [ARTHUR 2007]. Die Hinwendung der Windenergieindustrie zur Installation von WEA auf See folgt ebenso dieser fundamentalen Logik. Aber welcher Zweck soll durch die Offshore-Windenergie und den dafür grundlegenden Industrieaufbau erfüllt werden, welche Vorteile bietet Seewindkraft und welche Akteure fördern dementsprechend die Etablierung der Offshore-Windenergie?

Die Entscheidung, Windenergieanlagen auf See zu stellen, ist getrieben von einer Reihe von Faktoren und Gründen, die aus verschiedenen Spannungsfeldern resultieren. In der BRD wurde bereits zu Beginn der 1980er Jahre erkannt, dass die Errichtung von WEA auf See für die zuverlässige Versorgung mit Windstrom von großer Bedeutung sein könnte [DER SPIEGEL 1982: 79, RAVE & RICHTER 2008: 43ff.].

Im Weiteren wird detailliert dargestellt, aus welchen Gründen und sozialen Bedürfnissen heraus die Erschließung der Windpotentiale auf See in den Fokus der Politik, der Industrie und weiterer Akteure geraten ist und wie die entsprechenden Innovationsanreize und -drücke entstanden sind, um Offshorewindenergie zu etablieren.

2.2.1 Die Flächenproblematik

Im Rahmen der Recherche und Datenaufbereitung stach als Antwort auf die Frage „Warum Offshore?" die Thematik des Flächenbedarfs in Verbindung mit der weiter unten angeführten Akzeptanzproblematik heraus. Beide Faktoren können insbesondere in Hinblick auf die Idee, Windenergieanlagen auf See zu stellen, als frühzeitige und zentrale Kerntriebkräfte angesehen werden. Aufgrund der begrenzten Ressource Fläche und des mit der Errichtung von WEA in Verbindung stehenden Flächenverbrauchs wurde die Idee, WEA auf See zu stellen, vorangetrieben [SKIBA 2006: 3, BRÜCHER 2009: 192]. Flächenbezogen gilt hierbei, dass zumindest dichtbesiedelte Regionen in Bezug auf die Erschließung der Windenergiepotenziale landseitig an ihre Grenzen stoßen [GERMANISCHER LLOYD - GARRAD HASSAN 1994: 71, AHLHORN & SIMMERING 2001: 136, ESTEBAN et al. 2011, ZEILER et al. 2005:71].

Beschränkt man sich auf den spezifischen Flächenbedarf einer errichteten Einheit, so kann man für aktuelle Anlagen der 2 MW-Klasse von einer durchschnittlich versiegelten Fläche von 500m² ausgehen. Diese bedeutet einen spezifischen Flächenbedarf von 250m²/MW. In der Praxis kann sich nicht auf die Betrachtung des spezifischen Flächenbedarfs beschränkt werden. Windenergieanlagen können nicht willkürlich errichtet werden. Abstandsregelungen sowie weitere Richtlinien sind zu berücksichtigen. Die Bestimmung von ausgewiesenen Flächen zur Windenergienutzung geschieht in der Regel unter Einbeziehung verschiedener relevanter Akteursgruppen. Die final genehmigten Flächen werden in Regionalplänen, Bauplänen und Flächennutzungsplänen festgehalten. Die Flächenreduktion für eine mögliche Nutzung schreitet auf der Ebene der ausgewiesenen Flächen weiter voran. Auf dieser Ebene können beispielsweise lokale Problematiken oder das Parklayout die nutzbaren Flächen weiter begrenzen. All diese Faktoren führen dazu, dass letztlich von einem realen mittleren Flächenbedarf von 70.000 bis 100.000m²/MW ausgegangen werden muss [DENA 2005: 10].

Die landseitige Erschließung weiterer Potenzialflächen sowie die Nutzbarmachung von Schwachwindstandorten oder Standorten in anspruchsvollem Terrain wie der kanadischen Gaspésie mit angepassten Anlagenkonzepten (z.B. Cold-Climate-Version (CCV)-WEA) sind inzwischen möglich. Dies kann die Dringlichkeit hinsichtlich einer Problemlösung der Flächenverknappung, sollten nicht die Genehmigungsbedingungen massiv verändert werden, jedoch nur verlagern und hinauszögern [BRÜCHER 2009: 193].

Deutlich relevanter für eine Optimierung des landseitigen Potenzials und der möglichen Erträge ist das Repowering. Das Ersetzen von Altanlagen durch moderne leistungsfähigere WEA kann die zur Verfügung stehenden Flächen besser und effizienter nutzen. Mit einem Repowering geht im Regelfall die Errichtung größerer WEA einher. Im klassischen Fall soll eine Minderzahl neuer, leistungsfähigerer aber auch höherer und mit einem größeren Rotor bestückter Anlagen eine Vielzahl kleinerer Einheiten ersetzen. In der BRD ersetzten im Jahr 2011 im Rahmen verschiedener Repoweringprojekte 95 neue WEA mit einer Gesamtnennleistung von 238 MW 170 Altanlagen, die zusammen nur auf eine Leistung von 123 MW kamen [BWE 2012: 5]. Auf diese Weise wurde bei einer Reduktion des Anlagenbestandes um 39,5% eine Steigerung der Nennleistung um 93,5% erreicht. Letztlich sind einem Repowering zumindest unter den genannten Genehmigungsbedingungen ebenso Grenzen gesetzt. Die Flächenpotenziale lassen sich besser nutzen und die Gesamtnennleistung des installierten Bestandes steigt, doch mittelfristig wird sowohl aus wirtschaftlichen wie auch aus Akzeptanzgründen auch durch Repowering die Flächenproblematik nicht behoben, *„sondern nur raum-zeitlich verschoben“* [BRÜCHER 2009: 193].

Zusätzlich ist zu beachten, dass die Flächenverfügbarkeit regional und national nicht als homogen zu bewerten ist und somit die Entscheidungen für die Errichtung von Offshoreparks, auf nationaler Ebene, unterschiedlichen zeitlichen Pressionen unterliegen. Beispielsweise werden die potentiellen Flächen für die Onshorewindenergienutzung in Belgien oder den Niederlanden als besonders gering erachtet [ESTEBAN et al. 2011: 445]. Eine frühe und konzentrierte Entwicklung von Offshore-Kapazitäten lässt sich entsprechend beobachten. Die Niederlande installierten bereits 1994 mit Lely einen der ersten Offshorewindparks und können zum Jahresende 2013 eine installierte Nennleistung von 246,8 MW vorweisen. Im Nachbarland Belgien war es zum Jahresende 2013 mit 490,2 MW fast die doppelte Nennleistung.

Die wiederkehrenden Schwierigkeiten, adäquate Flächen für die Errichtung und den Betrieb von Windenergieanlagen zu finden, stehen häufig in einem direkten Zusammenhang mit der visuellen und akustischen Perzeption von Windenergieanlagen. Hinsichtlich der akustischen Wahrnehmung ist es möglich, diese mit schalldämpfenden Maßnahmen auf der technologischen Ebene oder mit entsprechenden Abstandsregelungen und einer damit einhergehenden Potenzialflächenreduktion auf der planungsrechtlichen Ebene zu minimieren. Eine Reduktion der visuellen Erfassung von WEA ließe sich hingegen nur auf der planungsrechtlichen Ebene vorantreiben. Die damit einhergehenden Beschneidungen der zur Verfügung stehenden Flächen wären jedoch, insbesondere in dicht besiedelten Räumen, erheblich und würden in weiten Teilen eine Nutzung von Windenergie unterminieren. So kommt es insbesondere aufgrund der visuellen Perzeption von WEA zu Konflikten und Akzeptanzproblemen.

2.2.2 Die Akzeptanzproblematik

Bereits in der Pionierzeit der kommerziellen Windenergienutzung und dem damit zusammenhängenden Ausbau der Windenergie kam es zu Konflikten um die Errichtung und den Betrieb von WEA. Von Kritikern wurde insbesondere ein Negativeinfluss hinsichtlich der Landschaftsverträglichkeit angeführt. Mit einem zunehmenden Ausbau und dem Größen- und Höhenwachstum von WEA wurden mehr und mehr eine Zerstörung der Landschaftsästhetik und eine „Verspargelung" der Landschaft, insbesondere der ländlichen Küstenregionen kritisiert. Die Dimension der Landschaftsästhetik rückte in der Diskussion um das Für und Wider der landseitigen Windenergienutzung immer mehr in den Fokus [SOMMER 2009: 86][11] .

1999 publizierte JÜRGEN HASSE „Bildstörung - Windenergie und Landschaftsästhetik" [HASSE 1999] und ging insbesondere auf die verschiedenen Diskursebenen und Meinungsverschiedenheiten hinsichtlich der landschaftsästhetischen Wahrnehmung von landseitigen Windenergieanlagen insbesondere in Küstenregionen ein. Der Versuch, den visuellen Impakt von WEA auf die Landschaft empirisch quantifizierbar zu machen, wurde 2005 von WERNER NOHL vorangetrieben [NOHL 2005]. Der entwickelte Ansatz, um die Berücksichtigung landschaftsästhetischer Aspekte in eine Umweltverträglichkeitsprüfung (UVP) aufnehmen zu können, zeigt, dass WEA, insbesondere in Form von Windparks, zum Untersuchungszeitpunkt und zumindest von der gewählten Untersuchungsgruppe als negativ für die Landschaftsästhetik empfunden wurden [NOHL 2005: 73]. Die Arbeiten von HASSE und NOHL fügen sich in einen Zeitraum ein, in dem der Diskurs hinsichtlich der negativen Einflüsse von Windenergie auf die Landschaftsästhetik auf breiter Ebene stattfand.

Im Jahr 2004 titelte das einflussreiche deutsche Nachrichtenmagazin DER SPIEGEL: *„Der Windmühlenwahn - Vom Traum umweltfreundlicher Energie zur hoch subventionierten Landschaftszerstörung"* [DER SPIEGEL 2004]. Die Titelstory widmete sich dem vermehrten Widerstand in der Bevölkerung.

> *„Hunderte Bürgerinitiativen, sie heißen ‚Gegenwind' oder ‚Sturm gegen den Wind' wehren sich zwischen Brandenburg und dem Hochschwarzwald gegen Schattenwurf, Lärm und die Verschandelung der Landschaft"* [DER SPIEGEL 2004: 81].

Darüberhinaus wurde die gesamte Windenergie und die dahinterstehende Industrie in weiten Teilen negativ, gar zynisch betrachtet.

Die visuelle Dimension nahm in der BRD lange Zeit im Diskurs um das Für und Wider von Windenergieanlagen eine zentrale Stellung ein. Mit der Evolution und der Verbreitung von Windenergieanlagen und einem in weiten Teilen der Gesellschaft getragenen Konsens zur ‚Energiewende' scheint zumindest auf einer breiten Ebene

---

[11] Die Diskussion der Landschaftsästhetik lässt sich nicht auf die Windenergienutzung zu Land einschränken. Auch in Hinblick auf die Errichtung von Offshore-WEA wird die Thematik immer wieder kontrovers diskutiert.

das visuelle Contra-Argument inzwischen weniger prominent zu sein. Gesellschaftliche Empfindungen und Meinungen und somit auch eine allgemeine Akzeptanz können sich mitunter sogar kurzfristig ändern. Hinsichtlich der Windenergie wird dies in Teilen mit der Reaktorkatastrophe von Fukushima in Verbindung gebracht [SCHÖBEL 2012: 15].

Die heutige Akzeptanzdiskussion wird in der BRD inzwischen von der Kostenfrage dominiert. Insbesondere das Modell der EEG-Umlage, welches in Verbindung mit fallenden Strompreisen an der Leipziger Strombörse zu höheren Kosten für den Endverbraucher führt, steht im Fokus der Diskussion. Die EEG-Umlage soll die Differenz zwischen dem gehandelten Strompreis und dem garantierten Strompreis der Einspeisevergütung für erneuerbare Energien ausgleichen. Sinkt nun jedoch der Strompreis, da mehr Strom, insbesondere durch den Zubau weiterer Kapazitäten, ins Netz gespeist wird, steigt die Differenz und somit der Preis für den Endkunden. Dieses Paradox wird derzeit unter anderem in Verbindung mit den hohen Investitionskosten als Gegenargument für die Windenergienutzung Offshore ins Feld geführt.

Die Akzeptanzdiskussion beschränkt sich nicht auf Deutschland. Auch in europäischen Nachbarländern wie Dänemark und Großbritannien [UNIVERSITY OF STRATHCLYDE 2013] scheinen die oppositionellen Kräfte in Bezug auf den Ausbau der landseitigen Windenergienutzung den Entscheidungsprozess derart beeinflusst zu haben und weiterhin zu beeinflussen, dass die Errichtung von Offshorewindparks zum einen relativ frühzeitig und zum anderen entsprechend intensiv in Erwägung gezogen wurde [ESTEBAN et al. 2011:445].

Exkurs: Akzeptanzthematik Offshore

An dieser Stelle ist zu erwähnen, dass auch die Offshore-Windenergie von einem mehrdimensionalen Akzeptanzdiskurs begleitet wird, der sich im Laufe der Technologieevolution stets wandelte.

Mit ersten Planungen für größere Windparks in relativer Küstennähe (Nearshore, Offshore) wurde die Diskussion um die visuelle Akzeptanz auf die Offshore-Windenergie übertragen. Insbesondere Küstengemeinden fürchteten das Wegbleiben von Gästen und Umsatzrückgänge. Mit zunehmender Küstenentfernung der Parks schwächte sich die Diskussion zunehmend ab. Regionen wie das dänische Blåvand konnten auf Nachfrage keinen Rückgang der Besucherzahlen bestätigen.

Ebenfalls während der Planungsphase wurden Bedenken hinsichtlich der Gefahren für die Schifffahrt ins Feld geführt. Parkentfernungen zu Schifffahrtskorridoren und die Kollisionssicherheit von WEA und Fundamenten wurden diskutiert [BYZIO et al. 2005: 74]. Die Bedenken bezüglich möglicher Umweltschäden im Kollisionsfall konnten inzwischen in weiten Teilen ausgeräumt werden. Die Existenz eines Restrisikos ist dennoch nicht abzustreiten. Eine breite Aufmerksamkeit erfuhren entsprechend mögliche Negativeffekte auf Flora und Fauna, die Offshore-Windparks zugesprochen wurden. Die Befürchtungen, dass Meeressäuger durch die OWP schaden nehmen würden, haben sich bei Begleitstudien relativiert.

Während der Bauphase meiden Schweinswale und Robben die Baugebiete, doch nach Abschluss der Arbeiten kehren sie zurück. „Zeitweise hielten sich sogar mehr Schweinswale innerhalb eines Windparks als im Referenzgebiet auf. Gründe hierfür könnten im erhöhten Nahrungsangebot zu suchen sein.“ [RUNGE 2008: 223]

Da sich auf den Fundamenten zunehmend Benthos ansiedeln und zwischen den WEA ein traditioneller Schleppnetzfischereibetrieb nicht möglich ist, dienen die OWP zunehmend als Schutzrefugium für die Jungfischpopulationen, die wiederum die Nahrungsgrundlage für Meeressäuger darstellen. Die eingeschränkten Befischungsmöglichkeiten sowohl in Küstennähe als auch auf hoher See führten zu Protesten und Klagen seitens der Fischereiverbände. Inzwischen gibt es aber Überlegungen, die sich für die Fischereiindustrie als lukrativ herausstellen könnten. Die Rede ist von Aquakulturen, die in Verbindung mit den Offshore-Wind-Park (OWP) betrieben werden könnten [BUCK 2002].

Die aktuell größte Akzeptanzdiskussion um die Offshore-Windenergie in Deutschland resultiert wiederum aus landseitigen Planungen und Bauvorhaben. Die benötigten Hoch- und Höchstspannungstrassen (Sued.Link), die den Windstrom von den Küsten in die südlichen Industriezentren bringen sollen, werden kritisch hinterfragt und führen zu Bürgerprotestbewegungen, die ähnlich strukturiert sind und ähnlich argumentieren wie die Onshore-Windkraftgegner Anfang der 2000er Jahre.

Betrachtet man die Errichtung von Offshore-Windparks, so stehen Dänemark und Großbritannien mit zusammengerechnet mehr als 4,5GW Nennleistung zum Jahresende 2013 weit an der Spitze. Offshore galt insbesondere in Dänemark und UK als ein Weg, um die Konflikte um die Akzeptanz der Windenergie entschärfen zu können. Der erste Windpark, der seeseitig errichtet wurde, die Windfarm Vindeby vor der Küste des dänischen Fischerdorfes Onsevighavn, geht direkt auf das Bewusstsein um die Akzeptanzproblematik und die Suche nach Alternativlösungen zurück [EWEC 1990: 20, GERMANISCHER LLOYD - GARRAD HASSAN 1994: 71].

2.2.3 Der Klimawandel

Die Debatte um den Klimawandel und die globale Erwärmung tragen einen weiteren Teil dazu bei, dass verschiedene Akteure sich für einen Ausbau von Windenergie stark machen. Da vor allem CO2-Emissionen, die aus der Verbrennung fossiler Rohstoffe, insbesondere von Kohle, resultieren, einen erheblichen Einfluss auf die Klimaerwärmung der letzten Dekaden haben sollen, wird angestrebt diese mittels eines breitgefächerten Maßnahmenpakets zu reduzieren.

Somit müssen neben verschiedenen weiteren Maßnahmen, wie einer Optimierung der Energieeffizienz, der Energie- und Strommix entsprechend angepasst werden, um die angepeilten Reduktionsziele des CO2-Ausstoßes einhalten zu können. An dieser Stelle werden regenerative Energien im Allgemeinen und die Windenergie im Besonderen in die Diskussion eingeführt [IPCC 2007]. Regenerative Energien wie Solar-, Wind- oder Wellenenergie bieten den Vorteil, dass sie zumindest im Wandlungsprozess absolut keine Emissionen verursachen.

Unter diesen Alternativen stellt die Windenergie die am weitesten entwickelte Technologie mit einer breit aufgestellten Industrie dar. Dies führt zu vergeichsweise geringen Kosten für die Stromerzeugung. Der LCoE-Wert für Onshore-Wind wird je nach Standort mit 0,045 bis 0,11 Euro pro kWh angegeben [FRAUNHOFER 2013: 16]. Folglich wurde die Windenergie als Rückgrat der Energiewende ausgewählt. Aus den bereits genannten Gründen der zunehmenden landseitigen Flächenverknappung und der damit einhergehenden Akzeptanzthematik fielen die Standorte auf See mit ihren höheren und konstanteren Windgeschwindigkeiten im Rahmen der Klimazielerreichung ebenfalls ins Auge.

In Deutschland hat sich die Bundesregierung in Bezug auf die Klimapolitik und den Klimaschutz das Ziel gesetzt, den Anteil der erneuerbaren Energien im Strommix deutlich auszubauen. Im Jahr 2020 sollen bereits 20% des benötigten Stroms aus regenerativen Quellen zur Verfügung gestellt werden [ZEILER et al. 2005: 71]. Dieses Ziel steht laut Bundesministerium für Umwelt, Naturschutz und Reaktorsicherheit (BMU) in einem engen Zusammenhang mit einem erfolgreichen Aufbau der Offshorewindenergie, die als ein Teilprojekt für eine erfolgreiche Transition angesehen wird [BMU 2002]. Obgleich sich das 2010 präsentierte Energiekonzept der Bundesregierung den aus den Herausforderungen resultierenden zum Teil massiven Verzögerungen annimmt und die Ausbaugeschwindigkeit angepasst wurde, hält die Politik mitunter aus Klimaschutzgründen an der Offshorewindenergie bis dato fest.

2.2.4 Ressourcenknappheit und Ressourcenabhängigkeit

Neben dem Klimawandel ist es die Diskussion um ein Schwinden fossiler Ressourcen, welche die Thematik der regenerativen Energien mittel- und langfristig auf ein globales Niveau heben wird. Die Diskurse um Schlagworte wie Peak-Oil oder Peak-Coal gewinnen zunehmend an Dynamik. Hinter den genannten Schlagworten verbirgt sich das Fördermaximum des jeweiligen Rohstoffs. Ist dieser Punkt erreicht, nimmt die jeweilige Fördermenge stetig ab, bis schließlich das natürliche Vorkommen versiegt. Dieses Prinzip lässt sich entsprechend auf jedwede fossile beziehungsweise nicht-regenerative Ressource anwenden. Die Zeiträume für das Eintreten der jeweiligen Maxima sind durchaus umstritten beziehungsweise nur äußerst unpräzise vorherzusagen. Verschiedene Faktoren, wie verbesserte Fördertechnologien, Effizienzsteigerungen und erhöhte Preise, können die Verknappung und das Versiegen der natürlichen Ressourcen verzögern, jedoch nicht verhindern. In letzter Konsequenz bedeutet dies, dass mit einer einhergehenden Verknappung die Preise für die entsprechenden Rohstoffe steigen werden und somit auch die Preise rohstoffanhängiger Produkte.

Für die genutzen fossilen Primärenergieträger Steinkohle, Braunkohle, Erdöl, Erdgas und Uran wird davon ausgegangen, dass aufgrund des zunehmenden weltweiten Energiebedarfs die natürlichen Reserven bei heutigen optimistischen Schätzungen, die spekulative Vorräte, Preisfluktuationen, effizientere Abbaumethoden und weitere Faktoren berücksichtigen, in den kommenden Jahrhunderten aufgebraucht sein werden. Insbesondere in Hinblick auf Erdöl, welches global aktuell den wichtigsten Energielieferanten darstellt, wird das merklich frühere Schwinden der Vorräte innerhalb der kommenden Dekaden allgemein anerkannt [SCHINDLER & ZITTEL 2008, ANDRULEIT et al. 2013A: 401]. Die globalen Kohle- und Gasvorräte gelten bis dato als deutlich weniger ausgeschöpft und können zumindest in den kommenden Jahrzehnten einen bedeutenden Teil zur Energieversorgung beitragen [ANDRULEIT et al. 2013B]. Hinsichtlich der Uranreserven, die als Grundlage der nuklearen Energieversorgung verstanden werden müssen, ist das Bewusstsein für die Endlichkeit der Grundlagen weniger präsent. Dabei wird geschätzt, dass die abbaubare Menge an Uran 11.280.000t beträgt, was nach dem heutigen Stand der Technik einer Reichweite von 166 Jahren entsprechen würde [LÜBBERT & LANGE 2006: 9]. Aufgrund der dargestellten Verhältnisse bleibt ausschließlich aufgrund der sicheren Endlichkeit der fossilen Energieträger festzuhalten, dass *„angesichts der langen Zeiträume, die für eine Umstellung auf dem Energiesektor erforderlich sind, [...] die rechtzeitige Entwicklung alternativer Energiesysteme notwendig [ist].“* [ANDRULEIT et al. 2013A: 401]

In Addition zu dieser allgemeinen Verknappung fossiler Rohstoffe ist es ihre ungleiche globale Verteilung, die das steigende Konfliktpotenzial im Rahmen zwischenstaatlicher Abhängigkeiten birgt. Mit den zunehmenden Konflikten um Zugangsmöglichkeiten und Verteilung der nutzbaren fossilen Energieträger gehen massive Gefahren für die weltweite Friedens- und Demokratieentwicklung einher [BARBER 1996, KOMLOSY 2013: 7]. Die Importabhängigkeiten von verschiedensten fossilen Ressourcen stellen für Nationalstaaten dezidierte Gefahren dar. Jüngst wurden diese in der BRD im Rahmen der Forderungen nach Gaskraftwerken als Alternativen zur geplanten Kabeltrasse Sued.Link in Bayern erneut diskutiert [FR-ONLINE.DE 2014].

Diese Ausgangssituation, die innerhalb verschiedenster Disziplinen der Wissenschaft und auf gesellschaftlichen und politischen Ebenen bereits seit langer Zeit ausführlich diskutiert wird [MEADOWS 1972], führt unter anderem dazu, dass seitens der Industrie die Potenziale erneuerbarer Energien hinsichtlich einer unabhängigen Energieversorgung erkannt werden [SKIBA 2006: 2]. Langfristig würde dies, vorausgesetzt es findet in absehbarer Zeit kein wesentlicher Durchbruch in der Realisierung anderer Konzepte zur Energieversorgung, wie beispielsweise der Kernfusion, statt, zur Folge haben, dass der Strom aus regenerativen Energien wie dem Wind für EVU günstiger werden würde als der aus fossilen Brennstoffen.

2.2.5 Das Windpotential

Dass Wind *„unstet und unkontrollierbar“* ist und dies entsprechende Auswirkungen auf die Nutzbarmachung der kinetischen Energie des Windes für die Produktionsprozesse hat, konstatierte bereits KARL MARX im ersten Teil des Kapital [MARX 1867: 390]. Eine der Hauptmotivationen der Windenergieindustrie, den Schritt Offshore zu gehen, erklärt sich durch das Windpotential auf See. Um dies nachvollziehbar zu machen, müssen die Mechanismen und Wirkweisen, die der Windenergienutzung zugrunde liegen, aufgearbeitet werden.

Das Windpotential auf See zeichnet sich sowohl durch konstantere als auch durch höhere Windgeschwindigkeiten aus [AGENTUR FÜR ERNEUERBARE ENERGIEN 2010: 16]. Dies ist von zentraler Bedeutung für die Umwandlung der im Wind befindlichen Energie. Ein wesentlicher Faktor, der das Windpotential eines Standortes beeinflusst, wird durch die Rauhigkeit angegeben.

Der Windgeschwindigkeit ist zu eigen, dass sie im Regelfall mit steigender Höhe zunimmt [HAU 2008: 515]. Dieses Gefälle der Windgeschwindigkeit in vertikaler Achse ist zu Wasser weniger stark ausgeprägt als über Land [WEISCHET 2002: 142]. Die Begündung für dieses Verhältnis lässt sich durch das unterschiedliche Relief begründen.

Landseitig ist die Bodenrauhigkeit aufgrund von Bebauung, Landnutzung und Vegetation im Vergleich zu See höher. Winde prallen in bodennahen Luftschichten häufiger auf die genannten Hemnisse und aufgrund des Reibungswiderstandes wird die Geschwindigkeit des Windes gebremst. Die Bodenrauhigkeit, die mit Hilfe der Rauhigkeitslänge angegeben wird, hat einen direkten Einfluss auf die Qualität des Windstandortes. Die Rauhigkeitslänge gibt dabei Auskunft, bis in welcher Höhe der Wind aufgrund der Reibungskraft derart abgebremst wird, dass Windstille einsetzt [ZMARSLY et al. 1999: 105]. Bereits geringe Rauhigkeitslängen können zu derartigen Turbulenzen innerhalb des Luftstromes führen, so dass die Einwirkung auf die Windgeschwindigkeit und Windkonstanz maßgeblich sein kann [BÖHNER & KICKNER 2006: 25]. Somit wird ersichtlich, welche Vorteile die Errichtung von Windenergieanlagen an Standorten mit geringen Rauhigkeitslängen mit sich bringt [SOMMER 2009: 35].

Wenngleich die Rauhigkeitslängen auf See von der jeweilig vorherrschenden Windgeschwindigkeit und dem damit entstehenden Seegang abhängen [TÜRK 2007: 1], kann festgehalten werden, dass die Rauhigkeitslängen auf See vergleichsweise gering sind. Die damit in Zusammenhang stehenden geringeren Turbulenzen erhöhen somit die Ertragsausbeute von Offshore-Windfarmen [BRÜCHER 2009: 185, SOMMER 2009: 36].

Die durchschnittlichen Windgeschwindigkeiten in 100m Höhe liegen an der deutschen Nordseeküste landseitig bei bis zu 8,5m/s und im südwestlichen Binnenland der Bundesrepublik bei unter 6,0m/s [JANZING 2008: 222]. Die Messstation FINO1 wurde im Jahr 2003 zu Forschungszwecken in der Deutschen Bucht ca. 60 Kilometer vor dem Festland errichtet und misst unter anderem die vorherrschenden Windgeschwindigkeiten in der Deutschen Bucht.[12] Im Jahresschnitt liegen die Windgeschwindigkeiten in einer Höhe von 100 Metern für den Zeitraum von Januar 2004 bis August 2008

[12] Die 10-Minuten-Werte der Messplattformen FINO1 und FINO3 werden direkt von der Forschungsplattform auf die Internetplattform www.fino-offshore.de übertragen.

bei 10,1m/s [BEEKEN et al. 2008: 1]. Für die Nutzung der Windenergie sind diese Kennzahlen und Werte von fundamentaler Bedeutung und dementsprechend wichtig, wenn das Interesse an Offshore-Windenergie dargestellt werden soll. Diese Faktoren haben maßgeblich die Entscheidung für die Offshore-Windenergie und somit den technologischen und industriellen Entwicklungspfad beeinflusst. Weshalb die genannten Kennzahlen so bedeutend sind, erschließt sich aus der potentiellen Nutzung des Windangebotes.

Um die Bedeutung des Standortunterschiedes Land/See zu verdeutlichen, werden zwei Standorte mit Hilfe der Daten für eine einzelne WEA kontrastiv gegenüber gestellt. Hierbei kommen frei verfügbare Daten zur Anwendung. Für den Offshore-Standort wurde auf die Zahlen von alpha-ventus zurückgegriffen [DOTI 2012: 2], für den Onshore-Standort auf die des Windparks Ellhöft [WINDPARK ELLHÖFT GMBH & CO. KG 2013].

Beiden Standorten ist gemein, dass Anlagen einer gleichen Klasse zum Einsatz kommen. In beiden Fällen wurden Anlagen der Multi-Megawatt-Klasse mit fünf oder sechs Megawatt Nennleistung verbaut.

Das Testfeld alpha ventus ist mit sechs WEA des Typs AREVA M5000 und sechs Anlagen des Typs REpower 5M bestückt. Alle Anlagen haben eine Nennleistung von jeweils 5MW. Die Nabenhöhen bewegen sich zwischen 90m und 92m und die Rotordurchmesser betragen 116m (AREVA M5000) beziehungsweise 126m (REpower 5M) [JENSEN & KOENEMANN 2010]. Im Windpark Ellhöft sind drei Anlagen des Typs REpower 6M verbaut. Hierbei handelt es sich um eine Weiterentwicklung der in alpha ventus verbauten REpower-WEA. Die Nennleistung beträgt 6MW. Die Nabenhöhe liegt auf 100m, wobei der Rotordurchmesser wie bei der 5M 126m beträgt. Es muss hier darauf verwiesen werden, dass die Anlagen im Detail nicht über die gleichen Parameter verfügen. Dennoch ist mit Abschlägen gut einzuschätzen, welch ein Wertigkeitsunterschied zwischen den Standorten auf See und den Standorten an Land liegt. Die WEA des Testfelds auf See kommen im Jahr auf durchschnittlich 4450 Volllaststunden, die landseitig bei Ellhöft an der deutsch-dänischen Grenze errichteten Anlagen auf etwa 2300 Volllaststunden.

Die Gegenüberstellung der beiden Standorte zeigt, dass der Ertag auf See im vorliegenden Beispiel fast doppelt so hoch ist. Zwecks einer besseren Vergleichbarkeit wurde in Tabelle 9 für den Standort Ellhöft in der vierten Spalte zusätzlich mit einer fiktiven WEA mit 5MW Nennleistung gerechnet. Bezüglich des Windparks Ellhöft ist anzumerken, dass laut Betreiber die *„[...] REpoweranlagen, wegen angeblicher Netzüberlastung, oftmals vom Netz genommen [werden.]“* [WINDPARK ELLHÖFT GMBH & CO. KG 2013] Auch wenn seitens der Betreiber angemerkt wird, dass sich im hier gewählten Betriebsjahr 2012 durch die Inbetriebnahme neuer Netzabschnitte die Situation deutlich verbessert hat, ist dies in Hinblick auf den getätigten direkten Vergleich zu beachten.

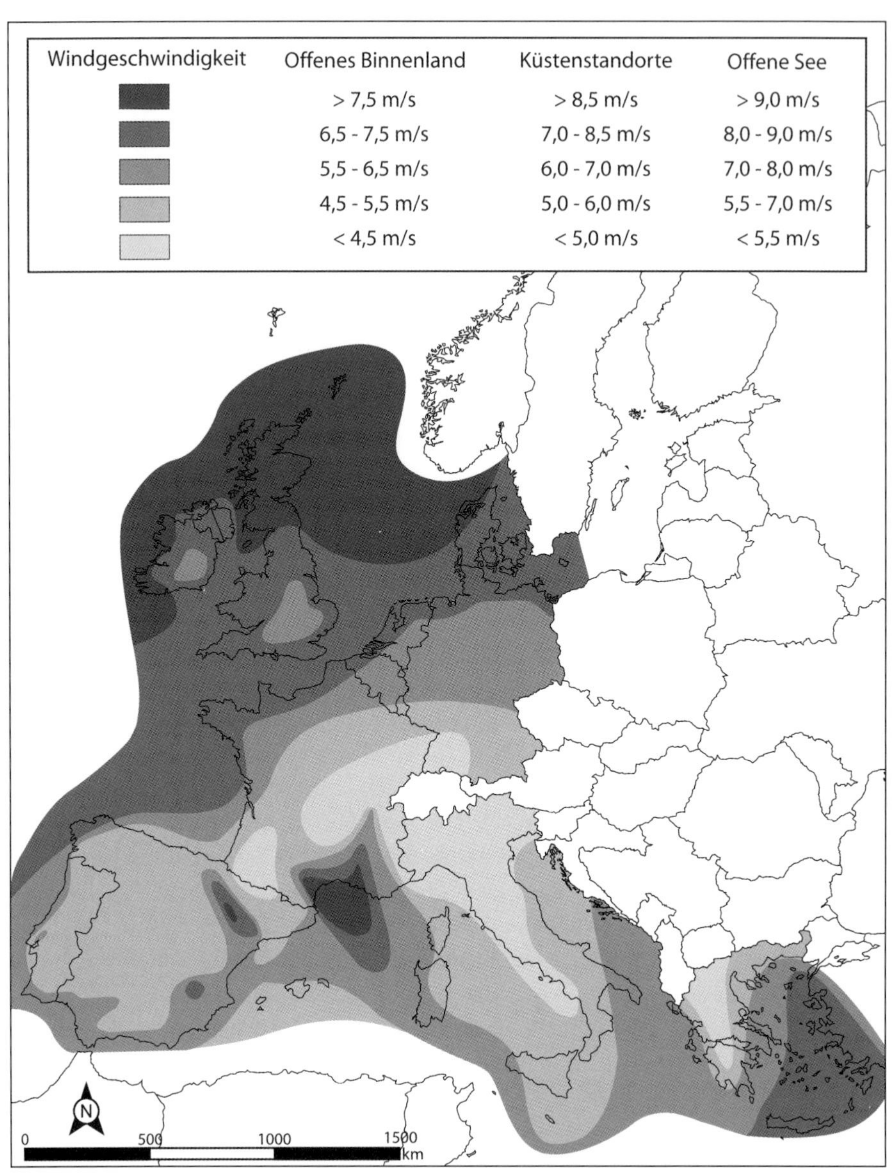

Karte 2: Windgeschwindigkeiten Land/See [verändert nach Riso 1989, Janzing 2008: 213]

Name	alpha ventus	Ellhöft	Ellhöft
Nennleistung [kW]	5.000	6.150	5.000 (fiktiv)
Volllastsunden [h]	~ 4.450	~ 2.300	~ 2.300
Ertrag [kWh]	22.250.000	14.145.000	11.500.000 (fiktiv)

Tabelle 3: Ertragsvergleich Onshore/Offshore
[Eigene Zusammenstellung, Quellen: DOTI 2012 & Windpark Ellhöft GmbH & Co. KG 2013]

Das hier präsentierte Ergebnis deckt sich somit mit Prognosen, die im Schnitt einen bis zu 40% höheren Ertrag auf See im Vergleich zu Küstenstandorten nennen [BRÜCHER 2009: 195], und stellt somit klar den Standortvorteil Offshore hinsichtlich des Windpotentials und der daraus resultierenden höheren Erträge heraus. Offshore-Wind hat unter den regenerativen Energiequellen derzeit am ehesten das Potenzial, grundlastfähig zu werden.

2.2.6 Politische Einflussnahme

Im Rahmen einer kritischen Betrachtung und auf Basis der oben genannten Gründe für die Etablierung von regenerativen Energien im Allgemeinen und der Offshore-Windenergie im Speziellen stellt politische Einflussnahme eine der essenziellen Stellgrößen zur Bewertung, Berücksichtigung und Steuerung sowohl der Argumente als auch der Aktivitäten dar. Die politische Dimension kann somit als eine der zentral treibenden oder auch hemmenden Kräfte im Spannungsfeld der regenerativen Energien angesehen werden [CAMPOS SILVA & KLAGGE 2011]. RICHARD VIETOR hält fest: *„Energy is always political"* [JONES & BOUAMANE 2011: 4]. Das Adverb ‚immer' zeigt an, dass keine Entscheidung und keine Entwicklung politisch unangetastet bleibt und die politische Dimension sich auf jeder nur erdenklichen Ebene der Energieversorgung einbringt. Dies ist der Tatsache geschuldet, dass die industrielle und kommerzielle Energieversorgung in verschiedenste Lebensbereiche eindringt und somit auf wirtschafts-, klima-, umwelt-, innen- und sogar außenpolitischer Ebene von äußerster Relevanz ist.

Dieses Faktum gilt, mit jeweils unterschiedlichen Gewichtungen, für alle erdenklichen Energieträger, Technologien und Infrastrukturen der Energiebereitstellung und -versorgung. Bei detaillierter Betrachtung lässt sich konstatieren, dass der Energie- und Strommarkt grundsätzlich durch politische Einflussnahme verzerrt wird. So lässt sich festhalten, dass externe Kosten der Energiebereitstellung nicht internalisiert werden [KAMMER 2011: 75], die Effekte der Privatisierung der deutschen Energieversorgung in den 1990er Jahren und die daraus veränderte Marktlogik im Rahmen der heutigen politischen Diskussion nicht berücksichtigt werden und ein massives staatliches Markteingreifen auf verschiedensten Ebenen stattfindet. Dies vorausgeschickt, werden nun die entsprechenden Implikationen und Modalitäten politischer Einflussnahme für die Entwicklung der Offshorewindenergie in Europa herausgearbeitet. Hierbei stehen direkte Förderungsmaßnahmen im Vordergrund.

Grundlegend für die Etablierung eines neuen Produktes oder einer neuen Technologie ist die Existenz oder die Schaffung eines Marktumfeldes, in dem die Risiken, die mit dem Markteintritt einhergehen, in einem für Innovatoren akzeptablen Rahmen gehalten werden. Diese Voraussetzung kann ohne steuernde Maßnahmen gegeben sein, häufig lässt sich, bei genauer Betrachtung, dennoch eine Einflussnahme verschiedenster Akteure erkennen und so *„wird [...] die wirtschaftliche Attraktivität erneuerbarer Energiequellen [...] derzeit noch überwiegend von der Bereitschaft und dem politischen Willen bestimmt, erneuerbare Energieressourcen zu fördern"* [KPMG 2010:

21]. In diesem Zusammenhang handelt es sich auch beim Markt für Windenergie um *„ein politisch geschaffenes Marktumfeld“* [KAMMER 2011: 74].

Die Schaffung des entsprechenden Marktumfeldes für die europäische Offshorewindenergie steht in weiten Teilen in direktem Zusammenhang mit der EU-Direktive 2001/77/EG [EU 2001] und dem ‚Fahrplan für erneuerbare Energien. Erneuerbare Energien im 21. Jahrhundert: Größere Nachhaltigkeit in der Zukunft‘ [EU 2007], die im Kern klimapolitisch motiviert sind und zum Ziel haben, den Anteil regenerativer Energien innerhalb der Mitgliedsstaaten auszubauen. Für die Windenergienutzung wird hierbei festgehalten, dass *„der Anteil der Windenergie am Stromverbrauch in der EU 2020 [...] bei 12 % liegen [könnte]“* und *„ein Drittel dieser Menge [...] von Offshore-Anlagen stammen [dürfte]“* [EU 2007: 12].

Für die BRD heruntergerechnet, bedeutet dies, dass hinsichtlich der Onshore-Windenergie der Zielwert durchaus zu erreichen ist. Im Jahr 2012 wurden 46 TWh an Windstrom erzeugt. Bei einer Bruttostromerzeugung von 617 TWh bedeutet dies einen Anteil der Windenergie von 7,5% [BDWE.DE 2013]. Mit Hinblick auf weiteren Zubau und Repoweringbemühungen und einem annähernd ausgeglichenen Stromhaushalt ist das 12%-Ziel bezüglich des Stromverbrauchs aus Windenergie realisierbar. Dass 2020 ein Drittel des Windstroms an deutschen Offshore-Standorten erzeugt werden wird, ist hingegen deutlich anzuzweifeln. Im Jahr 2012 wurden geschätzt 0,438 TWh an Offshore-Windstrom in das deutsche Netz eingespeist. Ein Drittel der deutschen Windstromerzeugung würde selbst unter Annahme eines nicht weiter fortschreitenden Onshore-Zubaus 15,33 TWh bedeuten.

Festzuhalten bleibt, dass die einzelnen EU-Mitglieder unterschiedliche Strategien, Instrumente und Umsetzungsmodelle hinsichtlich des Ausbaus der erneuerbaren Energien und somit auch der Offshore-Windenergie auf nationaler Ebene verfolgen. Die Steuerung der politischen Ziele findet auf differierenden Ebenen statt. Wesentliche Dimensionen sind hierbei grundlegende Debatten, direkte und indirekte finanzielle und/oder regulatorische Förderungen, die über allgemeine Regelungen oder die direkte Gesetzgebung implementiert werden. Im Rahmen dieser Arbeit sollen folgend die politischen Ziele und Aktivitäten Deutschlands, Dänemarks, Großbritanniens, der Niederlande, Schwedens und Frankreichs in den Fokus gerückt werden. Begründet werden soll diese Auswahl mit der Herkunft der marktdominierenden Firmen, der Anzahl der geplanten, genehmigten und errichteten Parks sowie dem aktuellen Konzentrationsgefüge der Industriestandorte.

Die deutsche Stromversorgung ist in der Nachkriegszeit im Kern auf den fossilen Energieträgern Kohle und Uran aufgebaut worden. Im Zuge der Ölkrisen der 1970er Jahre kamen in der BRD wie auch in anderen Staaten die ersten (politischen) Diskussionen hinsichtlich regenerativer Energien auf. Nach dem Tschernobylunglück, das in Deutschland eine breite außerparlamentarische und zunehmend auch parlamentarische Atomopposition revitalisierte, wurden verstärkt direkte staatliche Forschungsgelder für regenerative Energietechnologien vergeben [IRENA 2013: 68].

In der Bundesrepublik konstituiert die Gesetzgebung einen der Hauptfaktoren für den Aufstieg der regenerativen Energien. Im Rahmen der Bemühungen um ihre Implementierung sind zwei Gesetze von zentraler und industrieformender Bedeutung: Das Stromeinspeisungsgesetz (StromEinspG) von 1991 und das darauffolgende Erneuerbare Energiengesetz (EEG). Sie stellen die prominentesten und einflussreichsten regulatorischen Förderungen, die eine indirekte finanzielle Förderung enthalten, dar und können als maßgebliche Triebfedern betrachtet werden. Das 2000 eingeführte EEG, das sich durch regelmäßige Novellierungen (2004, 2009 und 2012) auszeichnet, konnte maßgebliche Entwicklungsimpulse setzen. ULRICH DEWALD zeigt auf, *„dass sich infolge der jeweiligen gesetzgeberischen Maßnahmen die Gesamtmenge erhöht und Veränderungen in der Zusammensetzung der Stromerzeugung aus erneuerbaren Energien ergeben haben“* [DEWALD 2011: 111]. Unter den regenerativen Energien konnte insbesondere die Windenergie auf Basis der festgeschriebenen Vergütungssätze und Stromabnahmeverpflichtungen ihren Entwicklungspfad erfolgreich beschreiten und stellt heute die am weitesten entwickelte Technologie der regenerativen Energien dar.

Wenngleich das StromEinspG und das EEG zwischen einzelnen Formen der regenerativen Energien unterschieden und verschiedene Vergütungssätze für Wasserkraft, Sonnenenergie, Windkraft oder Biogas festschrieben, so fand die Erkenntnis, dass der Offshorewindenergie eine eigenständige Betrachtung zukommen muss, erst vergleichsweise spät Eingang in die entsprechenden Gesetzestexte. Im StromEinspG findet sich noch keine Differenzierung zwischen Onshore- und Offshorewind. Diese Tatsache spiegelt den historischen Stand der Windenergieentwicklung wider. Bereits neun Jahre später im Rahmen des ersten EEG wurde festgesetzt, dass Windenergieanlagen, *„die in einer Entfernung von mindestens drei Seemeilen, gemessen von den zur Begrenzung der Hoheitsgewässer dienenden Basislinien aus seewärts, errichtet und bis einschließlich des 31. Dezember 2006 in Betrieb genommen worden sind, [...]“* [BMU 2000 § 7] eine gesonderte Betrachtung im Vergleich zu landseitig errichteten WEA zukommen und eine Verlängerung des Mindestvergütungszeitraums erfolgen muss. Ein getrennter Vergütungssatz sowie die Begrifflichkeit der „Offshore-Windenergie“ wurden hingegen in der Urfassung des EEG noch nicht eingebunden. Dies kann als Anzeichen gewertet werden, dass dem Gesetzgeber der signifikante Unterschied zwischen Onshore- und Offshorewind nicht bewusst war, beziehungsweise von einer klassischen inkrementellen Entwicklung ausgegangen wurde. Entsprechend der technologischen Entwicklung im europäischen Ausland und der Tendenz zu höheren Wassertiefen und größeren Küstenentfernungen wurde in der EEG-Novelle von 2004 der entsprechende Passus überarbeitet. Zum einen wurde erstmals der Begriff ‚Offshore-Anlagen‘, zum anderen ein im Vergleich zu Onshore-Windenergie höherer Vergütungssatz (Grundvergütung 6,19 ct./kWh - erhöhte Anfangsvergütung 9,1 ct./kWh/12 Jahre) aufgenommen [BMU 2004].

Im Rahmen der weiteren EEG-Novellen wurden die Vergütungssätze für Offshore-Windenergie sukzessive erhöht und weiter ausdifferenziert. Es kam zu einer detail-

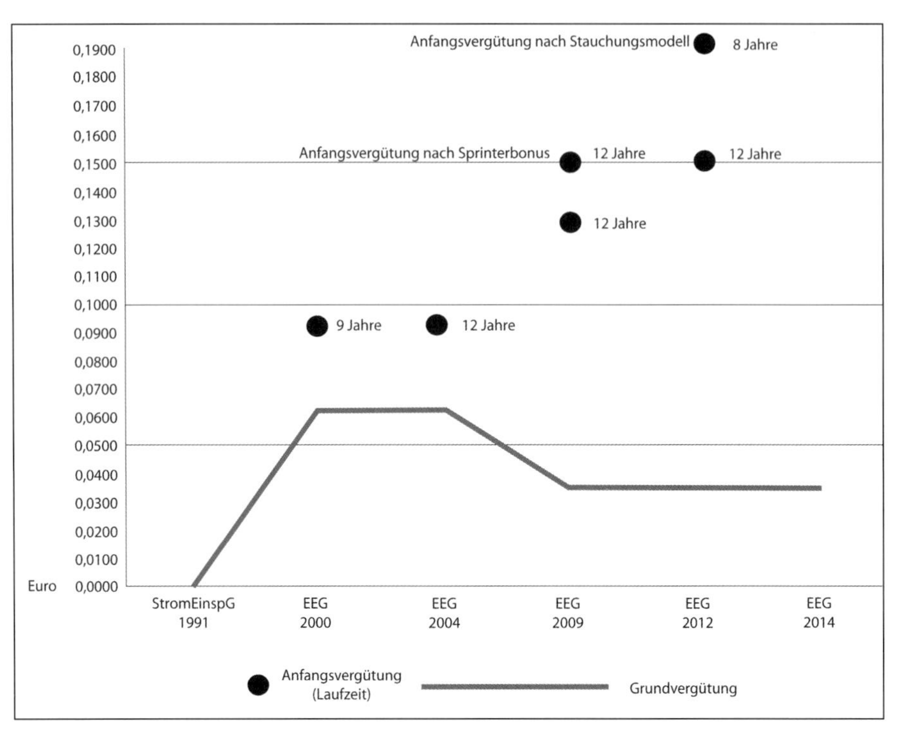

Abbildung 6: Vergütungsentwicklung Offshore-Wind [Eigene Darstellung]

lierten Berücksichtigung der Parameter Küstenentfernung und Wassertiefe, die in den Berechnungsschlüssel individuell aufgenommen wurden.

Im Rahmen der Debatte um die Kosten der EEG-Umlage und die hiermit verbundenen Belastungsmodalitäten wird derzeit eine erneute Novelle des EEG für 2014 angestrebt [BMWI 2014]. Wenngleich festgehalten wird, dass *„das technologische und industrielle Potential verbunden mit den Perspektiven für wirtschaftliches Wachstum und Arbeitsplätze [...] die weitere Finanzierung der Wind Offshore Technologie [rechtfertigen]"* [BMWI 2014: 4], ist die deutsche Offshore-Windenergieindustrie aufgrund der unklaren politischen Positionen der letzten Jahre stark zurückgeworfen worden. Angesichts der hohen Risiken, die mit dem Auf- und Ausbau einer neuen Technologie einhergehen, erwarten potenzielle Investoren entsprechend angepasste Renditen. Werden die Finanzierungsmodelle, die diese Risiken tragen, unterminiert, so ist mit einem Ausbleiben der entsprechenden Investitionen zu rechnen [HAMBURGER ABENDBLATT 2014: 24]. Aktuelle Investitionsunsicherheiten führen bereits zu einem Ausbleiben von Aufträgen mit der Folge von Kapazitätsschließungen jüngst aufgebauter Einrichtungen und zur Einführung von Kurzarbeit [NDR.DE 2013, KREISZEITUNG.DE 2014].

Die Finanzierung der Offshore-Wind-Technologie findet dabei nicht ausschließlich über das EEG statt. Direkte finanzielle Förderung findet zumeist über die Ermöglichung von Forschungs- und Entwicklungsarbeit statt. *„Wegen der besonderen Inves-*

titionsrisiken in dem vergleichsweise jungen Industriezweig spielen Fördergelder und -initiativen der öffentlichen Hand durchaus eine Rolle" [PWC 2012: 28]. Die direkte Förderung der Offshore-Windenergie summiert sich für die Jahre 2008 bis 2010 auf insgesamt 90,9 Millionen Euro und liegt prozentual deutlich über den direkten Fördersummen des Onshore-Bereiches. Die genannte Gesamtfördersumme setzt sich im Wesentlichen aus der Förderung einzelner Forschungprojekte zusammen. So erhielten Projekte der Firmen Weserwind, Züblin oder AREVA sechs- bis siebenstellige Fördersummen, um die Entwicklung ihrer Produkte vorantreiben zu können [ebd.].

Als weiteres Anreizinstrument werden im Rahmen eines Programms der nationalen KfW-Bank, dem KfW-Programm Offshore Windenergie (273), Darlehen an Projektgesellschaften vergeben, die Offshore-Windparks in der AWZ projektieren. Ziel ist es, auf diesem Wege Kreditklemmen zu überwinden und die entsprechend benötigte Liquidität zu gewähren, *„um den Ausbau der Offshore-Windenergie in Deutschland zu beschleunigen"* [KfW 2012: 1].

Eine zusätzliche Ebene, die indirekt als (ausbleibende) Förderung der regenerativen Energien im Allgemeinen und der Offshore-Windenergie im Besonderen gewertet werden kann und an dieser Stelle aufgrund ihrer hohen Bedeutung nicht unerwähnt bleiben soll, stellt der Netzausbau dar. Hier lassen sich zwei Ausbaustufen unterschieden, die einen unmittelbaren Einfluss auf die Planungs- und Zeitachsen des Offshore-Ausbaus und somit auf die Industrie haben. Zum einen müssen die Anschlüsse der Offshorewindparks auf See errichtet werden, um den Windstrom in das Verbundnetz einspeisen zu können, zum anderen ist der Windstrom in die Abnahmezentren des Südens zu transportieren, wofür entsprechende Trassen wie die ‚Sued.Link-Trasse' gebaut werden müssen [SPIEGEL.DE 2014]. Die entsprechenden Gesetzesgrundlagen und Regelungen müssen daher von einer Vielzahl von politischen Akteuren auf den Weg gebracht werden, um eine Realisierung der Vorhaben und die Existenz einer entsprechenden Technologie und Industrie garantieren zu können.

Die Bundesrepublik stellt aufgrund der hohen Ambitionen der Energiewende gepaart mit den strukturellen (Energieabnahmezentren im Süden, Windenergieerzeugungszentren im Norden) und physisch-geographischen (vergleichsweise hohe Küstenentfernungen und Wassertiefen) Eigenschaften einen Fall dar, der sich besonderen Herausforderungen annehmen muss und vergleichsweise komplex ist.

Auch in den EU-Nachbarländern ist der Aufbau der Offshore-Windenergie in wesentlichen Teilen politisch geprägt, motiviert und begleitet. Aufgrund der Tatsache, dass die ersten Schritte der Offshore-Windenergie insbesondere in Dänemark und Schweden stattfanden und der Ausbau insbesondere in UK weit vorangeschritten ist, müssen für ein umfangreiches Verständnis der Entwicklung der Offshorewindenergie die politischen Rahmenbedingungen und Aktivitäten im europäischen Ausland nachvollzogen werden.

Die dänische Energiepolitik steht in enger Verknüpfung mit einer hohen Ölimportabhängigkeit und den Debatten um die Suche nach Alternativen. Das heutige Ziel besteht in einer vollständigen Unabhängigkeit von fossilen Energieträgern. Als Resultat der Ölkrisen der 1970er Jahre wurde erstmals eine Steuer auf den Strompreis erhoben, mit der Forschung und Entwicklungsarbeit für regenerative Energien finanziert wurden [DEA 2012: 2, IRENA 2013: 54]. Nachdem die Bemühungen um die Einführung der Nukleartechnologie aufgrund einer breitgestellten außerparlamentarischen Antiatomkraftbewegung seitens des dänischen Parlaments Mitte der 1980er Jahre eingestellt wurden, rückten regenerative Energien und vor allem die Windenergie immer mehr als realistische Alternative in den Fokus [IRENA 2013: 55]. Mit kontinuierlichem Ausbau der Windenergieleistung an Land spielte sich immer deutlicher die Problematik der Flächenverknappung in den Vordergrund. Hieraus resultierte, dass Dänemark sich verstärkt der Offshorewindenergie zuwandte und entsprechende Entwicklungen vorantrieb [KPMG 2010: 27].

Einhergehend mit diesen ursprünglich aus Ressourcenabhängigkeiten resultierenden Überlegungen gingen klimapolitische Ziele einher wie beispielsweise die Intention, bis zum Jahr 2020 die Treibhausgasemissionen im Vergleich zum Referenzjahr 1990 um 34% zu senken [DEA 2012: 8]. Der geplante Leistungsausbau wäre alleine durch die landseitige Errichtung von WEA mittelfristig nicht realisierbar. Im Gegensatz zu den im deutschen EEG implementierten Vergütungsfestsetzungen setzt Dänemark im Rahmen einer direkten finanziellen Förderung für die Offshore-Windenergie auf ein Ausschreibungsmodell, bei dem die Konzession für einen OWP an den Bieter vergeben werden, der den geringsten Preis pro Kilowattstunde anbietet. Zudem ist eine Vergütungsobergrenze implementiert, die im Beispiel der Parks Horns Rev 2 und Rødsand 2 auf 50.000 Volllaststunden Jahre und im Falle des OWP Anholt auf 20.000TWh begrenzt ist. Nach Erreichen dieser Werte ist der aus den OWPs erzeugte Windstrom zu Marktpreisen einzuspeisen. Projekte, die nicht über Ausschreibungsverfahren entwickelt werden, erhalten pro kWh eine feste Einspeisevergütung von 1,3 Cent zusätzlich zum aktuellen Marktpreis [KPMG 2010: 27].

Das Windenergiepionierland Dänemark, das 2011 bereits 28,3% des Stromverbrauchs beziehungsweise 9.765 GWh der Stromerzeugung aus der Windenergie decken konnte und auf den weltweit höchsten Nutzungsanteil kommt [IRENA 2013: 54], hat somit deutlich vom EEG differierende Instrumente und Steuerungsmechanismen eingeführt, um die Energiewende voranzutreiben. Parallelen finden sich bezüglich des Netzanschlusses, in Dänemark ist wie in Deutschland der Übertragungsnetzbetreiber (ÜNB) für die Kostenübernahme des Netzanschlusses verantwortlich. Der wesentliche Unterschied findet sich jedoch in der Besitzstruktur. In Dänemark handelt es sich beim ÜNB um das sich komplett in dänischem Staatsbesitz befindliche und vom Ministerium für Energie geleitete Unternehmen Energinet.dk. Somit lässt sich eine indirekte finanzielle Förderung der dänischen Offshore-Windenergie und eine direkte politische Einflussnahme festhalten.

Wenngleich Schweden bereits heute knapp die Hälfte seines Strommixes durch regenerative Energien deckt, wobei insbesondere die Wasserkraft mit 44,9% und Windkraft mit 4,2% vertreten sind [SEA 2012], soll dieser Anteil deutlich ausgebaut wer-

Abbildung 7: Der schwedische OWP Lillgrund [Eigene Aufnahme 2010]

den. Das politische Ziel ist es, im Jahr 2020 49% des Endenergieverbrauches über regenerative Energien zu decken [KPMG 2010: 36]. Insbesondere die Nutzung von Windkraft soll vorangetrieben werden, um die gesteckten Ziele zu erreichen. War es im Jahr 2006 gerade einmal eine TWh, die aus Windstrom genutzt wurde, so waren es 2011 bereits 6,1 TWh [SEA 2012]. Das Ziel liegt bei 30 TWh im Jahr 2020. Hiervon sollen zwei Drittel aus Onshore-Wind und ein Drittel aus Offshore-Wind kommen [KPMG 2010: 36].

Um dieses Ziel erreichen zu können, hat der schwedische Staat drei primäre Instrumente eingeführt. An erster Stelle findet sich ein Quotensystem [KPMG 2010: 37, RES-LEGAL 2011: 1], das über zu erwerbende Grünstromzertifikate gesteuert wird. Betreiber von OWP erhalten für jede erzeugte MWh ein entsprechendes Zertifikat, welches handelbar ist. Da Energieversorger verpflichtet sind, jährlich eine festgelegte Menge von Zertifikaten vorzuweisen, haben sie die Möglichkeit, diese zu entsprechenden Preisen einzukaufen oder selbst die Parks zu betreiben und so ihren Zertifikatsbedarf zu decken. Aus Zertifikatspreis und regulärem Strompreis ergibt sich eine variierende Gesamtvergütung, die im Jahr 2010 bei 6,76 ct./kWh lag und somit deutlich unter den Vergütungssätzen anderer EU-Staaten liegt [KPMG 2010: 37].

Das zweite Instrument stellen direkte staatliche finanzielle Förderungen dar. Ein aktuelles Förderprogramm umfasst für den Ausbau der Offshore-Windenergie insgesamt 350 Millionen Euro [ebd.]. Die OWP Lillgrund und Utgrunden 2 profitierten von Zuschüssen von 23,0 Mio. € respektive 7,5 Mio. € [KPMG 2007: 26].

Das letzte hier aufgeführte Instrument ist ein Steuervergünstigungsmodell. Betreiber von Windenergieanlagen profitieren von Vergünstigungen auf die Immobiliensteuer und Energiesteuer [RES-LEGAL 2011: 1].

Das Vereinigte Königreich stellt in Bezug auf die installierte Leistung derzeit den Spitzenreiter dar. Diese Situation ist mehreren Tatsachen geschuldet. Zum einen bietet die geographische Lage ein enormes Flächenpotenzial für die Nutzung der Offshore-Windenergie, so finden sich bereits OWP in der Irischen See und in verschiedenen Teilen der britischen Nordsee. Zum anderen sieht die britische Regierung, mitunter auf Basis der genannten physisch-geographischen Verhältnisse, die Offshore-Windenergie als Schlüsseltechnologie [HM GOVERNMENT 2009: 9ff.] an und unternimmt entsprechende Fördermaßnahmen, um im Rahmen ihrer Klimapolitik die angestrebten Ausbauziele hinsichtlich der Etablierung regenerativer Energien zu erfüllen.

In diesem Zusammenhang ist an erster Stelle der geschaffene genehmigungsrechtliche Rahmen anzuführen. Im Vergleich zur BRD, ermöglicht dieser die Errichtung von Windfarmen in relativer Küstennähe und trägt somit zu minimierten und somit attraktiveren Errichtungs- und Betriebskosten in den Gewässern des Vereinigten Königreichs bei, die von der staatlichen Institution The Crown Estate verwaltet werden [KPMG 2010: 31f.].

Weitere politische Einflussnahme findet sich hinsichtlich der Vergütungsregelungen, die, ähnlich wie in Schweden, mit Hilfe eines Quotenmodells den Bau und Betrieb von Offshore-Parks unterstützt. Stromversorger haben eine festgelegte Menge an erzeugtem Strom aus erneuerbaren Energien beziehungsweise den Einkauf entsprechender Zertifikate nachzuweisen [OFGEM E-SERVE 2014]. Über die Renewable Obligation Certificates (ROC) genannten Zertifikate, die zusätzlich zum aktuellen Marktpreis vergütet werden, erhalten Betreiber von OWP circa 0,18 € pro kWh vergütet. Diese genannten Instrumente und Regelungen haben dazu geführt, dass *“in Großbritannien […] weiterhin die attraktivsten Rahmenbedingungen für Investitionen in Offshore-Windprojekte [bestehen], obwohl die Vergütung marktpreisabhängig ist und damit Preisschwankungsrisiken enthält“* [KPMG 2010: 33f.].

Die Motivation der britischen Regierung, vergleichsweise massiv die Offshore-Windenergie zu fördern, erklärt sich hingegen nicht allein aus den angeführten klimapolitischen Gründen. Erklärtes Ziel ist es, eine eigene Offshore-Windenergie-Industrie aufzubauen [HM GOVERNMENT 2013, RENEWABLE UK 2013], um neue Arbeitsplätze und neues Wissen zu etablieren. Um diese Ziele erreichen zu können, wird in sowohl Infrastruktur als auch in Forschungs- und Entwicklungszentren investiert. Im Rahmen dieser Bemühungen fanden bereits Überlegungen namhafter Hersteller wie beispielsweise AREVA, Siemens und Vestas statt, entsprechende Produktions- und Forschungsstätten auf der Insel anzusiedeln [VESTAS.COM 2011, AREVA.COM 2012, SIEMENS.CO.UK 2011]. Abgesehen von administrativen Einheiten bleibt der Erfolg hinsichtlich der Unternehmensansiedlung bis dato jedoch hinter den Erwartungen zurück [RENEWABLE UK 2013: 4].

Im Vergleich zu den bereits angeführten Staaten kann konstatiert werden, dass die Entwicklung der regenerativen Energie und somit auch die der Offshore-Windenergie jenseits des Rheins weniger weit fortgeschritten ist. Die Hauptmotivation Frankreichs hinter der Etablierung der Offshore-Windenergie findet sich, ähnlich wie in Großbritannien, hauptsächlich auf industriepolitischer Ebene. Verfügt die Onshore-Windenergieindustrie in Frankreich über keine nennenswerten Anlagenhersteller, so finden sich mit den beiden Großkonzernen aus dem Technologie- und Nuklear-Sektor Alstom und AREVA zwei gewichtige Akteure, die im Offshore-Wind-Bereich aktiv sind.

Das französische Ministère de l'Écologie, du Développement durable et de l'Énergie (MEDDE) hat zum Zweck der Errichtung von Offshorewindparks mit einer Gesamtnennleistung von finalen 6 GW vor der französischen Küste aktiv in die Auswahl der Stakeholder eingegriffen. In allen ausgewählten Konsortien zur Realisierung der Vorhaben finden sich große französische Firmen wie EDF, Alstom, AREVA oder Technip [OFFSHOREWIND.BIZ 2013]. Bereits die erste Ausbaustufe der geplanten Windparks soll 1,9 GW betragen und bis zu 10.000 neue Arbeitsplätze schaffen [IWR.DE 2012B, EWEA.ORG 2013].

Als Anreizinstrument für den Aufbau der Offshorewindenergie wird in Frankreich ähnlich wie in Deutschland primär auf ein Einspeisevergütungsmodell zurückgegriffen [RES-LEGAL 2013: 1], das einen kWh-Preis von maximal 0,13 € vorsieht. Der Kapazitätsausbau wird über Ausschreibungsrunden mit entsprechenden Konzessionsvergaben gesteuert.

	Deutschland	**Dänemark**	**Schweden**	**UK**	**Frankreich**
Vergütungsmodell	Einspeisevergütung	Ausschreibungsverfahren	Quotenmodell	Quotenmodell	Einspeisevergütung
Weitere Modalitäten	Zeitlich abhängige Vergütung	Leistungsabhängige Vergütung	Zeitlich abhängige Vergütung	Zeitlich abhängige Vergütung	Zeitlich abhängige Vergütung
Netzanschluss	ÜNB	ÜNB	PE	PE	ÜNB
Netzpriorität	Ja	Ja	Nein	Nein	Nein
kWh/Preis (Schnitt)	0,15-0,19€/kWh	0,069 - 0,084€/kWh	0,067€/kWh	~0,18€/kWh	~0,13€/kWh

Tabelle 4: Übersicht Einspeisevergütungen Offshorewind [KPMG 2007, KPMG 2010, RES-LEGAL.EU 2011]

Es zeigt sich, dass insbesondere die zentralen Steuerungsinstrumente für den Ausbau der erneuerbaren Energien und speziell der Offshore-Windenergie auf monetären Anreizen basieren. Die Modalitäten variieren dabei deutlich und erstrecken sich über direkte Einspeisevergütungen, monetär handelbare Quotensysteme bis hin zu direkten Forschungsförderungen und Steuervergünstigungen.

Letztlich bleibt festzuhalten, dass die hier aufgezeigte Vielfalt politischer und sozioökonomischer Faktoren einen wesentlichen Einfluss auf die Windenergienutzung und somit die Windenergieindustrie und die Windenergietechnologie hat. Die dargelegten Prozesse lassen sich dabei nicht in ein starres Ablaufmuster pressen. Einzelne Diskurse beeinflussen sich gegenseitig, sind mal stärker, mal schwächer ausgeprägt, oder werden gar zeitweise komplett ausgesetzt. Sie alle haben einen nicht zu unterschätzenden Einfluss auf die Technologie- und Industriegestaltung, die wiederum einen prägenden Faktor für die genannten Diskurse und Argumentationsstränge darstellt.

3. Theoretischer Hintergrund

Wie bereits dargelegt, ist der Untersuchungsgegenstand im Energiesektor im Allgemeinen und im Bereich der erneuerbaren Energien im Speziellen zu verorten. Die Analyse des Gegenstandes und die Aufarbeitung der aufgestellten Thesen finden im Weiteren jedoch vor einem nicht energieindustriespezifischen Ansatz statt.

Die zur Anwendung kommenden theoretischen Konzepte und Analysegerüste folgen den Ansätzen der evolutionären Wirtschaftsgeographie [BOSCHMA & FRENKEN 2006, BOSCHMA & MARTIN 2010, SCHAMP 2012] und sind insbesondere der Evolutionsökonomik [HENDERSON & CLARK 1990, ANDERSON & TUSHMAN 1990, TUSHMAN et al. 1997, GATIGNON et al. 2002, MURMANN & FRENKEN 2006] entliehen.

Die theoretische Grundlage ist demzufolge in der Betrachtung von technologischem Wandel und Innovation verortet. Hierbei sei explizit darauf verwiesen, dass die im Rahmen dieser Arbeit gewählten und angewandten theoretischen Ansätze zyklischer Natur als gedankenstützende Heuristiken dienen.

3.1 Zur räumlichen Entwicklung neuer Industrien und Industriezweige

Im Allgemeinen wird in der aktuellen Wirtschaftsgeographie unter Zuhilfenahme einer evolutionären Perspektive die Entwicklung und Dynamik von Industrien und Sektoren in Hinsicht auf Gründungsprozesse und die folgende weitere räumliche Entwicklung entlang verschiedener Pfade und Phasen betrachtet [BOSCHMA & LEDDER 2008, WENTING 2008]. Einen bedeutenden Einfluss zur Einnahme dieser Untersuchungsperspektive hatten die Autoren der Kalifornischen Schule ALLAN J. SCOTT, MICHEAL STORPER und RICHARD WALKER in den 1980er und 1990er Jahren. Letztgenannte bieten mit ihrem Modell raumwirksamer Effekte industrieller Entwicklungspfade einen Einblick in die räumlichen Entwicklungsstufen von Industrien und industriellen Sektoren. Zentrale Grundüberlegung des Ansatzes ist, dass (neue) Industrien (neue) Räume produzieren und prägen. Dies geschieht in maßgeblichen Teilen, so die Annahme, durch technologischen Wandel und Innovation [SCHAMP 2000, STAUDACHER 2005: 377].

Die räumliche Entwicklung von Industrien und den damit einhergehenden Prozess der Raumgestaltung teilen STORPER & WALKER [1989] in die Abfolge von vier Phasen ein. Die erste Entwicklungsperiode des Modells wird als Stadium der ***Lokalisation*** bezeichnet. Diese steht in direktem Zusammenhang mit der Begrifflichkeit des ***Window of Locational Opportunity (WLO)*** [SCOTT & STORPER 1987, BOSCHMA 1997]. Im ersten Entwicklungsabschnitt sind neue oder wiederbelebte Industrien in ihrer räumlichen Wahlfreiheit flexibler und offener als persistente Industrien oder Industriezweige. Diese räumliche Offenheit beschreibt das WLO. Die Anforderungen, die Industrien an ihr Lokalisationsumfeld stellen, sind jedoch industrie- und kontextabhängig [Mossig 2000: 231]. Trotz einer hohen Wahlfreiheit besitzt nicht jeder potenzielle Standort eine gleiche Wertigkeit. Entscheidend ist, dass es auf die Frage, wie es zur Genese neuer Industrien und Industriezweige kommt, die ein entsprechendes WLO für sich nutzen könnten, keine absolute und monokausale Antwort gibt. In dieser Arbeit soll *ein* Faktor für diesen Prozess herausgearbeitet werden. Dieser Schritt, der eng an die Innovationsdimension geknüpft ist, wird in den Mittelpunkt gehoben.

Der Phase der Lokalisation inklusive des WLO folgt eine Phase **selektiver Clusterungsprozesse**. Hintergrund hierfür ist die Heterogenität der verschiedenen regionalen Entwicklungen. Wettbewerbsvorteile in einigen Regionen führen dazu, dass sich diese vorteilhafter entwickeln und im Vergleich zu anderen Regionen besser positionieren können [Storper & Walker 1989: 75 ff.]. Es stellt sich ein selbstverstärkender Prozess ein, den Myrdal [1959: 21] als *„kumulative Verursachung"* bezeichnet. So kommt es zu einer Ballung von branchenspezifischen Unternehmen an ausgewählten Standorten, die durch das Einsetzen von Neugründungen und Spin-Off-Prozessen [Buenstorf & Fornahl 2009: 350], oder die Nutzbarmachung regional vorhandenen Wissens durch Spill-Over-Effekte [Frenken et al. 2007: 686] verstärkt wird.

Die dritte Phase, die **Dispersionsphase** wird durch Stagnations- und Schrumpfungstendenzen in den herausgebildeten Industrieagglomerationen beeinflusst und ist durch einen Expansionsprozess in andere Regionen gekennzeichnet [Storper & Walker 1989]. Verlorengegangene oder bestehende Marktanteile sollen in Wachstumsperipherien kompensiert oder ausgebaut werden. Diese Entwicklung wird von Verdrängungs-, Aufkaufs- oder Fusionsprozessen begleitet und kann im Vergleich zur Lokalisationsphase durch sogenannte Local-Content-Anforderungen wesentlich von (regional-) politischer und institutioneller Seite beeinflusst werden.

Letztlich setzt die Phase der **Shifting Centers**, bedingt aus der Abwanderung der originären Industrie aus der Ursprungsregion, ein. Diese Entwicklungen werden mit Erneuerungs- beziehungsweise Umstrukturierungsprozessen innerhalb der Industrie begründet [Storper & Walker 1989]. Die Entwicklung neuer Produkte oder die Ausbildung Radikaler Innovationen bieten neue Entwicklungschancen und ein neues WLO, *„so dass der industrielle Entwicklungspfad trotz der Existenz von Industrieballungen und Wachstumsperipherien in das Anfangsstadium der Lokalisierung zurück versetzt wird"* [Bathelt & Glückler 2003: 210].

Die Frage, wie es im Eigentlichen zur Genese neuer Technologien, Industrien, Industriesektoren oder Industriezweige und den damit zusammenhängenden räumlichen Ausprägungen kommt, bleibt in vielen Untersuchungen unterbelichtet. Zwar besteht eine profunde Einsicht in die Art und Weise, wie sich technologische Entwicklungspfade und Industrieräume entwickeln, sobald sie sich formieren, für ihre ursprüngliche Genese ist das Verständnis jedoch relativ gering [Boschma & Ledder 2010: 191, Simmie et al. 2014: 876]. Einer der Kerngedanken ist, dass technologische Brüche mitbestimmend und verantwortlich sind für die Öffnung eines *„Windows of (Locational) Opportunity"* [Perez & Soete 1998: 460], gleichwohl für führende als auch für unterentwickelte Regionen [Boschma 1997: 16].

Die evolutionäre Betrachung der Windenergieindustrie unter Berücksichtigung der Modellphasen der industriellen Entwicklungspfade von KAMMER identifiziert den Ursprung der Windenergieindustrie *„vor ca. 35 Jahren in einem Umfeld, das von den Nachwirkungen der Ölkrisen und der Ablehnung von Atomenergie gezeichnet war"* [KAMMER 2011: 279]. Die Entstehung der Windenergieindustrie und somit die Öffnung eines WLO sind auf die Etablierung einer radikal neuen Technologie, der der modernen Windenergieanlage, zurückzuführen. In einem weiteren Entwicklungsstadium der Windenergienutzung kamen (wie in Abschnitt 2.2 dargelegt) sukzessive verschiedene Begründungen und Notwendigkeiten auf, WEA auf See zu errichten. Es kam zu einer Industrieerweiterung, die durch die Weiterentwicklung der Technologie begleitet wurde. Die langsame Ausbildung des Offshoresegments begann.

Die Ausformierung neuer Industrien ebenso wie die der sie behebergenden Ballungen ist als eine komplexe, mehrdimensionale Dynamik zu verstehen, die sich nicht auf einzelne Faktoren beschränken lässt. Es stellt sich als äußerst diffizil heraus, alle Einflussgrößen und Akteure zu identifizieren und mit entsprechend gleicher Gewichtung und Detailgenauigkeit zu untersuchen [MALERBA & ORSENIGO 1996: 81 ff., MENZEL et al. 2010: 2]. Hinsichtlich der Entstehung neuer Industrien wird häufig mit technologischer Innovation argumentiert. Dabei wird oft die Dichotomie von Inkrementeller und Radikaler Innovation genutzt [OLLEROS 1986: 5, FELDMAN 2000: 374, KOSCHATZKY 2001: 58, FRENKEN & BOSCHMA 2007: 636, BRUNS et al. 2008: 20]. Die „Black Box" der Technologieentwicklung wird bei der Betrachtung räumlicher Industrieentwicklung nur selten bis gar nicht geöffnet und mit der räumlichen Entwicklung der sie beherbergenden Industrie abgeglichen. Letztlich kann dies damit zusammenhängen, dass es, insbesondere für Außenstehende, häufig kompliziert ist, den Kern und die Entwicklungsprozesse einer Technologie zu ergründen und zu verfolgen. Hierfür bedarf es zum einen eines gewissen technologischen Interesses und zum anderen einer tiefen Einsicht in die Technologie und die zugehörige Industrie.

Für die räumliche Ausbildung der Windenergieindustrie ist sicherlich als ein Faktor die Ressourcengebundenheit zu diskutieren. Insbesondere für die Entstehung der Windenergieindustrie ist eine Lokalisierung an Standorten mit guten Windverhältnissen von Bedeutung [KAMMER 2011: 260]. Diese Relevanz hat im Laufe der Zeit und mit zunehmender Professionalisierung und Dispersion der Branche jedoch zunehmend abgenommen.

Basierend auf der Annahme von [STORPER & WALKER 1989], dass neue Industrien neue Räume produzieren, beziehungsweise eine eigene neue Räumlichkeit aufweisen, muss auch der Offshore-Windenergie, wenn diese zunehmend eigenständig werden sollte, eine eigene Räumlichkeit zu eigen sein. Dies impliziert die Existenz eines neuen WLO, welches den Ausgangspunkt für eine weitere räumliche Entwicklung darstellt. Da bis zum aktuellen Zeitpunkt keine eindeutig radikale technologische Diskontinuität, die für die Aufspaltung der Segmente Onshore und Offshore verantwortlich sein könnte, zu identifizieren ist, gilt es zu klären, welche Innovationsmuster mit den derzeitigen Entwicklungen einhergehen.

Um die oben aufgestellte These einer Industriespaltung beziehungsweise einer Herausbildung zweier Industriezweige aufarbeiten zu können, bedarf es eines adäquaten Untersuchungsrahmens für eine entsprechende Industrieentwicklung. Da die Identifizierung technologischen und industriellen Wandels und in besonderem Maße die Einordnung der herausgearbeiteten Prozesse eine große Herausforderung darstellen, soll im Folgenden eine schrittweise Annäherung an die genutzten theoretischen Grundlagen erfolgen.

3.2 Innovation in der (Wirtschafts-) Geographie

Für diese Arbeit fand der Einstieg in die Aufarbeitung der theoretischen Diskussion über eine relationale Perspektive [BATHELT & GLÜCKLER 2003] statt. Der relationale Ansatz wurde aufgrund seiner expliziten Offenheit für die Ermittlung und Anwendung dienlicher Heuristiken als Ausgangspunkt für die weitere Theorieerarbeitung gewählt. Hieraus resultierte eine vertiefte Auseinandersetzung mit innovationstheoretischen Ansätzen. Da die Thematik der Innovation, der Ökonomie aber auch der Wirtschaftsgeographie ein breites Untersuchungsfeld bietet, finden Innovationsprozesse eine erhöhte Aufmerksamkeit. Hierbei wird das Phänomen der Innovation unter Zuhilfenahme diverser Ansätze und Theorien betrachtet. Nachfolgend wird den prominentesten Ansätzen zwecks inhaltlicher Abgrenzung in komprimierter Form Aufmerksamkeit gewidmet.

3.2.1 Die Geographie von Innovation und Wissen

Die Geographie und ihre Nachbardisziplinen haben, im Rahmen der Auseinandersetzung mit Innovation und Innovationsprozessen, die Erforschung und räumliche Verortung von Wissen, Wissensgenerierung, interaktiven Lernprozessen und Wissensweitergabe, beispielsweise durch Spill-Over-Effekte, in den Mittelpunkt gerückt [AUDRETSCH & FELDMANN 1996A, AUDRETSCH & FELDMANN 1996B, FELDMANN 2000, BRESCHI & MALERBA 2001, HOWELLS 2002, BATHELT et al. 2004, THOMPSON & FOX-KEAN 2005, HOEKMAN et al. 2008]. Dabei stehen vor allem die Auswirkungen von Innovation auf regionale Entitäten im Fokus. Unter dieser Betrachtungsweise wird Innovation im weitesten Sinne als Resultat eines interaktiven, nicht-linearen Prozesses verstanden, der eine Reihe verschiedener Akteure wie die Industrie, die Wissenschaft und die Politik miteinbezieht [MARTIN 2012: 11]. Dieser Perspektive ist ein diffuser Innovationsbegriff anhängig, da verschiedene Innovationsformen und Innovationsprozesse nicht dezidiert aufgearbeitet werden, sondern sich häufig auf das Vorhandensein innovatorischer Aktivität beschränkt wird. Die eigentlich greifbare Innovation, die in neue Produkte und Industrien mündet, bleibt weitgehend außen vor und der Innovationsbegriff bleibt auf einer theoretisch-abstrakten Ebene verhaftet.

3.2.2 Systemische Innovationsansätze

Die Auseinandersetzung mit Innovationsdynamiken und ihrer Evolution auf Entwicklungs-, Anwendungs- und Verbreitungsebene findet aktuell häufig unter Zuhilfenahme systemischer Ansätze statt, die verstärkt in den beiden letzten Dekaden erarbeitet und formuliert wurden.

Seinen Ursprung hat dieser systemische Zugang dabei in der Erkenntnis, dass Innovation und Innovationsprozesse in ein komplexes Interdependenz- und Wirkungsgefüge eingegliedert sind [NEGRO 2007: 25]. Ein System wird hierbei als ein Gefüge verschiedener Komponenten und Akteure sowie ihrer Attribute und Relationen angesehen [CARLSSON et al. 2002: 234]. Die systemische Sichtweise kann verschiedene Betrachtungsstandpunkte annehmen und bietet daher die Mittel für eine Differenzierung des Untersuchungsfokus. Zusätzlich wird die Gelegenheit gegeben, die Abstraktionsgrade entsprechend zu variieren. Auf diese Weise kann eine nationale Perspektive [NELSON & ROSENBERG 1993, LUNDVALL et al. 2007], eine regionale Perspektive [COOKE et al. 1997, COOKE 2001, OSSENBRÜGGE 2001], eine sektorale Perspektive [MALERBA 2002, 2004], eine soziotechnologische [GEELS 2004, VERBONG & GEELS 2007] oder eine technologische Perspektive [CARLSSON & STANKIEWIECZ 1991, MARKARD & TRUFFER 2008, KLAGGE et al. 2012] eingenommen werden. In diesem Sinne lassen systemische Ansätze eine relationale und evolutionäre Grundperspektive zu und bieten einen Zugang zur Betrachtung von Innovationsprozessen unter räumlichen Aspekten.

Da einem Innovationssystem immer die Erschaffung neuen Wissens inhärent ist, stellt auch in systemischen Ansätzen häufig das technologische Objekt eine der fundamentalen Dimensionen dar. Ebenso ist es ein Ziel systemischer Ansätze, den Ursprung von Innovation und des dazugehörigen Innovationssystems zu identifizieren. MALERBA formuliert diese Fragestellung wie folgt: *„How do new sectoral systems*[13] *emerge, and what is the link with previous sectoral systems?“* [MALERBA 2002: 259].

3.2.3 Kritische Betrachtung der Komplexität systemischer Ansätze

Systemische Ansätze beziehen in ihre Betrachtungsperspektive eine Vielzahl von Dimensionen, Akteuren und Prozessen mit ein und ermöglichen so einen gesamtheitlichen Zugang zu einer Reihe von wirtschaftsgeographischen Fragestellungen. Die Stärke dieser Ansätze ist jedoch zugleich ihre Schwäche. Eine konzeptionelle Offenheit, die auf Dimensionen mit einer hohen Komplexität trifft, bietet ein Einfallstor für Unschärfe und mangelnde Detailtiefe [SUNLEY 2008: 1, DEWALD 2012: 45]. Insbesondere die Problematik der Einzelkomplexität der genutzten Begriffe macht eine zufriedenstellende gesamttheoretische Betrachtung unter Einbezug aller Aspekte problematisch [SCHEUPLEIN 2003: 64]. Für die Innovationsdimension bedeutet dies beispielsweise, dass der Innovationsbegriff unscharf genutzt wird und verschiedene

[13] sektorale Innovations- und Produktionssysteme.

Innovationsphänomene und -dimensionen nicht voneinander abgegrenzt werden (können).

Daher wird an dieser Stelle für eine Betrachtung einzelner Komponenten und Akteure mit höherer Detailtiefe plädiert, bevor in einem folgenden Schritt eine Synthese auf systemischer Ebene stattfinden kann. Diese Arbeit kann zufriedenstellend nur durch einen arbeitsteiligen Prozess vollbracht werden. Eine Arbeit, die den Anspruch hat, alle genannten Dimensionen mit einer gebotenen Detailtiefe gleichwertig zu berücksichtigen, wird der Komplexität der angemerkten Ebenen und Prozesse nicht gerecht. Demzufolge wird hier vorgeschlagen, in einzelnen fokussierten Arbeiten die Dimensionen einer spezifischen Industrie detailliert zu behandeln, um im Anschluss eine Synthese der Resultate in einem relationalen oder systemischen Ansatz verbinden zu können. Unter diesem Leitgedanken steht die vorliegende Arbeit, die Technologie und Technologiewandel in den Fokus nimmt.

3.2.4 Technologieevolution und Geographie

Evolutionsprozesse sowie die Verbreitung neuer Technologien und die damit in Verbindung stehenden Industrien, wie beispielsweise die IT-Industrie [SAXENIAN 1981, 1996], die Uhrenindustrie [GLASMEIER 1991] oder die Automobilindustrie [BOSCHMA & WENTING 2007], sind ein diskutierter Aspekt, der in der Wirtschaftsgeographie, in Teilen unter Einbezug diverser evolutionsökonomischer Ansätze[14], betrachtet wird. Innovation und Technologieevolution werden hierbei als komplexe, soziale und ökonomische Prozesse beschrieben [PÉREZ 2001: 113, GEELS 2004: 900], deren Bedeutung durch ihren signifikanten Impakt auf die gesellschaftlichen Verhältnisse erklärt wird. Da ein zentraler Kritikpunkt bei der detaillierten Betrachtung von Technologie und ihrem Einfluss auf Industrien die häufig vernachlässigte Thematisierung dieser bestehenden Interdependenzen, Wirkungszusammenhänge und Wirkungsrichtungen ist, wird ausdrücklich angemerkt, dass die untersuchte und beschriebene Entwicklung

[14] Evolutionsökonomische Ansätze *„beziehen [...] die Betrachtung von Innovationen in den Untersuchungsrahmen mit ein und wenden sich der Erklärung des Innovationsprozesses zu“* [BATHELT & GLÜCKLER 2003: 237].

der Windenergietechnologie als nicht alleinbedingend für die Industrieentwicklung angesehen wird.[15]

Letztlich ist es die herausragende gesellschaftliche Bedeutung technologischen Wandels und technologisch-innovativer Aktivität, die einen vielfältigen und fruchtbaren Nährboden geographischer Forschung darstellt. Wird in systemischen und relationalen Ansätzen der Fokus auf einer breiteren Analyse von Innovation gelegt, so wird der Technologieevolution am real existierenden Produkt aktuell seltener nachgegangen. Insbesondere in Hinblick auf die Industriegeographie ist festzuhalten, dass *„in der traditionellen geographischen Innovations- und Diffusionsforschung [...] technologische Innovationen zumeist nur randlich behandelt worden [sind]"* [BATHELT & GLÜCKLER 2003: 232]. Auch aktuelle Ansätze ignorieren häufig eine technologie- oder produktseitige Betrachtungsweise. Dies ist erstaunlich, zumal insbesondere bei Vertretern anderer (Nachbar-) Disziplinen, wie der Ökonomie oder des industriellen Managements, Konsens über die disruptive Kraft technologischen Wandels besteht [DOSI 1982, TUSHMAN & ANDERSON 1986, ANDERSON & TUSHMAN 1990, ROSENBLOOM & CHRISTENSEN 1994, TUSHMAN et al. 1997].

Nachdem im bisherigen Verlauf auf die Betrachtung von Innovation, technologischen Wandels im Rahmen der Geographie und ihr nahestehender Disziplinen eingegangen wurde, wird folgend geklärt, wie der Innovationsbegriff im weiteren Verlauf verstanden wird und welche Implikationen dies für die vorliegende Arbeit mit sich bringt.

---

[15] Bei detaillierter Betrachtung von Technologien und technologischen Auswirkungen kommen oft die Begrifflichkeiten des technologischen Determinismus oder des Technikdeterminismus auf. Häufig wird nach Ansicht des Autors unter Verweis auf „Determinismus" eine zielorientierte Betrachtung eines Objekts bewusst oder unbewusst erschwert oder verhindert. Daher sei darauf verwiesen, dass Technologie durch eine Vielzahl endo- und exogener Faktoren bedingt und beeinflusst wird [SAXENIEAN 1996, TUSHMAN et al. 1997: 5, DEGELE 2002]. Technologischer Wandel findet in der Regel nicht auf einer linearen Trajektorie statt, es kommt zu Rückkopplungseffekten, Entwicklungsschleifen, Abzweigungen und Sackgassen entlang eines Entwicklungspfades [MALECKI 1991: 117]. In diesem Zusammenhang sei auf MICHEAL STORPER und RICHARD WALKER verwiesen:

> *„We can embrace strong technological determination without falling prey to technological determinism, however"* [STORPER & WALKER 1989: 124].

Ergänzend hebt GEELS die „material nature of modern societies" hervor und spezifiziert:

> *„Human beings in modern societies do not live in a biotope, but in a technotope. We are surrounded by technologies and material contexts, ranging from buildings, roads, elevators, appliances, etc. These technologies are not only neutral instruments, but also shape our perceptions, behavioural patterns and activities"* [GEELS 2004: 903].

Die ausdrückliche Betrachtung der dynamischen Variablen der Technologie, wie sie im Kontext dieser Arbeit stattfindet, erweitert das tiefere Verständnis über die Evolution von Unternehmen und Industrien [SUÁREZ & UTTERBACK 1995: 415].

3.3 Die Schaffung von Neuem

Um den Prozess der Neuentstehung von technologischen Produkten und somit von Industrien, Industriezweigen und verschiedenen Innovationssystemen unterschiedlicher Perspektive eingehend zu verstehen, wird dezidiert auf die den Inventions- und Innovationsprozessen inhärenten Mechanismen und Logiken eingegangen. Zwei wesentliche Begriffe sind hierbei Invention und Innovation. Wenngleich der Begriff der Innovation bereits in dieser Arbeit mehrfach benutzt wurde, so muss herausgearbeitet werden, welche Gedanken und Konzepte dieser umfasst, wie er von der Invention abgegrenzt wird und in welchem Betrachtungsrahmen er wie einzuordnen ist.

Bevor sich mit dem Begriffspaar der Invention und der Innovation und den verschiedenen Innovationsbegriffen auseinandergesetzt wird, sei vorausgeschickt, dass sich verschiedene Prozesse der Invention und Innovation nicht zwangsläufig gleichen müssen. Je nach betrachtetem Sektor, betrachteter Industrie, betrachtetem Raum oder betrachtetem Produkt können Innovationsprozesse sich unterscheiden [MALERBA & MONTOBBIO 2000: 2]. Verschiedenste Regeln, Regime [GEELS 2004: 904 ff.], aber auch variierende Technologien, Institutionen, Organisationsstrukturen oder Märkte [OECD 2005: 37] wirken auf die Schaffung und Gestaltung von Neuem ein und lassen individuelle Innovationspfade und Innovationsformen entstehen. Hinsichtlich verschiedener Industrien ist beispielsweise die unterschiedliche Dominanz verschiedener Innovationsformen anzumerken.

> *„Some sectors are characterised by rapid change and radical innovations, others by smaller, incremental changes"* [OECD 2005: 37].

Eine Grundproblematik bei der Betrachtung und Analyse von Innovation und Invention liegt häufig in einer mangelnden Begriffsschärfung. Invention und Innovation werden als diffuse und mehrfach konnotierte Begriffe der Schaffung von Neuem interpretiert [POPADIUK & CHOO 2006: 303, BRUNS et al. 2008: 20 ff.]. Daher sollen die hier genutzten Begriffe herausgearbeitet und definiert werden.

3.3.1 Invention

Die Begriffe Invention und Innovation werden in der Literatur häufig in Anlehnung an die Nomenklatur der Trilogie JOSEPH SCHUMPETERs interpretiert. In diesem Konzept steht an erster Stelle die Invention, auf die Innovation und Diffusion folgen [STONEMAN 1995: 2]. Für SCHUMPETER bedeutete die Invention die Initialphase des Schaffungsprozesses. Invention kann sich hierbei auf eine Idee begrenzen, aber auch, je nach Interpretation, erste Umsetzungsversuche beinhalten. Erst die Produkteinführung in einen Markt wird von SCHUMPETER durch den Begriff der Innovation beschrieben. Mit der Diffusion steht die Marktdurchdringung des Produktes an letzter Stelle [ARTHUR 2007: 274].

Parallel zur Nomenklatur SCHUMPETERs soll auch im Kontext dieser Arbeit zu Distinktionszwecken der Begriff der Invention vom Begriff der Innovation abgegrenzt werden. Die Signifiés[16] [SAUSSURE 1916] der Begriffe Innovation und Invention unterliegen hier, hinsichtlich ihrer Benutzung, einem von SCHUMPETER abweichenden Verständnis. Unter dem Begriff der Invention wird ausschließlich das Aufkommen einer radikal neuen Technologie verstanden. Die Invention stellt hier eine Erfindung im ursprünglichsten Sinne und somit die völlige Neuerschaffung eines technologischen Artefaktes dar [ARTHUR 2007: 275].

Um die Entwicklung einer Technologie nachvollziehen und verstehen zu können, muss als erstes die Invention, also der Ursprung beziehungsweise die Entstehung einer fundamental neuen Technologie, identifiziert und begriffen werden.

Bei ihrer Entstehung durchläuft die Schaffung von technologisch Neuem verschiedene Phasen. Dieser Ablauf ist ein wiederkehrender Prozess der Problemlösung [ARTHUR 2007: 275]. Eine Technologie stellt nach ARTHUR in ihrem Kern ein Mittel dar, um einen bestimmten Zweck zu erfüllen. Diese Zweckerfüllung steht im Mittelpunkt erfinderischen Handelns und ist der originäre Antrieb einer jeden Erfindung [ebd.]. So ist beispielsweise die Versorgung einer gewissen Entität oder Population mit elektrischer Energie der Zweck einer Kraftwerkseinheit. Dies gilt unabhängig davon, ob es sich nun um eine Windenergieanlage, ein Kohlekraftwerk oder einen Nuklearreaktor handelt.

Um diese Zweckerfüllung garantieren zu können, ist ein Wirkprinzip zu finden und in einem Produkt praktisch anwendbar zu machen. Hinsichtlich komplexer Produkte wie den genannten modernen Kraftwerkstypen von Inventionen zu sprechen, stellt sich in diesem Sinne als diffizil heraus. Diese haben sich, im Laufe ihrer Evolution von der ursprünglichen Idee und der ursprünglichen Nutzbarmachung eines Wirkprinzips, zu ihrer heutigen Gestalt derart weiterentwickelt, dass sie im hiesigen Sinne nur noch jeweils Innovationen darstellen können. Für die Windenergieanlage sei dieses Verständnis kurz dargelegt.

Die Nutzbarmachung der kinetischen Energie des Windes, um mechanische Arbeit verrichten zu können, wird erstmals von Heron von Alexandria in seinem Werk *Pneumatika* schriftlich festgehalten [MANWELL et al. 2009: 11]. Somit ist davon auszugehen, dass die Identifizierung des Wirkprinzips, die kinetische Energie des Windes mit Hilfe von Flügeln und Wellen mechanisch zu übertragen, um Arbeit zu verrichten, bereits um Christi Geburt stattgefunden hatte. Weitere Windmühlen sind verlässlich seit etwa dem neunten Jahrhundert dokumentiert.[17] Ein prominentes und häufig angeführtes Beispiel für die frühe Nutzung von Windenergie stellen die Windmühlen von

[16] Ein Signifié (Signifikat) stellt die Vorstellungsdimension eines Begriffes oder Objektes dar.

[17] Für eine detaillierte historische Aufarbeitung der ersten Windmühlen siehe: [MANWELL et al. 2009:11 ff.].

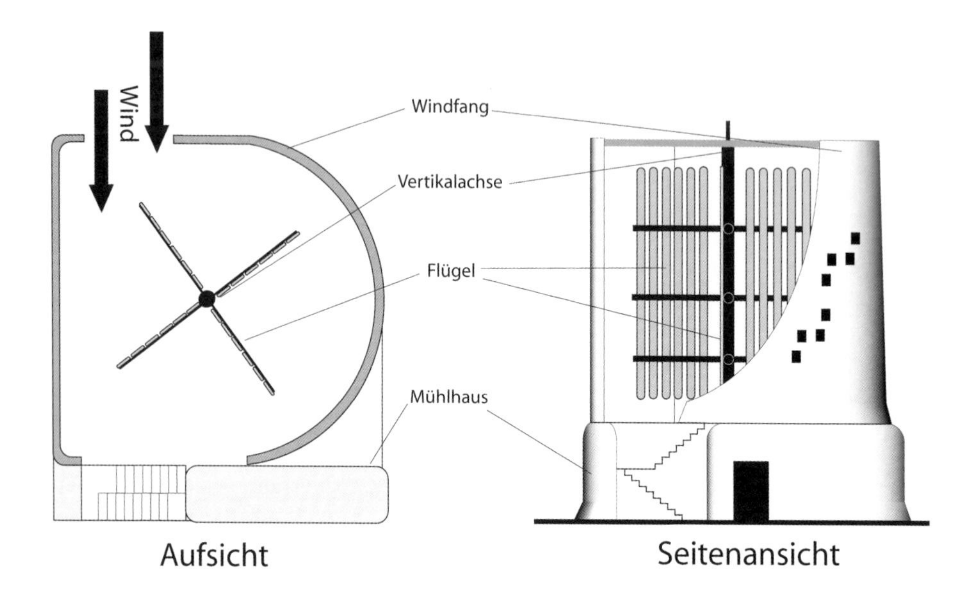

Abbildung 8: Mühle von Seistan [Eigene Illustration]

Seistan[18] dar. [TACKE 2004: 10] Diese Mühlen mit Vertikalachse sollen sich bis in die Neuzeit in Betrieb befunden haben.

Die Invention der Windmühle ist somit bereits über 1000 Jahre alt. Um eine heutige Windenergieanlage zur Stromerzeugung entwickeln zu können, fehlt jedoch eine zweite zentrale Invention, die des elektrischen Generators. Diese geht in wesentlichen Teilen auf Michael Faraday und seine Entdeckung des Wirkprinzips der elektromagnetischen Induktion im Jahr 1831 und die anschließende technische Realisierung in der *magnetelektrischen Maschine* zurück [BOËTIUS 2006: 121]. Die Kombination beziehungsweise Verknüpfung von Windmühle mit Generator stellt somit im Sinne ARTHURS [2007: 278] keine eigentliche Invention mehr dar, da keine grundlegend neuen Wirkprinzipien zum Einsatz kamen. Die Implementierung der ersten elektrischen Windenergieanlagen von CHARLES BRUSH im Jahr 1888 [MANWELL et al. 2009: 15] in Cleveland, Ohio, sowie ihre technologischen Weiterentwicklungen sind nach dem hier vorliegenden Verständnis als Basisinnovation gefolgt von einer Reihe verschiedenster Einzelinnovationen zu verstehen.

Festzuhalten bleibt somit, dass eine Invention *im hier gebrauchten Wortsinn* im Vergleich zur Innovation aufgrund hochentwickelter Produkte und Industrien selten ist. Inventionen stellen jedoch die evolutorische Grundlage aller Innovationen dar, wobei

[18] Die Windmühlen von Seistan im heutigen nördlichen iranisch-afghanischen Grenzgebiet waren für ihre Klimazone mit jahreszeitlich verlässlichen Winden, die stets aus derselben Richtung wehten, konzipiert. Eine Windnachführung war nicht notwendig. Aufgrund differenter Windbedingungen bildeten sich in Europa jedoch andere Konzepte heraus (siehe 5.2.1. - Historische Windenergienutzung und erste Konzepte zur Stromerzeugung).

Innovation vom Grundgedanken ebenso den hier dargestellten Prinzipien der Befriedigung von Zweckbedürfnissen und der entsprechenden Nutzbarmachung von Wirkprinzipien durch die Rekombination diverser Grundlagen folgt.

3.3.2 Innovation

Der Begriff der Innovation umfasst somit wie die Invention das Gedankenkonzept des Neuen. Diese Tatsache erschwert es, eine klare Trennlinie zwischen Invention und Innovation anlegen zu können [FAGERBERG 2005: 4]. Eine Innovation grenzt sich im Grundverständnis der vorliegenden Arbeit von der Invention insbesondere dadurch ab, dass sie sich im eigentlichen Sinne durch eine Rekombination oder Neuerung beziehungsweise Verbesserung schon bestehender Produkte manifestiert [KOSCHATZKY 2001: 62]. Die begriffliche Unschärfe des Innovationsbegriffes macht es unumgänglich, im weiteren Verlauf, auf verschiedene Innovationsformen und die damit verbundenen Innovationsbegriffe einzugehen.

Der Begriff der Innovation begrenzt sich nicht auf die technologische Innovation. Weiterentwicklungen und Neuheiten finden sich im weitesten Sinne in allen Lebensbereichen wieder, auf der Produktebene, auf der Prozessebene oder der Organisationsebene [OECD 2005:16, 46]. Innovationen können technologisch und wirtschaftlich aber auch gesellschaftlich und kulturell verankert sein [MARTIN 2012, BRUNS et al. 2008: 21, KOSCHATZKY 2001: 62] und stellen sowohl einen individuellen als auch kollektiven Prozess dar [BERGEK & JACOBSON 2003: 198], der als evolutionär, kumulativ sowie interaktiv bezeichnet werden kann und durch Unsicherheiten und die Kodierung beziehungsweise Dekodierung von Informationen charakterisiert wird [KOSCHATZKY 2001: 62].

Im weiteren Verlauf wird sich auf die Betrachtung technologischer Innovation im Sinne von Produktinnovation und deren Bedeutung für die Evolution einer Industrie beschränkt. Es wird geklärt, wie und inwieweit ein Wandel auf technologischer Ebene eine Industrie im Allgemeinen und die Windenergieindustrie im Speziellen in ihrer (räumlichen) Entwicklung beeinflusst.

3.3.3 Produktinnovation / Technologische Innovation

Um analysieren zu können, inwieweit Innovationen für die Entwicklung einer Firma einer Industrie oder einer regionalen Entität ausschlaggebend sein können, wird zwangsläufig ein Verständnis von Produktinnovation und ein Verständnis des technologischen Gegenstands an sich benötigt. Die Komplexität moderner Technologien verlangt die konsistente und dezidierte Betrachtung von technologischer Innovation. Hierzu bedarf es einer detaillierten Auseinandersetzung mit der Technologie an sich [CARLSSON et al. 2002: 239]. Ein profundes Wissen über das Produkt beziehungsweise das System und seine Komponenten ist zwingend notwendig, um Innovation und Innovationsformen zu erkennen, zu kategorisieren und ihre Bedeutung und Auswirkung auf das Objekt und somit die Industrie einordnen zu können. KNUT KOSCHATZKY hält diese Einsicht wie folgt fest:

„Standortsysteme, Raumstrukturen und die Veränderungen regionaler Disparitäten lassen sich ohne ein detailliertes Verständnis von Technologieentwicklung und dem evolutorischen und kumulativen Charakter von Innovationsprozessen nicht mehr ausreichend analysieren und deuten" [KOSCHATZKY 2001: 379].

Um die Bedeutung von Produktinnovation für Industrien und die sie beherbergenden regionalen Entitäten offenlegen zu können, soll auf verschiedene Kategorien von Innovationen, ihre Eigenschaften und ihre Begrifflichkeiten eingegangen werden.[19]

3.3.4 Inkrementelle und Radikale Innovation

Inkrementelle Innovation existiert im Vergleich zum Antagonismus der Radikalen Innovation nahezu permanent. Anlehnend an [FREEMAN & PEREZ 1988: 45-47] interpretiert KOSCHATZKY Inkrementelle Innovationen wie folgt:

„Sie kommen mehr oder weniger kontinuierlich in jeder Industrie- und Dienstleistungsaktivität vor, wobei ihre Häufigkeit zwischen Branchen und Ländern in Abhängigkeit von einer Kombination aus Nachfragedruck, soziokulturellen Faktoren, technologischen Möglichkeiten und Trajektorien variiert. Sie sind meist das Ergebnis von Inventionen und Verbesserungen durch Ingenieure und andere am Produktionsprozess beteiligte Personen sowie von Initiativen und Vorschlägen durch Nutzer (learning by doing und learning by using). Obwohl sie einen wesentlichen Beitrag zum Produktivitätswachstum leisten, gehen von jeder einzelnen Inkrementalinnovation nur geringe, manchmal sogar unmerkliche Effekte aus" [KOSCHATZKY 2001:58].

Somit kann die Inkrementelle Innovation als ein langsamer, aber stetiger Prozess verstanden werden. Inkrementelle Innovation hat, wenn auch nicht so offensichtlich wie Radikale Innovation, aufgrund ihres kumulativen Charakters eine erhebliche Bedeutung für die Gestaltung technologischer und industrieller Entwicklungspfade [ROSENBLOOM & CHRISTENSEN 1994: 655].

Inkrementelle Innovation muss nicht unintendiert oder ungesteuert stattfinden. Eine bewusste Fokussierung auf inkrementelle Änderungen birgt für die beteiligten Akteure in vieler Hinsicht ein deutlich geringeres Risiko, als sich bewusst auf einen fundamentalen und oft unkontrollierbaren Bruch einzulassen. Diese Brüche, die quasi permanenten Innovationen konträr gegenüber stehen, werden häufig durch Radikale Innovationen repräsentiert:

„[Radikale Innovationen] sind ein diskontinuierliches Ereignis und heutzutage in der Regel Ergebnis planvoller Forschung und Entwicklungen in Unternehmen, Universitäten und anderen Forschungseinrichtungen.

---

[19] Für weitere Details hinsichtlich der Eigenschaften und der Identifikationsmöglichkeiten von Innovationsformen siehe 4.3.

Radikale Innovationen sind ungleich über Sektoren und die Zeit verteilt. Sie beinhalten oftmals eine kombinierte Produkt-, Prozess- und organisatorische Innovationen und sind ein Sprungbrett für die Entstehung neuer Märkte. Mit ihnen ist ein auf einzelne Technikfelder begrenzter Strukturwandel verbunden, es sei denn, dass eine Gruppe von radikalen Innovationen zur Entwicklung neuer Industrien und Dienstleistungen führt […]" [KOSCHATZKY 2001: 58] nach [FREEMAN & PEREZ 1988: 45-47].

Vielen Radikalen Innovationen ist dabei gemein, dass sie mit einem bisher genutzten technischen (Wirk-) Prinzip oder Lösungsansatz brechen [DAHLIN & BEHRENS 2005: 717]. In einer technologie- und industriehistorischen Betrachtungsweise werden unter anderem folgende Beispiele als Radikale Innovationen angesehen beziehungsweise so bezeichnet:

- Die Dampfmaschine [VERSPAGEN 2007: 94]
- Die Quartz-Technologie [JEANNERAT & CREVOISIER 2011: 34]
- Der Turbojet [ARTHUR 2007: 274]
- Die Digitalphotographie [LUCAS JR. & GOH 2009]
- Der Personal Computer (PC) [CHRISTENSEN 1999: XV].

In diesem Zusammenhang zeigt sich, dass es nicht selten Marktneueinsteiger sind, die mit der Entwicklung und Einführung radikal neuer Ideen und Produkte den SCHUMPETER'schen Prozess der ‚kreativen Zerstörung' auslösen. Diese neuen Akteure steuern einen kreativen Impuls bei und führen Innovationen ein, die zu einer Zerstörung der Kompetenzen der bisherigen, dominierenden Marktteilnehmer führen und existierende Technologien weitgehend obsolet machen [ROSENBLOOM & CHRISTENSEN 1994: 656]. Radikalen technologischen Innovationen wird zudem die Generierung neuer Industrien zugeschrieben [BRANSCOMB & AUERSWALD 2002: 1]. Dies steht in direktem Zusammenhang mit der Annahme, dass etablierte Firmen ihre Kompetenzen auf inkrementellen Wandel gründen [ROSENBLOOM & CHRISTENSEN 1994: 655] und ausbauen. So wird davon ausgegangen, dass Regionen, die in der Lage sind Radikale Innovationen zu generieren, bedeutenden Einfluss auf die Charakteristiken eines Marktes haben, einen globalen Markt besser nutzen können [JEANNERAT & CREVOISIER 2011: 4], diesen definieren [LEIFER et al. 2000: 1], aber auch die Konfiguration einer gesamten Industrie verändern können.[20]

Der disruptive Charakter einer Radikalen Innovation muss sich jedoch nicht zwangsläufig auf alle anwendbaren Industrien erstrecken. Ein Beispiel für eine Radikale Innovation, die nur einen geringen Impakt auf eine spezifische Industrie hatte, ist der Wechsel von der Dampfmaschine auf die Verbrennungsmaschine in den 1920er Jahren im Bereich der Baggerfertigung. Die Majorität der etablierten Unternehmen

[20] Die Einführung der Quartz-Technologie hatte beispielsweise eine massive Auswirkung auf die räumliche Struktur der Uhrenindustrie (Siehe Abschnitt. 3.4.6).

konnte den Technologiewandel ohne Probleme bewältigen. Auch wurde diese technologische Diskontinuität mit radikalem Charakter von wenigen Neueinsteigern in der Baggerindustrie genutzt, um sich zu etablieren [CHRISTENSEN et al. 2011: 83]. Radikalen Innovationen kann zudem ihr disruptiver Charakter aufgrund mangelnden Erfolgs genommen werden. Beispielhaft ist hierfür die Entwicklung der Atmosphärischen Eisenbahn Mitte des 19. Jahrhunderts [NAGEL 2002]. Alternativ zu rollenden Systemen sorgten stationäre Dampfmaschinen für Vortrieb mittels eines Unterdruck-Röhren-Konstrukts. Vakuumröhren wurden zwischen den Schienen verlegt und ein in die Röhren eingelegter Schlitten wurde an die Wagen gekoppelt. Mittels der stationären Dampfmaschinen wurden die Röhren evakuiert und Schlitten sowie Zug setzten sich in Bewegung. Trotz gewisser Vorteile (ausbleibender Funkenflug, bessere Höhenüberwindbarkeit) und erfolgversprechender Modelle in Großbritannien, Irland und Frankreich konnte sich der radikal-modulare Ansatz[21] nicht etablieren und verblieb daher ein nicht durchsetzbares Alternativdesign ohne disruptive Auswirkungen [ebd. 91 ff.].

In bisherigen Betrachtungen wird sich, in der Regel, auf die Unterscheidung der beiden beschriebenen Dimensionen radikal und inkrementell beschränkt. Dies mag mehrere Ursachen haben. Zum einen ist die kontrastive Betrachtung von Inkrementeller und Radikaler Innovation durchaus griffig und lässt sich meist auch bei einer distanzierten Technologiebetrachtung recht trennscharf herausarbeiten. Zum anderen finden sich bis dato für die intermediären Dimensionen der Modularen Innovation und der Architectural Innovation keine übersichtlichen Methodenkonzepte zur Annäherung an eine Identifikation und Herausarbeitung.

3.3.5 Unzureichender Erklärungsgehalt der Dichotomie radikal vs. inkrementell

Diese dargelegte, zweiteilige Betrachtungsweise von Radikaler und Inkrementeller Innovation folgt einer langen Tradition und weist durchaus erhebliche Vorteile im möglichen Abstrahierungsgrad auf, wird allerdings der zunehmenden Komplexität technologischer Artefakte sowie technologischer und industrieller Entwicklungen nicht gerecht. Eine dichotome Betrachtungsweise, die sich über verschiedene Dimensionen erstreckt (Invention vs. Innovation, Radikale Innovation vs. Inkrementelle Innovation, Produkt- vs. Prozessinnovation etc.) bedeutet stark simplifizierte Perspektiven und nicht zuletzt eine Einteilung der Welt in Schwarz und Weiß. Diese Herangehensweise ist über lange Zeit zu einem anscheinend verkrusteten Antagonismus geworden, der sich dem Verständnis mehrdimensionaler Produkte und Prozesse in den Weg stellt [STORPER & WALKER 1989: 100].

Die Industriegeschichte zeigt auf, dass häufig vermeintlich kleine Änderungen, die als inkrementell bezeichnet werden, innerhalb einer existierenden Technologie- oder

[21] Siehe auch 3.3.6

Produktkategorie einen großen, um nicht zu sagen, radikalen Einfluss auf die dahinter stehende Industrie haben können [HENDERSON & CLARK 1990: 10].

Ebenso existieren, häufig als radikal bezeichnete, Innovationen, die erst durch kleine Veränderungen und Inkrementelle Innovationen ihren späteren Einfluss auf die Technologie- und Industrieentwicklung sowie die gesellschaftliche Evolution entfalten konnten. Die Dampfmaschine wird häufig als ein Beispiel für die radikale Veränderung der Gesellschaft durch technologischen Wandel zitiert und im selben Atemzug, wie oben angemerkt, als Radikale Innovation eingestuft. Bei einer genauen Betrachtung des technologischen Entwicklungspfades der Dampfmaschine wird klar, dass der Erfindungs- und Innovationsprozess der Dampfmaschine beginnend bei der Dampfmaschine Thomas Saverys über die beinahe parallele Entwicklung einer Maschine durch Thomas Newcomen und die späteren Verbesserungen dieser durch James Watt deutlich komplexer verlief und eine Reihe von inkrementellen Verbesserungen mit einbezieht [FRENKEN & NUVOLARI 2004: 420 f.]. Die eigentliche Invention blieb noch weitgehend ohne signifikanten Einfluss. Erst die spätere Weiterentwicklung verhalf der Dampfmaschine zum breiten Durchbruch.

Die Einsicht, dass die oben genannten Dimensionen Radikale und Inkrementelle Innovation in unvollständigen Betrachtungs- und Analysemustern münden, veranlasste HENDERSON & CLARK dazu, die bestehende Nomenklatur zu erweitern. Technologische Neuerungen werden in diesem Ansatz in zwei Dimensionen aufgeschlüsselt. Dabei handelt es sich zum einen um die Dimension der eigentlichen Komponenten und zum anderen um die Verknüpfungsdimension der einzelnen Teile. Somit spannt sich ein Koordinatensystem auf, das die radikale und die inkrementelle Dimension um die Ebenen ‚modular' und ‚architectural' erweitert. Folgend sollen die beiden letztgenannten Dimensionen beschrieben und erläutert werden.

3.3.6 Modular Innovation

Bei genauer Analyse technologischer Objekte und ihres Wandels ist zu beachten, dass ihnen ein hierarchischer oder systemischer Aufbau zu eigen ist (Siehe 3.3.8). Mit der Akzeptanz dieses hierarchischen Produktaufbaus mit einer beliebigen Anzahl verschiedener Komponenten und Subsysteme ist es möglich, die Begrifflichkeit der Modularen Innovation aufzugreifen und zu beschreiben.

HENDERSON & CLARK [1990: 12] führen als Beispiel für eine Modulare Innovation den Wandel eines Telefonapparates vom Gerät mit analoger Wählvorrichtung zum Gerät mit digitaler Wählvorrichtung an. Wird der Gesamtapparat als Gesamtsystem verstanden, so stellen einzelne Funktionseinheiten, wie der Lautsprecher, das Mikrofon oder die Wählvorrichtung, Subsysteme dar. Wird nun das Subsystem der Wählvorrichtung modifiziert, beziehungsweise durchläuft es den evolutionären Schritt von einer analogen Wählscheibe mit der Hintergrundtechnologie des Impulswahlverfahrens zu einer analogen Wähltastatur mit Mehrfrequenzverfahren, so handelt es sich um eine Modulare Innovation, da der technologische Wandel nur auf der Ebene des Subsystems, der Wählvorichtung, stattfindet. Eine Wählscheibe wird durch eine Wähltastatur ersetzt.

Wird die beschriebene Umsetzung auf der Gesamtsystemebene des Telefons betrachtet, so wird deutlich, dass nur eine Kernkomponente, die Wählvorrichtung, verändert wurde. Das Gesamtsystem des Telefonapparates hat sich hingegen hinsichtlich seiner Komponentenverknüpfungen eher auf einer Ebene verändert, die als inkrementell zu bezeichnen wäre.

3.3.7 Architectural Innovation

Die Erarbeitung und Ausformulierung des Konzepts der Architectural Innovation geht im Wesentlichen auf ABERNATHY & CLARK [1985], CLARK [1985] und HENDERSON & CLARK [1990] zurück. Die Begrifflichkeit Architectural Innovation im Sinne eines Verknüpfungswandels bei gleichbleibenden Kernkomponenten wurde in diesem Rahmen durch MICHAEL L. TUSHMAN angeregt und entsprechend von HENDERSON und CLARK aufgegriffen [HENDERSON & CLARK 1990: 10].

Architectural Innovation ist zu eigen, dass sie die Verknüpfung und Interaktion bestehender Komponenten zueinander modifiziert, wobei diese Komponenten in ihrem Kern unberührt bleiben. Komponenten werden dabei als die physische Implementierung eines (technologischen) Kernkonzeptes verstanden. HENDERSON & CLARK formulieren Architectural Innovation wie folgt:

> *"We define innovations that change the way in which the components of a product are linked together, while leaving the core design concepts (and thus the basic knowledge underlying the components) untouched, as 'architectural' innovation"*[HENDERSON & CLARK 1990: 10].

Diese Definition wird im weiteren Verlauf wie folgt präzisiert:

> *"The essence of an architectural innovation is the reconfiguration of an established system to link together existing components in a new way. This does not mean that the components themselves are untouched by architectural innovation. Architectural innovation is often triggered by a change in a component - perhaps size or some other subsidiary parameter of its design - that creates new interactions and new linkages with other components in the established product. The important point is that the core design concept behind each component - and the scientific and engineering knowledge - remain the same"*[HENDERSON & CLARK 1990:12].

Anhand dieser Definition lassen sich folgende Kernpunkte herausarbeiten, die als Indizien für die Identifikation einer Architectural Innovation genutzt werden können.

(i) Architectural Innovation ist gekennzeichnet durch die Rekonfiguration eines existierenden Systems.

(ii) Architectural Innovation kann eine Veränderung weiterer Komponenten mit sich bringen.

(iii) Architectural Innovation wird häufig durch eine Komponentenveränderung wie beispielsweise eine Größenveränderung ausgelöst.

(iv) Architectural Innovation wird begleitet durch neue Interaktionen und Verknüpfungen zwischen einzelnen Komponenten.

(v) Das technologische Kernkonzept hinter den einzelnen Komponenten bleibt unverändert.

(vi) Sowohl wissenschaftliches als auch technologisches Wissen bleibt auf Komponentenebene unverändert.

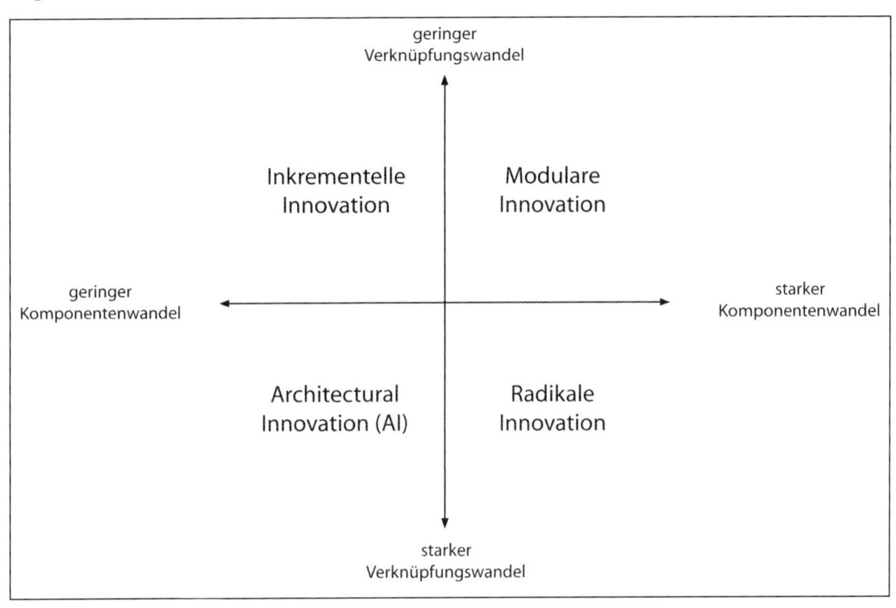

Abbildung 9: Innovationsformen [verändert nach HENDERSON & CLARK 1990: 12]

Das Konzept der Architectural Innovation wird modellhaft am technologischen Wandel des als Beispiel angeführten Ventilators zur Raumbelüftung dargestellt. Das Ausgangssystem wird durch einen elektrisch betriebenen, an der Zimmerdecke installierten Raumventilator, dessen Motor und Steuerungseinheit sicht- und schallgeschützt hinter einer Blendkappe liegen, repräsentiert. Eine Verbesserung des Rotorblattdesigns oder der Leistung des Motors würde eine klassische *Inkrementelle Innovation* darstellen. Der Wechsel zu einer zentralen Klimaanlage hingegen würde in Bezug auf das technologische Produkt eine *Radikale Innovation* bedeuten. Das Objekt wäre bei diesem Wandel nach wie vor ein Gerät zur Zweckerfüllung der Raumkühlung, die Kernkomponenten des Kühlungsmechanismus würden sich dennoch grundsätzlich voneinander unterscheiden. Es würden zusätzlich zum rotierenden Ventilator des Gebläses Kompressoren, Kondensatoren oder Luftentfeuchter verbaut werden [HENDERSON & CLARK 1990: 12].

Würde nun ein technologischer Wandel von einem raumbelüftenden Deckenventilator zu einem tragbaren Handventilator stattfinden, so würde dies nach HENDERSON & CLARK [1990: 12] eine Architectural Innovation darstellen. Diese Argumentation wird wie folgt erläutert.

Sollte ein fiktiver Produzent von Deckenventilatoren sich dazu entschließen, einen kleinen, tragbaren Ventilator zu konstruieren und zu produzieren, würden die Kernkomponenten der Produkte im Wesentlichen die gleichen sein. Beide Produkte würden Rotorblätter, einen Motor und eine Steuerung aufweisen. Die Produktarchitektur würde sich hingegen stark unterscheiden. Die Verknüpfungen und Interaktionen zwischen den Kernkomponenten würden sich verändern. Dies hängt im Wesentlichen mit der Veränderung der Produkt- und Komponentenabmessungen zusammen [HENDERSON & CLARK 1990: 12 f.]. Eine Miniaturisierung des Ventilators, die eine Größenveränderung im Sinne des Merkmals *(iii)* darstellt, führt dazu, dass veränderte Rotorgröße und veränderte Motorgröße, aufgrund der beispielsweise dadurch differierenden Lastverhältnisse, zu einem neuen Interaktionsgefüge zwischen den genannten Komponenten führen würden. Der beschriebene Wandel vom Decken- zum Handventilator ist als eine beispielhafte Modellbeschreibung anzusehen. HENDERSON & CLARK stellen diesem fiktiven und anschaulichen Beispiel weitere Fälle von Architectural Innovation anbei, die in verschiedenen Industrien und hinsichtlich verschiedener Produktklassen aufgetreten sind. Im Fokus stehen jeweils die sich ändernden Komponentenverknüpfungen. Hierzu werden die von CLARK [1987] herausgearbeiteten und analysierten Dynamiken in der Kopiererindustrie und in der Unterhaltungselektronik bei den Produzenten von tragbaren Transistorradios angeführt.

Die Firma Xerox galt in den 70er Jahren des 20. Jahrhunderts als der Vorreiter auf dem Markt der Kopiergeräte. Insbesondere die Miniaturisierung von Kopiergeräten, die mit einer neuen Einsatzumgebung wie Desktopplatzierungen oder dem Privateinsatz einherging, stellte Xerox jedoch schließlich vor Probleme, die zu einem massiven Verlust der Marktanteile führten. Ein ähnliches Szenario vollzog sich im Bereich der portablen Transistorradios. Die inzwischen nicht mehr existierende US-amerikanische Firma RCA (Radio Corporation of America) entwickelte in den 50er Jahren des 20. Jahrhunderts den Prototyp eines mobilen Transistorradios. Den eigentlichen Erfolg auf diesem Marktsegment konnte aber ein Mitbewerber von RCA verbuchen. Eine junge japanische und seit 1958 unter dem Namen Sony firmierende Firma schaffte es, mit kleineren Transistorradios wie dem TFM-151 und Nachfolgemodellen große Marktanteile zu gewinnen. Das Unternehmen RCA, das ursprünglich die eigentlichen Basistechnologien für Transistorradios entwickelt hatte, kam nie mehr richtig an den Konkurrenten Sony heran [HENDERSON & CLARK 1990: 10].

Hinsichtlich der von CLARK [1987] aufgearbeiteten Beispiele weisen HENDERSON & CLARK darauf hin, dass sich die Kerntechnologien nicht oder nur kaum wandelten und kein oder nur in geringem Maße neues technologisches Wissen nötig war, um die Produkttransitionen zu vollziehen. Dennoch gelang es auch in diesen Fällen den

Produkt	Industrie	Auslöser des Wandels	Quelle
Aligner	Halbleiterindustrie	Veränderung des Aligner-abstandes	HENDERSON & CLARK 1990
Ventilator	Haushaltselektronik	Miniaturisierung, Veränderung der Einsatzumgebung	HENDERSON & CLARK 1990
Hörgeräte	Mikroelektronik	Miniaturisierung, Veränderung der Einsatzumgebung	TUSHMAN et al. 1997
Motorräder	Fahrzeugbau	Miniaturisierung	TUSHMAN et al. 1997
Festplatten	IT-Industrie	Miniaturisierung, Veränderung der Einsatzumgebung	CHRISTENSEN 1997
Tragbarer Kassettenrecorder	Unterhaltungselektronik	Miniaturisierung, Veränderung der Einsatzumgebung	SANDERSON & UZUMERI 1995
Kopierer	Büroelektronik	Miniaturisierung, Veränderung der Einsatzumgebung	HENDERSON & CLARK 1990
Transistorradio	Unterhaltungselektronik	Miniaturisierung, Veränderung der Einsatzumgebung	HENDERSON & CLARK 1990

Tabelle 5: Übersicht verschiedener Architectural Innovations [Eigene Zusammenstellung]

ursprünglichen Technologieentwicklern oder Technologiepionieren nicht, eine Führungsrolle in den betreffenden Marktsegmenten zu behaupten.

Weitere Beispiele für Architectural Innovation finden sich bezüglich der Evolution von Festplatten [CHRISTENSEN et al. 1998: 210] und von Hörgeräten [TUSHMAN et al. 1997: 5]. Die Miniaturisierung von Festplatten von 14 Zoll über 8, 5.25, 3.5, 2.5 bis schließlich 1.8 Zoll wird als Architechtural Innovation mit technologisch disruptivem Charakter verstanden [CHRISTENSEN 1997: 15]. Die Verkleinerung der Festplatte, bei Beibehaltung der Kernkomponenten und einer aus der Miniaturisierung hervorgehenden veränderten Interaktion, stellt eine Architecural Innovation in beispielhafter Form dar. Der Wandel geht hier ebenfalls mit Merkmal *(iii)* einer Architectural Innovation einher. Dieses Merkmal steht wie auch bei anderen Beispielen in einem engen Zusammenhang mit einem Wandel der Einsatzumgebung des technologischen Artefakts. Die Verkleinerung der 8 Zoll Festplatte zur 5.25 Zoll Festplatte ging mit dem Sprung vom Minicomputer zum Personalcomputer einher [ebd.]. Insbesondere der nächste Evolutionsschritt von 5.25 Zoll auf 3.5 Zoll stellte für einen der damaligen Marktführer, Seagate Technologies, eine große Herausforderung mit einer Reihe von Rückschlägen dar. Auch die weitere Miniaturisierung des Festplattenstandards lässt sich in eine Linie mit dem Einsatz in einer neuen Einsatzumgebung bringen. Die 2.5 und 1.8 Zoll Speichermedien wurden insbesondere für tragbare und somit ortsveränderliche Computersysteme wie Notebooks entwickelt. Fast jeder Miniaturisierungsschritt, der jeweils als Architectural Innovation bezeichnet werden kann, hatte einen wesentlichen Einfluss auf die Industriekonfiguration [CHRISTENSEN 1997 Kap. 1].

Auch der Wandel von Hörgeräten kann als Architectural Innovation verstanden werden. Die relativ großen BTE (Behind the Ear) Hörgeräte wurden von der US-amerikanische Firma Starkey durch kleinere sogenannte ITE (In the Ear) Hörgeräte ersetzt. Auch bei diesem Beispiel wurden bei einem Miniaturisierungsprozess, der einer Anpassung an eine neue Einsatzumgebung geschuldet war, die bestehenden Komponenten neu miteinander verknüpft. Diese Architectural Innovation führte zu einem komplett neuen Industriestandard [TUSHMAN et al. 1997: 5].

Die genannten Beispiele (Siehe Tab. 3) verdeutlichen, dass eine Größenveränderung im Sinne des Merkmals *(iii)*, insbesondere ein signifikanter Größensprung, mit dem Konzept der Architectural Innovation in Verbindung gebracht werden kann. Diese Größenveränderungen bedingen die Rekonfiguration der Produktarchitektur und der Komponenteninteraktionen und stellen die Adaption technischer Konzepte an veränderte Umstands-, Umgebungs- oder Einsatzbedingungen dar.

Die Dimensionen von HENDERSON & CLARK [1990] aufgreifend bleibt festzuhalten, dass eine technologische Diskontinuität, die sich in einem Bruch des technologischen oder industriellen Pfades manifestiert, auch durch andere Innovationsformen als Radikale Innovationen, so zum Beispiel eine Architectural Innovation, ausgelöst werden kann. Die Effekte einer Architectural Innovation können denen einer Radikalen Innovation hierbei stark ähneln beziehungsweise identisch sein. Nicht nur offensichtlich Radikale Innovationen haben einen großen Einfluss auf Produkte und die Organisation von Industrien. Auch vermeintlich unsichtbare oder minimale Innovationen, die häufig und vielleicht auch vorschnell als inkrementell kategorisiert werden, können einen bedeutenden Impakt auf eine Industrie haben [GARUD & MUNIR 2008: 703]. Der Annahme, dass einer bestimmten Innovationsform prinzipiell zwangsläufig eine definierte Auswirkung auf Organisation und Routinen einer Industrie haben, wird an dieser Stelle widersprochen. In jedem Fall sind Ursache und Wirkung getrennt voneinander zu betrachten.

Ein Rückgriff und eine Erweiterung des Begriffs Architectural Innovation finden sich bei TUSHMAN et al. [1997]. Hier wird der Begriff der Architectural Innovation nach HENDERSON & CLARK [1990] aufgenommen und um die Dimension des Marktes erweitert. Insbesondere ist es wiederum das Merkmal *(iii)*, die veränderte Größe, die es ermöglicht mit einem gegebenen Produkt völlig neue Märkte zu erschließen, da sich in Teilen neue Produktklassen herausbilden können. Beispiele für diesen Mechanismus stellen die vorgestellten Technologien von Hörgeräten und Festplatten, aber auch Motorräder oder tragbare Kassettenabspielgeräte dar [TUSHMAN et al. 1997: 11, GARCIA 2010: 93]. Hinsichtlich der Hörgeräte lässt sich festhalten, dass insbesondere durch die Verkleinerung und somit einer Reduzierung der Gerätesichtbarkeit Menschen erreicht werden und als Kunden zu gewinnen sind, die aufgrund ästhetischer Aspekte vor der Nutzung eines Hörgeräts zurückschreckten. Die sukzessive Miniaturisierung von Festplatten ermöglichte ihren Einbau in zunehmend kleinere und schließlich portable Geräte. Der neu erschlossene Markt wurde durch Laptops und Netbooks repräsentiert.

Die Aufnahme des Marktbegriffes und die Herausstellung seiner Bedeutung für den Impakt von (Architectural) Innovation sind von großer Bedeutung. Es erschließen sich in Teilen komplett neue Marktsegmente, in die sowohl bestehende, als auch neue Unternehmen eindringen können. Auf diese Weise können sich neue, nutzbare WLO öffnen, die die weiteren Dynamiken gegebenenfalls wesentlich beeinflussen.

Die Vielfalt an Innovationsprozessen ist zu erheblich, als dass sie sich auf die Dichotomie inkrementell und radikal beschränkt. Aber auch die Geographie hat sich hinsichtlich räumlicher Strukturierung von Industrien und Innovationsprozessen in weiten Teilen mit diesen Dimensionen zufrieden gegeben. Insbesondere hinsichtlich institutioneller und organisatorischer Fragestellungen räumlichen Industriewandels müssen die Prozesse zwischen radikal und inkrementell verstanden und analysiert werden. Da das Phänomen Architectural Innovation (AI) vermeintlich häufiger auftaucht als allgemein angenommen und zumindest keine Ausnahme darstellt [HENDERSON & CLARK 1990: 29], ist es durchaus fruchtbar, sich mit der räumlichen Komponente dieses Prozesses auseinanderzusetzen.

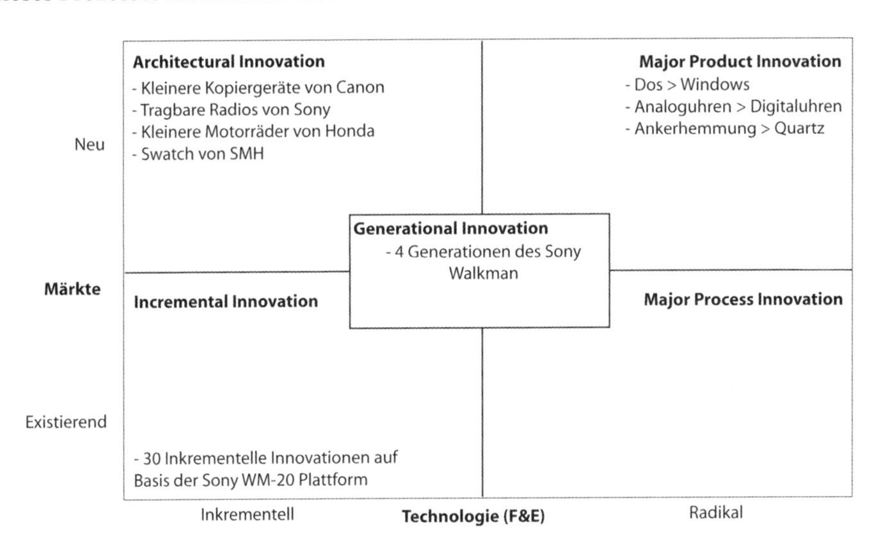

Abbildung 10: Innovationsformen [verändert nach TUSHMAN et al. 1997]

Nachdem in diesem Abschnitt auf die verschiedenen Kategorien und Begrifflichkeiten von Innovation eingegangen wurde und die einzelnen technologischen Innovationskategorien inkrementell, radikal, modular und architectural vorgestellt wurden, ist der Aufbau eines technologischen Erzeugnisses zu verstehen. Dies ist grundlegend für die Identifikation und Kategorisierung verschiedener Innovationsprozesse. Ohne eine Detailbetrachtung mit den entsprechenden Abgrenzungen bleibt die Analyse von Innovationsprozessen auf technologischer Ebene diffus und unbefriedigend.

3.3.8 Systemischer / hierarchischer Aufbau technologischer Artefakte

Ein technologisches Objekt als Ganzes stellt ein System dar, dass sich aus einer Vielzahl von Subsystemen und Komponenten zusammensetzt. Somit ist technologischen Produkten ein hierarchischer und je nach Anzahl von Systemebenen komplexer Aufbau zu eigen. Der Grad der Hierarchisierung steigt mit der Komplexität des technologischen Objekts. Im Umkehrschluss nimmt mit zunehmender Einfachheit des Produktes und in Annäherung an die Komponentenebene die Verschachtelung ab [CLARK & FUJIMOTO 1991: 11].

Das von HENDERSON & CLARK [1990: 11] gewählte Gesamtsystem ist ein Ventilator. Zu den Hauptkomponenten zählen die Rotorblätter, der Motor, das Steuersystem oder die Verkapselung [ebd.]. Wird der Motor des Ventilators zerlegt, so ist eine hierarchische Stufe niedriger eine Vielzahl von Komponenten - geteilt in Haupt- oder Kernkomponenten und Peripherkomponenten - zu finden, die zusammengenommen das Subsystem Motor darstellen. Diese Einteilungsweise lässt sich bis zur untersten Stufe einer beliebigen Hierarchie, der Einzelkomponente, fortführen. Erst ein entsprechendes Produktverständnis ermöglicht es, technologische Innovationsprozesse und ihre möglichen Auswirkungen zu identifizieren, nachzuvollziehen und zu erklären.

Wird ein Kraftfahrzeug als Gesamtsystem betrachtet, so können die Steuerung, der Antrieb, oder auch die Räder als Kernsubsysteme oder Kernkomponenten angesehen werden [MURMANN & FRENKEN 2006: 941]. Die Benutzung des Begriffs *Kernkomponente* impliziert, dass es weitere Komponenten in einem technologischen Gegenstand geben kann, die eine andere, vermutlich geringere Bedeutung für das Gesamtsystem haben. Da in einem komplexen Produkt nicht davon auszugehen ist, dass es sich bei den verschiedenen einzelnen Bauteilen um Einzelkomponenten handelt, soll der Begriff der *Kernkomponente* um den des *Kernsubsystems* [ROSENKOPF & TUSHMAN 1994: 405] erweitert beziehungsweise ergänzt werden.

In Rückgriff auf HENDERSON & CLARK [1990] wird darauf verwiesen, dass eine Radikale oder Architectural Innovation auf der Subsystem- oder Komponentenebene sich auf der Gesamtsystemebene nur modular oder inkrementell verhalten kann [MURMAN & FRENKEN 2006: 938]. Um dieses Verhältnis einer Komponentenhierarchie für den Wandel eines Gesamtsystems darzustellen, sei auf das Beispiel eines Fahrrades verwiesen. So handelt es sich bei dem Wandel des Subsystems Bremsanlage von einer Bowdenzugbremse zu einer hydraulischen Bremse um eine radikale Veränderung. Die einzelnen Komponenten der Bremsanlage sind grundlegend anders. Die Seilzüge werden durch mit Mineralöl gefüllte Bremsleitungen und somit eine mechanische Einrichtung durch eine hydraulische ersetzt. Auf Ebene der Kraftübertragung wird Zugkraft durch Druckkraft ersetzt, womit ein grundsätzlich anderes Wirkprinzip implementiert wird. Wird nun die beschriebene Umsetzung auf der Gesamtsystemebene des Fahrrades betrachtet, so wird deutlich, dass nur eine Kernkomponente, die Bremsanlage, radikal verändert wurde und das Gesamtsystem eher einem inkrementellen Wandel unterlaufen ist. Auf Ebene des Gesamtsystems soll dies, wie beschrieben, daher als eine Modulare Innovation begriffen werden.

Kontradiktorisch zu dieser Beobachtung sei angemerkt, dass bereits minimale Änderungen eines gegebenen technischen Designs (beispielsweise auf einer unteren Hierarchieebene) radikale beziehungsweise disruptive Auswirkungen für das Gesamtsystem mit sich bringen können [ebd.: 937]. Innovationsprozesse sind daher auf verschiedenen Ebenen zu betrachten und in den Kontext des Gesamtsystems zu rücken, da ein entscheidender Wandel auf jeder Hierarchieebene möglich ist. Dieses vorausgeschickt, wird deutlich, dass eine wichtige Grundvoraussetzung bei der Betrachtung technologischer Produkte eine klare Abgrenzung und Definition der zu untersuchenden Ebene ist.

Im späteren Verlauf soll sich aufgrund der Relevanz des hierarchischen Aufbaus dem Untersuchungsgegenstand auf zwei Ebenen genähert werden, auf der Gesamtparkebene und auf der WEA-Ebene. Mit diesem Ansatz soll den einzelnen Veränderungen bei der Untersuchung der Transition von Onshore zu Offshore und der These einer Industriespaltung Rechnung getragen werden. Sie sind fundamental wichtig, um die einzelnen technischen Akteure der Industrie identifizieren zu können und um aufzuzeigen, ob und wie sich die Industrie räumlich (um-) strukturiert.

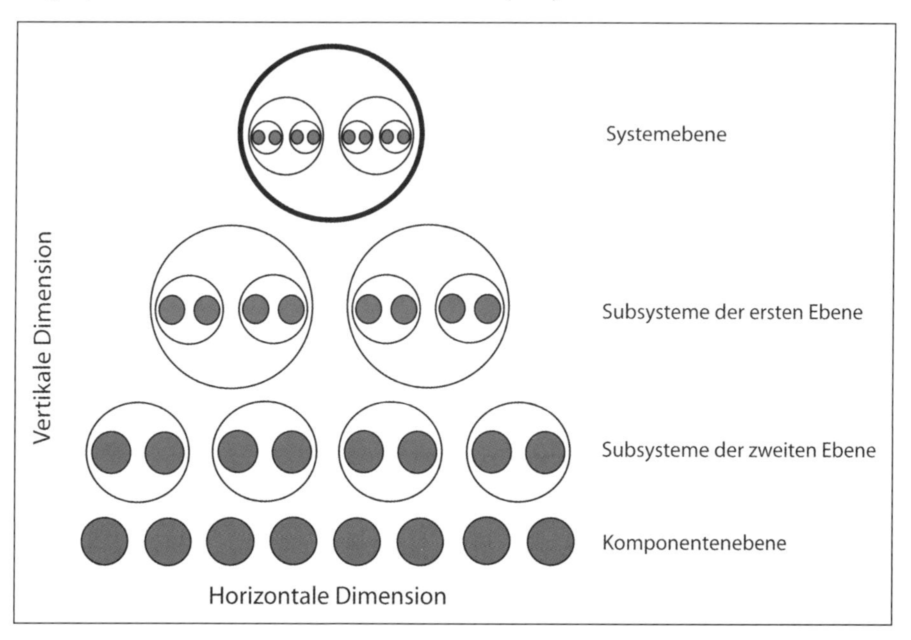

Abbildung 11: Komponentenhierarchie [verändert nach MURMANN & FRENKEN 2006]

3.4 Technologischer Wandel

Die Begriffe Invention, Innovation und die ihnen anhängigen Prozesse stehen in direktem Zusammenhang mit technologischem Wandel. Auf die Relevanz sowie diverse Dimensionen technologischen Wandels wurde im bisherigen Verlauf wiederholt eingegangen. Um die Begriffe und Phänomene für eine evolutionäre Industriebetrachtung, die implizit mit dem Begriff Wandel einhergeht, handhabbar zu machen, bedarf es eines weiteren Schrittes. Innovationsbegriffe und -prozesse müssen dazu, nach ihrer Abgrenzung und Herausarbeitung, in Modelle übertragen und eingegliedert werden, die eine evolutionäre Betrachtungsebene ermöglichen. Um diesen Transfer leisten zu können, wird folgend das zyklische Modell technologischen Wandels vorgestellt, welches als eine der maßgeblichen zugangsschaffenden Heuristiken dieser Arbeit genutzt wird.

Die grundlegenden Phasen und Begrifflichkeiten des Modells werden dargelegt, um anschließend ihre räumliche und organisatorische Relevanz aufzuarbeiten.

3.4.1 Das zyklische Modell technologischen Wandels

Technologischer Wandel wird wie Produkte [VERNON 1966, ABERNATHY & UTTERBACK 1978, VERNON 1979], Industrien [KLEPPER 1997, KLEPPER 2007] oder Cluster [MENZEL & FORNAHL 2010] unter Zuhilfenahme (lebens-) zyklischer Modelle betrachtet und interpretiert. Diese Zyklen sind kontextabhängig und können individuell mehr oder weniger stark ausgeprägt sein. Gemeinsam ist den genannten Modellen, dass sie eine relativ eindeutige Abfolge einzelner Entwicklungsstadien beschreiben.

Als Ausgangspunkt ihres Zyklus technologischen Wandels benennen ANDERSON & TUSHMAN [1990: 606] einen technologischen Bruch, der als Schlüsselreiz für den Beginn eines neuen Zyklus angesehen wird. Die Annahme dieses Ausgangspunktes für die Analyse der Bedeutung technologischen Wandels ist für viele Industriedynamiken ausreichend. Bei detaillierter Betrachtung ist festzuhalten, dass häufig ein originärer Startpunkt, etwa eine grundlegende Invention, beziehungsweise die Nutzbarmachung eines Wirkprinzips und ihre Übertragung in ein technologisches Artefakt, wie von ARTHUR [2007] beschrieben, nicht explizit genannt wird.

Ausgangspunkt des Technologiezyklus ist die **Phase der technologischen Diskontinuität** oder des technologischen Bruchs. Sie ist gekennzeichnet durch Innovationen, die von einem inkrementellen Wandel abweichen [ANDERSON & TUSHMAN 1990: 606] und sowohl Prozesse als auch Produkte betreffen können.

Das Aufkommen einer technologischen Diskontinuität führt zu einer Pionierphase, die ANDERSON & TUSHMAN als **Era of Ferment** bezeichnen. In diesem Zeitraum kommt es zur Ausbildung einer Vielzahl von Produkten, die miteinander darum konkurrieren, die Rolle des Marktführers beziehungsweise des Dominant Designs zu übernehmen. In dieser Pionierphase lässt sich noch kein festes, sich allgemein durchsetzendes Grundkonzept erkennen. Diese Phase ist durch eine zunehmende Eintritts- und Austrittszahl von Unternehmen und Akteuren gekennzeichnet [KLEPPER 1996: 562 ff.]. Die Fermentationsphase wird daher durch einen stärkeren Selektionsprozess charakterisiert, der durch eine erhöhte Unsicherheit bedingt ist. Diese Unsicherheit geht mit einer Reihe von Selektionsursachen, wie am Beispiel der frühen

Entwicklung der Windenergieindustrie zu beobachten ist, einher. KAMMER [2011: 122 ff.] identifiziert für die Fermentationsphase der Windenergieindustrie verschiedene Faktoren, die zu einem Ausscheiden von Marktteilnehmern führten. Es werden beispielsweise ein unzureichender Geschäftsplan, allgemeine technische Probleme, instabile Absatzmärkte oder finanzielle Probleme genannt. Der wesentliche Ausscheidungsgrund, der im direkten Zusammenhang mit technologischem Wandel steht, wird durch die Wahl eines ‚falschen' Produktdesigns repräsentiert. Die richtige Wahl bei der Entscheidung für das finale Design eines Produktes und die damit einhergehenden Standards, mit denen ein Industrieakteur den weiteren Entwicklungsweg beschreitet, kann ausschlaggebend für das Verbleiben in einer Industrie sein [RAYNOR 2007: 2 ff., FRATTINI et al. 2012]. Stellt sich heraus, dass das gewählte Produktdesign sich nicht unter das sich herausbildende Paradigma des aufstrebenden Dominant Designs gliedern lässt, so ist die Wahrscheinlichkeit eines Marktausscheidens erhöht [SUÁREZ & UTTERBACK 1995: 418]. In der aufkommenden Windenergieindustrie traf dieses Schicksal beispielsweise Firmen, die auf Zweiblattrotoren oder Vertikalachsen gesetzt hatten [KAMMER 2011: 126].

Das Resultat der Fermentationsphase ist nach ANDERSON & TUSHMAN [1990: 613] durch die **Herausbildung eines Dominant Design** gekennzeichnet. Ein gegebener Technologiepluralismus, der durch die Era of Ferment konstituiert ist, konvergiert zu einem Dominant Design. Dies bedeutet, dass sich ein allgemeiner Industriestandard herausbildet. Das die Industrie dominierende Design wird nun der Ansatzpunkt Inkrementeller Innovation.

Das bestehende Design und seine Einzelkomponenten werden im Folgenden einem langsamen aber stetigen Verbesserungsprozess unterzogen. Dieser Prozess ist durch eine kontinuierliche Industrieentwicklung ohne bedeutende Diskontinuitäten gekennzeichnet und ermöglicht die Ausbildung von unterstützenden Institutionen und orga-

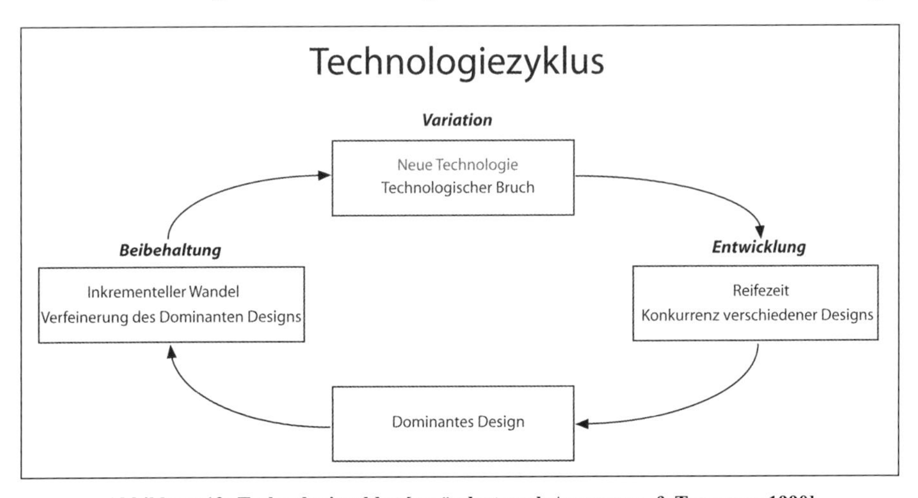

Abbildung 12: Technologiezyklus [verändert nach ANDERSON & TUSHMAN 1990]

nisatorischen Strukturen. Diese Phase wird als **Era of Incremental Change** bezeichnet [ANDERSON & TUSHMAN 1990: 617].

Die Periode inkrementellen Wandels hält im klassischen Modell so lange an, bis es zu einem **erneutem technologischen Bruch** kommt, der die Industrie in einen erneuten Technologiezyklus zwingt [TUSHMAN & ANDERSON 1986].

Der hier präsentierte Zyklus stellt ausschließlich eine modellhafte Konzeption zur evolutionären Betrachtung technologischen Wandels dar und soll in keiner Weise als aus sich selbst heraus gestaltend verstanden werden. ANDERSON & TUSHMAN betonen ausdrücklich, dass technologischer Wandel durch eine Vielzahl soziokultureller Faktoren gestaltet wird und das Modell nicht zwangsläufig auf jede beliebige Industrie anzuwenden sei [1990: 619]. Die Nutzung des Modells in Anwendung auf die Windenergietechnologie und einer postulierten Abspaltung der Offshoretechnologie wurde im Rahmen einer überprüfenden Onlineliteraturrecherche in ähnlicher Form bei [CORTÁZAR 2010] gefunden.[22]

3.4.2 Kritik und Erweiterung des zyklischen Modells technologischen Wandels

Nach der Vorstellung des zyklischen Modells technologischen Wandels ist der Vollständigkeit halber auf zentrale Kritikpunkte und Erweiterungen des Modells einzugehen. Hierzu sei eingangs angemerkt, dass das präsentierte Modell im Wesentlichen aus einer *ex post* Betrachtung drei verschiedener Industrien (Zement-, Glas- und Minicomputerindustrie) resultiert. In diesem Zusammenhang weisen ANDERSON & TUSHMAN [1990: 619] ausdrücklich darauf hin, dass dem vorgestellten Modell kein allgemeingültiger Charakter zugeschrieben wird. Diese Warnung steht in einem präventiven Zusammenhang, da Lebenszyklusmodellen - in welcher Form auch immer - zugeschrieben wird, zur Einnahme eines deterministischen Blickwinkels zu verleiten. Die Begrifflichkeit des Lebenszyklus suggeriere, dass die Evolution eines Objekts quasi zwangsläufig verschiedene Phasen, Prozesse und klar definierte Punkte in einer

[22] Die im Dezember 2009 eingereichte und im Mai 2010 veröffentlichte Masterarbeit wurde vom Autor im Rahmen einer überprüfenden Onlinerecherche über Google Scholar am 08.12.2013 gefunden. Parallelen und Übereinstimmungen zum hier gewählten theoretischen Ansatz des zyklischen Modells technologischen Wandels finden sich auf den Seiten acht bis zwölf. Eine Anwendung auf die technologische Evolution der Windenergietechnologie findet sich auf den Seiten 62 bis 65. Die zyklische Betrachtung deckt sich in Hinblick auf die Technologie weitgehend mit den im Rahmen dieser Arbeit gemachten Überlegungen hinsichtlich eines neuen Technologiezyklus, der durch die technologische Diskontinuität der Offshorewindenergie konstituiert wird. Die Übereinstimmung hinsichtlich der Identifikation des technologischen Bruchs wird nicht als Obsoleszenz sondern als Bestätigung aus technologischer Sicht der hier angestellten Überlegungen gewertet. Die analytische Tiefe seitens [CORTÁZAR 2010] ist deutlich geringer. Der wissenschaftliche Mehrwert der hier vorgelegten Arbeit ergibt sich neben einer detaillierteren Betrachtung der Innovationsmechanismen und -formen vor allem aus der industrieräumlichen Aufarbeitung und Anwendung der theoretischen Konzepte.

starren und vorgegebenen Abfolge durchlaufe [MARTIN & SUNLEY 2011: 1301]. BATHELT & GLÜCKLER [2012: 400] benennen zudem als Kritikpunkt des zyklischen Modells technologischen Wandels, dass Phasen inkrementellen Wandels gegenüber technologischen Brüchen eine geringere industriegestaltende Bedeutung beigemessen wird, und verweisen auf Arbeiten wie [ROSENBERG 1982, LUNDVALL 1988], die auf eine entsprechend hohe industriegestalterische Bedeutung inkrementellen Wandels hinweisen. Letztlich ist im Gedächtnis zu behalten, dass Technologiezyklen beispielsweise durch einen Lock-in ausgebremst und zum Erliegen kommen können.

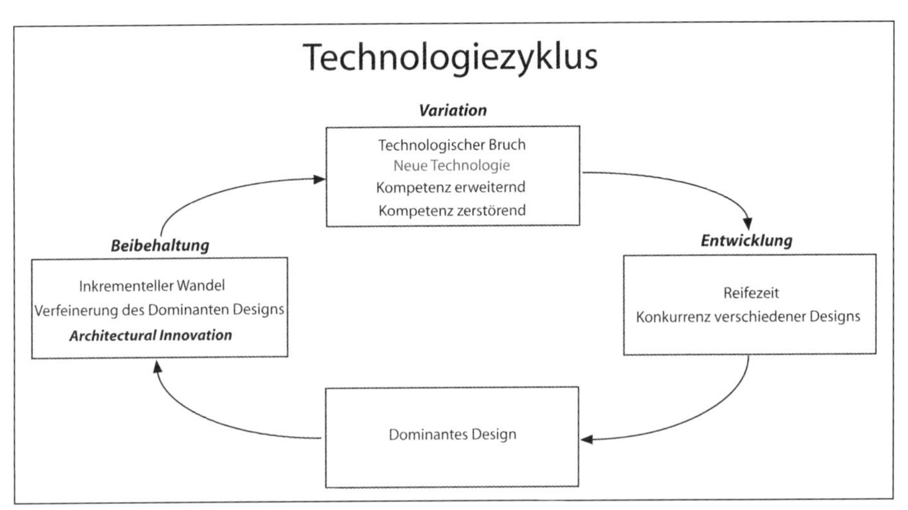

Abbildung 13: Erweiterung des Technologiezyklus um Architectural Innovation [verändert nach TUSHMAN et al. 1997]

Hinsichtlich der genannten Kritikpunkte wurde das ursprüngliche zyklische Modell technologischen Wandels aufgegriffen und durch zusätzliche evolutionäre Schritte und Betrachtungsebenen erweitert. Während MURMANN & FRENKEN [2006: 946] anlehnend an TUSHMAN et al. [1997: 8] explizit das zyklische Modell mit der hierarchischen Verschachtelung technologischer Produkte verknüpfen, erweitern letztere das Modell um das Konzept der Architectural Innovation und stellen dieses in direkten Zusammenhang mit der Entstehung neuer Märkte oder Marktsegmente [ebd. 11]. Beide genannten Erweiterungen des zyklischen Modells stellen für die vorliegende Arbeit entscheidende Faktoren dar.

Ein letzter Kritikpunkt hinsichtlich des zyklischen Modells betrifft die Tatsache, dass Technologien und Industrien sich nicht zwangsläufig ablösen müssen, wie es das ursprüngliche zyklische Modell technologischen Wandels vermuten lässt. Mehrere ausgereifte technologische Designs können über einen längeren Zeitraum nebeneinander bestehen. Die Existenz eines singulären Dominant Designs im Sinne eines einzig akzeptierten muss nicht zwangsläufig gegeben sein beziehungsweise kann von Markt zu Markt variieren.

Beispiele hierfür lassen sich in verschiedenen Industrien finden. In der Automobilindustrie existieren Dieselmotoren neben Benzinmotoren und in der Windenergieindustrie exisitieren WEA mit Direktantrieb neben solchen mit Getriebekonzepten, ohne dass ein jeweiliges Design als Nischendesign tituliert werden könnte.

Industrie	Design 1	Design 2	Marktanteil D1	Marktanteil D2
Automobilind.*	Benzinmotor	Dieselmotor	57,6%	42,2%
Windenergieind.**	Direktantrieb	Getriebe	51,4%	48,6%
* Marktanteile in der BRD im Zeitraum von 2008-2012 [TAGESSCHAU.DE 2013]				
**Marktanteile in der BRD im Zeitraum von 2006-2010 [BTM 1998-2010]				

Tabelle 6: Prozentuales Designaufkommen PKW und WEA

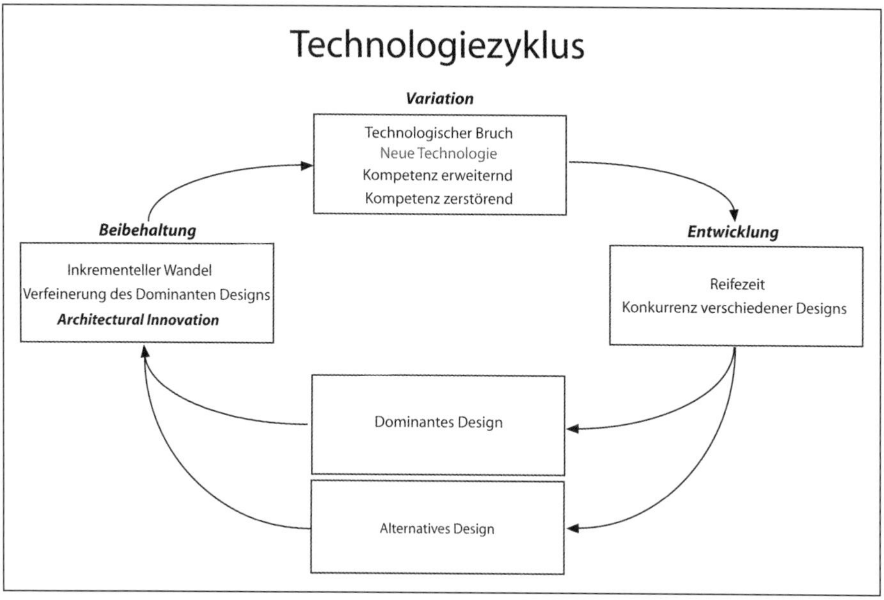

Abbildung 14: Erweiterung des Technologiezyklus um ein Alternativdesign [verändert nach TUSHMAN et al. 1997]

Das vorgestellte zyklische Modell technologischen Wandels benutzt zwei zentrale Begrifflichkeiten, die für die Aufarbeitung technologischen Wandels grundlegend sind: Zum einen den Begriff des Dominant Designs, zum anderen den der technologischen Diskontinuität. Um diese Termini einzuordnen, werden folgend die genannten Begriffe im Allgemeinen und hinsichtlich ihrer industrieräumlichen Relevanz vorgestellt.

3.4.3 Dominant Design

SUÁREZ & UTTERBACK bezeichnen ein Dominant Design als *„a specific path, along an industry's design hierarchy, which establishes dominance among competing design paths"* [1995: 416]. ANDERSON & TUSHMAN definieren Dominanz anhand einer 50%

Marke hinsichtlich des Marktanteils, da nur ein einziges Design dieses Kriterium erfüllen kann, verweisen aber auch auf die oben dargelegte Tatsache, dass mehrere rivalisierende Designs eine stabile und gleichwertige Marktdurchdringung erreichen können [1990: 614].

Im Rahmen dieser Arbeit soll ein Dominant Design mit prägnantem Marktanteil definiert werden. Die 50% Marke wird dabei als hilfreiches nicht aber als bedingendes Kriterium angesehen. Begründet wird dies damit, dass das Konzept des Dominant Designs und die anschließende Ära des inkrementellen Wandels hier als eine Variable angesehen werden, die eine hohe Stabilität oder Kontinuität einer Technologie und einer Industrie über einen Zeitraum x repräsentiert. Dies ist zwingend notwendig, um von einem konträren Konzept einer Diskontinuität sprechen zu können. Ob die Marktdurchdringung hierbei 30% oder 90% beträgt, ist sekundär relevant.

Erneut sei auf den hierarchischen und systemischen Aufbau komplexer technologischer Objekte verwiesen. Lässt sich auf einer unteren Hierarchieebene kein eindeutiges Dominant Design im Sinne signifikanter Marktanteile identifizieren, so kann dies auf einer übergeordneten Ebene frappierend der Fall sein. Bezogen auf das genannte Beispiel des Motors lässt sich festhalten, dass sowohl der Benzinmotor als auch der Dieselmotor auf der Ebene der Verbrennungsmotoren stabile Designs darstellen, die inzwischen gleichermaßen dominant sind. Auf einer übergeordneten Betrachtungsebene hat sich im Laufe der Automobilentwicklung, wo in der Pionierphase mit grundlegend unterschiedlichen Konzepten zur Umsetzung des Antriebs wie Gasturbinen, Verbrennungsmotoren, Dampfmaschinen oder elektrischen Varianten experimentiert wurde [ABERNATHY 1978: 10], letztlich das Design des Verbrennungsmotors als dominant durchgesetzt.

Die Bedeutsamkeit eines Dominant Designs für eine Industrie ist einleuchtend. Hat sich ein Standard ausgeprägt, so verändert sich das Konkurrenzverhältnis zwischen den Produzenten. Der Wettbewerb ist nicht mehr fokussiert auf die Durchsetzung eines Standards, sondern auf seine Verbesserung und Kostensenkung. Erst die Auspendelung hin zu einer marktstabilen, dominierenden Konstruktion erlaubt der Industrie Kontinuität, eine definierte Standardisierung und die damit in Verbindung stehenden *Economies of Scale*.

Ein Dominant Design muss dabei nicht zwangsläufig ein Ideal darstellen. Aufgrund verschiedener Umstände und historischer Entscheidungen kann ein Dominant Design durchaus, im Vergleich zu anderen Konstruktionsprinzipien, die technologisch schlechtere Variante darstellen, dies belegt das Beispiel des Lock-In der QWERTY-Tastatur [DAVID 1985].

3.4.4 Technologische Brüche

Konträr zum Dominant Design und der Phase inkrementeller Verbesserungen, die eine gewisse Stabilität hinsichtlich Technologie- und Industrieentwicklung ermöglichen, steht der technologische Bruch beziehungsweise die technologische Diskontinuität als Auslöser einer Pionier- und Experimentierphase [TUSHMAN & ANDERSON 1986], die einen großen Einfluss auf Produkte und somit produzierende Industrien haben kann [GLASMEIER 1991, GATIGNON et al. 2002: 1107, FUNK 2008: 555].

Technologische Diskontinuitäten können zu einer anteiligen oder vollständigen Infragestellung oder gar Zerstörung des Wissens, der Kompetenzen und organisatorischen Routinen von Firmen, die sich in einem Markt etabliert haben, führen. Bestehende intraindustrielle Interdependenzen und Verknüpfungen können massiv verändert werden, was wiederum die Folge einer Industrieumgestaltung mit sich bringen kann. Neuen Wettbewerbern und Nachzüglern wird auf diese Manier ein potentieller Markteintritt erleichtert [ROSENBLOOM & CHRISTENSEN 1994: 655, PÉREZ 2001: 113]. Die Entstehung eines WLO kann ermöglicht werden. Diese Mechanismen treffen insbesondere dann zu, wenn die betrachtete Industrie in weiten Teilen durch ein Dominant Design geprägt ist [MURMANN & FRENKEN 2006: 932].

Häufig werden technologische Diskontinuitäten mit einer radikalen Produktveränderung assoziiert, die in einem diametralen Verständnis zu inkrementeller Entwicklung steht. Dass diese Annahme unvollständig ist, konnte bereits detailliert dargelegt werden. Es ist zu konstatieren, dass technologische Brüche sich in verschiedener Art und Weise offenbaren können und in Abhängigkeit der Phasen, die eine Industrie durchläuft, variieren.

HENDERSON & CLARK [1990] verweisen auf die Tatsache, dass auch vermeintlich marginale Veränderungen hinsichtlich Produktarchitektur oder Komponentennutzung einen bedeutenden Einfluss auf Industrien und ihre Organisation haben können. Insbesondere Mutationsmuster - die nicht augenscheinlich radikal sind - stellen für Industrien und ihre organisatorischen Fähigkeiten bedeutende Herausforderungen dar, da der Impakt, der dem technologischen Bruch innewohnt, nicht oder mit massiver Verzögerung in das Bewusstsein der Industrieakteure vordringt. Welche Konsequenzen aus entsprechenden Versäumnissen resultieren, ist wiederum von vielfältigen Faktoren abhängig. Diese Einsicht muss berücksichtigt werden, wenn die angenommene Spaltung der Windenergieindustrie aufgearbeitet wird.

3.4.5 Die organisatorische Dimension technologischen Wandels

Die Interdependenz zwischen der technologischen und der organisatorischen Ebene und die damit einhergehenden Bedeutungen für evolutionäre Dynamiken heben unter anderem ROSENKOPF & TUSHMAN [1994], MURMANN & TUSHMAN [1997] und GARUD & MUNIR [2008] hervor.

Anknüpfend an den vorgestellten Technologiezyklus wird davon ausgegangen, dass technologische Diskontinuitäten zu einer Zerstörung und die daran anschließenden ‚Eras of Ferment' zu einer Neubewertung und Neugestaltung intraindustrieller Organisation führen. Kontrastiv hierzu findet mit der Ausbildung eines Dominant Designs ein Organisationsaufbau statt. Inkrementeller Wandel führt im Anschluss dazu, dass es zu einer Stärkung technologischer und organisatorischer Kapazitäten durch Unternehmen, Industrien und industrieanhängige Akteure kommt. Die neugeschaffenen und neuorganisierten Beziehungsstrukturen einer Industrie verfestigen sich [ROSENKOPF & TUSHMAN 1998: 311].

Technologien, so argumentieren ROSENKOPF & TUSHMAN [1994: 410], sind eingebettet in ‚Technological Communites', die eine breite Anzahl an Stakeholdern umfassen, die spezifisch für eine technologische Produktklasse sind. Das Konstrukt der Technological Community weist dabei hinsichtlich seiner konstituierenden Merkmale deutliche Parallelen zum Konzept des technologischen Innovationssystems[23] von CARLSSON & STANKIEWICZ [1991] auf.

Die organisatorische Evolution einer Technological Community weist hingegen Parallelen zur Technologieevolution auf. Nach dem Aufkommen einer technologischen Diskontinuität und während des Aufkommens einer neuen Technologie ist die intraorganisationelle Struktur rudimentär beziehungsweise nichtexistent. Erst mit der Fermentationsphase sind potentielle Communitymitglieder identifizierbar. Das Machtgefüge ist noch relativ ausgeglichen und einzelne Verknüpfungen, Wissens- und Organisationskanäle zwischen einzelnen Akteuren und Akteursgruppen werden ausgebaut oder entstehen gar erst. ROSENKOPF und TUSHMAN formulieren nach [ASTELEY & FOMBRUN 1983] und [MACKENZIE 1987] wie folgt:

> „*Organizational and intraorganizational activity during the era of ferment focuses on developing markets and matching technology to these markets, as technology stakeholders attempt to influence the outcome of technological competition in their favor. During the era of ferment, organizations must develop not only technical competence, but also interorganizational network skills to forge alliances in order to shape critical dimensions of merit and critical industry problems*" [ROSENKOPF & TUSHMAN 1994: 414].

Mit der Ausbildung eines Dominant Designs kommt es zu einem Wandel dieser Prozesse. Mit der Abnahme der Unsicherheit, hinsichtlich des weiteren technologischen Entwicklungspfades, kommt es zu einer Ausbildung mehr und mehr gefestigter Akteurskonstellationen mit entsprechend stabileren Verknüpfungen, Kanälen, Kooperationen und Abhängigkeiten. Damit geht eine zunehmende Ordnung und Stabilität des Akteursgefüges sowohl hinsichtlich der Organisation der Community als auch hinsichtlich des Machtgefüges einher.

Zusammengefasst zeigt sich, dass technologische Diskontinuitäten nicht nur industrieangehörige Firmen beeinflussen. Es werden darüber hinaus Beziehungen, Verknüpfungen und Machtverhältnisse zwischen Herstellern, Zulieferern, Mitbewerbern, Verkäufern, Kunden und diversen Institutionen zerstört, neu aufgebaut oder moduliert.

Die Ausprägung dieser Interdependenzen, Machtverhältnisse und Verknüpfungen einzelner Akteure sind von Technologie zu Technologie unterschiedlich charakterisiert

[23] Siehe Kap. 3.2.2

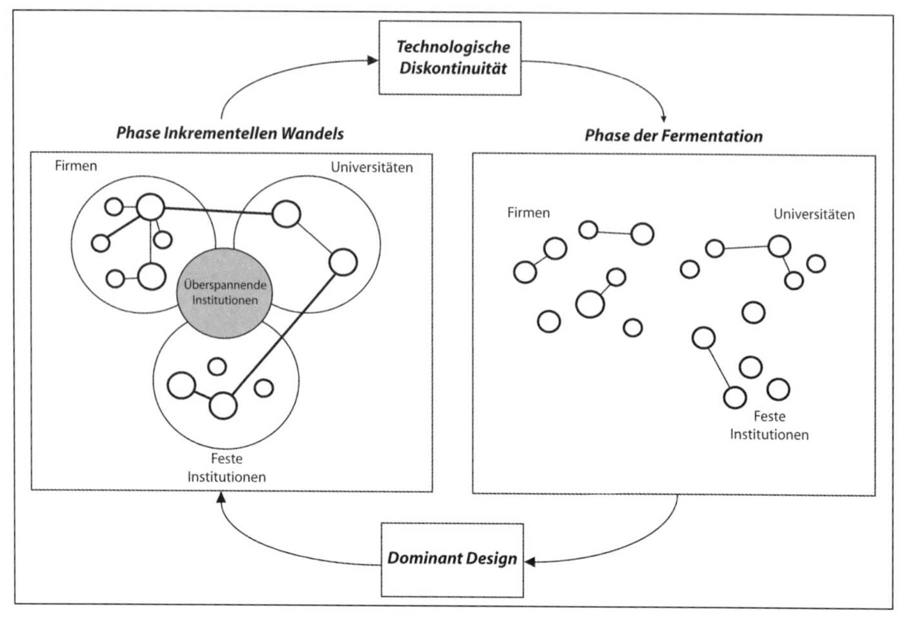

Abbildung 15: Technologiezyklus und Industrieorganisation [verändert nach ROSENKOPF & TUSHMAN 1994]

und akzentuiert und scheinen in Industrien, die komplexe Technologien zur Grundlage haben, stärker auffällig [ROSENKOPF & TUSHMAN 1994: 404 ff.].

3.4.6 Die industrieräumliche Bedeutung technologischer Brüche

Wie dargestellt, können technologische Diskontinuitäten diverse Einflüsse auf Industrien, ihre Akteure und Organisation haben. Produkte, die die Grundlage einer Industrie darstellen, können obsolet, aufgebautes Wissen und implementierte Routinen und Organisationsmuster gar zerstört werden. In diesem Rahmen können sich inter- und intraindustrielle Relationen verändern, was in einer räumlichen Industrierekonfiguration münden kann.

Ein prominentes und bereits erwähntes Beispiel für diese Zusammenhänge bietet die Schweizer Uhrenindustrie der 70er Jahre des 20. Jahrhunderts. Hier war es das Aufkommen der Quartz-Technologie im Segment der Armbanduhren, das eine Erschütterung der Industrie technologisch und daher auch räumlich bedeutete [GLASMEIER 1991: 469, JEANNERAT & CREVOISIER 2011: 34]. Durch diese technologische Diskontinität schrumpften die Beschäftigungszahlen der Uhrenindustrie des Schweizer Jura innerhalb kurzer Zeit um fast zwei Drittel. Ein gesamtes Marktsegment der Industrie verlagerte sich räumlich nach Japan (Casio) und in die USA (Texas Instruments). Neben einer Umstrukturierung der Ausgangsindustrie kam es durch die genannten Prozesse zu einer Umnutzung des in der Ausgangsindustrie generierten Wissens in anderen Branchen. Dies ist vorerst das jüngste Beispiel für eine regionale Veränderung der Uhrenindustrie, die in einem Zusammenhang mit technologischem Wandel steht. War der Kern der Uhrenfertigung Anfang des 17. Jahrhunderts in Süddeutschland und Mitte des 17. Jahrhunderts in den heutigen Regionen Île de France und Centre Frankreichs verortet, so verlagerte er sich Ende des 17. Jahrhunderts nach Großbritannien [CHRISTENSEN et al. 2011: 77]. Auslöser für den Sprung auf die Insel war ein technologischer Wandel, der durch die Einführung der Uhrenfeder repräsentiert wird. Der Bedarf an benötigten handwerklichen Ressourcen und handwerklichem Wissen konnte durch das britische Potenzial signifikant besser gedeckt werden [ebd.] und hatte einen räumlichen Industriewandel zur Folge.

Weitere Beispiele für technologische Diskontinuitäten mit disruptiven Charakter, die Industrien massiv beeinflusst und gestaltet haben und zu Illustrationszwecken angeführt werden sollen, finden sich in der Baggerindustrie der späten 1940er Jahre [CHRISTENSEN et al. 2011:83], der Kameraindustrie [LUCAS JR. & GOH 2009] und dem für die Herstellung von portablen Musikgeräten verantwortlichem Segment der Unterhaltungselektronikindustrie [ISLAM & OZCAN 2012].

In der Baggerindustrie war es das bis dahin gängige Kabelzugsystem zum Bewegen und Steuern der Schaufel, welches durch ein hydraulisches System ersetzt wurde. Dieser Wandel hatte derart massive Auswirkungen, dass es zu einer kompletten Umwälzung der Branche kam. Bei einem gleichzeitig massiven Auftreten von Neueinsteigern konnten *„nur vier der etwa dreißig etablierten Baggerhersteller, die in den 1950er Jahren Seilbagger produzierten, [...] sich bis in die 1970er Jahre erfolgreich auf die neue Hydraulik-Technologie umstellen“* [CHRISTENSEN et al. 2011: 85]. Die restlichen etablierten Hersteller scheiterten. Bezogen auf die räumliche Perspektive bedeutete dies, dass aufgrund des Marktausscheidens etablierter Hersteller für Seilbagger und des Eintritts neuer Unternehmen sich die Räumlichkeit der Industrie wandelte [CRISTENSEN et al. 2011: 94 f.].

Im Bereich der Fotoindustrie waren es etablierte Hersteller, die sich mit den Folgen des technologischen Bruchs der digitalen Fototechnik auseinandersetzen mussten [FUNK 2008: 556]. Dieser Industriewandel dauerte annähernd zwanzig Jahre [LUCAS JR. & GOH 2009: 50]. Einen massiven Einfluss hatte dieser Wandel auf Hersteller, die ihr Geschäftsmodell in Abhängigkeit vom Fotofilmvertrieb aufgebaut hatten. Exemplarisch kann für dieses Geschäftsmodell die Firma Kodak genannt werden. Kodak hatte sich stark auf die Entwicklung und Produktion von Filmen spezialisiert. Die Kamera war im eigentlichen Sinn nur das Medium, um den Vertrieb von Filmen zu ermöglichen und zu steuern. Kodaks Marktanteil betrug aufgrund dieses Geschäftsmodells im Jahr 1976 90% im Filmsegment und 85% im Kamerasegment [LUCAS JR & GOH 2009: 49]. Auch wenn es bereits während der 1980er Jahre zu einer Marktumstrukturierung kam, so war es insbesondere die aufkommende Digitalfotographie, die einen technologischen und industriellen Bruch bedeutete. Dieser radikale Bruch führte dazu, dass eine Reihe neuer Firmen in die Kameraindustrie drängten, etablierte Hersteller wie Kodak verdrängten und eine neue räumliche Struktur der Industrie entstand.

Ein weiterer technologischer Bruch, der mit einer fortschreitenden Digitalisierung der betroffenen Industrie einherging, war der Wandel im Bereich der portablen Musikabspielgeräte [FUNK 2008: 556]. Sony galt mit seinem Produkt Walkman als der Marktführer im betreffenden Segment. Auf den portablen Kassettenspieler folgte der portable CD-Spieler, der den ersten Schritt der Digitalisierung darstellen sollte. Schaffte es Sony bei diesem Wandel seine Position als Markführer zu behaupten, so vollzog sich mit der Einführung des MP3-Spielers ein großer Schnitt. Waren die ersten Produkte kein großer kommerzieller Erfolg, so änderte sich dies mit der Einführung des iPod der Firma Apple [ISLAM & OZCAN 2012: 29]. Sony konnte nicht an seine bisherigen Erfolge anknüpfen und scheiterte an einer erfolgreichen Transition. Ein neuer Marktführer, der historisch aus einem anderem Marktsegment, dem der Personalcomputer, entstammt, schaffte es, den technologischen Bruch und den neu entstehenden Markt für sich zu nutzen und zum Marktführer im Segment der portablen Musikabspielgeräte aufzusteigen.

Produkt	Art des Wandels	Auswirkung des Wandels	Quelle(n)
Uhr	Einführung Quartz-Technologie	Industrieumstrukturierung	GLASMEIER 1991
Bagger	Einführung Hydraulikschaufel	Verdrängung etablierter Hersteller	CHRISTENSEN et al. 2011
Kamera	Einführung der Digitalfotographie	Scheitern etablierter Hersteller	LUCAS JR. & GOH 2009
Portable Musikabspielgeräte	Einführung des MP3-Players	Industrieumstrukturierung	ISLAM & OZCAN 2012

Tabelle 7: Beispiele für technologische Brüche in Industrien und ihre Auswirkungen

Diese technologischen Brüche bedeuteten für die genannten Industrien und die sie beherbergenden Regionen ein zum Teil hohes Maß an Unsicherheit. Sie boten die Möglichkeit, dass sich völlig neue organisatorische und geographische Industriestrukturen herausbildeten. Technologische Diskontinuitäten bieten daher die Chance zur Öffnung eines WLO und beinhalten folglich eine für Industrien relevante, raumschöpferische Komponente auf beziehungsräumlicher, regionaler und globaler Ebene.

Neben diesen Beobachtungen fällt bei Abgleich des zyklischen Modells technologischen Wandels von ANDERSON & TUSHMAN, der Darlegung seiner organisationellen Implikationen durch ROSENKOPF & TUSHMAN und dem Modell der industriellen Entwicklungspfade von STORPER & WALKER auf, dass es hervorzuhebende Parallelen gibt.

Die Herausbildung einer neuen Technologie oder eine technologische Diskontinuität wird mit der Entstehung eines WLO und der Phase der Lokalisation in Verbindung gebracht. Beides steht am Anfang industrieräumlicher Entwicklung. Weder das zukünftige Dominant Design noch die damit einhergehenden technologischen und organisatorischen Verknüpfungen, Kanäle, Kapazitäten und Strukturen sind existent. Diese bilden sich erst nach und nach in der Fermentationsphase heraus und werden zunehmend starrer. Dies hat unter anderem zur Folge, dass sich räumliche Wettbewerbsvorteile verstärken und sich *„drastische Einschränkungen in der Wahlfreiheit von Standortentscheidungen"* [BATHELT & GLÜCKLER 2003: 209] einstellen. Im zyklischen Modell folgt die Phase inkrementellen Wandels mit verstärktem Marktwettbewerb. Dieser kann nach STORPER und WALKER im Zusammenhang mit neuen Wachstumsperipherien und ihrer Erschließung in Zusammenhang gebracht werden. Die Phase der Shifting Centers kann schließlich wieder mit einem radikalen Bruch in Verbindung stehen, wobei

> *„(die) Ursachen für die Entstehung neuer Industriezweige (...) meist auf existierende Branchen zurückgeführt (werden) können und als Erneuerungsprozesse dieser Branchen aufgefasst werden. Eine Erneuerung kann durch die Entwicklung neuer Produkte ebenso wie durch radikale Veränderungen vorhandener Produkte, Produktionsprozesse und Organisationsformen hervorgerufen werden. Diese bieten neue Wachstumschancen, so dass der industrielle Entwicklungspfad trotz der Existenz von Industrieballungen und Wachstumsperipherien in das Anfangsstadium der Lokalisierung zurück versetzt wird. In diesem Fall öffnet sich wiederum ein WLO und es entsteht eine erneute größere Wahlfreiheit industrieller Standortentscheidungen"* [BATHELT & GLÜCKLER 2003: 210].

Um technologische Brüche identifizieren und verstehen zu können, bedarf es neben theoretischen Modellen entsprechender Datengrundlagen und Methoden, um Diskontinuitäten konsistent aufzuarbeiten und handhabbar zu machen. Entsprechend sollen im folgenden Kapitel vier die erarbeitete Datengrundlage und das damit einhergehende beziehungsweise darauf aufbauende methodische Vorgehen vorgestellt werden.

4. Methodisches Vorgehen und Datengrundlage

Um die überspannende These und die dazugehörigen Unterthesen dieser Arbeit überprüfbar zu machen, mussten, parallel zur theoretischen Aufarbeitung technologischen und industriellen Wandels, sowohl ein adäquater methodologischer Rahmen als auch eine belastbare Datengrundlage geschaffen werden. Sowohl Methodik als auch Datengrundlage hatten dabei derart gestaltet zu sein, dass sie eine konsistente evolutionäre Aufarbeitung der einzelnen Dimensionen des angenommenen Industriewandels erlauben. Technologische, organisatorische und räumliche Unterschiede und Veränderungen galt es zu erfassen und aufzuarbeiten. Dabei kristallisierte sich zunehmend heraus, dass zur Aufarbeitung der aufgestellten Thesen ein differenziertes methodisches Vorgehen vonnöten sei.

Der Einstieg in die Auseinandersetzung um eine mögliche Spaltung der Windenergie in die Bereiche Onshore und Offshore fand mit Hilfe von Explorativinterviews statt. Diese wurden im Rahmen der Messe HUSUM WindEnergy 2010 geführt. Als Gesprächspartner wurden Industrievertreter und Wirtschaftsförderer gewählt, um einen mehrdimensionalen Eindruck hinsichtlich der aktuellen Entwicklungen der Industrie zu bekommen und so die Dynamiken der Branche besser herausarbeiten und einordnen zu können. Wirtschaftsförderungsgesellschaften (Bremerhavener Gesellschaft für Investitionsförderung und Stadtentwicklung mbh (BIS), Cuxport GmbH, WAB e.V., Netzwerkagentur windcomm schleswig-holstein und RenewableUK) sowie Industrievertreter (der AREVA-Wind GmbH, der Nordex SE, der REpower Systems SE, der Siemens AG und der STRABAG AG) konnten Einblicke in die Industrie und ihre Entwicklung geben und legten ausführlich ihre Prognosen und Einschätzungen im Jahr 2010 dar. Zusätzlich wurde der mehrtägige Messebesuch dazu genutzt, eine umfangreiche Sammlung an Informationsmaterial der Aussteller zusammenzutragen.

Die erfassten Informationen ermöglichten, ein erstes umfassendes Bild der Windenergieindustrie anzufertigen, und führten bereits im frühen Verlauf des Forschungsprozesses zur Ausdifferenzierung der Unterthesen.

4.1 Empirische Aufarbeitung

4.1.1 Empirische Aufarbeitung und Operationalisierung der technologischen und organisatorischen Evolution

Die Hauptquelle zur Prüfung der Thesen zwei und drei konstituiert sich, in Abgrenzung zu den Explorativinterviews und informellen Gesprächen, aus nicht-standardisierten Leitfadeninterviews[24]. Die Interviews wurden arbeitsbegleitend und zum Großteil am Arbeitsplatz der befragten Personen durchgeführt. Die durchschnittliche Interviewlänge betrug 40 Minuten, wobei das kürzeste Interview eine Länge von 20

[24] Eine ausführliche Aufschlüsselung der interviewten Personen findet sich im Anhang dieser Arbeit.

Minuten und das längste Interview eine Dauer von annähernd zwei Stunden umfasste. Es wurden Gesprächspartner recherchiert und gewählt, die bereits mehrere Jahre Industriezugehörigkeit aufweisen konnten und daher in der Lage waren, die Entwicklung der Branche unter verschiedenen Gesichtspunkten zu reflektieren. Häufig stellte sich im Verlauf der Interviews heraus, dass die Befragten im Rahmen ihrer beruflichen Lebensläufe derart ihre Arbeitsverhältnisse gewechselt hatten, dass es ihnen möglich war Industrieeinblicke zu gewähren, die über ihren aktuellen situativen Kontext hinausgingen. Einige der Befragten konnten auf über zwanzig Jahre Berufserfahrung in verschiedenen Bereichen und Positionen der Windenergieindustrie zurückzublicken, so dass der im Anhang gelistete Kontext nur ein aktuelles Schlaglicht darstellt.

Neben Industrievertretern aus den Bereichen des Managements, der Elektrotechnik und des Maschinenbaus (Windenergieanlagenhersteller) konnten Vertreter der Planungs- und Kundenseite (Energieversorgungsunternehmen) sowie der Genehmigungsbehörden (Bundesamt für Seeschifffahrt und Hydrographie) und Wirtschaftsförderung für ausführliche Experteninterviews gewonnen werden. Es wurde somit möglich, Informationen entlang der gesamten Wertkette zu erarbeiten.

Der entwicklete Interviewleitfaden fokussierte die Erfassung möglicher Brüche und Gemeinsamkeiten zwischen den Bereichen Onshore und Offshore. Je nach arbeitsbiographischem Hintergrund der Gesprächspartner, dessen Erfragung am Anfang der Interviews stand, wurde der Interviewschwerpunkt entsprechend in einen technologie- oder industrieorganisationszentrierten Fokus gerückt. Gesprächspartner, die über einen technologischen Wissens- und Arbeitshintergrund verfügen, wurden gebeten, verstärkt auf die technologischen Aspekte wie die Evolution von WEA und insbesondere die sich herauskristallisierenden technologischen Unterschiede und Gemeinsamkeiten zwischen Onshore und Offshore einzugehen. Zusätzlich wurden technologische Rückschläge und ihre möglichen Ursachen erfragt. Interviewpartner aus den Bereichen des Managements wurden dazu angeregt, insbesondere die Motivationen der (Offshore-) Windenergie, die Industriestrukturierung sowie mögliche Gemeinsamkeiten und Differenzen hinsichtlich der Wertketten und ihre Akteurskonstellationen, Organisationsmechanismen und Routinen darzulegen.

Insgesamt konnten von allen 28 geführten Interviews 23 (82 %) aufgezeichnet werden. Daher standen die Informationen sowohl in auditiver als auch in Teilen transkribierter Form permanent zur Verfügung. Dies ermöglichte, die gewonnenen Informationen detailliert in die Arbeit einfließen zu lassen und gegebenfalls erneut aufzuarbeiten.

Die leitfadengestützten Experteninterviews wurden im weiteren Arbeitsverlauf kontinuierlich durch informelle Gespräche mit Branchenvertretern ergänzt. Hierzu wurden Messen wie die New Energy Husum 2010, die Hannover Messe 2012, die HUSUM WindEnergy 2012 und die WindEnergy Hamburg 2014 besucht. Erweitert wurden die Messebesuche sowohl durch die Teilnahme an Konferenzen und Tagungen (2. Windbranchentag Schleswig-Holstein 2010, Kieler Branchenfokus: Windindustrie 2011) als auch den gelegentlichen Besuch von Branchentreffen (Windstammtisch Hamburg, Offshorewindstammtisch OWST Hamburg, Windnetzwerk der EEHH).

Parallel zu den Interviews wurde eine umfangreiche Literaturrecherche angestrengt, um die technologischen, organisatorischen und räumlichen Eigenschaften und Entwicklungen der Industrie aufzuarbeiten. Diese umfasste an erster Stelle firmeneigene Publikationen wie Produktprospekte, Abschlussberichte und In-House-Magazine (‚BARD Magazin' (BARD), ‚Report' (REpower Systems), ‚The Grid' (Vestas), ‚win[d]' (Vestas), ‚Windblatt' (Enercon) und ‚Windpower Update' (Nordex)), die direkt und unmittelbar Informationen aus der Industrie liefern.

Zudem wurden nationale und internationale branchen- und industriebezogene Fachzeitschriften wie ‚BIZZ energy today' (DE), ‚EnergyEngineering' (GB), ‚Erneuerbare Energien' (DE), ‚International sustainable energy review' (UK), ‚neue energie' (DE), ‚north american windpower' (US), ‚OffshoreWIND' (NL), ‚RECHARGE' (NO), ‚renewable energy focus' (UK), ‚Renewable Energy World' (UK), ‚Sonne, Wind & Wärme' (DE), ‚Wind-Kraft Journal' (DE), ‚Wind Power & Energy Solutions' (UK), ‚Windtech international' (NL) und ‚windpower monthly' (US) gefiltert.

Weiter wurde auf Studien von Wirtschafts- und Industrieverbänden wie der AWEA, des BWE, der BWEA, der DENA, der EWEA, des GWEC, der IEA, der IRENA, des VDI, des VDMA, des WEC und der WWEA, die Publikationen von Zertifizierern wie GL Garrad Hassan und der Deutschen Windguard, von industrienahen Forschungsinstituten wie des DEWI und des ISET/IWES sowie verschiedenen Beratungsunternehmen wie beispielsweise Arthur D. Little, Ernst & Young, KPMG und Roland Berger oder Markt- und Branchenanalysten wie ‚BTM Consult', ‚emerging energy research' und ‚MAKE Consulting' zurückgegriffen.

Den letzten Part der genutzten Printquellen stellen themenbezogene Veröffentlichungen in Form von wissenschaftlichen Artikeln wie [GAUDIOSI 1996, BERGEK & JACOBSSON 2003, GARUD & KARNØE 2003, ANDERSEN 2004, MUSIAL & BUTTERFIELD 2006, BLANCO 2009, MARKARD & PETERSEN 2009, BRUNS & OHLHORST 2011, MENZEL & KAMMER 2011, STEEN & HANSEN 2013, SIMMIE et al. 2014], industriebezogene Monographien wie [BETZ 1926, HAU et al. 1993, KARNØE 1993, GIPE 1995, HEYMANN 1995, REDLINGER et al. 2002, TACKE 2004, STIEBLER 2008, MANWELL et al. 2009, OHLHORST 2009 oder KAMMER 2011] sowie die regionale und überregionale Tages- und Wochenpresse dar.

Erweitert wurden diese Printquellen um Onlineinformationen. Neben der aktuellen Onlinetagespresse wurden zum einen Meldungen in Form von Newsfeeds der Seiten ‚IWR.de', ‚offshorewind.biz', oder ‚Windpowermonthly.com' eingeholt. Zum anderen wurden Google-Alerts für spezielle Schlagwörter wie ‚Offshore Wind' oder Firmennamen von Marktteilnehmern eingerichtet. Die Recherche innerhalb von firmeneigenen Internetauftritten und Pressemitteilungen von Unternehmen und Institutionen, sowie Internetdatenbanken wie ‚4cOffshore.com', ‚lorc.dk', ‚thewindpower.net' oder ‚windsofchange.dk' komplettieren die Liste der genutzten Internetquellen.

4.1.2 Empirische Aufarbeitung und Operationalisierung der räumlichen Dimension

Zur Überprüfung der These eines räumlichen Industriewandels wurde ein quantitativer Ansatz gewählt. Der grundlegende Gedanke hinter diesem Entschluss basiert auf der Idee, dass Firmen und die in sie eingegliederten Untereinheiten eine adäquate Größe darstellen, um den Wandel einer Industrie zweckorientiert darstellen zu können [FRENKEN & BOSCHMA 2007: 636]. Dieser Überlegung folgend musste es somit das Ziel sein, eine originäre Datenbasis zu erschaffen, anhand derer die Industrie mit ihren Untereinheiten für den Gesamtuntersuchungsraum evolutionär erfasst werden kann. Diesem Gedanken folgend wurde ein Datencorpus zusammengestellt, der für den Zeitraum von 1974 bis 2013 die Aufarbeitung der Industrieentwicklung auf Unternehmens- beziehungsweise Unternehmens-einheitenebene für den europäischen Raum ermöglicht.

Auf industrieller Ebene wurde sich auf die Unternehmenseinheiten von WEA-Herstellern fokussiert[25]. Für die entsprechenden Unternehmenseinheiten wurden Daten zur räumlichen Verortung, zum Industrieeintrittsdatum und zum Industrieaustrittsdatum sowie die inhaltliche Schwerpunktlegung (Produktion, Forschung und Entwicklung, Verwaltung, Hauptsitzfunktion) der Einheiten erhoben. Die Einheitenkategorisierung umfasst dabei zusätzlich die Erhebung des segmentalen Fokus der jeweiligen Unternehmenseinheit im Sinne einer Trennung von Onshore- und Offshore-Aktivität. Die Variable des Industrieaustritts ist zudem für eine konsistente Evolutionsbetrachtung der Industrie differenzierend aufgegliedert worden. Es wurde betrachtet, ob es sich bei Industrieaustritten um ein reales Ausscheiden aus der Industrie - im Sinne einer kompletten Einstellung aller geschäftlichen Tätigkeiten - handelt, ob ein Unternehmen (in Teilen) übernommen wurde oder es zu einer Fusion mit einem Mitbewerber kam.

Erste Informationen liegen für das Jahr 1948, kontinuierliche Daten ab dem Jahr 1975 vor. Der gefilterte Gesamtdatensatz umfasst für den gesamten Betrachtungsraum 491 Unternehmenseinheiten von Windenergieanlagenherstellern. Auch die Datenbasis zur räumlichen Evolution unterlief während der gesamten Forschungsphase einem regelmäßigen Anpassungsprozess und wurde auf Basis der Auswertung der unter Punkt 4.1 genannten Print- und Onlinequellen auf- und ausgebaut. Hierbei ist zu ergänzen, dass Daten zu Produktions- und Verwaltungsstandorten aus der Pionierphase der Industrie teils über recherchierte Produktbeschreibungen diverser Windenergieanlagenmodelle

[25] Der Gesamtdatencorpus beinhaltet weitere Daten zu Zulieferern der ersten und zweiten Reihe, zudem Daten zu qualitativen Standortdetails, Beschäftigtenzahlen oder beteiligten Projekten. (Es liegen zusätzliche Daten zu 43 Einheiten von Rotorblattzulieferern, 46 Einheiten von Turmzulieferern, 73 Einheiten von Fundamentherstellern, 24 Einheiten von Generatorherstellern, 48 Einheiten von Getriebeherstellern sowie weitere Einheiten (Kabel, Substation, Lager, elektrische Komponenten, Forschung) vor.) Da diese Daten für die Gesamtheit des Datensatzes jedoch eine höhere Unvollständigkeit und Ungenauigkeit aufweisen, wurden sie nicht zur gesamtheitlichen Analyse, sondern ausschließlich zur ergänzenden Einzelbetrachtung und Dynamikvergleichen herangezogen.

[ALLGEIER 1954, VIND SYSSEL 1986, WIND WORLD 1995] der entsprechenden Zeit ermittelt und aufgenommen wurden.

Im Falle von Unklarheiten, Widersprüchen oder fehlenden Detailinformationen zur räumlichen Situierung einzelner Entitäten sowie der Notwendigkeit einer zusätzlichen Datenerhebung wurden die in den Datencorpus aufgenommenen Unternehmen auf telefonischem Weg und/oder per Email zwecks Klärung der entsprechenden Sachverhalte kontaktiert. Einheiten, die im Datensatz hinsichtlich relevanter Merkmale (Eintritt, Austritt, geographische Lage) nicht ausreichend erhoben werden konnten und unvollständig blieben, wurden nicht in der finalen Betrachtung der Industrie berücksichtigt. Dies betraf 30 erfasste Einheiten.

Die Datennutzbarmachung und Auswertung erfolgte mit Hilfe von MS Excel und ArcGIS. An erster Stelle wurden die erhobenen Daten in einer mehrdimensionalen Excel-Datei zusammengetragen und aufgearbeitet. Die sich daraus ergebenden finalen Dateien stellen die Grundlage der folgenden räumlichen Analyse dar. Der Übertrag der Standortkoordinaten und Attribute der einzelnen Unternehmenseinheiten in das GIS erfolgte mit dem Ziel, die räumliche Evolution der Industrie sichtbar und letztlich die dritte These überprüfbar zu machen. Auch wenn die in das GIS überführte Datengrundlage Darstellungen für jedes einzelne Jahr ab 1975 (Onshore) beziehungsweise ab 1981 (Offshore) zulässt, wurde aus Kapazitäts- und Anschaulichkeitsgründen die in Kapitel sieben genutzte Kartenauswahl vorgenommen.

Zur Überprüfung der vierten These wurden neben den Ergebnissen aus der Abbildung und Analyse der Raumstruktur zusätzliche Interviewdaten, Print- und Internetquellen herangezogen. Die genutzten Interviewdaten wurden im Rahmen der Studienabschlussarbeit des Autors [SOMMER 2009] erhoben. Hierbei wurden insbesondere Repräsentanten der Wirtschafts- und Industrieförderung befragt. In Hinblick auf die sich ergebenden Ergänzungen wurde entschieden, die bereits erfassten Informationen in den grundlegenden Datencorpus der vorliegenden Arbeit einfließen zu lassen. Hinsichtlich der Print- und Internetquellen wurden zum Großteil die bereits unter Punkt 4.1 genannten Quellen genutzt. Komplettiert werden diese durch Publikationen von Institutionen der Wirtschafts- und Regionalförderung sowie nationaler und regionaler staatlicher Institutionen.

4.1.3 Kritische Reflektion des erstellten Datencorpus

Hinsichtlich der Interviewquellen ist abschließend und der Vollständigkeit halber festzuhalten, dass die Aussagen der Gesprächspartner in Teilen ausschließlich subjektive Meinungen und Einschätzungen darstellen. Aufgrund der zum Teil sensiblen Informationen, Aussagen und persönlichen Einschätzungen zu ehemaligen, aktuellen und zukünftigen Technologie- und Industrieentwicklungen wurde den Befragten[26] zugesagt, grundsätzlich keine Aussagen zu treffen, die direkt mit den interviewten Personen in mögliche Verbindung zu bringen wären. Daher wurden einige erhobene Sachverhalte und Entwicklungen kommentarlos eingeordnet.

Zudem ist bei den erhobenen und aufgearbeiteten Daten auf eine Reihe von möglichen Fehlerquellen und Verzerrungen hinzuweisen. Alle Daten, insbesondere die Informationen zur räumlichen Industrieevolution, wurden mehrfach und anhand verschiedener Quellen überprüft. Dennoch kann, insbesondere für die historischen Daten, die zum Großteil aus Sekundärquellen zusammengetragen wurden, keine komplette Vollständigkeit und Fehlerfreiheit garantiert werden. So besteht die Möglichkeit, dass bereits die genutzten Quellen fehlerbehaftet sein können. Andere Fehler können trotz größter Sorgfalt bei der Erhebung und insbesondere der Datenverarbeitung aufgetreten sein. Zudem ist zu beachten, dass die Daten nur Ereignisse umfassen, die in irgendeiner Form zugänglich kommuniziert wurden. Es ist festzustellen, dass die Kommunikationspolitik industrieseitig stark divergiert.

Weitere Ableitungen wurden in Teilen hinsichtlich der Segmentzugehörigkeit vorgenommen. So wurden beispielsweise im Falle einer existierenden Unsicherheit, ob eine spezifische Einheit Offshore aktiv sei, Stellenanzeigen und die entsprechenden Arbeitsplatzbeschreibungen nach Aufgabengebiet und Einsatzort gefiltert und mittels telefonischer Rücksprache zugeordnet.

Die rezenten Daten können einer der Aktualität geschuldeten Unvollständigkeit unterliegen. Trotz der Bemühungen, alle Ereignisse jeweils tagesaktuell zu erfassen, ist es möglich, dass insbesondere marginale Vorgänge innerhalb der Industrie nicht vollständig berücksichtigt wurden. Auch konnten Transformationen von Unternehmenseinheiten im quantitativen oder qualitativen Sinne nicht konsequent kenntlich gemacht werden. So waren beispielsweise die qualitativen Aufwertungen der Siemens-Standorte in Brande und Aarlborg zu Beginn des Jahres 2013 durch die Errichtung von Testzentren [IWR 2013] nicht konsistent raumwirksam zu erfassen.

Eine weitere Sachlage, die zu einer möglichen Verzerrung der Verteilung führt, ist, dass die einzelnen WEA-Hersteller unterschiedliche Fertigungstiefen aufweisen. Hierdurch werden bei Unternehmen mit hoher Fertigungstiefe (Gamesa, Enercon) vergleichsweise deutlich mehr Einheiten erfasst als bei Firmen mit geringer Fertigungstiefe. Zulieferer, die Anlagenherstellern mit geringer Fertigungstiefe zur Abdeckung der entsprechenden Unternehmenseinheiten dienen, wurden in breiten Teilen erfasst, konnten jedoch aufgrund der teils uneindeutigen Zulieferbeziehungen und des damit einhergehenden Arbeitsumfanges nicht in die primäre Datenanalyse aufgenommen werden und dienten im Arbeitsverlauf ausschließlich als zusätzliche Indikatoren.

---

[26] Die Bitte um Anonymität wurde seitens mehrerer Interviewpartner in Bezug auf das gesamte Interview oder in Bezug auf einzelne Passagen explizit geäußert. Aufgrund des Gedankens einer vertrauensvollen und diskriminierungsfreien Behandlung aller Interviewten wird keiner der Interviewpartner direkt zitiert. Die aufgenommenen und in Teilen transkribierten Interviews sind in digitaler Form gespeichert.

Bei der Darstellung der räumlichen Bewegungs- und Wachstumsdynamiken bleibt anzumerken, dass die Möglichkeit von Unschärfen bezüglich der Quantität der Unternehmenseinheiten besteht. Dies ist insbesondere bei Übernahmen und Umzügen von Unternehmenseinheiten gegeben, da in diesem Falle zeitweise zwei sich ablösende Einheiten gleichzeitig aktiv waren oder kein genaues Übernahmedatum erarbeitet werden konnte.

Weitere Einschränkungen bezüglich der Standortgenauigkeit ergeben sich aus der Wirtschaftskrise. In diesem Zusammenhang wurden viele Einheiten geschlossen. Die Aufarbeitung entsprechender Entwicklungen wurde gewissenhaft vorangetrieben, dennoch kann nicht garantiert werden, dass alle Entscheidungen in den Datensatz aufgenommen werden konnten. Dies ist insbesondere auf mangelnde Unternehmenskommunikation, andauernde Arbeitskämpfe oder widersprüchliche Quellen zurückzuführen.

Aus der permanenten Auswertung aller genannten Quellen resultierte somit ein finaler Datensatz, der eine hohe Datenpluralität aufweist. Informationen zu technologischen Aspekten (Komponenten, Systemen, Systemaufbau, WEA-Modelle, Auslegungen, angewandten Designs, Schäden, Lizenzen), Marktdaten (errichtete Parks, errichtete WEA, Marktanteile von Firmen und Ländern), zu Marktteilnehmern (Hersteller, Entwickler, EVU), zu Inventoren und Innovatoren der Windenergieindustrie, zu finanziellen Aspekten (Kosten von WEA und Windparks, Leistungen und Erträge, Erzeugungskosten und Vergütungen), organisatorischen Aspekten aber auch der räumlichen Verortung industrieller Einheiten können ihm entnommen werden.

Wenngleich im Laufe der letzten Jahre verschiedene Forschungsvorhaben [Kammer 2011, Menzel & Kammer 2011, Klagge et al. 2012, Menzel & Adrian 2013, Adrian & Menzel 2013, Steen & Hansen 2013] diverse Datensammlungen und Datenaufbereitungen hinsichtlich der Windindustrie und ihrer Dynamiken zusammengetragen haben, so stellt ein entsprechend umfangreicher und detaillierter Datensatz zur (räumlichen) Betrachtung der Windenergieindustrie im europäischen Kontext, der eine explizite Differenzierung zwischen Onshore und Offshore inkludiert, nach Wissen des Autors ein Novum dar.

4.2 Methodische Aufarbeitung und Anwendung der theoretischen Grundlagen

Ist mit der Erhebung des vorgestellten Datencorpus die Grundlage für eine evolutionäre Betrachtung der Windenergieindustrie auf technologischer, organisatorischer und räumlicher Ebene im Rahmen der gewählten zyklischen Betrachtungsweise gegeben, bedarf es zur qualitativen Aufarbeitung der ersten These eines Analysekonzeptes, dass die Handhabung der Innovationsdimensionen nach Henderson & Clark [1990] erlaubt. Im Sinne eines methodologischen Pluralismus [Boschma & Frenken 2006: 292] wird nachfolgend ein entsprechendes Analysekonzept erarbeitet, welches auf Basis der gewonnen Informationen aus Interviews und der Recherche technologischer Daten die Handhabung der Innovationsdimensionen nach [HENDERSON & CLARK 1990] erlaubt. Dieses wird schließlich in einem weiteren Schritt auf die evolutionäre Betrachtung möglicher Technologiezyklen der Windenergieindustrie gelegt, um auf diese Weise eine Annäherung beider Konzepte zu ermöglichen.

Ausgehend von der Annahme, dass industrieinhärente Produkte als komplexe Systeme in einer verschachtelten Hierarchie (System-Level, Subsystem-Level und Komponenten-Level) aufgebaut sind, müssen die entsprechenden Ebenen für den Untersuchungsrahmen herausgearbeitet und festgehalten werden. Dies kann theoretisch wie praktisch je nach gewünschter Granularität für die entsprechenden Ebenen vollzogen werden. Im Rahmen dieser Arbeit hat sich die Betrachtung zweier Ebenen als zweckdienlich herausgestellt.

Die erste Ebene, das Gesamtsystem, wird durch den Windpark, der hier auch als Erzeugungsanlage bezeichnet werden wird, repräsentiert. Dies geschieht aufgrund der Überlegung, dass das Gesamtsystem Windpark den eigentlichen Zweck der Energiewandlung erfüllt. Eine WEA als Erzeugungseinheit kann erst in Verbindung mit weiteren Kernkomponenten wie dem Fundament und einem Netzanschluss die Energie des Windes in Elektrizität wandeln und ins Netz einspeisen. Aufgrund der zentralen Stellung des Produktes der WEA für die Windenergieindustrie soll diese auf der zweiten Ebene, der des Subsystems, der gleichen Betrachtung unterlaufen. Letztlich gilt der Windenergieindustrie und den WEA-Herstellern im weiteren Untersuchungsverlauf das Hauptaugenmerk.

Um zu einer konsistenten Aussage gelangen zu können, werden im Folgenden für die verschiedenen Innovationsformen Identifizierungsrahmen erarbeitet. Grundlegend hierfür ist die voranstehende Aufarbeitung von Produktklassen, Komponentenhierarchien und dem davon abhängigen Dominant Design.

4.2.1 Identifikation von Produktklassen

Grundvoraussetzung zur Betrachtung technologischen Wandels ist eine eindeutige Abgrenzung der verschiedenen Produkte und Produktklassen. Diese Vorarbeit und Festlegung ist zwingend notwendig, um nicht Gefahr zu laufen unterschiedliche Erzeugnisse und Produktklassen zu vergleichen, ohne sich inhärenter Differenzen bewusst zu sein, und somit eine inkonsistente Betrachtung voran zu treiben. Folgend wird sich im Wesentlichen an das von MURMANN & FRENKEN [2006] ausgearbeitete und vorgeschlagene Rahmenkonzept zur Analyse technologischen und industriellen Wandels gehalten.

Die Identifikation von Produktklassen stellt den ersten Schritt dar und dient als Einstieg in die Analyse technologischen Wandels. MURMANN & FRENKEN [2006: 939] folgen dabei der Argumentation von POLANYI [1962] und schlagen zu diesem Zweck vor, technologische Erzeugnisse anhand ihres Wirkprinzips zu kategorisieren. Mit der Aufnahme dieser Idee wird eine Herangehensweise und Identifikationsmethodik gewählt, die im Rahmen der Industrieökonomik bereits an anderer Stelle [HENDERSON & CLARK 1990: 12, ARTHUR 2007] geläufig ist und sich als fruchtbar erwiesen hat.

Hierzu sei ein kurzes Beispiel angeführt. Eine Windenergieanlage und ein Solarpanel stellen jeweils technologische Produkte zur Energiewandlung dar. Dennoch handelt es sich offensichtlich um unterschiedliche Produktklassen: Komponenten, Produktarchitektur, Einsatzumgebung, Industrien und weitere Merkmale differieren grundlegend. Somit ist es wenig zweckdienlich, den Einsatzzweck technologischer Produkte als Identifikationsmerkmal für Produktklassen zu nutzen. Das Wirkprinzip ermöglicht hingegen eine stringente Kategorisierung von technologischen Artefakten. MURMANN und FRENKEN halten dies wie folgt fest: *"To organize the universe of all technological artifacts into general product categories, the operational principle of the artifacts is a useful classification criterion"* [MURMANN & FRENKEN 2006: 939].

Bei einer modernen Windenergieanlage wie auch bei historischen Windmühlen handelt es sich um ein System zur Umwandlung von Energie. Das Wirkprinzip einer heute eingesetzten und dem Stand der Technik entsprechenden WEA ist ein Prinzip, welches seit langer Zeit vom Menschen genutzt wird, um die dem Wind innewohnende Energie für eine Vielzahl von Arbeitsformen nutzbar zu machen. Heutige WEA als Einheiten in einer Erzeugungsanlage nutzen die kinetische Energie des Windes, um diese mit Hilfe eines Rotors und eines Generators in elektrische Energie zu wandeln, die dann mittels weiterer Komponenten wie Kabeln und weiteren elektrotechnischen Einrichtungen über die Anlagenebene in das Stromnetz eingespeist wird. Hierbei treffen bewegte Luftmassen auf einen Rotor und versetzen diesen in Bewegung. Angeschlossen an den Rotor findet sich ein System zur Kraftübertragung, welches diesen an einen Generator koppelt, der wiederum Strom erzeugt. Alle technologischen Objekte, die diesem Wirkprinzip folgen, sollen hier entsprechend unter die Produktklassen WEA (Einheitenebene) und Windpark (Anlagenebene) subsumiert werden.

4.2.2 Identifikation der Kernkomponenten

Bei der Betrachtung technologischer Erzeugnisse findet sich auf anderer Abstraktionsebene eine weitere Dimension, die grundlegend für das Verständnis technologischen und industriellen Wandels ist: Die Unterteilung der einzelnen Komponenten in Kern und Peripherie. Die Idee hinter dieser Differenzierung ist, dass es Komponenten oder Subsysteme in einem Produkt gibt, die einen größeren Einfluss auf das Gesamtsystem haben als andere, und deren Wandel somit einen relevanteren Einfluss hat.

In der Literatur finden sich diverse Ansätze, um Kernkomponenten herauszuarbeiten. TUSHMAN & ROSENKOPF [1992: 331] bezeichnen solche Komponenten, die einen wesentlichen Einfluss auf andere haben, als Kernkomponenten. Es ließen sich auch Komponenten als Kernkomponenten definieren, die für das grundlegende Funktionsprinzip eines Produkts unentbehrlich sind. Auch finden sich ökonomische Ansätze, die Komponenten nach ihrem Kostenfaktor strukturieren. So wählt KAMMER [2011: 94 ff.] in Anlehnung an HAU [2008] zur Identifikation der Kernkomponenten einer

Windenergieanlage einen kostenbasierten Ansatz. Hier erfolgt die Identifikation der Kernkomponenten am Beispiel einer 1,5 MW WEA mit Getriebe. Aufgrund ihrer prozentualen Kostenverteilung am Gesamtprodukt werden der Rotor (21%), der Turm (21%), das Getriebe (14%) und der Generator (11%) als die *„zentralen Kernkomponenten einer WEA“* [KAMMER 2011: 94f.] identifiziert.

Im Weiteren wird, wie schon für die Konzeption des hierarchischen Aufbaus, auf das Rahmenwerk von MURMANN & FRENKEN [2006] zurückgegriffen. Der genutzte Ansatz zur Identifikation von Kernkomponenten geht dabei auf das der Biologie entliehene Konzept der Pleiotropie [FRENKEN & NUVOLARI 2004] zurück.

Pleiotropie beschreibt in der Biologie den Gedanken, dass ein singuläres Gen für mehrere Merkmale des Phänotyps verantwortlich ist. MURMANN & FRENKEN [2006: 940] wenden das gleiche Prinzip auf technologische Schöpfungen an. Sie beschreiben Komponenten beziehungsweise Subsysteme, die einen wesentlichen Einfluss auf den Phänotyp, repräsentiert durch das funktionierende Gesamtsystem, haben, als Komponenten mit hoher Pleiotropie. Diese Komponenten mit hoher Pleiotropie werden als die Kernkomponenten identifiziert. Der Grad der Pleiotropie wird dabei anhand des Beeinflussungsverhältnisses von Komponenten auf die Produkteigenschaften angegeben. MURMANN & FRENKEN [2006] veranschaulichen dieses Prinzip anhand des Beispiels eines Gesamtsystems, repräsentiert durch ein Fahrzeug, dem zu explikatorischen Zwecken jeweils ausschließlich zwei Produkteigenschaften und drei Komponenten zugeordnet werden. Die Ebene der Produkteigenschaften wird durch die Merkmale Geschwindigkeit und Sicherheit repräsentiert. Diesen gegenüber stehen die Komponenten beziehungsweise Subsysteme Motor, Reifen und Steuerung. Bei einer Betrachtung der genannten Komponenten fällt auf, dass zwei der Komponenten, der Motor und die Steuerung, nur jeweils eine Produkteigenschaft beeinflussen. Der Motor beeinflusst im Wesentlichen die Leistung und somit die Geschwindigkeit, wohingegen die Steuerung maßgeblich die Sicherheit beeinflusst. Das dritte Bauteil, die Reifen, hingegen beeinflusst in bedeutender Weise beide genannten Produkteigenschaften. Sowohl die Geschwindigkeit als auch die Sicherheit hängen in hohem Maße von den Reifen ab und werden durch deren Eigenschaften und Wahl maßgeblich bedingt.

Somit weisen die Reifen, relativ zu den beiden weiteren gewählten Komponenten Motor und Steuerung, eine höhere Pleiotropie auf, was sie, in dieser theoretischen und zu Erklärungszwecken stark vereinfachten Überlegung noch vor Motor und Steuerungseinheit, als Kernkomponente ausweist.

Basierend auf dem vorgestellten Konzept sollen die Kernkomponenten für die vorgestellten Ebenen Windenergieanlage (Subsystem - Erzeugungseinheit) und Windpark (Gesamtsystem - Erzeugungsanlage) identifiziert werden. Das von MURMANN & FRENKEN [2006] vorgeschlagene Vorgehen hinsichtlich der Identifikation von Kernkomponenten weist in diesem Zusammenhang zwei zu ergänzende Punkte auf.

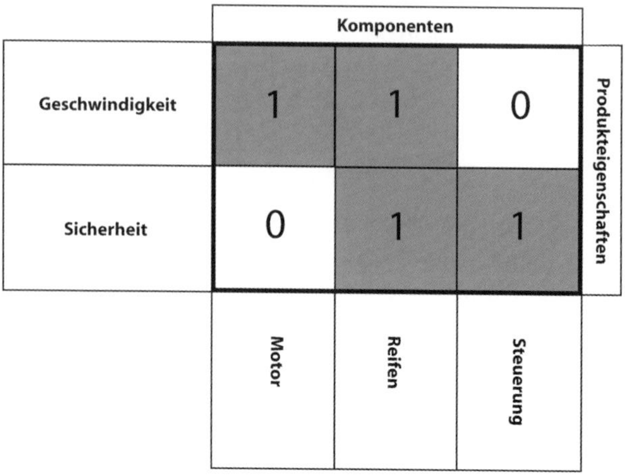

	Motor	Reifen	Steuerung
Geschwindigkeit	1	1	0
Sicherheit	0	1	1

Komponenten / Produkteigenschaften

Abbildung 16: Pleiotropiegefüge PKW [verändert nach MURMANN & FRENKEN 2006]

Zum einen ist anzumerken, dass die Wahl der *service characteristics* im Sinne der Produkteigenschaften willkürlich anmutet. Dies ergibt sich aus der Tatsache, dass die *technical characteristics* durch das zu betrachtende Objekt vorgegeben werden, es sich bei den Produkteigenschaften hingegen um in Teilen schwer zu fassende Gedankenkonstrukte handelt, die durch Individuen, beispielsweise hinsichtlich ihrer Importanz, unterschiedlich bewertet werden können. Daher sei angemerkt, dass die hier gewählten Produkteigenschaften aus den qualitativen Interviews, weiteren Gesprächen mit Branchenkennern, einer Literaturrecherche sowie der Aufarbeitung technischer Datenblätter resultieren.

Die zweite anzumerkende Thematik betrifft eine Schwäche des Konzepts der Pleiotropie. Die Tatsache, dass eine Komponente einen hohen Einfluss auf eine Vielzahl von Produkteigenschaften hat, wird hier nicht als ausreichend erachtet, um sie als Kernkomponente fassen zu können. Ebenso wie die technischen Komponenten sind auch die Produkteigenschaften in Kern und Peripherie einzuteilen und so eine Wertigkeit zu implementieren. Dies steht in direktem Zusammenhang mit der angemerkten Importanz von Produkteigenschaften. Eine Komponente, die einen Einfluss auf eine Vielzahl von Produkteigenschaften hat, ist mit hoher Wahrscheinlichkeit eine Kernkomponente, doch wenn ausschließlich Produkteigenschaften beeinflusst werden, die in keinem Zusammenhang mit der Umsetzung des Funktionsprinzips stehen, können diese nicht zwangsläufig als Kernkomponenten bezeichnet werden. Um einer Lösung dieses Problems näher zu kommen, wurde Komponenten, die zwingend für die Umsetzung des grundlegenden Funktionsprinzips notwendig sind, eine höhere Grundwertigkeit von *drei*, den als wichtiger erachteten Produkteigenschaften Ertrag und Betriebssicherheit eine Wertigkeit von *zwei* zugeordnet.

Nach entsprechender Ausarbeitung wurden die Komponenten und Produkteigenschaften in einer Matrix klassifiziert und die dargelegte numerische Wertung vorgenommen.[27] Auf diese Weise konnten die folgenden Komponenten als Kernkomponenten[28] einer Windenergieanlage herausgearbeitet werden: T*urm, Generator, Welle/Getriebe* und *Rotor(blätter)*.

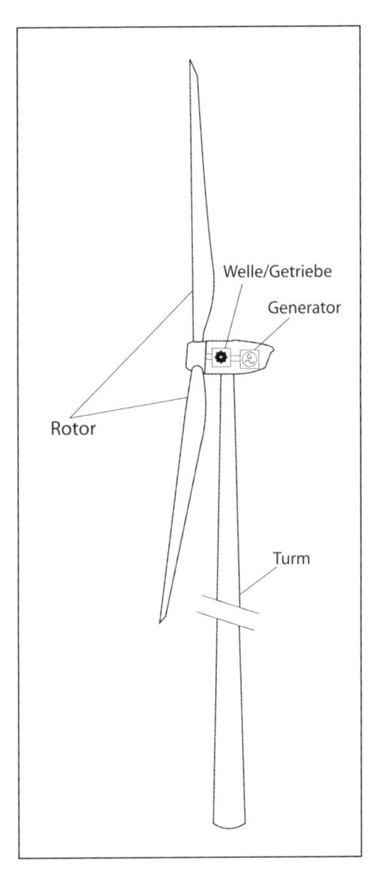

Abbildung 17: Schematische Darstellung einer WEA [Eigene Darstellung]

Aufgrund der angesprochenen Willkür bezüglich Einteilung und Wertung von Produkteigenschaften fand überprüfend eine auf Kern-Service-Characteristics reduzierte Überprüfung mit einfacher Wertung statt.[29] Zusätzlich wurde ein Abgleich mit dem kostenbasierten Ansatz nach KAMMER [2011: 94 ff.] vorgenommen. In beiden Fällen wurden übereinstimmend *Turm, Generator, Getriebe* und *Rotor* als Kernkompo-

[27] Die detaillierte Identifikationsmatrix findet sich im Anhang dieser Arbeit.

[28] Es sei angemerkt, dass ebenso wie die Dichotomie *radikal* und *inkrementell*, die Dichotomie Kern- und Peripheriekomponenten Zwischenstufen unberücksichtigt lässt und eine Generalisierung zu Fokussierungszwecken stattfinden muss.

[29] Die Identifikationsmatrix findet sich im Anhang dieser Arbeit.

nenten identifiziert.[30] Vor dem Hintergrund, dass eine Vielzahl von WEA inzwischen getriebelos konzipiert ist, wird das Konzept *Welle/Getriebe* im Sinne der kraftübertragenden Komponente benutzt.

Eingegliedert wird das Subsystem Windenergieanlage in das Gesamtsystem Windpark. Dieser Sprung eine Abstraktionsebene höher bringt mit sich, dass die Anzahl der Subsysteme und somit die Komplexität aufgrund des Sprungs in der Betrachtungshierarchie deutlich abnimmt.

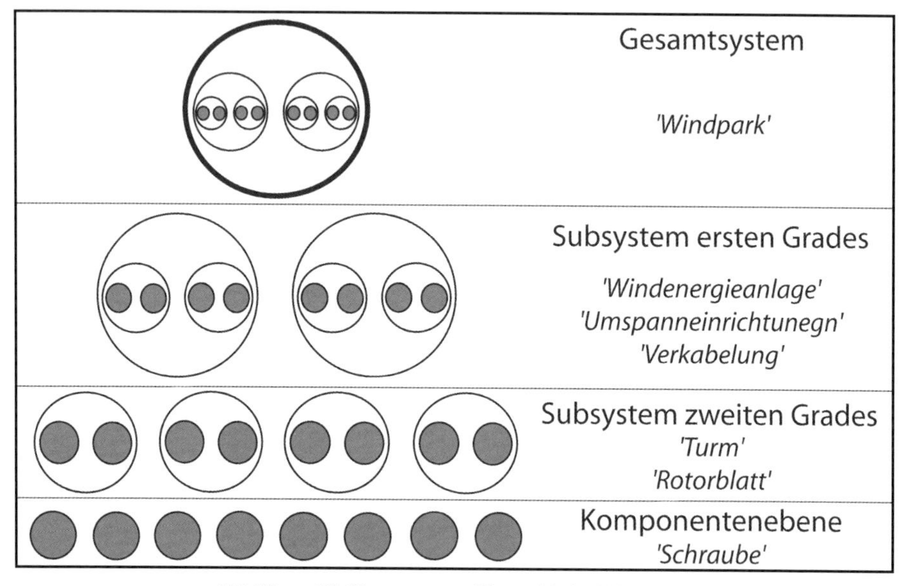

Abbildung 18: Komponentenhierarchie im Windpark [verändert nach MURMANN & FRENKEN 2006]

Ebenso wie für die Windenergieanlage wurde für die Parkebene auf Schemata, Beschreibungen, Interviewinformationen und im Sinne von KAMMER [2011] zusätzlich auf Kostenaufschlüsselungen zurückgegriffen. Hierbei stellte sich heraus, dass die Identifikation der Kernkomponenten deutlich unproblematischer ist. Insgesamt werden vier (Kern-)Komponenten für einen Windpark genannt.

Da alle diese Komponenten zwingend für die Realisierung des Grundprinzips und die Funktion eines Windparks benötigt werden, sollen diese aus Fokussierungsgründen, ohne einer weiteren Betrachtung in der Identifikationsmatrix zu unterlaufen, als Kernkomponenten festgehalten werden. Dabei handelt es sich um die in der nachfolgenden

[30] Eine weitgehend übereinstimmende Nennung der Kernkomponenten findet sich bei [MANWELL et al. 2009, KAP. 6.5].

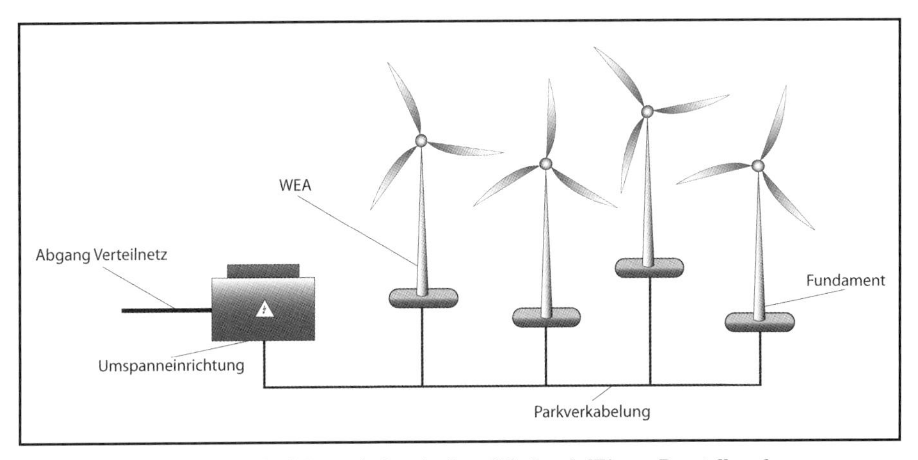

Abbildung 19: Schematischer Aufbau Windpark [Eigene Darstellung]

schematischen Abbildung festgehaltenen Komponenten: *Windenergieanlage, Fundament, Verkabelung* und *Umspanneinrichtung*.[31]

4.2.3 Identifikation des Dominant Designs

Für die evolutionäre Betrachtung technologischen Wandels wird das Verständnis sowohl auf Komponentenebene als auch auf der Ebene des Dominant Designs benötigt. Die Identifizierung eines Dominant Designs ermöglicht es, im zyklischen Modell des technologischen Wandels die kontrastive technologische Diskontinuität zu erkennen. Eine Betrachtungsebene tiefer ist es vonnöten, die Kernkomponenten zu kennen, um die Art technologischen Wandels und gegebenenfalls einer technologischen Diskontinuität analysieren und nachvollziehen zu können. Nach MURMANN & FRENKEN stehen beide Betrachtungskonzepte in enger Verknüpfung. Die Definitionen von SUÁREZ & UTTERBACK [1995: 416] und ANDERSON & TUSHMAN [1990: 614] ergänzend formulieren sie: „*A dominant design is defined by the choice of high-pleiotropy components.*" [MURMANN & FRENKEN 2006: 942]

Die hiesige Analyse ergibt, dass nach der Definition MURMANN & FRENKENs alle WEA unter ein Dominant Design zu fassen sind, die durch die folgenden Kernkomponenten konstituiert sind: *Turm, Generator, Getriebe/Welle* und *Rotor*. Hierbei wird deutlich, dass ein Großteil moderner WEA sich unter dieses Dominant Design subsumieren lässt. Bei detaillierter Betrachtung des jeweiligen Aufbaus ergeben sich weitere Unterschiede, so dass zusätzlich auf die Ansätze von SUÁREZ & UTTERBACK [1995] und ANDERSON & TUSHMAN [1990] zurückgegriffen wird.

Für die Betrachtung des Subsystems WEA wurden die Anteilsverhältnisse der grundlegenden Designs installierter Anlagen in die Betrachtung und Analyse mit einbezo-

[31] Die Begrifflichkeit Umspanneinheit wird als Statthalter für die Einheiten Umspannwerk und Umspannstation benutzt. (Die Begrifflichkeit Umspannwerk oder Umspannstation steht im Zusammenhang mit den zu wandelnden Spannungsebenen (~ HS -> MS / ~ MS -> NS)).

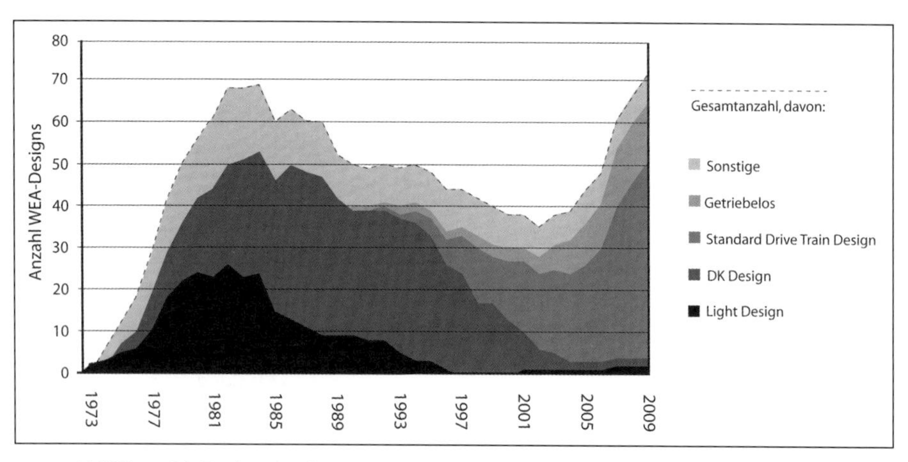

Abbildung 20: Designverteilung von WEA [verändert nach MENZEL & KAMMER 2011]

gen. Als Grundlage für die Gesamtbestandsverteilung aller Anlagendesigns dienen die Ergebnisse von MENZEL & KAMMER [2011: 11].

Um die genutzen Designs von Offshore-WEA kontrastiv gegenüberstellen zu können, wurde eine eigene Analyse aller im Untersuchungsraum installierten WEA angestrengt. Hierzu wurden alle jemals seeseitig betriebenen Anlagentypen sowie explizit für den Offshoreeinsatz entwickelte WEA, die bereits als Prototypen auch landseitig gestellt wurden, gelistet. Der Analysezeitraum beginnt im Jahr 1986 und bezieht somit als Ausgangspunkt die auf einer Mole errichtete Windfarm *Ebeltoft* mit ein. Insgesamt flossen in diese Erhebung 31 verschiedene WEA-Modelle ein, die im Laufe des Erhebungszeitraums zu unterschiedlichen Stückzahlen (im Untersuchungszeitraum insgesamt < 1.700 WEA) errichtet wurden. Hierbei handelt es sich um Anlagen, die sich entweder im Prototypenstadium oder der Serienfertigung befinden oder bereits nicht mehr produziert werden. Bei der Gesamtheit der Anlagen handelt es sich um WEA im Horizontalachsdesign[32]. Diese wurden wie folgt kategorisiert: WEA mit Planetenrädergetriebe - drei Stufen, WEA mit Planetenrädergetriebe - *n* Stufen[33] und getriebelose WEA. Das aktuelle Dominant Design sowohl für WEA zu Land als auch zu See wird durch ein „traditionelles" Anlagendesign mit einem Dreiblattrotor montiert an einer Horizontalachse, einem dreistufigen Planetenrädergetriebe und einem Generator auf einem vertikalen Turm repräsentiert.

Zunehmend lässt sich bei Anlagen für den Offshore-Einsatz eine Tendenz zur Entwicklung alternativer Varianten beispielsweise mit Direktantrieb und Permanentmagnet-Generator (PMG) erkennen. Auf der Windparkebene soll der Einstieg, die Identifikation des Dominant Designs, ebenfalls über die Definition von MURMANN

[32] Der Großteil der genannten Anlagen konstituiert sich aus WEA mit Dreiblattrotor, lediglich die vier WEA des Typs NedWind N40/500 im 1994 eingeweihten Offshorewindpark *Lely* wurden mit einem Zweiblattrotor konstruiert.

[33] *n* beschreibt hier alle Getriebe die mehr oder weniger Stufen als drei verwenden.

& FRENKEN [2006: 942] gewählt werden, wonach ein Dominant Design durch Kernkomponenten konstitutiert wird. Da es die vier Kernkomponenten *WEA, Fundament, Kabel* und *Umspanneinrichtung* waren, die herausgearbeitet wurden, stellen diese im ersten Betrachtungsschritt das Dominant Design dar.

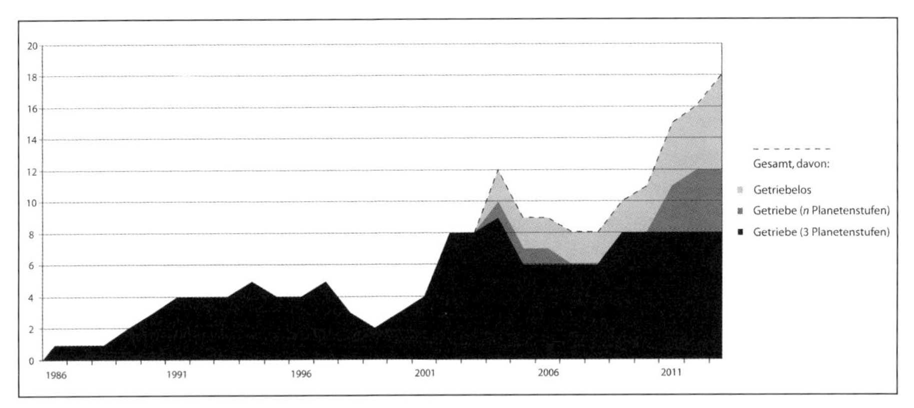

Abbildung 21: Designverteilung von Offshore-WEA [Eigene Darstellung]

Zusätzlich soll eine Betrachtung der Marktanteile nach ANDERSON & TUSHMAN [1990: 614] folgen. In der Pionierphase der modernen Windenergienutzung ab den 1970er Jahren wurden WEA sowohl von Technologiekonzernen im Rahmen von Forschungsvorhaben als auch von Landwirten und Bastlern, von diesen häufig für den Eigenbedarf, entwickelt und betrieben. Der Fokus wurde beidseitig auf eine einzelne Erzeugungseinheit gelegt. Zum Teil sahen diese Konzepte unterschiedliche Verwendungen für die gewandelte kinetische Energie des Windes vor. Es kamen Batteriespeichermedien zum Einsatz, oder die Wasserstoffherstellung für Drittzwecke wurde vorangetrieben [GIPE 1995: 13f., MANWELL 2009: 15f.]. Diesen Windparkdesigns waren somit bereits die Kernkomponenten *WEA, Fundament* und *Kabel* zu eigen. Da weitestgehend auf eine Einspeisung in ein allgemeines Stromnetz verzichtet wurde, war die Komponente *Umspanneinrichtung*, wenn für andere Zwecke benötigt, deutlich kleiner ausgelegt und würde in elektrotechnischer Abgrenzung als Umspannstation oder Transformator bezeichnet werden. Im Laufe der Evolution der Windenergienutzung wurden WEA-Einheiten zu größeren Erzeugungsanlagen zusammengeschlossen, um die gewandelte Energie über ein Stromnetz für eine breitere Nutzung verfügbar zu machen. Diese Entwicklung brachte die Notwendigkeit mit sich, den Strom über größere Umspannwerke in das allgemeine Stromnetz einzuspeisen.

Dieses Prinzip ist das heute dominierende für Windparks sowohl land- als auch seeseitig. Hieraus ergibt sich übereinstimmend zu den oben angeführten Überlegungen, dass das Dominant Design eines modernen Windparks *WEA, Fundament, Kabel* und *Umspanneinrichtung* umfasst.

4.3 Operationalisierung und Identifikation der Innovationsdimensionen

Um aufzeigen zu können, dass sich der Technologiewandel von Onshore zu Offshore nicht mit den klassischen Innovationsformen der Dichotomie radikal und inkrementell fassen lässt, müssen die vorgestellten Innovationsdimensionen nach HENDERSON & CLARK [1990] abgegrenzt und in ein Identifikationsmuster überführt werden. Der hier vorgeschlagene und ausgearbeitete Ansatz zur Kategorisierung verschiedener Innovationen in entsprechende Dimensionen soll als ein erster Versuch gewertet werden, technologische Innovationen im Sinne von HENDERSON & CLARK fassen und bewerten zu können. Die Beantwortung der Fragestellung, ob der Wandel der Windenergieindustrie von Onshore zu Offshore von einer Innovationsform, die zwischen radikal und inkrementell liegt, begleitet wird, wird so möglich.

Für das hier entwickelte Rahmenkonzept zur Kategorisierung technologischer Innovation wird auf die ursprünglich von HENDERSON & CLARK vorgeschlagenen Dimensionen zurückgegriffen. Es wird eine Matrix, entprechend der Einteilung in Komponenten (mit ihren inheränten Kernkonzepten) und Komponentenverknüpfungen, erarbeitet. Diese beiden Kategorien bilden den Kern des vorliegenden Konzepts.

Ein weiterer Gedankengang wird durch den evolutionären Charakter von Innovation getrieben. Um die Entwicklung des gewählten technologischen Gegenstands nachvollziehen und bestimmen zu können, müssen entsprechend zwei Produktgenerationen oder Produktkategorien kontrastiv betrachtet werden. Diese werden als Produkt 1.0 und als Produkt 1.1 beziehungsweise Produkt 2.0 bezeichnet, um die evolutionäre Richtung auf horizontaler Ebene zum Ausdruck bringen zu können. Die Evolutionsstufe 1.1 verweist hierbei auf einen moderaten Wandel, während die Bezeichnung 2.0 für einen radikalen Wandel steht.

Die Veränderungen werden im Rahmen der Matrix numerisch gekennzeichnet. Hierbei wird auf ein binäres System zurückgegriffen. Sowohl auf der Komponenten- als auch auf der Interaktionsebene wird ein Wandel durch die Ziffer 1 gekennzeichnet, während eine Beibehaltung eines Kernkonzeptes oder einer Interaktion durch die Ziffer 0 sichtbar gemacht wird. Ein wesentlicher Vorteil, der sich aus einer entsprechenden Einteilung ergibt, ist die Möglichkeit den Grad der Gesamtveränderung greifbar zu machen. Die Anzahl der möglichen veränderten Komponenten und Verknüpfungen lässt somit Rückschlüsse auf die Gesamtbedeutung des möglichen Wandels zu.

Der folgenden Operationalisierung der Innovationsdimensionen gehen zwangsläufig die genannten Schritte zu Identifikation der Produktklasse, des Dominant Designs und der Kernkomponenten auf Produktebene für beide kontrastiv betrachteten Objekte voraus. Die Kenntnis über diese ist zwingend notwendig, um aufbauend auf der erstmaligen Gliederung die weiteren, nachfolgenden Analyseschritte vollziehen zu können.

Im Weiteren wird die Vorstellung des Identifikationskonzepts anhand der vier genannten Innovationskategorien inkrementell, radikal, modular und architectural vorangetrieben. Die Entwicklung und Darstellung des Konzeptes folgt dabei den von HENDERSON & CLARK [1990] gewählten Modellbeispielen des Ventilators und des Telefons und setzt somit die korrekte Identifikation von Produktklasse und Kernkomponente voraus.

4.3.1 Inkrementelle Innovation

Für die Einführung in die Darstellung der Operationalisierung wird mit der Kategorie der Inkrementellen Innovation begonnen. Hierfür wird der Anschaulichkeit halber das von HENDERSON & CLARK [1990: 12] gewählte Beispiel des Ventilators herangezogen. Das Eingangsprodukt, Produkt 1.0, wird durch einen Deckenventilator dargestellt. Als Kernkomponenten werden die Rotorblätter, der Motor und das Kontrollsystem angenommen. Das Ausgangsprodukt, Produkt 1.1, wird durch eine Weiterentwicklung des Deckenventilators, dessen Rotorblätter geringfügig verlängert wurden, repräsentiert.

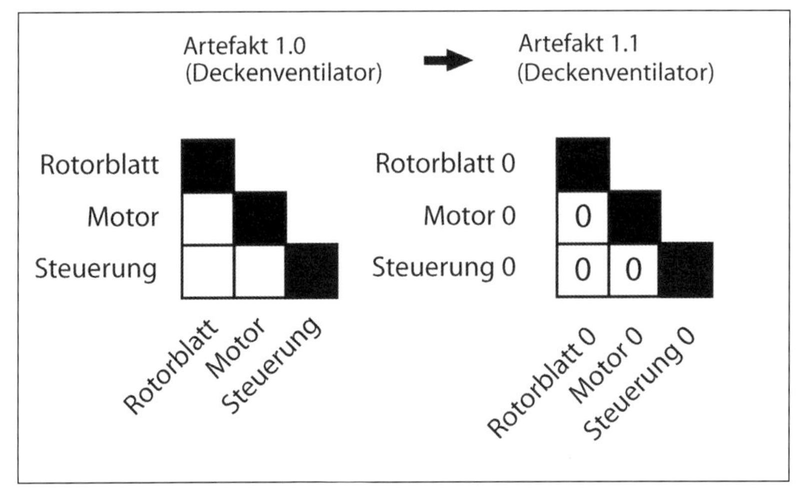

Abbildung 22: Inkrementeller Wandel [Eigene Darstellung]

Trotz des evolutionären Schrittes von Produkt 1.0 zu Produkt 1.1 kommt es weder hinsichtlich der genutzten und verbauten Kernkomponenten noch bezüglich der Komponentenverknüpfung zu einer realen oder, wie in Abbildung 22 zu erkennen, darstellbaren Modifikation. Der evolutionäre Schritt stellt weder auf technologischer noch auf organisationeller Ebene eine wahrnehmbare Veränderung dar. Sowohl auf der Ebene der Kernkonzepte als auch der Verknüpfungsebene findet sich ausschließlich die Ziffer 0. Es ergibt sich ein Wandel von Produkt 1.0 zu Produkt 1.1.

4.3.2 Radikale Innovation

Die klassische Opposition der Inkrementellen Innovation wird durch die Radikale Innovation konstituiert. Auch für diese Kategorie wird auf das von HENDERSON & CLARK [1990: 12] angeführte Beispiel zurückgegriffen. Als Eingangsprodukt wird erneut der Deckenventilator gewählt. Das oppositionelle Produkt wird in diesem Fall hingegen durch eine zentrale Klimaanlage dargestellt. Der Einsatzzweck beider Produkte ist der gleiche, beide dienen zur Kühlung eines Raumes.

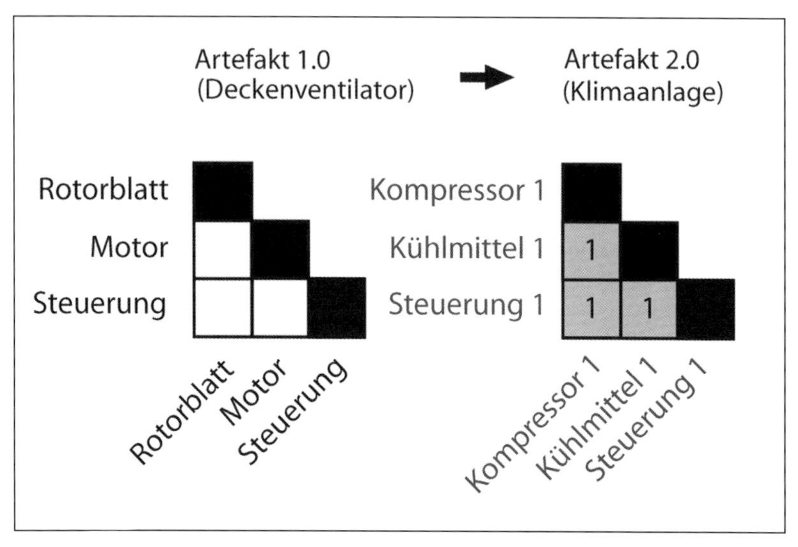

Abbildung 23: Radikaler Wandel [Eigene Darstellung]

Bereits durch den Einsatz grundsätzlich differierender Komponenten und Kernkonzepte wird auf einem ersten Blick der radikale Wandel augenscheinlich. Die technologische Diskontinuität ist sowohl optisch als auch hinsichtlich des Funktions- und Wirkprinzips offensichtlich. Durch den Einsatz komplett differierender Komponenten ergeben sich zudem zwingend grundlegend neue Komponentenverknüpfungen. Dies wird im Rahmen der numerischen Betrachtung durch die Ziffer 1 sowohl hinsichtlich verschiedener Kernkonzepte als auch Interaktionen deutlich.

Der Wechsel vom Deckenventilator zur Klimaanlage verändert die grundlegende Produktstruktur des zur Raumkühlung eingesetzten Produkts. Der radikale technologische Bruch ist somit eindeutig vollzogen und nachvollziehbar. Der Produktwandel wird mit 1.0 -> 2.0 festgehalten.

4.3.3 Modular Innovation

Für den Fall der Modularen Innovation wird auf das Beispiel des Telefons zurückgegriffen.

Der Wandel vollzieht sich hier auf der Subsystemebene der Wähleinrichtung. Der analoge Wählapparat im Produkt 1.0 wird durch einen digitalen Wählapparat im Produkt 1.1 ersetzt. Es kommt zu einem Wandel des Moduls der Wähleinrichtung. Im Wesentlichen bleiben die sonstigen Komponenten und die Architektur des Gesamtsystems Telefon jedoch vom Wandel unberührt. Der Wandel auf Subsystemebene kann durchaus als radikal bezeichnet werden, auf gesamtsystemischer Ebene ist zu beachten, welchen Einfluss das neue Modul mit sich bringt. Im Falle des Beispiels Telefon ergibt sich ein Muster, das eher mit einer inkrementellen Verbesserung des Produktes gleichgesetzt werden kann. Anhand des numerischen Systems wird deutlich, dass sich der Wandel ausschließlich hinsichtlich einer Kernkomponente und dem ihr inheränten Kernkonzept ergibt.

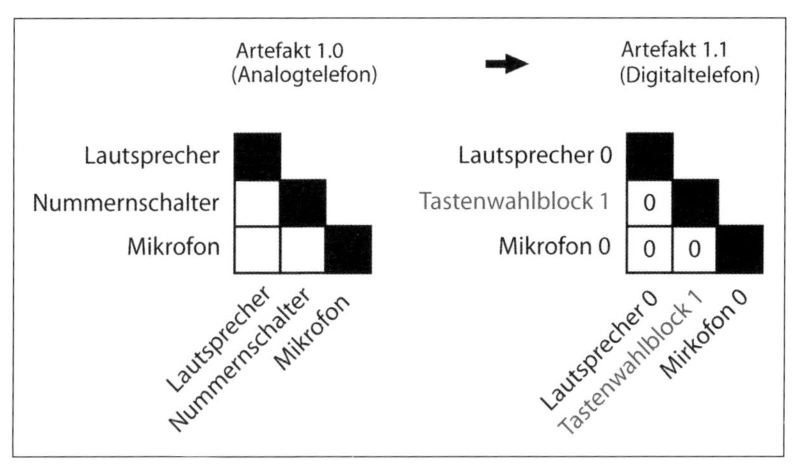

Abbildung 24: Modularer Wandel [Eigene Darstellung]

Da sich in diesem Fallbeispiel kein radikaler Wandel auf technologischer Ebene des Gesamtsystems einstellt, soll hier erneut die Chiffrierung Produkt 1.0 und Produkt 1.1 zur Anwendung kommen.

4.3.4 Architectural Innovation

Um den Einstieg in ein Analyseschema für die Dimension der AI zu finden, wurde an erster Stelle damit begonnen, die von HENDERSON & CLARK [1990:12] genannten Merkmale hinsichtlich der verschiedenen Innovationsformen aufzuarbeiten.

Die beiden Merkmale *(i) Architectural Innovation ist gekennzeichnet durch die Rekonfiguration eines existierenden Systems.* und *(iv) Architectural Innovation wird begleitet durch neue Interaktionen zwischen einzelnen Komponenten* werden anhand einer kontrastiven Betrachtung im erarbeiteten Matrizenmodell überprüft. Zur Darlegung dieses Vorgangs wird auf die Beschreibung der technologischen Evolution eines Ventilators zurückgegriffen.

Nachdem die Kernkomponenten mit identischen Kernkonzepten identifiziert wurden, im vorliegenden Fall Rotorblatt, Motor und Steuerung, können diese in einer Matrix einander gegenübergestellt werden. Es spannt sich ein Raster auf, welches die Ver-

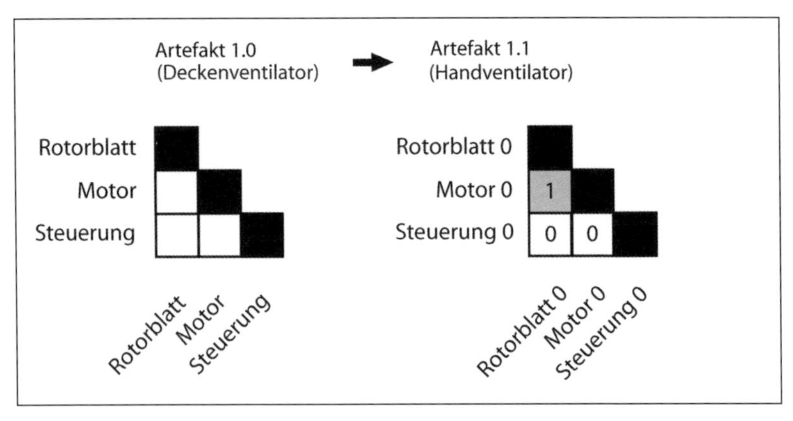

Abbildung 25: Architektureller Wandel [Eigene Darstellung]

knüpfungsdimension darstellt. Diese Matrizen werden für einen Deckenventilator und einen Handventilator aufgestellt.

Anhand der Ziffer 0 auf der gesamten Komponentenebene wird ersichtlich, dass die Kernkonzepte hinter diesen die gleichen bleiben. Die Ziffer 1 in der Verknüpfungsmatrix verweist hingegen auf die von HENDERSON & CLARK [1990: 12f.] herausgearbeiteten und beschriebenen Änderungen auf der Interaktionsebene. Die Produktveränderung soll wiederum mit der Chiffrierung 1.0 -> 1.1 kenntlich gemacht werden.

Hinsichtlich des Merkmals *(ii) Architectural Innovation kann eine Veränderung der Komponenten mit sich bringen* ist festzuhalten, dass sich aufgrund der sich wandelnden Produktarchitektur durchaus Komponentenveränderungen ergeben.

Hierbei ist hervorzuheben, dass nach Merkmal *(v) das technische Kernkonzept hinter den einzelnen Komponenten unverändert bleibt.* Unter einem Kernkonzept wird dabei der konzeptionelle Gedanke einer Komponente oder eines Systems verstanden. Wenn ein Motor als eine Komponente begriffen wird, so kann dieser beispielsweise mittels der Kernkonzepte Elektro- oder Verbrennungsmotor in die Realität umgesetzt werden [HENDERSON & CLARK 1990: 11]. Damit einher geht der Gedanke, dass *(vi) sowohl wissenschaftliches als auch technologisches Wissen auf der Komponentenebene unverändert bleibt.*

Eine in Zusammenhang mit AI herausgearbeitete Komponentenveränderung betrifft die Größe dieser. Dieser Zusammenhang soll als weiteres Merkmal dienen. *(iii) Architectural Innovation wird häufig durch eine Komponentenveränderung wie beispielsweise eine Größenveränderung ausgelöst.* Auch hinsichtlich des Ventilatorwandels ist festzustellen, dass der Entwicklungsschritt vom Deckenventilator zum Handventilator eine weitgehende Miniaturisierung der Komponenten mit sich bringt.

Im Rahmen der Erarbeitung der benötigten Erfassungsmethodik für das Phänomen der Architectural Innovation stach eine weitere Eigenschaft heraus, die mit einer Vielzahl von Fällen der AI einhergeht. Eine Größenveränderung, die häufig ausschlaggebend für einen Produktwandel im Sinne einer AI sein kann, geht mit einer Veränderung der

Einsatzumgebung einher. Ob nun die Größenveränderung eine neue Einsatzumgebung ermöglicht oder ob die gezielte Anpassung an einen neuen Einsatzort eine Größenveränderung bedingt, ist hierbei sekundär. Somit soll das Merkmal *(iii a) Architectural Innovation kann mit einer Veränderung der Einsatzumgebung einhergehen* zu Identifikationszwecken festgehalten werden. Hinsichtlich des Ventilatorbeispiels lässt sich die Aussage treffen, dass sich die differierende Einsatzumgebung mit der Dichotomie *fest installiert* (Deckenventilator) versus *mobil* (Handventilator) fassen lässt.

Dieser erste Teil der Operationalisierung und Identifikation von AI beschränkt sich, abgesehen von der Merkmalserweiterung *(iiia)*, auf die von HENDERSON & CLARK genannten Merkmale. Für eine konsistente Aufarbeitung sollen nun Eigenschaften von AI aufgearbeitet und in die Operationalisierung eingegliedert werden, die sich an anderer Stelle der Literatur finden.

TUSHMAN et al. [1997: 4] führen aus:

> *„Finally, architectural innovations are those innovations that affect how a given set of core subsystems are linked together (Henderson and Clark 1990). These innovations (i.e. smaller fans, watches, hearing aids, or disk drives) reconfigure the same core technology and take the reconfigured product to fundamentally different markets (e.g. Starkey's move into the fashion hearing aid market, Honda's early move to smaller motorcycles, or the migration of disk drive technology from main frames to personal computers)."*

Aus dieser Beobachtung ergibt sich, dass die Merkmale *(iii)* und *(iiia)* in enger Verbindung mit der Entstehung neuer Märkte beziehungsweise der Neunutzung oder Restrukturierung bestehender Märkte einhergehen. Diese Beobachtung soll als argumentationsstützendes Sekundärmerkmal für AI festgehalten werden.

Ein weiteres Indiz für AI geht aus dem dargelegten Bedeutungsgefüge von Komponenten, basierend auf dem Konzept der Pleiotropie, hervor.

> *„The set of Pleiotropy relations between technical characteristics and service characteristics constitute an important part of the system's architecture. Henderson and Clark's (1990) definition of an architectural innovation as a reconfiguration of existing components amounts precisely to a change in the pleiotropy relation between components and attributes without a change in the components themselves"* [MURMANN & FRENKEN 2006: 941].

Mit dieser Beobachtung geht einher, dass es trotz gleichbleibender Komponenten mit gleichen Kernkonzepten im Hintergrund zu einem Bedeutungswandel einzelner Komponenten kommen kann. Diesen wird bei einem Wandel ein veränderter Einfluss auf die Produkteigenschaften des Gesamtsystems zugeschrieben. In letzter Konsequenz würde dies bedeuten, dass Komponenten von vermeintlichen Peripherkomponenten zu Kernkomponenten aufsteigen können et vice versa.

4.4 Innovationstheoretische Identifikation des technologischen Wandels Onshore/Offshore

Zur Überprüfung der ersten Forschungsthese dieser Arbeit werden die technologischen Innovationsmuster, die mit einem möglichen Wandel der Windenergieindustrie in Verbindung stehen, betrachtet. Zu diesem Zweck wird die herausgearbeitete und vorgestellte Methodik auf die Ebenen Windenergieanlage und Windpark angewandt.

4.4.1 Subsystem WEA

Der Einstieg in die detaillierte Analyse erfolgt mit Hilfe der eigens entwickelten Matrix, die auf der Sichtbarmachung der Beziehungen zwischen Komponenten- und Verknüpfungsebene fußt. An erster Stelle werden hierzu die Beobachtungen hinsichtlich der identifizierten Kernkomponenten und des anhängigen Dominant Designs in Erinnerung gerufen. Die hier definierten Kernkomponenten einer WEA sind der Rotor, der Turm, der Generator und die Kraftübertragungseinheit Welle/Getriebe. Diese Komponenten, die sich im gegenwärtigen Dominant Design einer WEA mit Dreiblattrotor, Horizontalachse, einem an einer Welle angeschlossenen dreistufigen Planetenrädergetriebe und einem Generator auf einem vertikalen Turm wiederfinden, werden entsprechend in die erarbeitete Identifikationsmatrix übertragen. Anschließend wird das Artefakt 1.0, eine Onshore-WEA, einer Offshore-WEA gegenübergestellt. In Abhängigkeit der Veränderungen wird dieses nach erfolgter Analyse als Artefakt 1.1 oder 2.0 bezeichnet.

Die Überprüfung der AI-Merkmale *(i)* und *(iv)* soll wie im vorangestellten Beispiel eingangs über die Anwendung der Identifikationsmatrix erfolgen. Die innerhalb der Matrizen erfolgten numerischen Einteilungen werden nachfolgend eingehend erläutert.

Basierend auf den Informationen der qualitativen Interviews hinsichtlich der Betrachtung des Wandels von WEA und der Aufarbeitung von Brancheninformationen konnten wesentliche Veränderungen auf der Systemebene der WEA herausgearbeitet werden. In diesem Zusammenhang war es von unermesslichem Wert, dass die Mehrheit der Befragten Expertise sowohl aus dem Onshore- als auch aus dem Offshorebereich aufweisen konnte und in der Lage war, dezidiert mögliche Verknüpfungsveränderungen zu besprechen.

An erster Stelle ist der Größenwandel der Anlagen zu nennen. Im Laufe der letzten Jahrzehnte sind WEA sukzessive größer geworden, die Turmhöhe sowie Rotordurchmesser und Nennleistung nahmen konstant zu. Inzwischen scheint sich aufgrund der räumlichen Gegebenheiten, die Anlagengröße für Onshore-Standorte bei Anlagen der Zwei- bis Drei-Megawatt-Klasse einzupendeln. Die durchschnittliche Onshore-WEA der letzten Dekade weist folgende Parameter auf: Nennleistung: 1,98 MW, Rotordurchmesser: 79,1 m, Nabenhöhe: 96,7 m [WINDMONITOR.DE 2013A].

Kontrastiv hierzu sollen moderne Offshore-WEA der aktuellen und sich in Entwicklung befindlichen Generation betrachtet werden. Die Technologie- und Industrieentwicklung von Anlagen für den Einsatz auf See wurde insbesondere durch den Größensprung auf die 5MW+-Klasse geprägt. Die durchnittlichen Dimensionen der heute verbauten Offshoreanlagen liegen bei einer Nennleistung von 4 MW und einem Rotordurchmesser von > 100 m [WINDMONITOR.DE 2013B]. Die Nabenhöhe variiert aufgrund der Installationshöhe über der Wasserkante, pendelt sich jedoch bei ~ 100m ein.

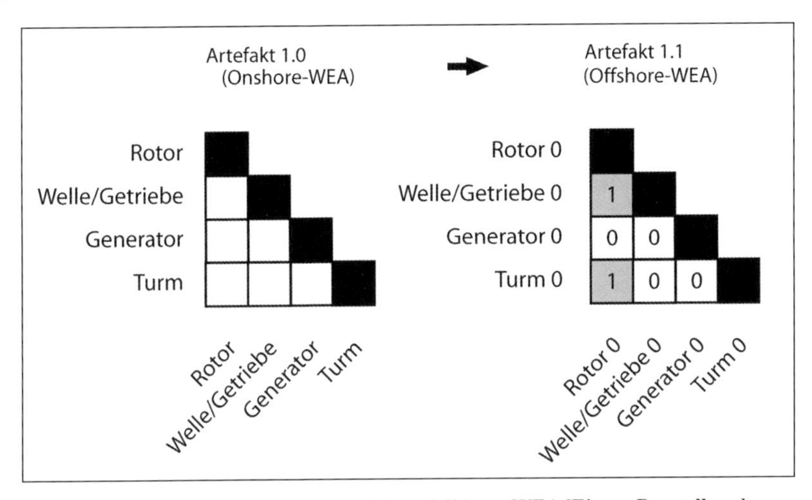

Abbildung 26: Wandel Onshore-WEA - Offshore-WEA [Eigene Darstellung]

Der große Sprung wird insbesondere hinsichtlich der neuen Anlagengeneration deutlich. Der Entwicklungsschritt von der 2/3MW-Klasse zur 5MW+-Klasse wird in diesem Zusammenhang als *„enormer technischer Sprung"* [KÜHN 2002: 78] bezeichnet.

Andere Stimmen gehen derweil sogar einen Schritt weiter:

> *„So beobachtet der GL-Garrad-Hassan-Ingenieur Tim Camp die Tendenz zu reinen Offshore-Anlagen so: Bei Anlagen ab sechs MW Leistung könnten die Turbinenbauer aufgrund der Windradgröße nicht mehr mit Aufstellung an Land rechnen. „Die Verbindung ist gekappt", sagte der Leiter des Engineeringbereichs des britisch-deutschen Zertifizierungsinstituts. So hätten Hersteller von Windrädern reine Offshore-Auslegungen der Anlagen bisher gescheut, um den Verkaufsweg an Kunden von windstarken Windparks an den Küsten nicht zu verweigern. Diese Mehrzweckvermarktung sei nun nicht mehr zu erwarten"* [WEBER 2011: 2].

Dieser Größensprung, der mit der Offshore-Technologie einhergeht, ist in Teilen der Industrie als ursächlich für die aufkommenden (Schnittstellen-) Probleme erkannt worden.

„Often the growth in size was based on up-scaling procedures which perhaps did not take into account sufficiently the changing design conditions with size concerning increasing elasticity of the turbines, knowledge of operational conditions, manufacturing quality and material properties. Consequently the design and manufacturing quality of the wind turbines was not always optimal and caused operational problems. ***Sometimes one can have the impression that the engineers involved in the development of the various parts of a wind turbine do not understand one another so that the windturbine is full of interface problems"*** [MOLLY 2009: 15].

Auch in den geführten Experteninterviews wurde hervorgehoben, dass der gleichzeitige Wandel auf zwei Dimensionen große Herausforderungen mit sich bringt.

Firma	Modell	Rotordurchmesser [m]	Nennleistung [MW]
REpower Systems*	6.2M152	152	6,15
AREVA Wind	M5000-135	135	5,0
Siemens	SWT-6.0-154	154	6,0
Vestas	V164-8.0	164	8,0
Gamesa	G128-5.0	128	5,0
Alstom	Haliade 150	150	6,0
* Die Firma REpower Systems SE firmiert seit dem 20.01.2014 unter dem Namen Senvion SE. Hintergrund für den Namenswechsel ist nicht etwa ein Besitzerwechsel des Unternehmens, sondern ein notwendiges Rebranding, da der Name REpower seit Gründung des Unternehmens in Lizenz genutzt wurde.			

Tabelle 8: Übersicht aktuelle Offshore-WEA [Eigene Zusammenstellung]

Die erste Dimension wird durch den offensichtlichen Größensprung repräsentiert, die zweite durch die veränderte Einsatzumgebung See. Die Auslegung der Einzelkomponenten ist aufgrund der veränderten Lasten durch die Kombination der veränderten Anlagengröße und marine Einsatzumgebung eine andere. Die Rotordurchmesser der aktuellen Anlagengeneration betragen inzwischen ca. 150m, wodurch sich im Vergleich zu Onshore-Anlagen deutlich höhere Blattspitzengeschwindigkeiten ergeben [WEBER 2011: 1]. Die größere überstrichene Rotorfläche gepaart mit höheren Windgeschwindigkeiten Offshore bedeuten wiederum grundsätzlich veränderte Lasten, für die Triebstrang und Turm ausgelegt werden müssen. Diese Veränderungen führen zwar zu neuen Interaktionen, sind aber laut der interviewten Experten, im Vergleich zu den neuen Gesamtdynamiken, die sich durch die veränderte Einsatzumgebung generieren, für die Entwicklung kalkulierbarer, da auf einen langen Entwicklungspfad Onshore zurückgeblickt werden kann. Das marine Umfeld hingegen, mit seinen grundsätzlich anderen Bedingungen und den daraus resultierenden differierenden Gesamtdynamiken, bedingt neue Komponenteninteraktionen aufgrund von Wellenanregung und differierenden Bodenverhältnissen. Für diese Einsatzverhältnisse, insbesondere in tiefem Wasser und weit vor der Küste, gibt es bisher wenige Referenzen, auf deren Basis die Entwicklung vorangetrieben werden kann.

Anhand der obigen Ausführungen konnten bereits die AI-Merkmale *(iii)* und *(iiia)* herausgearbeitet werden. Eine Größenveränderung, die in einem direkten Zusammenhang mit einer veränderten, da seeseitigen, Einsatzumgebung steht, wurde offensichtlich.

Von äußerster Relevanz ist es, in diesem Kontext darauf hinzuweisen, dass die Kernkonzepte hinter den Kernkomponenten keinem Wandel unterlaufen. Diese Annahme wurde im Rahmen aller Experteninterviews betont. Da dargelegt werden konnte, dass es zu einer Interaktionsveränderung zwischen den genannten Hauptkomponenten kommt, wobei die *(v) technologischen Kernkonzepte hinter den einzelnen Komponenten unverändert bleiben*, soll der Wandel bereits an dieser Stelle als ein Wandel von Produkt 1.0 zu 1.1 festgehalten werden.

Auch wenn die Kernkonzepte hinter den Kernkomponenten und die Kernkomponenten selbst die gleichen bleiben, lässt sich das Merkmal *(ii)*, welches im Übrigen keine zwangsläufige Bedingung darstellt, ebenfalls identifizieren. Als Beispiele sollen hier neue Lagerungskonzepte der Rotorwelle[34] bei verschiedenen Anlagenmodellen aufgrund der Größenveränderung, oder anders aufgebaute Rotorblattstrukturen aufgrund der erhöhten Blattspitzengeschwindigkeiten genannt werden [WEBER 2011: 1f.]. Im Rahmen der Experteninterviews wurde zudem hervorgehoben, dass eine Vielzahl von Komponenten und Subsystemen anders ausgelegt werden. So finden sich weitere Zusatzanforderungen, wie Luftentfeuchtungsanlagen und gekapselte Transformatorbereiche.

Da Art und Qualität von vorhandenem Wissen sehr diffizil quantifizierbar sind, wurden zur Überprüfung des Merkmals *(vi) Sowohl wissenschaftliches als auch technologisches Wissen bleibt auf Komponentenebene unverändert* für das System WEA zwei unterschiedliche Stellvertretervariablen genutzt.

Die befragten Experten wurden gebeten, ihren Werdegang in der Windenergieindustrie darzulegen. Dies geschah mit der Intention, die Herkunft des Wissens innerhalb der Industrie anhand der Lern- und Arbeitsbiographien nachvollziehen zu können. Die Fragen, welchen Wissenhintergrund die interviewten Industriemitglieder aufweisen konnten beziehungsweise in welchem evolutionären Zusammenhang dieser zwischen Onshore und Offshore stand, wurden explizit aufgearbeitet. Mit diesem Vorgehen wurde es möglich, eine Aussage darüber zu treffen, ob das Wissen in der vorliegenden Stichprobe aus der Onshorebranche weiter getragen wurde oder von extern und somit neu in die Offshorebranche einfließt.

---

[34] Dieser Wandel, obwohl vermeintlich inkrementell, führte beispielsweise bei den WEA der 5MW+Plattform der Firma REpower Systems zu unvorhergesehenen Problemen in den Rotorlagern und zu der Einsicht, dass der Technologiewandel unterschätzt wurde beziehungsweise es sich um einen neuen Technologiezweig handelt. Die offizielle Aussage des Unternehmens lautete: *„We have a state-of-the-art product in **a technological area that is still young**. It is entirely normal for this technology to be subject to adjustment"* [OFFSHOREWIND.BIZ 2014A].

Das Resultat ist, dass 18 (94,7%) der im direkten Rahmen dieser Arbeit interviewten Personen, unabhängig vom lern- und arbeitsbiographischen Hintergrund, in der Onshorewindindustrie tätig gewesen sind, bevor sie in den Offshorewindbereich einstiegen. Dieses Ergebnis schließt nicht aus, dass nicht zu einem früheren Zeitpunkt im Rahmen der personenspezifischen Lern- und Arbeitsbiographie Wissen in anderen (branchennahen) Bereichen aufgebaut wurde. Dieses Wissen resultiert unter anderem aus dem Anlagenbau, Brückenbau, Hoch- und Tiefbau, Maschinenbau sowie Elektromaschinenbau. Zudem war ein Großteil der Befragten nach wie vor in Aktivitäten beider Bereiche, Onshore und Offshore, involviert.

Um über eine weitere Variable zur Überprüfung zu verfügen, wurden stellvertretend die Lebensläufe der zu Ende des Jahres 2012 amtierenden Vorstandsvorsitzenden und Technologievorstände der Marktführer der Offshorewindenergiebranche analysiert. Es wurde überprüft, ob diese sowohl für Onshore als auch Offshore verantwortlich sind, waren oder im Laufe ihrer Karrieren mit den einzelnen Bereichen in Berührung kamen und somit Wissen bezüglich beider Zweige und deren technologischen Eigenschaften aufweisen.

Aus der nachfolgenden Übersicht geht hervor, dass bei den drei Marktführern Siemens, Vestas und REpower Systems im Bereich der Windenergieanlagenhersteller sich das Wissen aus dem Onshorebereich und dem Offshorebereich schneidet. Diese Tatsache ist vor dem Hintergrund, dass die genannten Firmen gemeinsam Ende des Jahres 2012 über 95% der bereits in europäischen Gewässern installierten Windenergieleistung repräsentieren, ein möglicher Indikator für die Existenz und den Vorteil eines Wissenstransfers zwischen den Bereichen Onshore und Offshore. Hervorzuheben ist, dass die Vorstandsvorsitzenden der beiden Anlagenhersteller AREVA Wind und BARD über kein vorheriges Wissen aus dem Onshorebereich verfügen, wohingegen es bei den Technologievorständen derselben Unternehmen existent ist.

Firma	CEO	OnS	OffS	CTO	OnS	OffS
Siemens	Dr. Felix Ferlemann	Ja	Ja	Henrik Stiesdahl	Ja	Ja
Vestas	Ditlev Engel	Ja	Ja	Anders Vedel	Ja	Ja
REpower Systems	Andreas Nauen	Ja	Ja	Matthias Schubert	Ja	Ja
AREVA Wind	Jean Huby	Nein	Ja	René Balle	Ja	Ja
BARD	Bernd Ranneberg	Nein	Ja	Olaf Struck	Ja	Ja

Tabelle 9: Erfahrungen und Verantwortlichkeiten führender Vorstandsmitglieder [Eig. Erhebung]

In einem weiteren Schritt wird analysiert, ob ein getrennter Markt für Onshore- und Offshore-WEA existent ist. Sollte dies der Fall sein, würde das von TUSHMAN et al. [1997] identifizierte Merkmal für AI vorliegen.

In direktem Zusammenhang sei hier auf die oben stehende Aussage des Leiters des Engineeringbereichs von GL-Garrad-Hassan[35] Tim Camp [WEBER 2011: 2] verwiesen. Das Fehlen einer Mehrzweckvermarktung deutet bereits getrennte Märkte für die Anlagen an. Diese Annahme wird zusätzlich durch die Aussagen der interviewten Experten gestützt. Insbesondere die Interviewpartner aus der Managementebene betonten ausdrücklich, dass sich ein veränderter Markt mit neuen Kunden und neuen Bedürfnissen entwickelt. Dabei wurde seitens der Interviewpartner explizit darauf verwiesen, dass sich die Märkte auch räumlich unterscheiden, wobei insbesondere der neue Markt UK hervorgehoben wurde. Es lässt sich konstatieren, dass das Merkmal eines neuen Marktes eindeutig existent ist.

Abschließend soll die Subsystemebene der Windenergieanlage hinsichtlich des von MURMANN & FRENKEN [2006] erwähnten Merkmals des Bedeutungswandels einzelner Komponenten für das Gesamtsystem betrachtet werden.

Ein deutlicher Wandel, der sich, laut Interviewpartner, in die Ebene des Gesamtsystems Windpark hineinzieht, findet an der Schnittstelle Fundament/Turm statt. Beide Komponenten werden zunehmend als ein Gesamtsystem betrachtet und entsprechend ausgelegt. Während es im Onshorebereich in der Regel standardisierte Komponenten für Fundament und Turm gibt, so werden diese im Offshorebereich weitestgehend projektindividuell konstruiert. Somit erfahren entsprechende Komponenten und ihre Schnittstellen aufgrund der zunehmenden Bedeutung eine erhöhte Aufmerksamkeit. In diesem Zusammenhang wurde seitens der interviewten Experten auf die deutlichen Probleme verwiesen, die diese Schnittstellenänderung beziehungsweise die neuen Interaktionsmuster der genannten Komponenten mit sich bringen. Das separate Wissen über die Komponenten und ihre Kernkonzepte sei vorhanden, doch die Komplexität der Interaktion und Verknüpfung dieser würde nach wie vor seitens vieler Akteure unterschätzt.

Nachdem der technologische Wandel auf der Subsystemebene der WEA hinsichtlich der Hauptkomponenten und ihrer Interaktionen herausgearbeitet wurde, soll die Betrachtung auf einer höheren Ebene auf dem Gesamtsystem Windpark fortgeführt werden.

4.4.2 Gesamtsystem Windpark

Überträgt man die Innovationsmatrix auf die Ebene des Gesamtsystems Windpark, so zeigt sich auch hier, dass hinsichtlich der Hauptkomponenten und ihren Konzepten kein Wandel quantifizierbar ist. Für beide Systeme, Onshore und Offshore, lassen sich die Kernkomponeten *WEA, Fundament, Kabelanbindung* und *Umspanneinrichtung* festhalten, womit der nicht stattfindende Wandel mit der Ziffer 0 nummeriert wird.

[35] Seit dem 12. September 2013, nach der Fusion mit Det Norske Veritas, unter dem Namen DNV GL firmierend.

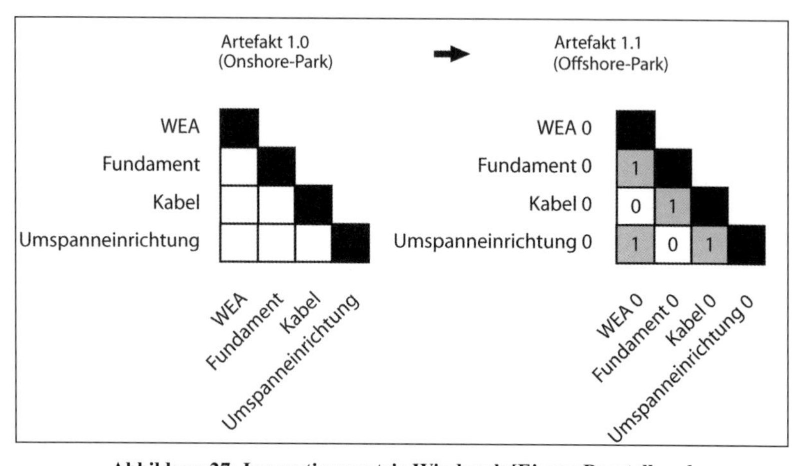

Abbildung 27: Innovationsmatrix Windpark [Eigene Darstellung]

Ob eine Rekonfiguration mit Herausbildung unterschiedlicher Verknüpfungsverhältnisse in Rahmen des Wandels stattfindet, wurde ebenso wie für das Subsystem WEA mit Hilfe der aus den Experteninterviews gewonnen Informationen und weiterer Branchenquellen analysiert.

Die kontrastive Betrachtung der Kernkomponenten *WEA, Fundament, Verkabelung* und *Umspannwerk* ergibt, dass die technologischen Kernkonzepte der einzelnen Kernkomponenten im Wesentlichen unverändert bleiben *(v)*.

Die *Windenergieanlage*, die bis zum heutigen Zeitpunkt auf See zum Einsatz kommt, entspricht in ihrem technologischen Kernkonzept einer Onshoreanlage. Ein Rotor wird durch auftreffende Luftmassen in Bewegung versetzt und treibt, über eine horizontale Welle angeschlossen, einen Generator an. Es bestand unter den Interviewten ein Konsens darüber, dass für den Offshoreeinsatz ein weitgehend gleiches Anlagengrundprinzip wie Onshore angewandt wird.

Die Erzeugungseinheit WEA muss dabei von einer Komponente, dem *Fundament*, getragen werden. Auch wenn das Kernkonzept auf der gewählten Betrachtungsebene vorerst unverändert bleibt, erfährt die Gründung im Rahmen der Installation auf See eine höhere Aufmerksamkeit. Das Kernkonzept eines Fundaments sieht vor, dass eine Tragstruktur mit dem Untergrund fest verbunden wird, um ein darauf installiertes Gebilde zu stützen und stabil und aufrecht zu halten. Zusätzlich kommt ihm die Rolle der Lastübertragung in den Baugrund zu. Trotz seiner höheren Bedeutung für die Gesamtorganisation unterscheidet sich ein Offshore-Fundament aufgrund seiner bodenseitigen Verankerung und der gewählten Materialien Beton und Stahl im Kernkonzept nicht vom Onshore-Fundament. Ein Wandel hinsichtlich des Kernkonzeptes wurde erst in Hinblick auf schwimmende Fundamentlösungen identifiziert.

Bezüglich der elektrotechnischen Kernkomponenten *Kabel* und *Umspannwerk* werden sowohl die Anforderungen als auch die Umsetzungen im Vergleich zwischen Onshore und Offshore seitens der interviewten Personen mit elektrotechnischer

Expertise als relativ gleichbleibend erachtet. Die HGÜ-Thematik wird nicht mit dem Kontrast zwischen Onshore und Offshore, sondern im Wesentlichen mit hohen Übertragungsdistanzen, für die auch Onshorebeispiele genannt werden, erklärt. Letztlich bleibt daher festzuhalten, dass die technologischen Grundprinzipien hinter den einzelnen Komponenten die gleichen bleiben.

Die bedeutenden Unterschiede zwischen Onshore und Offshore ergeben sich auf der Subsystemebene aus der veränderten Einsatzumgebung *(iiia)* und der Größenveränderung *(iii)*. Die Größenveränderung tritt auf der Ebene des Gesamtsystems in zwei Ausprägungen hervor. Zum einen findet hinsichtlich der einzelnen Komponenten ein signifikanter Größensprung statt. Zum anderen steigt die Anzahl der installierten Einheiten. Dieser Größensprung führt zu einer erhöhten Gesamtnennleistung, woran wiederum die Komponenten Kabel und Umspanneinrichtung angepasst werden müssen. Hieraus ergeben sich abermals neue Interaktionen und Verknüpfungsmuster aufgrund einer differierenden Parkkonfiguration.

Diese Verknüpfungsveränderungen treten besonders ausgepägt an der Schnittstelle WEA - Fundament hervor. Hier kommt es aufgrund der differierenden Gesamtdynamiken resultierend aus höheren, konstanteren Windgeschwindigkeiten und der Wellenanregung durch den Seegang zu veränderten Wechselwirkungen zwischen Lasten und Struktur. Aufgrund von Schwingungen durch Wellen müssen WEA-Turm und Substruktur im Offshore-Bereich gemeinsam konzipiert werden. Dieser gemeinsame Betrachtungsansatz ist symptomatisch für eine Verknüpfungsänderung beziehungsweise eine Verschiebung des Pleiotropiegefüges. Eine Standardisierung ist zudem (noch) nicht implementiert. Insbesondere hinsichtlich dieser Schnittstelle lassen sich Probleme und Rückschläge identifizieren, die auf ein mangelndes Verknüpfungswissen schließen lassen beziehungsweise auf neue Wechselwirkungen, die nur unzureichend erfasst und einkalkuliert wurden.

Insbesondere in Hinblick auf das Fundament wird das AI-Merkmal *(ii)* einer möglichen Komponentenveränderung deutlich, wobei das Kernkonzept beibehalten wird. Die selbige Veränderung findet aufgrund der gleichen Mechanismen zwischen der Komponente Fundament und Umspanneinrichtung statt. Die industrieorganisatorische und industrieräumliche Bedeutung, die sich aus der neuen Wertigkeit und der Komponentenveränderung des Fundamentes ergibt, wird im späteren Verlauf der Arbeit gesondert aufgegriffen.

Auch hinsichtlich der Schnittstelle WEA/Fundament - Kabel kommt es seeseitig zu einer Verknüpfungsänderung. Der Anschluss der Innerparkverkabelung erfolgt über die Fundamente beziehungsweise die Transition Pieces. Hierbei werden die Kabel von außen durch das Freiwasser eingeführt, wobei in weiten Teilen J-Tubes als Führungsrohre genutzt werden. Durch diese Verknüpfungsweise und die starken Belastungen, die durch die marine Einsatzumgebung auf die Kabel wirken, kommt es laut der zuständigen Versicherer zu massiven Problemen [FAZ.NET 2011]. Die offensichtlichen Schwierigkeiten bei der Verknüpfung der Komponenten fasst Andy Williamson von NAREC wie folgt zusammen: *"I was told by one major developer [in December] that 80% of their problems in offshore installation is the cables. Because it's just very difficult to do."* [RENEWABLEENERGYFOCUS.COM 2010] Diese Beobachtungen führen zu der Annahme, dass neben der Schnittstelle Fundament - WEA, die Schnittstelle WEA/Fundament - Kabel als eine weitere zentrale kritische Verknüpfung angesehen werden kann.[36]

Park	Jahr der Errichtung	Jahr des Schadens	Defektanzahl	Ort/Art des Defekts
Greater Gabbard	2010	2010*	140	Fundamente Grout/TP
Greater Gabbard	2010	2009**	140	Fundamente Schweißfehler
Kentish Flats	2005	2010	30	Fundamente Grout/TP
Egmond aan Zee	2006	2009	36	Fundamente Grout/TP
Horns Rev	2002	2010	80	Fundamente Grout/TP

* Im Rahmen der Errichtung kam es zu den ersten Setzungstendenzen zwischen Fundament, TP und Turm
** Erste Fehler vor der Parkerrichtung resultieren aus schlecht verarbeiteten Fundamenten aus chinesischer Produktion.

Tabelle 10: Technologische Probleme bei Offshore-Windparks [Eigene Erhebung]

Hinsichtlich der Umspanneinrichtungen lassen sich ähnliche Probleme in Bezug auf die Kabelanbindungen identifizieren wie auf Seiten der WEA. Aufgrund der Einsatzumgebung See muss im Vergleich zur landseitigen Verbindung auf eine andere Verknüpfungsweise zurückgegriffen werden. Auch der Bau der Umspanneinrichtungen für den Seeeinsatz stellt sich komplizierter dar, obwohl die Kernkonzepte und Komponenten die gleichen bleiben. *„An Land ist das nichts Neues, 100 Kilometer vor der Küste aber sehr wohl"* [ZEIT.DE 2012]. Der Aufbau, also die Architektur, und die Komponentenverknüpfungen unterscheiden sich auch hier auf der Ebene der Umspanneinrichtung zwischen Onshore und Offshore. Die Gesamtintegration, also die Verknüpfung der Parks an das Verteilnetz, bringt weitere Probleme mit sich und befeuert die Debatte um das Für und Wider der Offshorewindenergie.

Anhand der genannten Beispiele lässt sich in Abhängigkeit von AI-Merkmal *(iv)* von einer Systemrekonfiguration im Sinne des Merkmals *(i)* sprechen, die sich im Wesentlichen aus der neuen Einsatzumgebung und den damit anhängigen Verknüpfungsveränderungen ergibt.

Als Indikator für das AI-Merkmal *(vi)* wird erneut auf Stellvertretervariablen zurückgegriffen. Für die Parkebene wurde zu diesem Zweck die Wertkette gewählt. Diese

[36] Eine ausführliche Übersicht zu Parks und Schäden findet sich im Anhang dieser Arbeit.

ermöglicht es, die einzelnen Tätigkeitsfelder im Rahmen der Planung, des Baus und des Betriebs eines Windparks zu identifizieren. Hinter diesen Tätigkeitsfeldern verbergen sich jeweils spezifisches Wissen und Verantwortlichkeiten, die sich somit für Onshore und Offshore auf Gesamtsystemebene auch hinsichtlich der verbauten Komponenten vergleichen lassen. In diesem Zusammenhang fällt auf, dass sich die Wertketten eines Onshore- und eines Offshoreparks derart gleichen, als dass sie intraindustriell als nahezu identisch verstanden werden [PNE 2013: 6].

Die Wertkette umfasst fünf zentrale Bausteine: Forschung & Entwicklung sowie Finanzierung & Vertrieb begleiten Projekte über die gesamte Lebensdauer. Der Beginn eines Projektes wird durch die Phase der Projektentwicklung dargestellt, gefolgt vom Bau und dem schließlichen Betrieb der Windfarm.

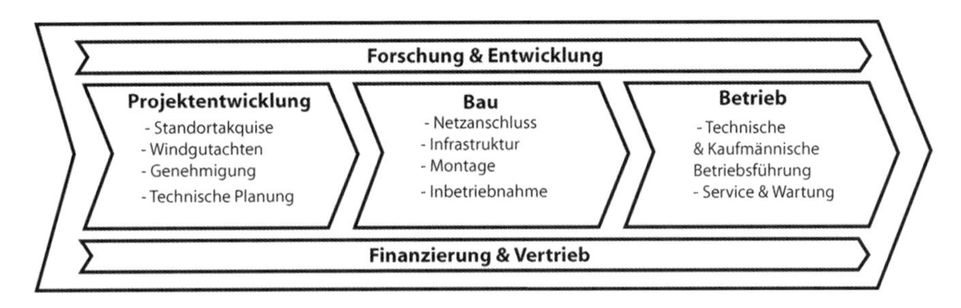

Abbildung 28: Die Wertkette der Windenergieindustrie [Eigene Darstellung]

Im Forschungs- & Entwicklungsbereich gleichen sich die Akteure sowohl auf Hersteller- als auch Zuliefererebene. Auch die wissenschaftlich-universitäre Forschung deckt sich. Institutionen wie ForWind, Fraunhofer IWES oder DEWI sind sowohl in die Onshore- als auch die Offshore-Forschung eingebunden.

Seitens der Projektentwicklung zeichnet sich ein ähnliches Bild. Es finden sich sowohl reine Projektentwickler als auch Energieversorgungsunternehmen (EVU) unter den verantwortlichen Akteuren für die Projektentwicklung. Häufig sind zudem Projekte, die seitens kleinerer Entwickler angestoßen wurden, vor der Realisierungsphase an größere Akteure wie EVU übergeben worden [ENOVA.DE 2012]. Mit dem Projekt Butendiek gab es sogar einen Offshore-Windpark, der ursprünglich als ein Bürgerprojekt geplant wurde. Somit sind bei den Entwicklern von Windparks, sowohl Onshore als auch Offshore, in weiten Teilen dieselben Akteure tätig, die entsprechend ihrer spezifischen Expertise über dasselbe Komponentenwissen für Onshore als auch Offshore verfügen.

Die Bauphase wird als zentrale Phase angesehen, da in diesem Abschnitt die einzelnen Komponenten in eine Gesamtarchitektur verknüpft werden. Viele der möglichen und genannten Probleme gehen auf diese Phase, in der die Koordination von Schnittstellen entscheidend ist, zurück. Es lassen sich somit für die Bauphase die beiden wichtigsten Akteure Komponentenlieferanten und Logistikpartner/Baupartner nennen. Da die

Komponentenlieferanten und ihr spezifisches Wissen als weitere Variable herangezogen werden, werden diese gesondert besprochen.

Hinsichtlich der Logistik- und Baupartner lässt sich zwischen Onshore und Offshore ein Unterschied herausarbeiten. Aufgrund der Einsatzbedingungen sind Partner notwendig, die über fundiertes Wissen hinsichtlich der unterschiedlichen Abläufe an Land und zur See verfügen. Hier unterscheiden sich die Akteure aufgrund der Einsatzumgebung fundamental. Für Offshore spielt nun das Wissen aus maritimen Bereichen eine entscheidende Rolle. Letztlich arbeiten die Bau- und Logistikdienstleister im Rahmen des Baus eines Parks jedoch nach den ihnen gemachten beziehungsweise gemeinsam erarbeiteten Vorgaben mit begleitenden Vertretern der einzelnen Komponentenhersteller.

Die Betriebsführung der Parks wird in der Regel durch den Betreiber vorgenommen. Es ist zudem möglich, dass die Betriebsführung sowohl technischer als auch kaufmännischer Natur an entsprechende Dienstleister abgegeben wird. Hier decken sich die Abläufe und Akteure für Onshore und Offshore in weiten Teilen. Service und Wartung werden meist durch Personal der Komponentenlieferanten geleistet. Für den Einsatz auf See ist eine zusätzliche Ausbildung erforderlich.

Als zusätzliche Stellvertretervariable dient die Komponentenzuliefererstruktur. Die WEA wird weitestgehend von Unternehmen geliefert, die Anlagen sowohl für den Onshore- als auch den Offshoreeinsatz fertigen. Ausnahmen stellen dabei Unternehmen wie AREVA Wind oder BARD dar. Beide Firmen verfügen ausschließlich über Offshore WEA in ihrem Portfolio. Bei beiden Anlagen handelt es sich jedoch um Designs, die maßgeblich von der Firma Aerodyn Energiesysteme GmbH aus Rendsburg in Schleswig-Holstein entwickelt wurden. Aerodyn ist dabei ein Unternehmen, das eine breite Expertise im Onshore- und Offshorebereich vorzuweisen hat.

Auch wenn auf Fundamentebene das Kernkonzept beim Wandel von Onshore zu Offshore weitestgehend gleich bleibt, ergeben sich aus Einsatzumgebung und der damit einhergehenden Komponentenverknüpfungen Produkte, die sich in ihren Dimensionen und Konstruktionen in weiten Teilen von ihren landseitigen Pendants unterscheiden (Siehe Abschnitt 5.1.2.2). Derzeit gibt es eine Reihe verschiedener Designs, die um das Dominant Design auf der Fundamentebene konkurrieren. Um sich auf die Dimension des Komponentenwissens zu beschränken, sollen Gemeinsamkeiten und Unterschiede in komprimierter Form dargelegt werden.

Sowohl für die Fundamentauslegung landseitiger als auch seeseitiger installierter WEA, besteht ein intensiver Austausch zwischen den Ingenieuren und Konstrukteuren der Windenergieanlagenhersteller und der Fundamenthersteller. Der wesentliche Unterschied besteht hierbei in der Intensität. Für Onshore WEA werden in der Regel seitens der WEA-Hersteller zwei Standardspezifikationen für die Fundamentauslegungen erarbeitet: Eine Flach- und eine Tiefgründung. Abhängig vom Errichtungsort und den vorherrschenden Bodenbeschaffenheiten wird eine Auslegung ausgewählt und durch ein (Hoch- und) Tiefbauunternehmen ausgeführt.

Offshore wird die Konstruktion und Fertigung der Fundamente nicht am Errichtungsort vorgenommen. Zudem werden die Konstruktionen in weiten Teilen von Stahlbauunternehmen (EEW, Bladt Industries, Smulders, Sif, WeserWind - Georgsmarienhütte) aber auch Großbaukonzernen (AMEC, Aarsleff, Ballast Nedam, Bilfinger, Hochtief, MBG, MT Højgaard), die partiell Erfahrungen aus dem Offshoregeschäft der Öl- & Gasindustrie mitbringen, gefertigt. Die Fundamente sind dabei in weiten Teilen Einzelanfertigungen, die je nach Lage im späteren Park konstruiert werden (müssen). Eine Standardisierung ist derzeit nicht zu erkennnen. Dies lässt die Vermutung zu, dass auf dieser Ebene neues Komponentenwissen einfließt und in Zusammenarbeit mit WEA- und Turmherstellern für die Offshorewindenergie nutzbar gemacht wird.

Kabelhersteller führen in ihren Portfolios sowohl Land- als auch Seekabel. Stellvertretend sollen hier die Komponentenhersteller ABB, Nexans, NKT und Prysmian genannt werden, die zusammen einen Großteil der Kabel für Offshore-Windparks liefern. Alle genannten Unternehmen bieten Kabellösungen auf unterschiedlichen Spannungsebenen sowohl für den Einsatz an Land als auch auf See an. Da die Expertise für Seekabel deutlich vor der Errichtung von Windparks auf See existent war, wird nicht von einem Bruch bezüglich des Komponentenwissens ausgegangen.

Bei den Umspanneinrichtungen verschiedenster Größenordnungen decken sich die Hersteller und Lieferanten für Einheiten für den Onshore-Einsatz und den Offshore-Einsatz in weiten Teilen. Es handelt sich um Unternehmen, die sowohl in Auslegung, Planung und Herstellung von Umspanneinrichtungen verschiedenster Größenordnungen eine langjährige Expertise vorweisen können. Hier sind insbesondere Unternehmen wie Siemens, ABB, Alstom und AREVA hervorzuheben. Auffällig ist, dass drei der genannten Unternehmen innerhalb der letzten Dekade über Akquisition von WEA-Herstellern (Siemens - Bonus, Alstom - Ecotécnia, AREVA - Multibrid) ihr Portfolio vergrößert haben. Daher wird davon ausgegangen, dass das Komponentenwissen das gleiche beziehungsweise unzerstört geblieben ist.

Nach Abgleich der Wertkette und der einzelnen Komponenten mit den dahinterstehenden Produzenten und Lieferanten wird festgehalten, dass in weiten Teilen *(vi) sowohl wissenschaftliches als auch technologisches Wissen auf Komponentenebene unverändert bleibt.*

Das Zusatzargument eines neuen Marktes für ein durch AI betroffenes Produkt findet sich für das Gesamtsystem Offshore-Windpark in zwei Dimensionen. Zum einen verändert sich die Marktstruktur hinsichtlich der Besitzverhältnisse als auch der Marktanteile und der damit einhergehenden Organisationsstrukturen [MARKARD & PETERSEN 2009], zum anderen unterscheiden sich die Märkte Onshore und Offshore auch räumlich voneinander. Stellt Deutschland Ende des Jahres 2011 mit 35% der in Europa installierten Leistung den Primärmarkt für Onshorewind dar, so verschwindet es im *Rest* bei der Offshorebetrachtung. Offshorespitzenreiter UK kann hingegen nur acht Prozent der installierten Onshoreleistung für sich verbuchen.

Hinsichtlich des Zusatzmerkmals der Pleiotropieveränderung soll auf die bereits gemachten Ausführungen der neuen und erhöhten Bedeutung des Fundaments hingewiesen werden. Diese veränderte Bedeutung lässt sich über die seitens der Experten beschriebenen Merkmale hinaus im übertragenen Sinne auf der Kostenebene wiederfinden. Wird das installierte Megawatt als Ausgangsgröße angesehen, so lässt sich eine signifikante Verschiebung hinsichtlich der Kostenverteilung konstatieren.

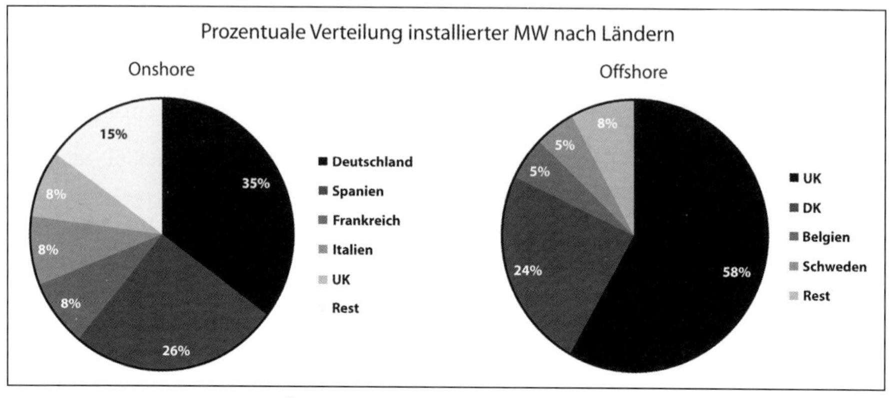

Abbildung 29: Übersicht installierte Leistung - National gegliedert [Eigene Darstellung, Datenquellen: BTM 2010, EWEA 2011, MAKE 2012]

Während das Fundament in der Onshorekalkulation nicht gesondert genannt wird, ist es Offshore für circa ein Viertel der Investitionskosten pro installiertes Megawatt verantwortlich (Siehe Abschnitt 6.2.1). In Anlehnung an die Identifikation der Komponentenbedeutung über eine monetäre Variable [KAMMER 2011: 94f.] wird somit die Bedeutungsveränderung auf einer zusätzlichen Ebene ersichtlich. Ebenso kommt seeseitig der Komponente Umspanneinrichtung eine höhere Bedeutung zu, da diese für den Einsatz auf See speziell ausgelegt und gefertigt werden muss. Landseitig kann in weiten Teilen auf eine bestehende Infrastruktur zurückgegriffen werden, die es gegebenenfalls anzupassen gilt.

4.5 Zwischenfazit Innovation, technologische Entwicklung - AI

Die theoretisch-methodische Aufarbeitung der dem Wandel von Onshore zu Offshore inhäranten Innovationsprozesse wird an dieser Stelle mit der folgenden Zusammenfassung geschlossen.

Einer der zentralen Untersuchungsanstöße für die vorliegende Arbeit ergab sich aus der Beobachtung, dass augenscheinlich marginale Änderungen der existierenden Technologie einen radikalen Impakt auf die mehrdimensionale Struktur der Windenergieindustrie zu haben scheinen. Diese Bemerkung führte schließlich dazu, dass sich vertieft mit unterschiedlichen Innovationsprozessen und den ihnen zugeschriebenen Industrieveränderungen auseinandergesetzt wurde. In diesem Rahmen stach die

Arbeit von HENDERSON & CLARK [1990] heraus, da sie die Dichotomie radikal und inkrementell entscheidend erweitert. Welche organisatorischen und räumlichen Implikationen die genannte innovationstheoretische Erweiterung mit sich bringen könnte, blieb jedoch unterbelichtet. Daraus folgte ein Abgleich der Arbeit von HENDERSON & CLARK mit den Entwicklungen der Windenergieindustrie und seiner Bereiche Onshore und Offshore.

Beginnend wurden die von [HENDERSON & CLARK 1990] den einzelnen Innovationsformen zugeordneten Merkmale isoliert. Hierbei handelt es sich um die *Primärmerkmale*. Zusätzlich wurde eine Reihe weiterer Merkmale aus der theoretischen Literatur [TUSHMAN et al. 1997, GATIGNON et al. 2002, MURMAN & FRENKEN 2006] für das Phänomen der AI herausgearbeitet. Diese sollen als *Sekundärmerkmale* bezeichnet werden.

Die Übertragung der gewonnenen und aufgearbeiteten qualitativen Informationen in die quantitativ ausgelegte Matrix offenbaren die Tendenz zu einem Innovationsprozess, der sich mehr oder weniger stark ausgeprägt mit den Merkmalen von AI in Verbindung bringen lässt.

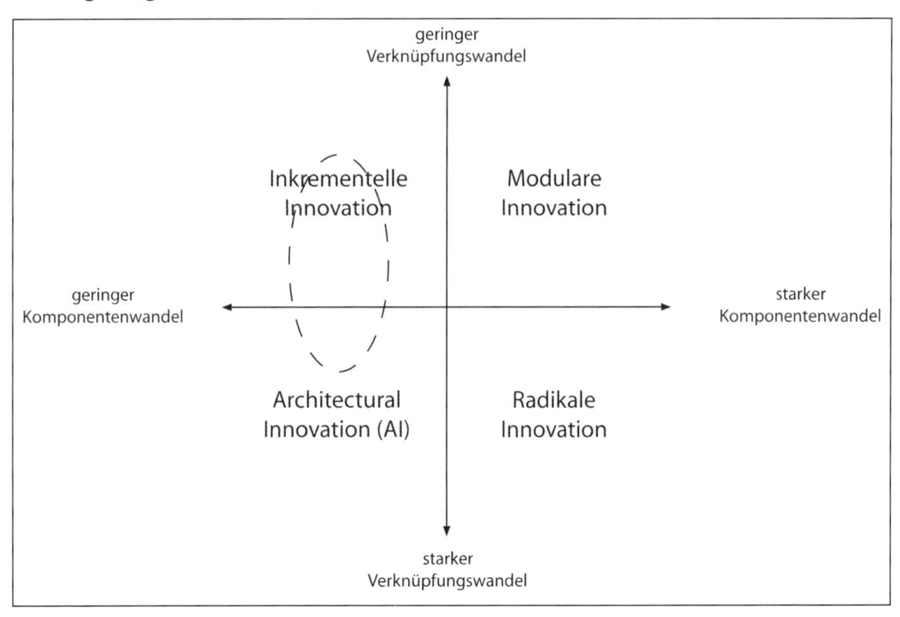

Abbildung 30: Innovationsprozess Onshore - Offshore (WEA) [Eigene Darstellung]

Nach Abgleich der von HENDERSON & CLARK [1990] genannten Primärmerkmale wird festgehalten, dass einige der Primärmerkmale, die den Prozess einer AI beschreiben, sowohl auf die Ebene der WEA als auch auf die Parkebene zutreffen. Dabei sind die Eigenschaften auf der Parkebene stärker ausgeprägt.

Insbesondere die Beobachtungen, dass etablierte Firmen bedeutende Probleme bei der Transition hatten, die nicht mit einem einfachen inkrementellen Innovationsprozess korrespondieren, stützen die Annahme, dass der stattfindende Innovationsprozess dem der AI deutlich ähnelt, beziehungsweise der technologische und industrielle Wandel durch AI begleitet wird. Interviewpartner wiesen explizit auf eine unbekümmerte, fast schon naive Herangehensweise verschiedener Akteure hinsichtlich des Gangs Offshore hin, da der Schritt auf See vermeintlich keine wesentlichen Veränderungen mit sich bringen würde. Die veränderten Bedingungen und Interaktionen seien sogar in Teilen bis zum aktuellen Zeitpunkt nicht realisiert beziehungsweise verstanden worden.

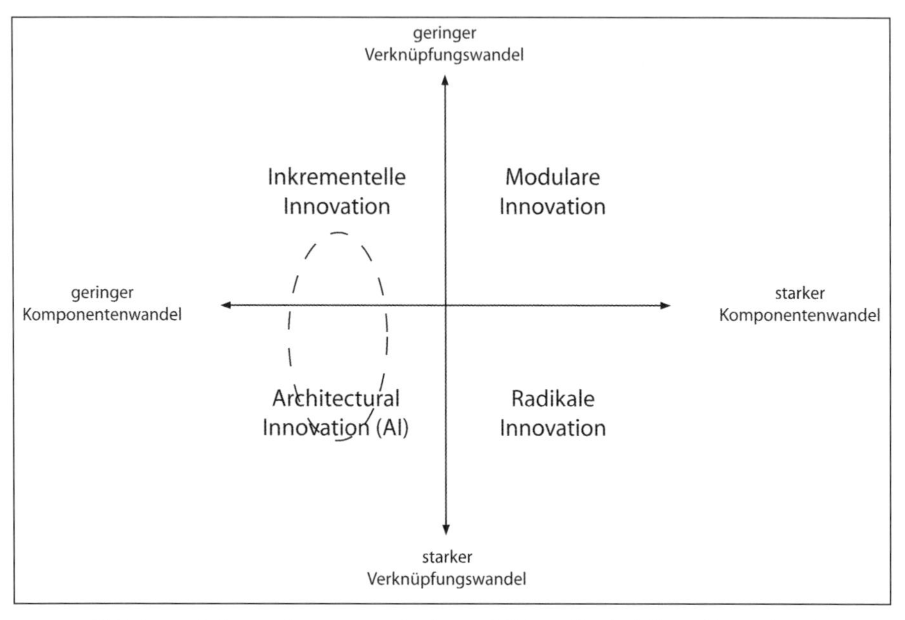

Abbildung 31: Innovationsprozess Onshore - Offshore (Park) [Eigene Darstellung]

Auch wenn bereits früh in der Entwicklungsgeschichte der Offshorewindenergie ein Bewusstsein für den entsprechend zukünftigen Wandel präsent war[37], wurde die Notwendigkeit einer differenten Betrachtung der Anlagenarchitektur dennoch in den Anfängen häufig ignoriert [GERMANISCHER LLOYD - GARRAD HASSAN 1994: 73].

Für eine Tendenz hin zu AI sprechen weitere Eigenschaften, die diesem Innovationstypus durch weitere Forschende zugeschrieben werden.

MURMANN & FRENKEN [2006: 941] weisen darauf hin, dass HENDERSON & CLARKS Definition einer Architectural Innovation im Sinne einer Rekonfiguration bestehender Komponenten präzise auf einen Wandel des Pleiotropiegefüges, bei einem Gleichbleiben der Komponenten, hinausläuft. - In anderen Worten: Auch wenn Komponenten im Innovationsprozess unverändert bleiben, können sie eine neue Bedeutung im Gesamtsystem erfahren. Dies ist wie dargelegt bei der Transition von Onshore zu

[37] Es war einer Reihe von Akteuren aus Studien bekannt, dass Offshoreeinrichtungen, sowohl Parks als auch Turbinen, anders, insbesondere größer, ausgelegt sein müssten, um resistenter und wirtschaftlicher zu sein. Größere Turbinen würden dabei ein angepasstes strukturelles Design benötigen.

Offshore hinsichtlich der WEA bezüglich des Turmes und des Fundaments und einer parkorientierten Perspektive, insbesondere im Falle der Gründung, der Netzanbindung und der Gesamtlogistik, angezeigt.

Zudem wurde das von TUSHMAN et al. [1997] genannte AI-Charakteristikum einer neuen Marktentstehung für das Offshoresegment aufgezeigt.

GATIGNON et al. [2002: 1118] verweisen darauf, dass Architectural Innovations häufig mit einer erhöhten Einführungs- oder Übergangsrate in Verbindung gebracht werden. Die Windenergieindustrie ist eine Industrie, die aufgrund der Technologie und ihrer Anwendung bereits von Grund auf langen Zyklen unterworfen ist [CORTÁZAR 2010: 63]. Hieraus folgt, dass sich der Prozess des Technologiewandels und der Industrieteilung noch über weitere Zeit, wenn nicht sogar Dekaden, erstrecken kann.

Grundsätzlich kann und soll es keine absolute Festlegung hinsichtlich eines Extrempunktes geben. HENDERSON & CLARK weisen wie folgt auf diese Tatsache hin:

> *„The distinctions between radical, incremental, and architectural innovations are matters of degree. The intention [...] is not to defend the boundaries of a particular definition, particularly since there are several other dimensions on which it may be useful to define radical and incremental innovation. [...] The matrix [...] is designed to suggest that a given innovation may be less radical or more architectural, not to suggest that the world can be neatly divided into four quadrants"* [HENDERSON & CLARK 1990: 13].

Einen abschließenden und ultimativen „Beweis" für das Vorliegen einer bestimmten Innovationsform zu liefern, ist nicht grundsätzlich möglich. Wesentliche Entwicklungen des Industriewandels, insbesondere Probleme technologischer, organisatorischer und räumlicher Art, lassen sich in Rückgriff auf das Konzept der AI jedoch besser erklären. Verschiedene Innovationsformen können unterschiedlich ausgeprägt sein, beziehungsweise in komplexen technologischen Gesamtsystemen verschiedene Auswirkungen mit sich bringen oder sich in Teilen überlagern.

Zudem haben Innovationsformen über Hierarchiegrenzen hinweg Auswirkungen, die sich unterschiedlich bemerkbar machen können:

> *„The development of the jet aircraft industry provides an example of the impact of unexpected architectural innovation. The jet engine initially appeared to have important but straightforward implications for airframe technology. Established firms in the industry understood that they would need to develop jet engine expertise but failed to understand the ways in which its introduction would change the interactions between the engine and the rest of the plane in subtle ways (Miller and Sawyers, 1968; Gardiner, 1986). This failure was one of the factors that led to Boeing's rise to leadership in the industry"* [HENDERSON & CLARK 1990: 17].

Es wird angeführt, dass der Jetantrieb die ausschlaggebende Komponente sei. Das Grundprinzip des Antriebs beim Wechsel vom Propeller zum Jet unterscheidet sich grundlegend. Die Veränderungen entsprechen auf der Subsystemebene des Antriebs einem radikalen Wandel [ARTHUR 2007]. Eine Hierarchieebene höher ist die Verknüpfung einer radikal neuen Komponente mit einer bestehenden Architektur am ehesten mit der Dimension der Modularen Innovation in Verbindung zu bringen [MURMANN & FRENKEN 2006: 938], mit der wiederum architekturelle Veränderungen einhergehen können.

So ergeben sich hinsichtlich des Wandels der Windenergie von Onshore zu Offshore ebenso inkrementelle Entwicklungen, die seitens der interviewten Industrieexperten als grundlegend kritisch für den Erfolg der Transition angesehen werden. Die massiv erhöhte Relevanz der Qualität einzelner Komponenten und Systeme auf jeder Ebene wurde explizit in den Interviews hervorgehoben. Ein Beispiel, das unabhängig und in abgewandelter Form mehrfach dargelegt wurde, betrifft eine gegebene, vermeintlich unbedeutende Peripherkomponente, die einen äußerst geringen monetären Wert hat, jedoch zu einer Abschaltung einer WEA führen kann, beispielsweise ein Sensor. Bei einem Onshorebetrieb würden Service und Reparatur einen dreistelligen Eurobetrag bedeuten. Würde dieselbe Komponente Offshore ausfallen, könnte dies in Abhängigkeit der Erreichbarkeit der Anlage Kosten von bis zu einem mittleren fünfstelligen Betrag mit sich führen.

Somit führen Verknüpfungskonflikte und (daraus resultierende) Qualitätsmängel, die sich auf verschiedenen Ebenen finden, zu massiven Kosten, die es durch die einzelnen Akteure zu puffern oder abzusichern gilt. Eine Aufgabe, die klein- und mittelständische Unternehmen im Vergleich zu Großkonzernen häufig nicht leisten können. Hier scheint sich eine zentrale Ursache für eine Veränderung hinsichtlich der Industriestruktur zwischen Onshore- und Offshorewind zu finden, die somit in Teilen auch auf eine AI zurückgeführt werden kann. Das herausgearbeitete Merkmal *(iiia)* einer differierenden Einsatzumgebung ist somit als ein auslösendes Moment für die Rekonfiguration der Windenergieindustrie ihrer Mechanismen und Strukturen anzusehen.

Kritisch zu erwähnen ist die Anwendung des Innovationsmodells von HENDERSON & CLARK auf die Ebene einer Schwerindustrie. Auch wenn Produkte hierarchisch aufgebaut sind und die entsprechend gegliederten und definierten Ebenen ähnlichen Mechanismen und Zyklen unterworfen sind, so resultiert aus der Betrachtung einer höheren Systemebene eine entsprechend notwendige, künstliche Reduktion der zwangsläufig zunehmenden Komplexität. HENDERSON & CLARK [1990: 10] betonen, dass sich ihre Analyseebene auf ein Produkt bezieht, das an einen Endverbraucher verkauft wird und durch eine einzelne Firma entwickelt und gefertigt wird. In der heutigen Technologiewelt mit ihren modularen Wertketten und globalen Produktionsnetzwerken finden sich zunehmend weniger Produkte, die komplett durch eine einzelne Organisation entwickelt und gefertigt werden. Auch WEA und Windparks werden in einem mehrteiligen Arbeitsprozess entwickelt und gefertigt.

Die angeführten Überlegungen und Ergebnisse zeigen, dass hinsichtlich der technologischen Dimension der Windenergieindustrie die Annahme einer Diskontinuität legitim ist. Die Bereiche Onshore und Offshore trennen sich. Sowohl Interviewpartner als auch Daten hinsichtlich der Markt- und Industriedynamiken bestätigen die Kernthese. Dieser Prozess stellt derzeit den Status Quo dar. Dies bedeutet, dass sich die Offshore-Windenergieindustrie derzeit, in Rückgriff auf das zyklische Modell technologischen Wandels, in der Phase der technologischen Diskontinuität mit der anschließenden Fermentationsphase befindet [CORTÁZAR 2010: 64].

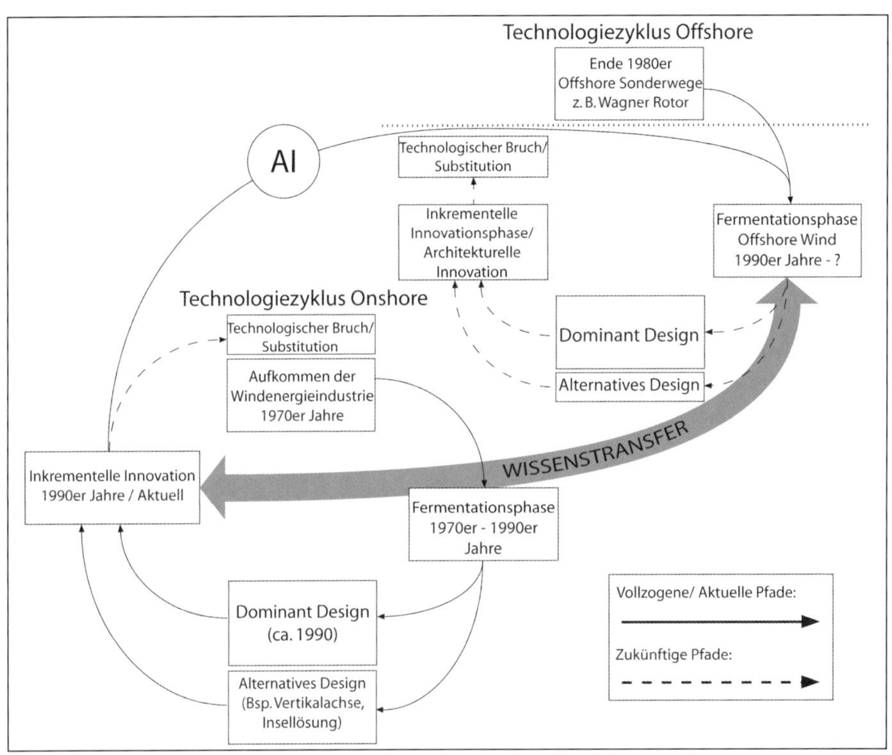

Abbildung 32: Die Windenergieindustrie im Technologiezyklus verändert nach [CORTÁZAR 2009 & TUSHMAN et al. 1997]

Es konnte gezeigt werden, dass sich die erste These: *Der postulierten Industrieteilung liegt ein technologischer Innovationsprozess zugrunde, der sich im Spannungsfeld der Dichotomie radikal und inkrementell bewegt* positiv beantworten lässt. Dabei ist explizit zu betonen, dass das in Teilen fehlende Verständnis für die Struktur des Technologiewandels nur ein Faktor ist, der zu einem Industriewandel führt, da dieser grundsätzlich in ein komplexes Kausalgeflecht eingebunden ist. Anzumerken ist, dass AI nicht zwangsläufig Probleme für die beteiligten Akteure mit sich bringen muss. So hat es den Anschein, dass die Komplikationen auf der Parkebene prononcierter sind als auf der WEA-Ebene.

Nachdem in diesem ersten Hauptteil die technologische und industrielle Evolution der Windenergie auf einer theoretisch-abstrakten Ebene detailliert dargelegt wurde, soll im folgenden zweiten Teil eine praktisch-analytische Industriebetrachtung erfolgen. Hierbei wird an erster Stelle die Evolution der Technologieentwicklung aufgezeigt, bevor sich der industrieorganisatorischen und industrieräumlichen Dimension zugewandt wird.

5. Die Evolution der Windenergietechnologie

Nachdem die Herausarbeitung einer technologischen Diskontinuität im Rahmen der Evolution der Windenergietechnologie zwischen Onshore und Offshore stattgefunden hat, soll intensiver auf die technologischen Aspekte der Windenergie eingegangen werden. Hierzu erfolgt in einem ersten Schritt eine vertiefende Vorstellung der herausgearbeiteten Kernkomponenten, um im Anschluss die Technologieevolution der Windenergie herauszuheben. Die beschreibende Darstellung der technologischen Entwicklung soll sich zu Übersichtszwecken lose am dargestellten und angepassten Technologiezyklus nach ANDERSON & TUSHMAN [1990] orientieren. Hierzu wird in einem ersten Schritt, der inhaltlichen Vollständigkeit halber, die Entwicklung der landseitigen Nutzung der Windenergie vorangestellt, bevor dann, mit einer deutlich größeren Detailtiefe, die Entwicklung der Windenergienutzung zu See und der damit in Verbindung stehenden Technologie dargestellt wird.

5.1 Die Technologie - Kontrastiver Vergleich der Kernkomponenten

Wie in den meisten Fällen industrieller Entwicklung hat auch die Windenergieindustrie im Laufe ihrer Evolution ihre Technologie und Komponenten immer weiter entwickelt, um sie für einen besseren Absatz zu optimieren. So hat sich im Laufe der letzten Dekaden eine Entwicklung eingestellt, die dazu führt, dass die einzelnen (Kern-) Komponenten des Gesamtssystems *Erzeugungsanlage* immer weiter an die entsprechenden Einsatzbedingungen angepasst wurden. Die Notwendigkeiten für diese Entwicklungsschritte waren vielfältig und, wie im weiteren Verlauf dargestellt wird, von einer Reihe von Fehlschlägen, Rückkopplungseffekten und Entwicklungsschleifen begleitet. Neue Bedingungen erforderten neue Lösungsansätze und brachten so das Ein- und Austreten neuer Akteure mit sich. Um das Untersuchungsobjekt greifbarer zu machen, sollen folgend die Komponenten, der aktuelle technologische Entwicklungsstand und die entsprechenden technologischen Grundlagen dargelegt werden. Hierbei wird der Fokus auf die in Abschnitt 4.2.2 herausgearbeiteten Kernkomponenten des Systems der Erzeugungsanlage gelegt.

5.1.1 Die Kernkomponenten einer Onshore-Erzeugungsanlage

Im Folgenden wird über die im Theorieteil geleistete Beschreibung und Darstellung der identifizierten Kernkomponenten hinausgegangen. Es werden die einzelnen Subsysteme und ihr Aufbau sowie ihre Wirkprinzipien und Varianten detaillierter vorgestellt. Dieser Schritt dient dem Detailverständnis und soll auf diese Weise ermöglichen, die kontinuierliche Technologie- und Industrieentwicklung über eine rein kontrastive Betrachtungsweise Onshore/Offshore hinaus nachvollziehen zu können.

5.1.1.1 WEA

Das Arbeitsprinzip einer modernen Windenergieanlage sieht vor, die im Wind enthaltene kinetische Energie in elektrische Energie zu wandeln. Dies geschieht mit Hilfe eines Rotors, der von Wind angeströmt wird und eine Welle in Bewegung setzt, die wiederum an einen Generator angeschlossen ist. Die technische Umsetzung dieses Prinzips kann mittels verschiedener Designs erreicht werden. Die WEA stellt das Herzstück einer Erzeugungsanlage dar und wird als das die Industrie konstituierende Produkt wahrgenommen. Im Laufe der Technologie- und Industrieentwicklung hat sich das in Abschnitt 4.2.3 genannte Dominant Design mit den entsprechenden Kernkomponenten ausgebildet.

Erfolgte die Leistungsbegrenzung früherer WEA insbesondere in der Sub-Megawatt-Klasse noch durch einen einkalkulierten Strömungsabriss bei hohen Windgeschwindigkeiten, der sogenannten Stall-Regelung, verfügen moderne Anlagen über Rotorblätter, die mittels Pitch-Motoren in der Nabe um ihre eigene Achse gedreht werden können. Dies ermöglicht eine präzise Anlagensteuerung und somit sowohl eine größere Sicherheit als auch eine Optimierungsmöglichkeit der Erträge.

Anlagen, die ein Getriebe verwenden, verfügen über einen schnelldrehenden Generator. Dem Getriebe kommt dabei die Anpassung der Rotationsgeschwindigkeit zwischen Rotorwelle und Generatorwelle zu. Der Generator wandelt schließlich die mechanische Energie in elektrische Energie. Bei dem Konzept des Direktantriebs steht die Rotorwelle hingegen in direkter Verbindung mit dem Generator. Als primärer Vorteil dieses Anlagenkonzeptes wird auf das Wegfallen des Getriebes und somit einer theoretisch störungsanfälligen Komponente verwiesen. Bei getriebelosen Anlagen, wie die WEA mit Direktantrieb auch genannt werden, wird zwischen dem Einsatz eines fremderregten und eines permanenterregten Generators unterschieden.

Direktantriebs-Anlagen mit elektromagnetisch fremderregten Ringgenerator beschränken sich im Wesentlichen auf die Anlagen der Auricher Firma Enercon. Der Einsatz eines solchen Ringgenerators, der deutlich größer und schwerer ist als klassische Synchrongeneratoren, lässt sich bereits am Gondelaufbau erkennen. Das von Sir Norman Foster für die Firma Enercon entworfene Gondeldesign in Ei- oder Tropfenform ist direkt dem Einsatz eines Ringgenerators geschuldet.

Die Alternative zu einer Erregung durch Elektromagnete besteht in einer Erregung durch Permanentmagnete. Direktangetriebene WEA mit einem permanenterregten Synchrongenerator sind im Vergleich nicht derart voluminös und ermöglichen so bedeutende Gewichtseinsparungen und geringere Kopfmassen. Dieses Direktantriebskonzept wird insbesondere seit der ersten Dekade des 21. Jahrhunderts vorangetrieben. Anlagenhersteller wie Siemens, GE, Vensys und weitere befinden sich in der Entwicklung entsprechender Anlagen oder haben diese bereits im Portfolio. Diese getriebelosen WEA mit Permanentmagneten, die als die nächste technologische Evolutionsstufe angesehen werden, haben jedoch einen großen Nachteil, der sich auf das positive Image der Windenergieindustrie auswirkt. Zur Produktion der großen Permanentmagneten werden bedeutende Mengen an Neodym, eines Metalls der Gruppe der seltenen Erden, benötigt. Der Abbau eben dieses Metalls, dessen Vorkommen sich im Wesentlichen auf China beschränkt, provoziert massive Umweltschäden, die bei der Förderung und Aufbereitung entstehen.

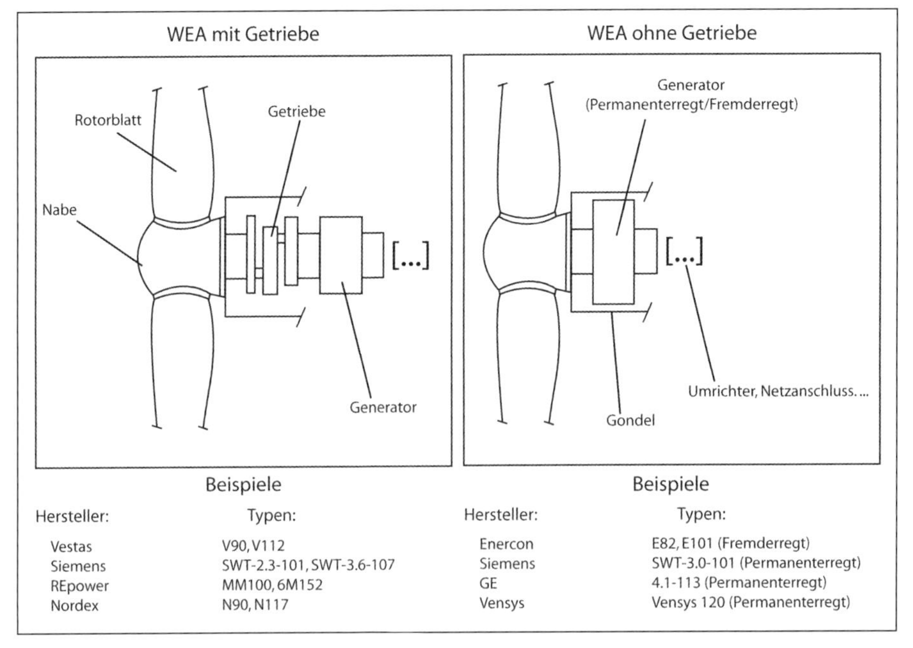

Beispiele		Beispiele	
Hersteller:	Typen:	Hersteller:	Typen:
Vestas	V90, V112	Enercon	E82, E101 (Fremderregt)
Siemens	SWT-2.3-101, SWT-3.6-107	Siemens	SWT-3.0-101 (Permanenterregt)
REpower	MM100, 6M152	GE	4.1-113 (Permanenterregt)
Nordex	N90, N117	Vensys	Vensys 120 (Permanenterregt)

Abbildung 33: Schema WEA/Getriebe und WEA/Direktantrieb [Eigene Darstellung]

Da die Bandbreite moderner Onshore-WEA heute deutlich mehr Anlagentypen umfasst als die der Offshore-Windenergie, sollen folgend drei ausgewählte Anlagen eines jeden Modelltyps dargestellt werden. Da die 2MW-Klasse zum aktuellen Zeitpunkt mit 61,8% die am häufigsten gestellte Klasse darstellt [DEUTSCHE WINDGUARD 2012: 5], entstammen alle gewählten Anlagen dieser Leistungsklasse.

Die Vestas V80, deren Prototyp im Jahr 1999 errichtet wurde, steht repräsentativ für das aktuelle Dominant Design von Windenergieanlagen. Die Anlage, die als dreiblättriger Luvausleger konzipiert ist, ist die am häufigsten verkaufte WEA des dänischen Unternehmens und wird bis heute konsequent inkrementell weiterentwickelt. Der Rotordurchmesser beträgt 80 Meter und die Nennleistung 2.000kW. Bei dem Getriebe der Anlage handelt es sich um ein dreistufiges Planetengetriebe, welches unter anderem von Bosch Rexroth gefertigt wird und mit einem doppelt gespeisten Asynchrongenerator verbunden ist. Die Enercon E70 stellt das Vergleichsmodell zur Vestasanlage dar. Die Markteinführung der getriebelosen WEA fand im Jahr 2004 statt. Mit ihrem Rotordurchmesser von 71 Metern kommt sie je nach Ausführung auf eine Nennleistung von 2.000 - 2.300 kW. Enercon stellt ein Unternehmen mit einer auffallend hohen Fertigungstiefe dar. So werden auch die typischen Ringgeneratoren bei Enercon direkt produziert. Bei dem neuesten Modell der hier aufgeführten

Anlagen der 2MW Klasse handelt es sich um die Siemens SWT-2.3-113, die 2011 vorgestellt wurde. Ebenso wie die Enercon-Anlage ist das Modell mit 2.300kW Nennleistung getriebelos. Den großen Unterschied macht der Generator aus, der in diesem Fall mittels Permanentmagneten funktioniert.

5.1.1.2 Fundamente

Auch wenn bei der Betrachtung der Windenergieindustrie und ihrer Entwicklung das Fundament häufig nur am Rande berücksichtigt wurde[38], stellt es doch die Grundlage einer jeden WEA dar und ist als eine Kernkomponente zu berücksichtigen.

Im Onshore-Bereich wird im Wesentlichen zwischen zwei Konzepten unterschieden, die entsprechend der Baugrundbedingungen zum Einsatz kommen, Flachgründungen und Pfahl- beziehungsweise Tiefgründungen [Faber & Steck 2005: 189]. Beiden Konzepten ist gemein, dass sie in Stahlbeton ausgeführt werden und direkt am Standort der WEA gefertigt werden. Hierzu werden entsprechend aus Stahl Armierungen geflochten, die anschließend in Beton gegossen werden. In die Armierung wird eine Vorrichtung zur Aufnahme des WEA-Turmes eingearbeitet. Dies kann ein Ankerkäfig mit entsprechenden Bolzen oder ein sogenanntes Fundamenteinbauteil (FET) sein.

Die Wahl des Fundamenttyps hängt von den Baugrundbeschaffenheiten ab. Bei einem festen, tragfähigen Baugrund kommt eine Flachgründung zum Einsatz. Ist der Baugrund weicher oder aus anderen Gründen weniger tragfähig, so wird eine Tiefgründung gewählt, bei der zusätzliche in die Tiefe ragende Pfähle der Fundamentstruktur zusätzlichen Halt verschaffen. Da es sich bei modernen WEA um Serienmodelle handelt, gibt es im Regelfall für jede WEA und die entsprechenden Turmtypen ein standardisiertes Flachgründungs- und ein Tiefgründungskonzept, welches vom WEA-Hersteller gestellt und für den konkreten Fall nachgerechnet wird. Gelegentlich werden zusätzlich Baugrundertüchtigungen vorgenommen.

Die Ausführung des Fundamentbaus wird üblicherweise an lokale, regionale oder vertraglich gebundene Bauunternehmen vergeben. Dabei handelt es sich meist um Unternehmen, die im Betonbau oder Tiefbau beheimatet sind. Da eine Produktion der Fundamente mit anschließender Lagerung nicht in Frage kommt, findet sich keine entsprechende Zuliefererindustrie wie im Offshore-Bereich.

5.1.1.3 Kabel

Der Anschluss der WEA an die verschiedenen Netze und Netzebenen wird über die Verkabelung erreicht. Hierzu werden die Windenergieanlagen im Rahmen einer Parkverkabelung zusammengeknüpft und an eine Umspanneinrichtung angebunden. Die WEA-seitige Niederspannung wird hierbei über einen Transformator, der sich innerhalb oder außerhalb der WEA befinden kann, auf Mittelspannung hochtransformiert.

---

[38] Dies gilt zumindest für den Onshore-Bereich. Offshore erfährt das Fundament aufgrund des erheblichen Kostenfaktors für das Gesamtprojekt wie dargelegt eine deutlich höhere Aufmerksamkeit.

Die Kabel werden in jedem Fall durch den WEA-Keller und nach außen gehende Leerrohre geführt. Ist die Mittelspannungsebene erreicht, werden die WEA, sofern es sich nicht um Insellösungen handelt, verknüpft. Abhängig von der Parkgröße und der damit zu übertragenen Leistung kann sich die Parkverkabelung unterschiedlich gestalten. Einzelanlagen oder kleine Cluster werden in der BRD in der Regel über Mittelspannungskabel, beispielsweise des Typs N2XS2Y, und eine 20kV-Mittelspannungsebene im Rahmen der Innerparkverkabelung zusammengefasst und mit Hilfe einer Übergabestation am Netzverknüpfungspunkt an das Netz angeschlossen. Bei größeren Clustern mit höherer Leistung kann dazu übergegangen werden, die Erzeugungsanlage direkt über ein größeres Umspannwerk an die 110kV-Hochspannungsebene anzuschließen.

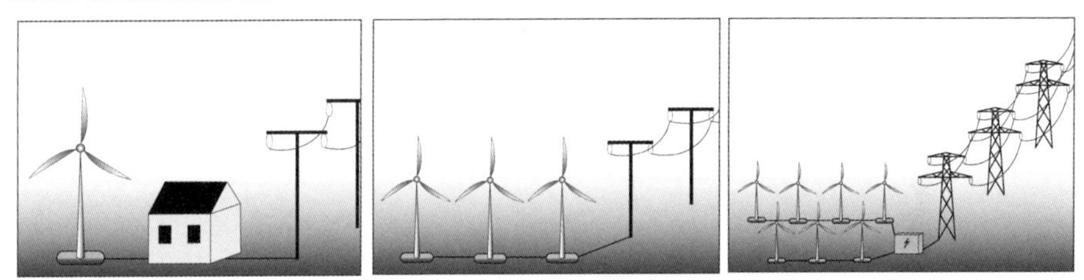

Abbildung 34: Übersicht Evolution Windparkkonfiguration [verändert nach GIPE 1995: 14]

Für diese verschiedenen Anschlussmöglichkeiten wird Onshore auf Erdkabel zurückgegriffen. Hierzu werden in der Regel entlang des geplanten Trassenverlaufes Kabelgräben und Kabelkänale in das Erdreich eingebracht, in denen die Kabel verlegt werden. Nach den Verlegearbeiten werden die Gräben und Kanäle wieder verfüllt. Die Grabungs- und Verlegungsarbeiten werden wie beim Fundamentbau meist durch lokale oder regionale Dienstleister, in Teilen in Zusammenarbeit mit den entsprechend verantwortlichen Netzbetreibern, verrichtet.

5.1.1.4 Umspanneinrichtung

Die Umspanneinrichtung ist im Zusammenspiel mit der Verkabelung für die Verknüpfung der Windenergieanlage oder des Windparks an das Stromnetz verantwortlich. Aufgabe der Komponenten ist die Umspannung verschiedener Spannungsebenen, um die Anschlussmöglichkeit auf die entsprechend gewählte Spannungsebene garantieren zu können. Bei der im Rahmen dieser Arbeit betrachteten Umspanneinrichtung soll diejenige im Fokus stehen, welche die Verknüpfung zum genutzten Verteilnetz darstellt. Hierbei kann es sich um eine Umspannstation zur Verbindung mit dem Mittelspannungsnetz oder um ein größeres Umspannwerk handeln, das gegebenenfalls auf der Hochspannungsebene einspeist.

In der BRD werden diese Umspanneinrichtungen von den für die entsprechenden Spannungsebenen zuständigen Netzbetreibern operiert. Sie befinden sich den Netzplänen folgend an verschiedenen Punkten im öffentlichen Raum. Je nach Entfernung und Kapazität wird einem Windpark ein Netzverknüpfungspunkt mit einer entsprechenden Umspanneinrichtung zugewiesen.[39] Dem Parkentwickler/Parkbetreiber kommt die Aufgabe zu, die Kabeltrasse bis zum zugewiesenen Verknüpfungspunkt zu planen, zu bauen und zu verantworten.

5.1.2 Die Kernkomponenten einer Offshore-Erzeugungsanlage

Wie dargelegt, unterscheiden sich die Kernkomponenten einer Offshore-Erzeugungsanlage in den Kernkonzepten nicht von denen einer Onshore-Erzeugungsanlage. Betrachtet man die aktuelle Generation von Windenergieanlagen, die für den Einsatz auf See konzipiert werden, so ist wohl der augenscheinlichste Kontrast zu ihren Onshore-Verwandten der ihrer Größe. Um den Schritt auf See erfolgreich machen zu können, wurden die Konzepte von Onshore-Anlagen überdacht und weiterentwickelt. Zwei wesentliche Faktoren, die bereits angesprochen wurden, sind hierbei für die Gestaltung des angesprochenen technologischen Entwicklungspfades verantwortlich. Die Küstenentfernung und die Wassertiefe - oder anders ausgedrückt: Die grundsätzlich differierende Einsatzumgebung.

Durch die Installation der Erzeugungsanlagen auf See ergibt sich hinsichtlich der einzelnen Komponenten eine grundsätzlich neue Ausgangssituation. Zum einen sind die Erschließung der Standorte auf See, die Errichtung und der Betrieb der Erzeugungsanlagen deutlich kostenintensiver als zu Land. Zum anderen stellt die rauhe Einsatzumgebung für die einzelnen Komponenten eine völlig neue Belastung dar. Dies führt dazu, dass Komponenten anders ausgelegt werden müssen, und bringt in Teilen neue Markteinsteiger mit sich.

5.1.2.1 WEA

Im Lauf der technologischen Evolution und mit der Erkenntnis, dass die neue Einsatzumgebung differierende Ansprüche an die WEA stellt, wurden insbesondere ab Mitte der ersten Dekade des 21. Jahrhunderts Windenergieanlagen entwickelt, die speziell für den Einsatz auf See gedacht sind. Die Anforderungen, die exponierte Standorte auf See an die Windenergieanlagen stellen, sind äußerst anspruchsvoll. Zum einen müssen die Anlagen und einzelne Komponenten gekapselt werden, um der korrosiven Salzwasserluft eine möglichst geringe Angriffsfläche zu geben, zum anderen sind die Anlagen derart zu konzipieren, dass sie möglichst wartungsarm und schadensunanfällig sind. Selbst kleine Schäden, die landseitig zügig behoben werden können und auf diese Weise keine gravierenden Ertragsverluste provozieren, können seeseitig aufgrund der bedingten Erreichbarkeit zu massiven Problemen für Anlagenhersteller und Betreiber werden. Daher müssen höhere Qualitätsstandards entwickelt und eingeführt werden.

[39] Siehe EEG Teil 2: Anschluss, Abnahme, Übertragung und Verteilung - Abschnitt 1: Allgemeine Vorschriften - §5 Anschluss

Die Evolution des derzeitigen Anlagenkonzeptes geht auf das um 1990 onshore herausgebildete Dominant Design zurück. Die ersten Pilot-Projekte wie im dänischen Ebeltoft und im schwedischen Nogersund griffen auf zur Verfügung stehende Onshore-WEA der Sub-Megawatt-Klasse zurück. Die Errichtung dieser Anlagen erfolgte küstennah und an Standorten, deren klimatische Bedingungen weitestgehend landseitigen Küstenbedingungen entsprachen. Die Problematik, die sich hinter diesen Projekten verbarg, war die Tatsache, dass die erreichten Volllaststunden sich wenig von denen der landseitigen Küstenstandorte unterschieden. Zudem waren die WEA einfach zu klein, um wirtschaftlich rentabel zu sein [KÜHN 2002: 77]. Die Mehrkosten, die aus der seeseitigen Errichtung resultierten, konnten so nicht kompensiert werden. Aus diesen Erfahrungen wurde die Lehre gezogen, dass für künftige Offshore-Projekte die Anlagen deutlich größer mit entsprechender Nennleistung konzipiert sein müssten.

Insbesondere Anlagenhersteller, die ihre Wurzeln in Deutschland und Dänemark haben, gehören zu den Entwicklungsvorreitern dieser WEA-Klasse. Das erste Unternehmen, das einen entsprechenden Prototyp der Offshore-Multimegawatt-Klasse landseitig errichten konnte, war 2004 die Hamburger Firma REpower Systems. Bei der REpower 5M126 handelt es sich um die WEA-Plattform, die den Grundstein für das aktuelle 6M-Modell gelegt hat. Die 5M126 mit ihren 5.000kW Nennleistung verfügt über einen Rotordurchmesser von 126m. Daraus ergibt sich eine überstrichene Rotorfläche von 12.469m². Seeseitig beträgt die Nabenhöhe im Schnitt circa 90m. Das Nachfolgemodell, die 6M126, unterscheidet sich zur 5M im Wesentlichen durch ihre höhere Nennleistung, die 6.150 kW beträgt. Die Prototypen dieser Nachfolgeversion wurden im Jahr 2009 gestellt. Derzeit wird daran gearbeitet, den Rotor der 6M auf 152m zu vergrößern. Die neue Anlage 6M152 soll dann einen 20% höheren Energieertrag im Vergleich zu ihrem Vorgängermodell ermöglichen. Der Prototyp soll 2014/2015 gestellt werden.

Ebenfalls 2004 stellte die Firma Multibrid (heute AREVA-Wind) den Prototypen der M5000. Die Entwicklung dieser Anlage, für die das Entwicklungsbüro Aerodyn verantwortlich ist, geht bis in das Jahr 1996 zurück [AERODYN 2013: 38]. Um die Anlage besonders an die Montagebedingungen auf See anzupasssen, wird ein einstufiges Planetengetriebe mit einem langsam drehenden Generator verwendet. Mit 116m Rotorradius und einer Nennleistung von 5MW ist die M5000 von der Größe her mit der REpower 5M zu vergleichen, mit der sie parallel im Testfeld alpha ventus verbaut wurde.

Eine weitere Anlage, für deren Entwicklung sich die Firma Aerodyn verantwortlich zeichnet, ist die WEA der Firma BARD BARD 5.0. Nach den Repower Modellen handelt es sich bei ihr um die zum Ende 2013 am häufigsten gestellte WEA der 5MW-Klasse. Der erste Prototyp der Anlage, deren Entwicklung 2005 angestoßen wurde, konnte im Jahr 2007 am Rysumer Nacken bei Emden landseitig gestellt werden. Der Rotordurchmesser der BARD-Anlage liegt mit 122 Metern zwischen dem der AREVA und Repower Anlagen.

Abbildung 35: Aufbau einer Senvion (REpower) Offshore-Testanlage (Gondelunterteil) bei Flensburg [Eigene Aufnahme 2014]

Abbildung 36: BARD 5.0 auf Tripile bei Hooksiel [Eigene Aufnahme 2011]

Anlagen, die deutlich kleiner sind als die drei oben genannten Anlagen, entspringen der Siemens SWT 3.6-Series, die mit Rotorradien von 107m und 120m montiert werden. Bei dieser 2007 zum ersten Mal im Projekt Burbo Bank offshore gestellten Anlage handelt es sich um eine speziell auf Offshorebedingungen ausgelegte Weiterentwicklung der Siemens SWT 2.3-Series. Mit fast 900 errichteten WEA stellt die Siemens SWT 3.6-Series die am häufigsten auf See verbaute Anlage dar. Ebenso wie die vorgestellten Mitbewerberanlagen kommt ein Getriebe zum Einsatz. Als direkte Weiterentwicklung der Anlagenplattform erfolgte ein Sprung in die vier Megawattklasse. Zudem treibt Siemens mit den Plattformreihen D3 und D6 die Entwicklung von direktangetriebenen WEA mit Permanentmagneten voran.

Firma	Modell	Typ	MW	Prototyp
Alstom	Haliade 150	DD/Permanentmagnet	6,0	2011
AREVA	M5000-116	Getriebe	5,0	2004
AREVA	M5000-135	Getriebe	5,0	2013
Gamesa	G128-5.0	Getriebe	5,0	2013
Repower	6M126	Getriebe	6,1	2009
Samsung	S7.0-171	Getriebe	7,0	2013
Siemens	3.6-107	Getriebe	3,6	2004
Siemens	3.6-120	Getriebe	3,6	2009
Siemens	4.0-130	Getriebe	4,0	2012
Siemens	6.0-154	DD/Permanentmagnet	6,0	2011
Vestas	V112-3.0	Getriebe	3,0	2010
Vestas	V164-8.0	DD/Permanentmagnet	8,0	2014
XEMC	DD115-5000	DD/Permanentmagnet	5,0	2011

Tabelle 11: Auswahl aktueller und in Entwicklung befindlicher Offshore WEA [Eigene Zusammenstellung]

Diese Entwicklungen können in erheblichen Teilen auf die Offshorebestrebungen der Industrie zurückgeführt werden. Direktantriebsanlagen mit Permanentmagneten bieten nennenswerte Vorteile. An erster Stelle ist der Wegfall des Getriebes zu nennen. Die Eliminierung dieser Komponenten reduziert die potenzielle Störanfälligkeit. Bedient man sich einer Direktantriebslösung, bei der die magnetischen Felder mittels Elektromagnet erzeugt werden, so bedeutet dies eine höhere Wäremeentwicklung, die mit einem Kühlsystem geregelt werden muss. Sowohl ein elektromagnetischer Ringgenerator als auch das in diesem Fall notwendige Kühlsystem bedingen ein höheres Gewicht. Ziel ist, eine WEA mit möglichst wenigen und hochzuverlässigen Komponenten zu entwickeln, die auf diese Weise wartungsarm und gewichtsreduziert ist. Insbesondere für die benötigten Offshore-Dimensionen und die Logistikkonzepte ist eine geringe Masse wünschenswert. Dies führt dazu, einen Permanentmagneten einzusetzen. Die Vorteile des wegfallenden Getriebes und der Gewichtsreduktion werden so vereint [REUTER & BUSMANN 2010: 78].

Aktuell befassen sich fünf WEA-Hersteller am europäischen Markt mit der Direktantriebstechnologie mit Permanentmagneten für den expliziten Offshore-Einsatz: Alstom, General Electric, Siemens, Vestas und XEMC. Alle diese Firmen konnten bereits Prototypen errichten. Mit der Siemens SWT-6.0-120, deren Prototyp im Jahr

2011 im Dänischen Høvsøre gestellt wurde, hat Siemens als erstes Unternehmen eine direktangetriebene WEA der 6MW Klasse mit Permanentmagneten eingeführt. Es folgten Alstom (6MW) und XEMC (5MW) im selben Jahr und GE (4,1MW) 2012. Die Inbetriebnahme des Prototyps der 8MW-Anlage von Vestas fand im ersten Quartal 2014 statt. Da sich die Technologie bis zum aktuellen Zeitpunkt ausschließlich im Prototypenstadium befindet und entsprechend Langzeiterfahrungen ausstehen, sind Aussagen über die Zuverlässigkeit und die Praxistauglichkeit der Anlagen für den Offshore-Betrieb noch nicht möglich [REUTER & BUSMANN 2010: 78].

5.1.2.2 Fundamente

Eine der wohl bedeutendsten Veränderungen im Gesamtsystem Windpark betrifft die Schnittstelle der Verankerung. Die neue Umgebung erfordert eine andere Herangehensweise an die standsichere Installation der Anlagen. In diesem Zusammenhang lässt sich auf der Subsystemebene ein Wandel feststellen, der auf den ersten Blick radikal anmutet. Wie bereits dargelegt, wurde der Wandel des Fundaments seitens der interviewten Experten jedoch nicht als radikal per se eingestuft. Das sich hinter der Komponente befindliche Kernkonzept verändert sich nicht in signifikantem Maß. Dennoch gehen mit der neuen Einsatzumgebung neue Ansprüche und differierende Konzeptionen einher.

Mit dem Wandel der Anforderungen an die Komponente Fundament findet ein tiefgreifender Wandel auf verschiedenen Ebenen statt. Die Ansprüche, welche die neue Einsatzumgebung mit sich bringt und die entsprechend benötigten Dimensionen stellen völlig neue Herausforderungen für die Industrie dar. Im Laufe der letzten zwanzig Jahre konnte sich damit einhergehend ein neuer Industriezweig ausdifferenzieren[40]. Offshore-Fundamentersteller haben ihre Wurzeln insbesondere im Stahlbau sowie im Großanlagen- und Betonbau. Teile des Wissens hinsichtlich der Errichtung von Gitterstrukturfundamenten konnten zudem aus der Öl- & Gasindustrie übernommen werden.

Welche Fundamente zum Einsatz kommen, hängt von einer Vielzahl von Variablen ab. Sowohl Anlagengröße, Wassertiefe, Strömungsverhältnisse als auch der Baugrund müssen bei der Wahl der richtigen Gründung berücksichtigt werden. Aufgrund der wechselnden Verhältnisse innerhalb des Areals eines Windparks kann es dazu führen, dass gar verschiedene Fundamenttypen zum Einsatz kommen.

Tripile

Die als erste Offshore-Windenergieanlage akzeptierte WEA von Nogersund wurde auf einem Tripile errichtet. Bei einem Tripile handelt es sich um drei Einzelpfähle, die im Grund verankert werden und die über die Wasseroberfläche hinausragen. Auf die Pfahlenden wird eine dreistrahlige Stützplatte montiert. Im Zentrum dieser Stützplatte

[40] Eine Übersicht über die räumliche Verteilung der europäischen Offshore-Fundamenthersteller findet sich im Anhang dieser Arbeit.

wird letztlich die WEA errichtet. Für das Nogersund-Projekt wurden die Pfähle aus Stahlbeton gefertigt, die Stützplatte bestand aus Stahl. Trotz des Konstruktionsprinzips wird das Fundament in der Literatur häufig als Tripod bezeichnet [JAEGER 2013: 501].

Das Konzept des Tripiles wurde von der Fundamentbausparte des Anlagenherstellers BARD, der Cuxhaven Steel Construction GmbH, erneut aufgegriffen. Die inzwischen nicht mehr existente Firma CSC hatte eine Stahlvariante eines Tripile entwickelt. Hierbei waren sowohl die Rammpfähle als auch das Stützkreuz aus Stahl gefertigt. Das Fundament war für Wassertiefen von 20m bis 50m ausgelegt und kam für alle 80 WEA des Windparks BARD Offshore 1 zum Einsatz. Der Vorteil in dieser Konstruktion wurde in der relativ simplen Serienfertigung und den damit in Verbindung stehenden Kosteneinsparungen des Stützkreuzes gesehen. Lediglich die einzelnen Pfähle wurden den Umgebungsbedingungen angepasst.

Zum aktuellen Zeitpunkt wird das Gründungsprinzip nicht mehr weiter verfolgt. Mit dem Marktausscheiden von BARD (Siehe 7.4.1.3) und seiner Tocher CSC wurde die Produktion komplett eingestellt. Interessierte Leser können ein entsprechendes Fundament vor Hooksiel bei Wilhelmshaven betrachten. Das Fundament trägt eine BARD 5.0-Anlage und steht in 500m Entfernung zur Küste. Bis zum Ende des Jahres 2013 wurden 82 Tripile-Fundamente errichtet. Dies entspricht einer Anteilsquote von vier Prozent am europäischen Fundamentbestand. Von diesen 82 errichteten Fundamenten fallen 81 auf die BARD-Projekte und eines auf den Prototypen von Nogersund.

Gravitationsfundament

Für die erste und 1991 errichtete Offshore-Windfarm Vindeby wurden für alle elf WEA Gravitationsfundamente ausgewählt. Ebenso wie das Tripile der Nogersund-Anlage stellen die Schwerkraftfundamente von Vindeby Prototypen dar. Sie wurden vom dänischen Zivilbauunternehmen Monberg & Thorsen aus Søborg geliefert und installiert. Das Unternehmen ging 2001 zusammen mit der Højgaard & Schultz A/S in MT Højgaard A/S auf und ist heute, nach über zwanzig Jahren Erfahrung, einer der führenden Fundamenthersteller für Offshore-Windparks.

Bei Gravitations- oder Schwerkraftfundamenten handelt es sich um Gründungstypen, die sich im Laufe der Technologieentwicklung bereits anderweitig bewährt haben. Sie stammen ursprünglich aus dem Zivilbau und kommen insbesondere beim Brückenbau zum Einsatz. Ein Fundament besteht aus einem mehrzelligen Stahlbeton-Hohlkörper. Am Verbauungsort werden die Hohlkörper mit Ballastmaterial gefüllt und das absinkende Fundament entsprechend auf dem Meeresgrund platziert. Dort verbleibt es aufgrund seines Eigengewichtes in Position. Insbesondere für geringe Wassertiefen bis circa zehn Metern eignen sich diese Gründungstypen, die sich insbesondere durch Wartungsfreundlichkeit auszeichnen.

Bis heute wurden Gravitationsfundamente in Kleinserien gefertigt. Inzwischen wird das Gründungskonzept intensiv von STRABAG verfolgt. Die Planungen, die bis in das Jahr 2001, zu diesem Zeitpunkt noch unter den Namen Züblin firmierend, zurück gehen, sehen vor, Schwerkraftfundamente in Großserien zu fertigen. Hierfür wird ein großflächiges Produktionszentrum in Cuxhaven geplant, auf dessen Gelände derzeit Prototypen getestet werden. Die Administration der STRABAG Offshore Wind GmbH (SOW) findet sich seit dem Jahr 2011 in Hamburg [STRABAG-OFFSHORE.COM 2013]. Mit 308 installierten Fundamenten (15,1 %) bis zum Jahresende 2013 stellt das Schwerkraftfundament das zweithäufigst verbaute Fundament dar.

Monopile

Das erste Monopile für eine Offshore-Windenergieanlage wurde 1994 im Rahmen des niederländischen Windparks Lely gerammt. Bei Monopiles handelt es sich um zylindrische Hohlpfähle aus Stahl, die in den Meeresboden getrieben werden. Auf diese wird anschließend mittels eines Verbindungsstücks die WEA aufgesetzt. Monopiles stellen die am häufigsten verwendete Gründungsform dar. Bis zum Jahresende 2013 wurden 1.563 Monopiles gerammt. Somit werden 76,4% aller gestellten Fundamente durch die Riesenstahlrohre repräsentiert und stellen nach der 50%-Marke von ANDERSON & TUSHMAN [1990: 614] das Dominant Design im Offshorefundamentbau dar. Galt das Monopile lange Zeit als Optimallösung für Wassertiefen bis maximal 20 Meter, so wird es inzwischen bis in Wassertiefen über 30 Meter genutzt. Hierbei sind die Durchmesser der Stahlrohre deutlich gestiegen. Für den Windpark DanTysk werden diese Rohre bis zu 32m in den Meeresgrund getrieben. Aus diesen Zahlen resultieren eine Gesamtrohrlänge von über 60 Metern und ein Durchmesser von sechs Metern.

Abbildung 37: Monopiles und TP des Windparks DanTysk im Hafen von Esbjerg [Eigene Aufnahme 2013]

Für einen Großteil der verbauten Monopiles zeigen sich vier Unternehmen verantwortlich. Es handelt sich hierbei um die niederländischen Unternehmen Sif und Smulders, die dänische Firma Bladt und die deutsche Erndtebrücker Eisenwerk GmbH & Co. KG. Allen Unternehmen gemein ist, dass sie ihre Wurzeln im Stahlbau haben und später in die Produktion von Offshorefundamenten diversifizierten. Zudem bringen sie alle Erfahrungen und Expertise aus der Fertigung von Stahlkonstruktionen und Komponenten aus dem Öl- & Gas-Bereich mit.

Jacket

Das Jacket stellt den ersten Fundamenttyp dar, der konsequent für den Einsatz in großen Wassertiefen konzipiert wurde. Die ersten Jackets im Rahmen der Offshore-Windenergie wurden 2007 im Rahmen des Beatrice Demonstrator Projects in den Gewässern des Moray Firth vor der schottischen Küste in 45m Wassertiefe installiert. Die von der schottischen Firma Burntisland Fabrications Ltd. gefertigten Gitterstrukturen gehören damit bis dato zu den in der größten Wassertiefe verankerten Fundamenten, die WEA tragen.

Das Konstruktionsprinzip eines Jackets besteht aus einer vierfüßigen Gitterstruktur. Um es im Meeresboden verankern zu können, werden Pfähle durch die Führungszylinder an den Jacketfüßen gerammt. Die Strukturen, die insbesondere in der Offshore-Öl- & Gasidustrie für kleinere und küstennahe Plattformen zum Einsatz kommen, sind für den Einsatz in größeren Wassertiefen konzipiert.

Ebenso wie in Bezug auf die Monopiles fließt über die Komponente Jacket-Fundament Wissen aus der Offshore-Öl- & Gasindustrie in die Offshorewindenergieindustrie mit ein. So sind es neben den erwähnten Firmen Bladt und Smulders die ursprünglichen Zulieferer Burntisland und die Norweger von Kvaerner ASA, die 2010 aus Aker Solutions hervorgingen, die Jackets für WEA liefern. Beide Unternehmen haben ihren Schwerpunkt in der Jacketfertigung für Öl- & Gas-Plattformen. Kvaerner mit seiner Fertigungsstätte im norwegischen Verdal beschloss jedoch im Jahr 2012, sich als Zulieferer für die Windenergieindustrie wieder zurückzuziehen.

Tripod

In der Reihe der bis dato genutzten Fundamentlösungen ist das Tripod die jüngste Entwicklung. Neben einem Prototyp, der 2006 in Bremerhaven mit einer Multibrid-Anlage bestückt zu Test- und Demonstrationszwecken landseitig errichtet wurde, kam es bisher ausschließlich zur Errichtung von 6 Fundamenten des Typs im Testfeld alpha ventus.

Ein Tripod stellt, wie sich bereits aus dem Namen ableiten lässt, ein Dreibein dar. Im Vergleich zum Tripile sind die Stützrohre hierbei nicht vertikal in den Baugrund gerammt, sondern laufen angewinkelt auf einen Mittelpunkt zu und münden in einem vertikalen Zentralrohr, auf welchem die WEA montiert wird. Die Verankerung des Fundaments im Boden geschieht ähnlich wie beim Jacket mittels einer Kombination aus Rammpfählen und Führungszylindern an den Fundamentfüßen. Auch dieser Fundamenttyp ist für größere Tiefen von 20 bis 80 Metern vorgesehen.

Den ersten Prototypen eines Tripods lieferte die Bremerhavener Firma Weserwind. Hierbei handelt es sich um den genannten Prototypen, der Onshore gestellt wurde. Die für alpha ventus genutzen Tripoden wurden in Norwegen bei Aker Solutions gefertigt. Im Rahmen der Begleitforschung von alpha ventus wurde festgestellt, dass im Vergleich mit anderen Fundamenttypen Tripoden nach bisheriger Bauart Auskolkungen begünstigen. Derzeit werden weitere Tripoden von Weserwind im Windpark Global Tech verbaut. Aufgrund der geringen Auslastung für die Produktion mangels Nachfrage musste der Bremerhavener Produzent zum Jahresbeginn Kurzarbeit anmelden. Auch ein kompletter Rückzug aus der Offshorefundamentproduktion wird seitens des Mutterkonzerns Georgsmarienhütte bis 2015 in Erwägung gezogen [Radiobremen.de 2014].

Weitere Konzepte und schwimmende Anlagen

Neben den dargestellten realisierten Konzepten gibt es weitere, die sich in der Entwicklungsphase beziehungsweise im Prototypenstadium befinden.

Hinsichtlich der festen Verankerung von WEA am Meeresgrund ist an erster Stelle das (Suction-) Bucket zu nennen. Hinter dem Wirkprinzip eines Bucketfundaments verbirgt sich eine Unterdrucklösung. Ein einseitig abgeschlossener Zylinder wird mit der Öffnung zum Meeresboden positioniert, es entsteht eine Luftglocke. Im Anschluss wird diese Luft abgesaugt, es entsteht ein Vakuum, wodurch sich das Fundament in den Meeresboden saugt. Dieser Fundamenttyp bringt gewisse Vorteile mit sich. Zum einen entfallen Rammarbeiten, zum anderen ist der Material- und Arbeitsaufwand im Vergleich zu anderen Lösungen gering. Zum aktuellen Zeitpunkt nutzt nur eine 2002 errichtete Anlage, im Rahmen eines Testfeldes vor Frederikshavn, ein Suction-Bucket. Ein weiterer Versuch, ein Suction-Bucket zu nutzen, fand im Jahr 2005 statt. Enercon wollte bei Hooksiel eine E-112 auf einem Bucket, das von Bladt gefertig worden war, in der Jademündung errichten. Im Laufe der Fundamentinstallation kam es zu Verformungen am Bucket. Das Vorhaben wurde gestoppt und final ganz aufgegeben [Windpowermonthly.com 2005]. Mit diesem Fehlschlag wurden die Schwächen und Risiken des Konzepts evident. Marginale Schäden beziehungsweise nicht geeignete Bodenbeschaffenheiten können verheerende und kostenintensive Folgen haben.

Einen Schritt weiter gehen Konzepte, die auf schwimmende Lösungen abzielen. Da mit zunehmenden Wassertiefen, aufgrund der steigenden Materialkosten, die Errichtung von Anlagen auf fest verankerten Fundamenten unrentabel wird [Schröder 2011], finden sich inzwischen verschiedene Innovations- und Entwicklungsschritte, die Oberflächenlösungen vorantreiben.

Schwimmende Fundamente bringen dabei verschiedene Thematiken mit sich, die eine entsprechende Anpassung der weiteren Komponenten bedingen oder gar ermöglichen. Die interviewten Experten betonten, dass der Schritt von fest verankerten zu schwimmenden Fundamenten und Anlagen eine weitere massive Verknüpfungsveränderung darstellt. Dies ergibt sich insbesondere aus den damit einhergehenden Veränderungen hinsichtlich der Lastdynamiken. Eine direkte Lastübertragung in den Boden würde wegfallen und höhere Schwankungsbewegungen aufgrund des Wellenganges würden sich nicht nur auf die Struktur sondern auch auf die Konzeption weiterer Subsysteme auswirken. Neben der Schnittstelle WEA/Fundament müsste zudem die Verknüpfung zur Verkabelung differierend konzipiert werden. Letztlich bleibt festzuhalten, dass ein Wechsel zu einer schwimmenden Fundamentlösung ein neues Kernkonzept auf Subsystemebene darstellen würde. Hieraus würde sich folglich eine Tendenz zu einer Modularen Innovation auf der nächst höheren Hierarchieebene ergeben, die auf der Gesamtsystemebene eine architekturelle Veränderung mit sich bringen würde, ähnlich der Veränderung, die HENDERSON & CLARK in Hinblick auf die Auswirkung des neu implementierten Jetantriebs in Flugzeuge beschreiben [HENDERSON & CLARK 1990: 17].

Die ersten Prototypen schwimmender Windenergieanlagen finden sich inzwischen in der Testphase. Das erste Projekt, welches Ende 2007 den Schritt von der Konzeption auf das Wasser wagte, war die schwimmende Anlage der im niederländischen Oosterhout ansässigen Firma Blue H. Bei der ersten Anlage handelte es sich um einen verkleinerten Prototypen, der mit einer Zweiblattturbine bestückt worden war. Das System aus Plattform und WEA wurde in 21 Kilometer Entfernung vor der Küste Italiens in 113 Meter Wassertiefe installiert. Der folgende Testbetrieb sollte sechs Monate dauern. Zum Jahresbeginn 2009 wurde das System wieder abgebaut [BLUEHGROUP.COM 2013].

Ein bemerkenswerter Schritt weiter ist das Hywind-Projekt des norwegischen Energieversorgers und Öl- und Gas-Förderers Statoil. Das Unternehmen entwickelte auf Basis des Wissens aus der Öl- & Gas-Industrie ein schwimmendes Fundament nach dem Spar-Buoy-Prinzip. Dieses Prinzip eines Schwimmkörpers, der mit Hilfe von Ballast ausgerichtet wird, findet im Rahmen schwimmender Bohrplattformen breite Anwendung. Auf diesem schwimmenden Fundament wurde eine WEA des Typs SWT-2.3-82 von Siemens installiert. Die Anlage wurde schließlich vor der norwegischen Küste bei Stavanger in circa 200 Metern Tiefe mittels Stahlseilen verankert. Das Besondere an diesem Projekt stellt die Tatsache dar, dass die WEA den produzierten Strom direkt in das Netz einspeist [SCHRÖDER 2011]. Die Erfahrungen aus dem Projekt scheinen vielversprechend zu sein. Ende des Jahres 2013 kündigte Statoil an, im nächsten Schritt 20 bis 30 Kilometer vor der schottischen Küste von Peterhead in Aberdeenshire sechs Turbinen mit einer Gesamtnennleistung von 30 MW errichten zu wollen [SPIEGEL.DE 2013]. Somit wird hier zukünftig mit einer Offshore-Turbinentechnologie der 5MW-Klasse geplant werden.

Bei der Siemens-Anlage handelte es sich um etablierte Anlagentechnologie, die zum Einsatz gebracht wurde. Auch die Firma Vestas hat inzwischen eine schwimmende Windenergieanlage errichten können. Für den Prototypen des WindFloat-Projektes, das ein Joint-Venture aus dem US-amerikanischen Entwickler Principle Power, dem portugiesischen Energieversorger EDP und dem spanischen Öl- & Gas-Unternehmen

Repsol darstellt, wurde eine Vestas V80-2.0 gewählt. Das Gesamtsystem wurde 2011 fünf Kilometer vor der portugiesischen Küste bei Aguaçadoura installiert. In ihrem ersten Betriebsjahr, welches intensive Tests beinhaltete, konnte die Anlage auf circa 1.500 Volllaststunden kommen [RECHARGENEWS.COM 2013]. Das Nachfolgeprojekt soll vor der US-Küste von Oregon mit 6MW-Anlagen von Siemens errichtet werden [DAVIDSON 2013].

Abbildung 38: Tripod (links) und Verladung der AREVA Gondeln für den OWP Globaltech 1 im Hafen von Bremerhaven [Eigene Aufnahme 2014]

Weitere Projekte befinden sich derzeit in der Planungsphase. Diese sehen zum Teil vorgestellte Konzepte wie das Spar-Buoy Prinzip wie im Falle der Zusammenarbeit der norwegischen Fundamententwickler von SWAY und dem deutsch-französischen Turbinen-Hersteller AREVA-Wind vor, beschreiten in Teilen aber auch andere Entwicklungspfade wie das VertiWind-Projekt des französichen Konsortiums bestehend aus dem Anlagenentwickler Nénuphar, dem Anlagenbau-Konzern Technip und der regenerativen Sparte des französichen Energieversorgers EDF. [DODD 2013] Das VertiWind-Projekt setzt dabei auf Windenergieanlagen mit Vertikalachsen-Design. Hieraus soll eine höhere Stabilität, eine bessere Verfügbarkeit und somit günstigere Kosten verbunden sein.

Zusammenfassend lässt sich festhalten, dass insbesondere die Schnittstelle WEA/ Fundament industrieseitig den größten Wandel in Hinblick auf die Transformation der Windenergieindustrie darstellt. Eine neue Zuliefererindustrie, die im Onshorebereich so nicht existiert, ist dabei, sich auszubilden. Ein Großteil des neu einfließenden Wissens resultiert zumindest für den Fundamentbereich aus der Diversifikation der Zuliefererindustrie und dem Stahlbau für die Öl- & Gas-Industrie. Auch wenn das

Kernkonzept, welches sich hinter der Kernkomponente Fundament verbirgt, im Kern unangetastet bleibt, so ist es das Wissen um die neue Einsatzumgebung und das Wissen um die physische Realisierung des Kernkonzeptes Fundament für Offshorebedingungen, das zu diesen neuen Industrieentwicklungen führt.

5.1.2.3 Kabel

Die Kernkonzepte der Windparkverkabelung Offshore entsprechen ihrem landseitigen Pendant. Jedoch bedingt die differierende Einsatzumgebung Veränderungen, die dazu führen, dass die Verknüpfung und die Umsetzung der Verkabelung abweichend ausfallen. In einem ersten Schritt wird die Niederspannung der WEA mittels eines Transformators, der sich in der Gondel oder im Turm befinden kann, auf Mittelspannung hochtransformiert. Wie auch zu Land werden die Windenergieanlagen anfangs zu Strängen oder Clustern verknüpft. Hierbei werden die Kabel über die Turmfüße und die Transition Pieces, an denen sich J-Tubes zur Kabelführung befinden, nach außen ins Freiwasser geführt. Die dabei zum Einsatz kommenden Mittelspannungskabel unterscheiden sich von landseitigen Kabeln durch ihre seefeste Auslegung. Sowohl die Inner-Array-Kabel als auch die Exportkabel werden von Unternehmen mit besonderem Wissen in der Seekabelfertigung gestellt. Dies reduziert die Anbieterzahl im Vergleich zum Onshorebereich. Aktuell finden sich neun Hersteller, die bereits Erfahrungen mit der Verknüpfung von Offshore-Windparks sammeln konnten. Knapp die Hälfte der realisierten Projekte geht dabei auf die Zulieferer ABB, Nexans und Prysmian zurück. Weitere nennenswerte Lieferanten sind JDR, NKT oder die Norddeutschen Seekabelwerke.

Wurden die Netzverknüpfungen der ersten, kleineren und küstennahen Windparks noch auf der Mittelspannungsebene realisiert, wie es zumindest in Europa für kleinere bis mittlere Windparks Onshore der Fall ist, so wurde mit dem zunehmenden Größenwachstum der Parks dazu übergegangen, die Hochspannungsebene zu wählen. Dies geht auf die größeren Leistungen zurück und wird ebenso landseitig bei großen Windparks praktiziert. Der wesentliche Unterschied zwischen Onshore und Offshore findet sich hier wiederum auf der Verknüpfungsebene und dem Einsatz einer seeseitig errichteten Umspanneinrichtung.

Um die Kabel innerhalb und die Exportkabel außerhalb des Parks zu verlegen, kommen Unterwasserpflüge zum Einsatz. Diese pflügen einen Kanal, in den im selben Arbeitsgang umgehend das Kabel eingelegt wird. Durch die Fluiddynamik werden die Kabel anschließend von Sediment bedeckt. Aufgrund des benötigten Wissens und des benötigten Materials findet sich eine weitere Differenz zur Onshore-Industrie. Nicht mehr regionale Dienstleister sondern hochspezialisierte Großunternehmen übernehmen die Arbeiten. Ein direkter Wissenstransfer um Aufbau und Verknüpfung ist somit auch auf der Ebene der Verkabelung nicht möglich. Dass sich aufgrund der neuen Einsatzumgebung und der daraus resultierenden wandelnden Verknüpfung Rückschläge ergeben, ist im Rahmen der Installation mehrerer Windparks auf See evident geworden.

„'Es ist ein Fakt, dass 80 % aller Versicherungszahlungen an Offshore-Windfarmen auf Kabelschäden zurückzuführen sind. Die meisten Fälle wurden bei der Inbetriebnahme entdeckt. Das bedeutet im Umkehrschluss, dass die Schäden in der Installationsphase entstanden sind' erläutert Nick Medic, Kommunikationsleiter von Renewable UK, des britischen Branchenverbandes für erneuerbare Energien" [THOMAS 2011].

Eine direkte Übertragung der Architektur eines Onshore-Windparks auf See stößt somit, wie bereits erläutert, auch auf der Ebene der Kabelknüpfung an ihre Grenzen und muss entsprechend der neuen Einsatzumgebung angepasst werden.

5.1.2.4 Umspanneinrichtung

Bei der Umspanneinrichtung handelt es sich nach den Kabeln um die zweite Komponente der physisch-technischen Umsetzung der Netzanbindung. Aufgrund der exponierten Lage auf See müssen zur Aufnahme der Umspanneinrichtungen Plattformen konstruiert und errichtet werden, so dass im allgemeinen Sprachgebrauch entsprechend von Umspannplattformen gesprochen wird. Offshore-Umspannplattformen nutzen im Wesentlichen die gleichen Kernkonzepte wie die Onshore-Einheiten, wobei die Offshore-Umspanneinrichtungen genau wie die Kabel auf neue Herausforderungen ausgelegt werden müssen. Da ein Umspannwerk aufgrund der im Vergleich zu WEA fehlenden Eigendynamik keine derartige Strukturanpassung des Fundamentes erfordert, wird weitestgehend auf die Lösungen für den Plattformsbau der Öl- und Gas-Industrie zurückgegriffen. Da im Gegensatz zur landseitigen Parkerrichtung nicht auf eine bestehende Infrastruktur zurückgegriffen werden kann, muss diese in Gänze geplant, entwickelt und gefertigt werden.

Ähnlich wie bei der Komponente WEA, erhalten Gründungsstruktur und Komponentenkapselung wasserseitig eine neue Aufmerksamkeit. Das Gesamtsystem bedingt somit ebenso wie bei der Windenergieanlage die Zusammenarbeit von bis dato einander wenig bekannten Akteuren - die von Gründungsherstellern und Umspanneinrichtungslieferanten. Bei den Herstellern der Elektrokomponenten handelt es sich um dieselben, die maßgeblich für die Entwicklung und Fertigung der Komponenten der landseitigen elektrischen Infrastruktur verantwortlich sind. ABB, AREVA, Alstom und Siemens sind hier besonders zu nennen. Die Gründungsstrukturen liefern zum Großteil Unternehmen, die auch Fundamente für Offshore-WEA fertigen. Hierbei handelt es sich unter anderem um Bladt, EEW oder Smulders.

Evolutionär betrachtet wurde der Bau einer getrennten seeseitigen Umspanneinrichtung erst mit dem Erreichen von größeren Küstenentfernungen und/oder steigenden Leistungen notwendig. Die analytische Betrachtung zeigt, dass die Errichtung einer Umspannplattform vorgenommen wird, sobald die Küstenentfernung die 20km Grenze überschreitet oder die Parknennleistung mehr als 100 MW beträgt. Lediglich die Projekte Barrow und Baltic 1 wurden mit Umspannplattformen ausgerüstet, obwohl sie die genannten Bedingungen geringfügig unterschreiten. Wird keine der genannten Bedingungen überschritten, wird dazu tendiert, einen direkten Netzanschluss auf dem Festland, ohne eine vorherige Leistungsbündelung auf See zu implementieren, einzurichten. Diese Vorgehensweise entspricht im Wesentlichen der Umsetzung eines Netzanschlusses eines Onshoreparks und stellt den ersten Entwicklungsschritt bei der Netzanbindung von Offshoreparks dar. Erst mit der Errichtung der Farm von Horns Rev 1 wurde die erste Umspannplattform errichtet. Aufgrund der zunehmenden Leistungen - die durchschnittlich installierte Leistung pro Park liegt seit dem Jahr 2010 bei ca. 230MW - und zunehmenden Küstenentfernungen, gehören Plattformen inzwischen zum Standardumfang eines Offshore-Windparks.

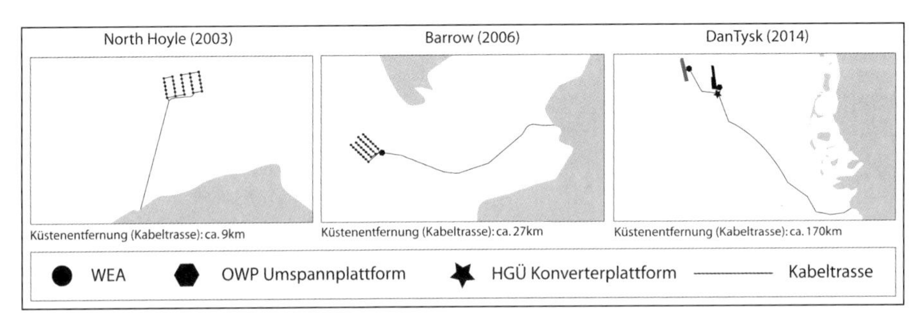

Abbildung 39: Evolution des Aufbaus von Offshore-Windparks [Eigene Darstellung]

Im Rahmen des Ausbaus der Offshore-Windenergie stellen die zunehmend benötigten Umspannplattformen in einigen Fällen einen Bottleneck dar. Insbesondere der Bau von Plattformen mit großer Kapazität bereitet Probleme und führt zu Verzögerungen, die auf die gesamte Industrie wirken [UKEN 2012]. Ebenso wie im Rahmen des landseitigen Betriebs sind es in der BRD die Netzbetreiber, die für die Bereitstellung der Netzanschlüsse verantwortlich sind.

5.2 Der technologische Entwicklungszyklus Onshore

Die oben stehende Aufarbeitung der einzelnen Komponenten und Bauteile von Erzeugungseinheit und Erzeugungsanlage soll als Verständnisgrundlage für die technologischen Komponenten der Windenergie dienen. Wurden bereits einzelne Entwicklungen angeschnitten, so wird im Weiteren der Evolution der Windenergietechnologie entlang des Konzepts des technologischen Entwicklungszyklus gefolgt.

5.2.1 Historische Windenergienutzung und erste Konzepte zur Stromerzeugung

Bereits im theoretischen Teil dieser Arbeit wurde die historische Entwicklung der Windenergienutzung angerissen. Die Nutzung und die Wandlung der kinetischen Energie des Windes sind bereits seit der Antike überliefert. Sowohl die ägyptische, als auch die griechische und die persische Kultur kannten technologische Gebilde, um die Kraft des Windes für verschiedene Arbeiten nutzbar zu machen [REDLINGER et al. 2002: 41].

Historischer Abriss: Die Innovationen in der Windmühlentechnik

Bei einer genauen Betrachtung einzelner historischer Windmühlentypen lassen sich verschiedene Innovationsschritte unterschiedlichen Charakters aufzeigen. Allen vorgestellten Mühlentypen sind dabei die Kernkomponenten Rotor, Welle, Fundament und Arbeitsmechanik (Mühl-, Säge- oder Schöpfwerk) gemein.

In Europa fanden sich erste Windmühlen bereits im 11. Jahrhundert [TACKE 2004: 10] wobei sie alle über eine Horizontalachse verfügten. Dabei sind zwei verschiedene Konstruktionsweisen zu differenzieren. Zum einen gab es Turmwindmühlen, deren Rotor in Hauptwindrichtung und einer fixen Position angebracht wurde. Aufgrund der Gesamtkonstruktion waren wie bei den Mühlen von Seistan keine Windnachführung und eine Nutzung nur bei entsprechenden Windrichtungen möglich. Insbesondere um das Mittelmeer dominierte dieser Windmühlentyp. So finden sich Ruinen dieses Typs beispielsweise im Norden Korsikas (siehe Abb. 40).

Parallel hierzu wurde mit der Bockwindmühle, die erstmals in der Normandie nachgewiesen wurde [TACKE 2004: 10], eine Konstruktion erschaffen, die im Vergleich zur starren Turmwindmühle eine modular-architekturelle Innovation darstellt. Mit einer Fundamentanpassung und der Gleitlagerung des Mühlhauses auf einem Zapfen wurde eine Windnachführung möglich. Diese Innovation erlaubte den Einsatz der Mühlen in Gebieten mit drehenden Winden und somit in einer veränderten Einsatzumgebung und führte letztlich zu einer schnellen Verbreitung des Konstruktionsprinzips [ebd.: 13], welches in ähnlicher Form auch beim Typ der Kokermühle (siehe Abb. 41) zum Einsatz kommt.

Mit der Einführung der drehbaren Windmühlenkappe kam um 1600 schließlich eine Architectural Innovation auf, die für die Effizienz der Windmühlen von großer Bedeutung sein sollte. Die drehbare Kappe ermöglichte es, nur noch den oberen Teil der Mühle mit Rotorwelle und Kammrad zu drehen und nicht mehr das ganze Mühlhaus bewegen zu müssen [MANWELL et al. 2009: 13]. Die Konstruktion größerer und leistungsfähiger Windmühlen wurde möglich. Insbesondere in den Niederlanden führte diese technologische Innovation zu einer breit angelegten Landgewinnung und ungekannter Prosperität.

Ein letzter Innovationssprung fand mit der Implementierung der Windrosette im Jahr 1750 statt. Mit der Rosette auf der Mühlenkappe wurde eine aktive Windnachführung erreicht. Der Rotor drehte sich von nun an automatisch in die richtige Stellung. Die Ersetzung einer passiven und durch Muskelkraft betriebenen Windnachführung durch eine aktive und durch den Wind selbst betriebene Nachführung kann als eine modulare Innovation begriffen werden.

Letzlich sollte die Rosette die letzte bedeutende Innovation darstellen, bevor die Windmühlen sukzessive durch Dampfmaschinen und Elektromotoren abgelöst wurden und an Bedeutung verloren.

Abbildung 40: Ruinen der Turmwindmühlen vom Cap Corse vor Nordex WEA des Windparks Ersa-Rogliano [Eigene Aufnahme 2014]

Abbildung 41: Schöpfmühle Honigfleth vor NEG Micon WEA des Windparks Moorhusen [Eigene Aufnahme 2014]

Abbildung 42: Westliche Greetsieler Zwillingsmühle. Gallerieholländer mit Windrosette, Bj. 1856. [Aufnahme: FRANK N. NAGEL 2011]

In Europa fanden sich erste Windmühlen um das elfte Jahrhundert herum in England, wobei auch Mühlen aus Frankreich und Flandern überliefert sind [TACKE 2004: 10]. In Europa setzten sich Mühlen mit einem Horizontalrotor durch. Als klassische Beispiele können hierfür Bock- oder Holländerwindmühlen angeführt werden.

Die Kraft des Windes wurde über Zahnräder und Wellen umgeleitet und so für verschiedene Nutzungen zur Verfügung gestellt. Zum einen sind hier die namensgebenden Mahlfunktionen zu nennen, zum anderen wurde die Windkraft für Hammer-, Säge- oder Schöpfwerke genutzt. Windangetriebene Schöpfmühlen haben insbesondere für tiefliegende Küstengebiete wie in den Niederlanden eine historische Relevanz. Mit der Hauptwelle wurden Wasserschöpfräder oder, wie im Schleswig-Holsteinischen Honigfleth in der Wilstermarsch zu sehen, archimedische Spiralen verbunden, mit denen die Trockenlegung neuen Nutzlandes erfolgte.

So verschieden die Windmühlen und so vielfältig ihre Nutzung war, so wurden diese ausschließlich für die Verrichtung mechanischer Arbeit genutzt. Die erste „Windmühle", die zur Stromerzeugung eingesetzt wurde, wird dem US-Amerikaner Charles Brush im Jahr 1888 zugeschrieben. Diese Entwicklung resultierte im Wesentlichen aus dem Aufkommen von Elektrogeneratoren und der Möglichkeit, diese an Mühlen anschließen zu können [MANWELL et al. 2009: 15]. Aus der Windmühle wurde die *Windenergieanlage*, die in einer deutlich weiterentwickelten Fassung heute im Mittelpunkt der modernen Windenergieindustrie steht.

Auch wenn aufgrund der Siegeszüge der Dampfmaschine und später der Verbrennungsmotoren und der Nutzung fossiler Energieträger die Nutzbarmachung der Windenergie zur Stromerzeugung keine weitreichende Aufmerksamkeit fand, so gab es stetig Pioniere, die die Entwicklung der Technologie vorantrieben. Insbesondere der dänische Meteorologe Poul La Cour kann als ein herausragender Promotor der

Windenergienutzung angesehen werden. Da die Stromversorgung Ende des 19. Jahrhunderts hauptsächlich großen Ballungsgebieten vorbehalten war und rurale Regionen nicht von der Elektrifizierung profitieren konnten, schickte sich La Cour an, dies zu ändern. Strom musste hierfür lokal erzeugt werden. La Cour baute zwischen den Jahren 1891 und 1918 über 100 stromerzeugende Windenergieanlagen [MANWELL et al. 2009: 15]. Auch zwischen den beiden Weltkriegen wurde die Forschung und Entwicklung im Rahmen der Windenergie und ihrer Potenziale weiter vorangetrieben. Insbesondere die Stromversorgung kleiner Entitäten mit Hilfe des Windes wurde verfolgt. 1924 wurde bereits die deutsche Nordseeinsel Amrum durch ein Windkraftwerk im Inselteil Nebel mit Strom versorgt [OELKER 2005: 354]. Kurze Zeit später entwickelte der französische Ingenieur Georges Darrieus eine Windenergieanlage mit vertikaler Achskonstruktion, die er 1931 zum Patent anmeldete. Sein Name dient bis heute in Teilen als Synonym für Windenergieanlagen mit Vertikalachse, die als Darrieus-Rotoren bezeichnet werden [NAGEL 1985: 132 ff., SEIDEL 1996: 25].

Bei allen Bemühungen, die seit der Anlage von Charles Brush vorangetrieben wurden, handelt es sich im Kern um Vorhaben, die durch Einzelpersonen oder im Rahmen von Kleinprojekten entwickelt wurden. Diese Entwicklungsbemühungen, die vielfältiger Natur waren, waren weitestgehend dispers, unkoordiniert und konnten nicht in einem größeren Rahmen verknüpft werden. Das Aufstreben der fossilen Energieträger in

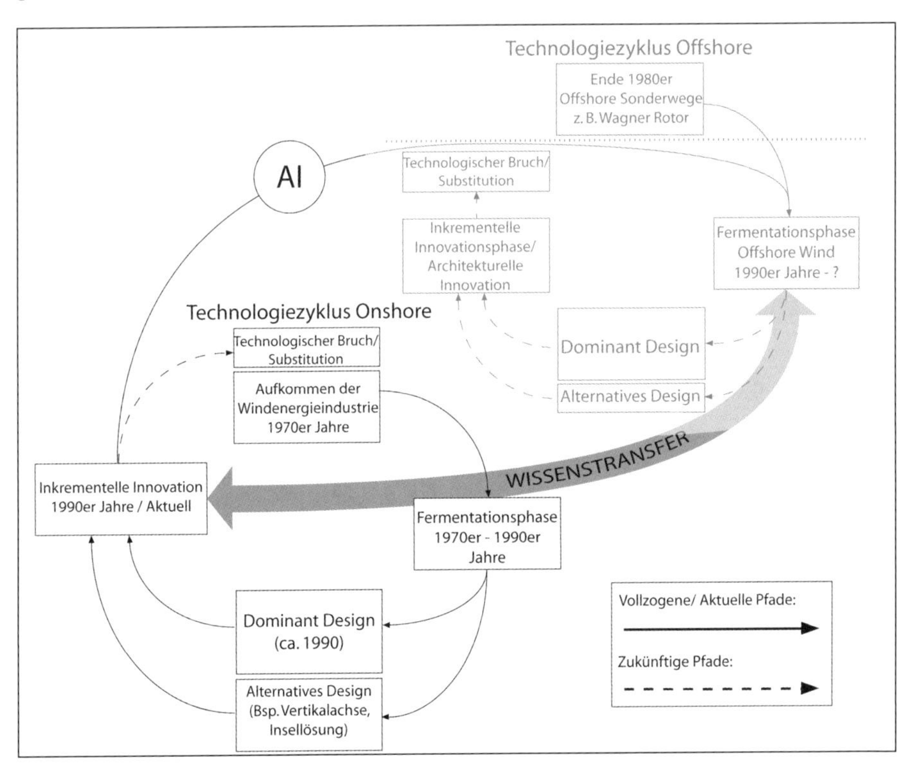

Abbildung 43: Onshorezyklus [verändert nach CORTÁZAR 2009 & TUSHMAN et al. 1997]

den Nachkriegsjahren des Zweiten Weltkriegs führte dazu, dass die bisherigen Bemühungen, Forschungsergebnisse und Entwicklungen um die Windenergienutzung nicht weiter auf Vorkriegsniveau verfolgt wurden und in weiten Teilen aus dem Bewusstsein verschwanden [JONES & BOUAMANE 2011: 15].

Dies sollte sich erst mit den Ölkrisen der 1970er Jahre ändern, die gemeinhin neben einem neu aufkommenden Bewusstsein für ökologische Nachhaltigkeit als Hauptkatalysator für die Entwicklung der modernen Windenergietechnologie angesehen werden [ebd., KAMMER 2011: 116, OHLHORST 2009: 85]. Im Rahmen dieser Entwicklung kristallisierten sich zwei wesentliche Ansätze heraus, welche die Forschung und Entwicklung an der Windenergietechnologie erneut aufnahmen. Zum einen handelte es sich um regierungsgetriebene Forschungsprojekte, zum anderen um eine breite Anzahl von Kleinunternehmern und Tüftlern, die insbesondere in Dänemark und später auch in Deutschland die Technologieentwicklung vorantrieben. Diese *„Wiederentdeckung der Windenergie"* [TACKE 2004: 126] in den 1970er Jahren gilt als Beginn der *industriellen* Entwicklung der Windenergie [BRUNS et al. 2008: 27, KAMMER 2011: 115] und wird entsprechend im Folgenden für den detaillierten Untersuchungseinstieg gewählt.

5.2.2 Era of Ferment 1970er Jahre bis ca. 1990

Unter Betrachtung des technologischen Entwicklungspfades der Windenergieindustrie seit den 1970er Jahren ist festzuhalten, dass sich in seinem Verlauf eine Vielzahl verschiedener Konzepte herausgebildet hat, die jeweils unterschiedliche Entwicklungstrajektorien bedingen. Die Quantität der experimentellen Ansätze geht dabei auf verschiedenste Konstruktionen der frühen Geschichte der Windenergietechnologie zurück. Sie alle haben die Etablierung der heutigen Anlagenkonzepte beeinflusst und wirkten somit auf den Verlauf und das heutige Muster der Industriestruktur.

Die Variationen der verschiedenen WEA-Ansätze reichte vom Einsatz diverser Konzepte bezüglich der Ausrichtung der Rotorwellenachse - heute hat sich bei der Rotorwelle die Horizontalachse durchgesetzt, während der „Era of Ferment" existierten jedoch viele Konzepte, die eine Vertikalachse präferierten - bis zur Wahl der Rotorblattanzahl.

Das Konzept der Vertikalachse lässt sich bis zu den erwähnten Mühlen von Seistan zurückverfolgen und stellt einen Konstruktionsansatz dar, der im Rahmen verschiedenster Entwicklungsprojekte immer wieder aufgegriffen wird. Der grundlegende Aufbau sieht hierbei einen vertikalen Mast vor, der gleichzeitig als Rotationsachse fungiert. Diese Achse, an der in der Regel zwei bis vier Rotorblätter segelartig montiert sind, wird mittels Halteseilen abgespannt und somit standsicher verankert. Die Komponenten Getriebe und Generator finden sich im bodenseitigen Grundgerüst. Anlagenmodelle der 1970er und 1980er Jahre gehen insbesondere auf kanadische (DAF Indal), wie auf den Îles-de-la-Madeleine, US-amerikanische (Flowind), wie in der Tehachapi-Wüste, aber auch in Teilen deutsche (Dornier) Entwicklungsprojekte zurück [REDLINGER et al. 2002: 43, TACKE 2004: 154, TUDOR 2010: 5].

Abbildung 44: Darrieus-Rotor auf den Îles-de-la-Madeleine [Eigene Aufnahme 2007]

Abbildung 45: Maschinenraum des Darrieus-Rotor auf den Îles-de-la-Madeleine [Eigene Aufnahme 2007]

Auch wenn sich die Darrieus-Technologie bis heute insbesondere aufgrund technischer Probleme wie einer zu geringen Zuverlässigkeit, einem geringen Wirkungsgrad, schlechten Anlaufeigenschaften und einem daraus resultierenden, vergleichsweise schlechten CoE-Wert nicht flächendeckend durchsetzen konnte [SEIDEL 1996: 25, TACKE 2004:154, MANWELL et al. 2009: 8], wird sie derzeit für künftige Offshore-Projekte neu evaluiert [VERTAX WIND LTD 2009, OFFSHOREWIND.BIZ 2013B, INFLOW-FP7.EU 2014].

Hinsichtlich des Achskonzeptes kristallisierte sich frühzeitig eine Tendenz zur Horizontalachse heraus. Mit der Wahl dieser Konstruktionsvariante gingen wiederum Überlegungen hinsichtlich der Rotoranordnung und der Rotorblattzahl einher. In verschiedenen Projekten wurde der Rotor hinter dem Turm platziert. Diese Anlagen, die in den 1970er und 1980er Jahren, mit Ausnahme der dänischen WEA, den Großteil der entwickelten Anlagen ausmachten [RAVE & RICHTER 2008: 37], werden Leeläufer genannt. Prominente Beispiele für WEA dieser Kategorie sind die GROWIAN-Anlage oder die MOD-0 der NASA [ebd., TACKE 2004: 131]. Letztlich konnten sich auch Leeläufer, ähnlich wie Vertikalachs-WEA, nicht durchsetzen. Die hohen Lastwechsel und die sich aus dem Windschatten des Turmes ergebenden Leistungseinbußen, die aus der leeseitigen Rotoranordnung resultieren, führten zu einem nicht wettbewerbsfähigen CoE-Wert und somit zum Verschwinden des Anlagentyps [SEIDEL 1996: 24, WIND-ENERGIE.DE 2014].

Besonders vielfältig waren die Entwicklungsansätze in Bezug auf die zu verwendende Anzahl der Rotorblätter. MBB entwickelte mit der Monopterus einen Einblattrotor, der mit Hilfe eines Gegengewichtes in Position gehalten wurde [SEIDEL 1996: 23, TACKE 2004: 153], die Niederländer um die Firmen Newinco und Lagerwey konzentrierten sich vornehmlich auf Zweiblattrotoren [BERGEK & JACOBSSON 2003: 15], wohingegen die dänischen Entwicklungen in weiten Teilen auf den Dreiblattrotor der Gedser-Mühle von Johannes Juul zurückgingen. Auch mit Vierblattrotoren wie bei WEA der Firma Kano [GIESE 2012: 8] oder Vielblattrotoren wurde im Laufe der Era of Ferment experimentiert. Am Beispiel des Subsystems Rotor zeigt sich [KAMMER 2011: 126], welchen Impakt die Designwahl für den Entwicklungspfad der europäischen Windenergieindustrie hatte. Die genannten niederländischen Hersteller hatten sich im Laufe der 1980er Jahre zunehmend auf die Weiterentwicklung des Zwei-Blatt-Rotors konzentriert. Sie folgten damit einer Konstruktionsphilosophie, die sich aus verschiedenen Gründen[41] nicht am Markt in der Breite durchsetzen konnte, und waren somit in einem nachteiligen Entwicklungspfad gefangen. Es kam zu einem Lock-In-Effekt, der für weite Teile der niederländischen Windenergieindustrie das Aus bedeutete.

Die unternehmens- und industrieseitige Wahl und die folgende Weiterentwicklung eines technologischen Paradigmas können wie mehrfach herausgehoben einen ent-

[41] Aus Ein- oder Zweiblattrotoren resultiert eine hohe Drehzahl, die insbesondere vor dem Hintergrund landschaftsästhetischer Aspekte nur eine geringe Akzeptanz erfuhr [KAMMER 2011: 125].

scheidenden Einfluss auf die zeitliche und räumliche Dynamik einer Industrie haben. Dies kann sowohl darin resultieren, dass unterschiedliche Industrien mit voneinander abweichenden Entwicklungspfaden in einer neuen Industrie zusammengeführt werden, oder miteinander um den Einfluss in einer neu zu etablierenden Industrie konkurrieren.

Welche Rolle das Konzept eines Dominant Designs beziehungsweise die Wahl eines technologischen Paradigmas für die Windenergiendustrie und die sie konstituierenden Akteure haben kann, wird deutlich, wenn, eingebettet in den Entwicklungspfad der Windenergieindustrie, die Evolution der US-amerikanischen Windindustrie im Vergleich zur dänischen Industrie im Zeitraum der 1980er Jahre betrachtet wird [GARUD & KARNØE 2003, MENZEL & KAMMER 2011, MENZEL & KAMMER 2011A]. Im Rahmen der dargestellten Designvielfalt entwickelten sich in den USA und Dänemark zwei differente Grundansätze heraus, die prägnant für verschiedene Konstruktionsphilosophien sein sollten. Sie sind industriehistorisch besonders hervorzuheben, da sie den Entwicklungspfad der Windenergietechnologie nachhaltig geprägt haben. Es handelt sich hierbei um das Leightweight-Design und das Dänische-Design. Die Entwicklungspfade beider Konstruktionsprinzipien legen innerhalb der Windenergieindustrie sowohl den Einfluss der richtigen Technologiewahl aber auch die Wirkung politischer Steuerung dar [KARNØE 1993, GARUD & KARNØE 2003, TACKE 2004, KAMMER 2011: 77 ff., JONES & BOUAMANE 2011, MENZEL & KAMMER 2011].

In den USA wurde als Reaktion auf die Ölkrisen der 1970er Jahre das staatliche Augenmerk auf die Windenergie gelenkt und infolge dessen öffentliche Fördergelder in Millionenhöhe bewilligt. Der US-amerikanische Ansatz basierte dabei im Kern auf den großen Förder- und Forschungsprogrammen für die Luftfahrt- und Rüstungsindustrie und brachte die Entwicklung großer Multi-Megawatt-Prototypen (MOD-0 bis MOD-5B) hervor [GIPE 1995: 71ff., JONES & BOUAMANE 2011: 25, MENZEL & KAMMER 2012: 13]. Insbesondere Großunternehmen aus der Luft- und Raumfahrt wie Lockheed (MOD-0), Westinghouse (MOD-0A), Boeing (MOD-2) oder United-Technologies (WTS-4) begannen unter der Koordination der NASA mit Forschung und Entwicklung im Bereich der Windenergie. Diese Bemühungen basierten in ihren Anfängen unter anderem auf den Entwürfen des Deutschen Ingenieurs Ulrich Hütter, der bereits Ende der 1940er Jahre entsprechende WEA für den deutschen Maschinenbauer Allgeier konzipiert hatte [KARNØE 1993: 47, TACKE 2004: 130].

Der konstruktive Aufbau der US-amerikanischen Anlagen zeichnet sich insbesondere durch die konsequente Leichtbauweise, die damit einhergehende Wahl eines Zweiblattrotors sowie einer Horizontalachse aus. Von den sechs entwickelten Anlagentypen handelte es sich bei vier Anlagen um Leeläufer. Die restlichen zwei Modelle (MOD-2 und MOD-5B) waren als Luvläufer ausgelegt. Als technologische Wissensgrundlage für die Anlagen sollten die Erfahrungen der Unternehmen aus ihren Kernbereichen, der Luft- und Raumfahrt, dienen. Die hieraus resultierenden Konstruktionsansätze und gewählten Materialien waren jedoch nicht mit den Belastungen, denen WEA ausgesetzt sind, kompatibel und so kam es zu vielfachen Problemen wie vorzeitiger Materialermüdung und massiven Geräuschentwicklungen [TACKE 2004: 130 ff.]. Zusammenfassend kann gesagt werden, dass die ambitionierten Vorhaben um die Multi-Megawatt-Anlagen in Leichtbauweise, zu denen auch die deutsche GROWIAN zu zählen ist, scheiterten [GIPE 1995: 96 ff., GARUD & KARNØE 2003: 296, KAMMER 2001: 81].

Die dänische Windenergietechnologieentwicklung kann sowohl politisch-organisatorisch als auch technologisch als konträr zum US-amerikanischen Ansatz verstanden werden [MENZEL & KAMMER 2011: 245]. Auch wenn es mit dem staatlichen Entwicklungsprogramm um die beiden 630kW-Anlagen genannten Nibe-Zwillinge einen ähnlich ambitionierten Plan zur Etablierung von Großanlagen gab und diese zwar weniger Rückschläge als die US-Prototypen aufzuweisen hatten, aber ebenso von massiven Materialproblemen und Fehlschlägen betroffen waren und entsprechend als nicht erfolgreich zu bewerten sind [TACKE 2004: 138ff], kann festgehalten werden, dass die nachhaltigeren Entwicklungsansätze aus Bastelei und Handwerksarbeit entstanden. GARUD und KARNØE bezeichnen die Ursprünge der dänischen Windenergie entsprechend als *„bricolage"* [GARUD & KARNØE 2003]. KAMMER spricht von *„„learning by doing" beziehungsweise „trial and error""* [KAMMER 2011: 83]. Diese Beschreibungen fassen treffend die technologischen Anfänge zusammen.

Als Grundlage für das Dänische Design wird die 1956/57 gebaute Anlage des dänischen Ingenieurs Johannes Juul angesehen. Aufgrund der Küstennähe des gewählten Anlagenstandortes wurde die WEA, in Hinblick auf die starken Windgeschwindigkeiten, von Juul entsprechend *„robust"* [ebd.] konzipiert. Zum Einsatz kam ein luvseitig montierter Dreiblattrotor, dessen Leistungsbegrenzung über eine Stall-Regelung vorgenommen wurde. Motiviert durch die Ölkrisen der 1970er Jahre besonnen sich dänische Konstrukteure auf die Anlage von Johannes Juul, adaptierten das Konzept der massiven Anlage und fingen an, es weiter zu entwickeln.

Diese WEA, die von Einzelpersonen oder kleinen Betrieben wie Riisager Møllen, Erini, Herborg Vindkraft oder Windmatic gebaut und vertrieben wurden, verfügten über geringe Nennleistungen von etwa 15 - 25kW. Ihnen allen war gemeinsam, dass sie die Entwicklung ihrer WEA inkrementell vorantrieben und große Entwicklungschritte hinsichtlich Größe, Leistung und Komponenten weitgehend vermieden. In Verbindung mit diesen Entwicklungsaktivitäten sind insbesondere die Namen Christian Riisager, Karl Erik Jørgensen und Henrik Stiesdal - letzterer ist heute Technologievorstand der Siemens Windsparte - zu nennen. Die Anlagenkonzepte wurden in der Folge von den derzeit mittelständischen Unternehmen Vestas, Nordtank und Bonus aufgekauft oder übernommen [TACKE 2004: 166] und stellen aus heutiger Sicht die technologische Grundlage marktführender WEA-Hersteller wie Vestas oder Siemens dar.

Auf der Parkebene lässt sich der Entwicklungsstand in knappe Worte fassen. Vor Erreichen der 1980er Jahre lag der Entwicklungfokus auf der Einzelanlage [GIPE 1995: 13ff.]. Der Wechsel des Geschäftsmodells vom Bau und der Errichtung einzelner Anlagen hin zum Kraftwerksbau im Sinne der Errichtung großflächiger Parks vollzog sich parallel zur Ausbildung des Dominant Designs auf Einheitenebene.

5.2.3 1990 finale Ausbildung eines Dominant Designs

Bereits in der späten Era of Ferment wurde sich verstärkt mit dem vergleichsweise robusteren und zuverlässigeren Dänischen Design auseinandergesetzt. Dies kann rückblickend als erstes Anzeichen Ende der 1980er Jahre für das Konvergieren zum heutigen dominierenden Design verstanden werden. Wenngleich das Dänische Design sukzessive überarbeitet wurde und seine Gewichtslastigkeit und Simplizität zunehmend abnahm [KAMMER 2011: 86], so kann es doch als die Urfassung moderner WEA gewertet werden [TACKE 2004: 113].

Wesentliche Weiterentwicklungen stellten die Einführung von Pitchmotoren zur Leistungssteuerung sowie verbesserte Rotorblattprofile, Elektro- und Steuerungstechnik dar. Diese Entwicklungen gingen einher mit einem ersten Größenwachstum und einer damit verbundenen Leistungssteigerung. Sie waren vonnöten, um eine bessere Wirtschaftlichkeit garantieren zu können, und gelten im Kern auch für die heutigen Entwicklungsbemühungen.

Die durchschnittliche Nabenhöhe einer WEA um 1990 lag bei 50m, wobei der Rotordurchmesser etwa 30m betrug. Bei einer Nennleistung von etwa 250kW kam eine Anlage auf etwa 400 MWh [WIND-ENERGIE.DE 2012].

Parkseitig lässt sich festhalten, dass der Zusammenschluss einzelner Anlagen stetig zunahm. Die Insel- und Einzellösungen der Entwicklungsanfänge wichen zunehmend Wind-Parks. In Europa waren diese zumeist von kleinerer Natur. So wurden aus verschiedenen Gründen selten mehr als einstellige Anlagenzahlen zu Windparks zusammengefasst. Grundlegend anders sah die Situation hingegen in den USA und insbesondere in Kalifornien aus, wo in den 1980er Jahren die ersten großflächigen Parks errichtet wurden [GIPE 1995: 14f.]. Die Lernkurve für den großflächigen Auf- und Ausbau von Windparks, mit der die Entwicklung einer entsprechenden elektrotechnischen Infrastruktur einherging, konnte in großen Teilen mittels der kalifornischen Projekte gestaltet werden. Innerhalb etwa einer Dekade waren im Rahmen des dortigen Ausbaus mehr als 15.000 WEA meist dänischer Herkunft mit einer Gesamtnennleistung von 1.670MW installiert [KARNØE 1993: 12, SEIDEL 1996: 48].

5.2.4 Anfang der 1990er Jahre bis heute: Era of incremental change

Die Ausbildung eines Dominant Designs konstituiert für eine Industrie einen Wendepunkt. War es zunächst die Entscheidung, an einem bestimmten Design festzuhalten, die einen Haupteinfluss auf das erfolgreiche Bestehen und sogar Verbleiben in der Industrie hatte, so müssen sich die Industrieteilnehmer in unmittelbarem Anschluss einem direkteren Wettbewerb stellen. Mit dem Übergang zur Era of incremental change geht somit ein Wettbewerbswandel einher, der im Kern in die Phase inkrementeller Weiterentwicklung übergeht.

Nach der Konvergenz zum dargestellten Dominant Design folgten in der Windenergieindustrie weitgehende Optimierungsbemühungen, die sich unterschiedlich manifestierten. Die wohl offensichtlichste Weiterentwicklung betraf das Größenwachstum sowohl auf Einheiten- wie auch auf Anlagenebene.

Da, wie dargelegt, die Windgeschwindigkeit mit zunehmender Höhe steigt, folgte konsequenter Weise ein Höhenwachstum der WEA. Damit einher ging die Vergrößerung des Rotors, um auch bei gleichbleibenden Windbedingungen an den gewählten Standorten höhere Erträge erzielen zu können [LYDING & FAULSTICH 2012: 25].

Jahr der Markteinführung	**1980**	**1991**	**1997**	**2000**	**2005**	**2015**
Hersteller	Bonus	Nordtank	Nordex	Vestas	REpower	Samsung
Nennleistung	50 kW	150 kW	1.500 kW	2.000 kW	5.000 kW	7.000 kW
Rotordurchmesser	15 m	25 m	54 m	80 m	126 m	171 m
Nabenhöhe	30 m	30 m	60 m	100 m	120 m	110 m
Jahresertrag	~35.000 kWh	~100.000 kWh	~3 Mio. kWh	~4,5 Mio. kWh	~22 Mio. kWh (See)	~28 Mio. kWh (See)

Tabelle 12: Größenwachstum von Windenergieanlagen [Eigene Zusammenstellung]

Auch wenn die technologische Entwicklung innerhalb der Era of incremental innovation durch keine signifikanten Brüche geprägt wird, so ist dennoch auf einzelne Meilensteine zu verweisen, die für die Industrie bedeutend waren. Hierbei muss auf das angedeutete Größenwachstum der Anlagen eingegangen werden. Insbesondere die Überschreitungen einzelner Megawattmarken sollen hervorgehoben werden, um einer ansprechenden Darstellung der technologischen Evolution gerecht zu werden. Das Erreichen der Megawatt-Klasse kann als ein wichtiger psychologischer Meilenstein angesehen werden. Die ersten WEA, die Nennleistungen von 1 MW und mehr erreichen sollten, kamen Mitte bis Ende der 1990er Jahre auf den Markt. Hier sind etwa die AN Bonus 1MW/54, die NEG Micon NM60/250 oder die HSW1000 zu nennen.

Die Größenentwicklung der WEA wurde in der folgenden Zeit weiter vorangetrieben, so dass entsprechend größere Anlagen-Klassen entwickelt werden konnten. Die technologische Entwicklung sollte sich jedoch nicht auf das reine Größenwachstum beschränken. Mit dieser Evolution gingen bedeutende Schritte auf der Ebene der Kontroll- und Steuerungsebene der WEA sowie im Bereich der Rotorblattdesigns einher [EWEA 2009B: 65]. Neue Überwachungssysteme und der Einsatz von Sonden und Sensoren ermöglicht eine umfangreiche Fernüberwachung der Anlagen, wodurch mögliche Fehlfunktionen und daraus entstehende Defekte bereits vor ihrem Aufkommen erkannt und abgewendet werden können. Moderne Steuerungssoftware ermöglicht eine optimierte Ausrichtung der WEA entsprechend der herrschenden Windverhältnisse und führt somit zu einer zusätzlichen Ertragsverbesserung. Hinsichtlich des Rotorblattdesigns ist festzuhalten, dass die Profile ebenfalls in den letzten Dekaden eine inkrementelle jedoch signifikante Entwicklung durchlaufen haben. Mittels einer besseren Aerodynamik und verringerten Turbulenzen sind bedeutende Ertragssteigerungen zu erreichen [VARRONE 2011: 28f]. Die genannten Entwicklungen führen in ihrer Gesamtheit zu geringeren Ausfällen sowie höheren Erträgen und ermöglichen somit eine konsequente Kostenreduktion der Windenergie.

Auf Basis der genannten inkrementellen Entwicklungen und den daraus resultierenden technologischen Vorteilen war es der Industrie nunmehr möglich Windenergieanlagen für anspruchsvollere Standorte zu entwickeln, somit weiteres Windpotenzial zu erschließen und die geographische Nutzung der Windenergie auszudehnen. Hierbei sind insbesondere Anlagen für Standorte in extremer Kälte [KRÜGER 2011] sowie Schwachwindstandorte hervorzuheben [AGORA ENERGIEWENDE 2013: 6]. Die aktuelle Phase des inkrementellen Wandels zeichnet sich somit vor allem durch die *„Diversifizierung des Windenergiemarktes für Neuinstallationen [aus].“* [LYDING & FAULSTICH 2012]

Einhergehend mit der beschriebenen technologischen Evolution, weiterem Größenwachstum sowie der Etablierung der 2MW und 3MW Technologie begann zudem in der Industrie die Standardisierung von Komponenten, Produktions- und Organisationsverfahren. Eine direkte Konsequenz dieser Entwicklungen war die Einführung von Produktplattformen oder Produktfamilien zum Ende der 2000er Jahre. Hierbei kristallisiert sich inzwischen der Trend zu Onshore-Plattformen der 2MW und 3MW Klasse sowie zu Offshore-Plattformen der 5MW+ Klasse heraus. Aktuell verfolgen führende Unternehmen der Industrie wie Nordex, REpower, Siemens oder Vestas eine Plattformstrategie, um mittels Standardisierung und Modularisierung die Produktionskosten weiter zu senken [WEBER 2012].

Auf Gesamtsystemebene lässt sich festhalten, dass aus der zunehmenden Standardisierung der Anlagentechnologie und dem Sinken der Anlagenpreise unter Beihilfe politischer Einflussnahme der Ausbau der installierten Windenergieleistung resultierte. Dies hat zur Folge, dass immer mehr fluktuierender Windstrom in das Gesamtnetz eingespeist wird, der eine zunehmende Belastung für die bestehende Netzinfrastruktur darstellt. Windparks als Erzeugungsanlagen müssen daher zunehmend elektrotechnische Leistung übernehmen, die vornehmlich von konventionellen Kraftwerken gefordert werden. Die Netzintegration von Windparks verlangt aus diesem Grund die Implementierung entsprechender Regelsysteme, die aktuell sowohl elektrotechnisch als auch softwareseitig vorangetrieben wird [IWES.FRAUNHOFER.DE 2011].

Parallel zum technologischen Entwicklungszyklus der Onshore-Windenergie wurden seit den 1980er Jahren ernsthafte Überlegungen angestoßen, die Windenergienutzung auf See zu ermöglichen. In diesem Kontext wurden bereits erste Studien und Pilotprojekte vorangetrieben, die bei der heutigen Betrachtung und Analyse der Offshore-Windenergie in vielen Fällen ungenannt bleiben. Die Entwicklungspfade der Bereiche Onshore und Offshore erhielten die ersten Impulse hin zu einer Entflechtung.

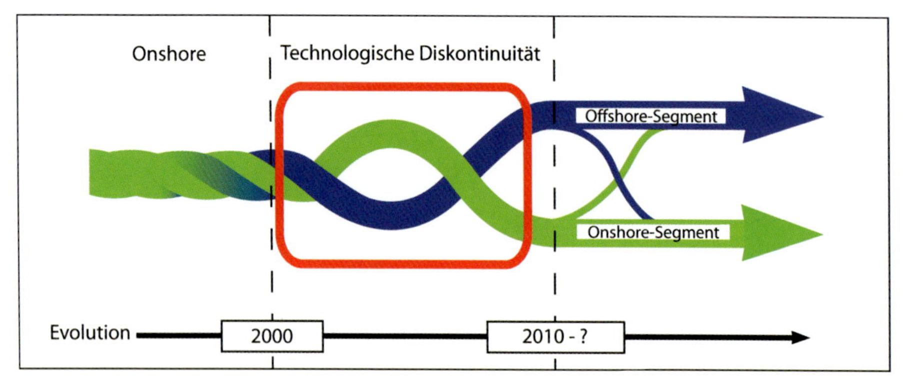

Abbildung 46: Aufspaltung der Entwicklungspfade Onshore/Offshore [Eigene Darstellung]

5.3 Der technologische Entwicklungszyklus Offshore

Begreift man die Entwicklung des Offshore-Pfades der Windenergieindustrie als einen evolutionären Prozess, der unter anderem entlang der verschiedenen Klassen der hier vorgestellten Offshore-Definition stattfindet, so ist der Ursprung des modernen Offshore Pfades in den 1980er Jahren zu finden. Die ersten organisierten Machbarkeitsstudien, die sich mit der Offshorethematik auseinandersetzen, wurden bereits in den späten 1970er Jahren beauftragt und erschienen Anfang der 1980er Jahre [GERMANISCHER LLOYD - GARRAD HASSAN 1994: 71]. Diese Studien wurden in den Niederlanden, in Schweden, in Dänemark, in Großbritannien, aber auch in Deutschland im Rahmen des GROWIAN-Projektes in Auftrag gegeben. Außerhalb Europas ließen die USA die Möglichkeiten der Offshorewindenergienutzung prüfen. Diese Aktivitäten sind wie der Ausbau der Windenergie an Land als Reaktion auf die Ölkrise der damaligen Zeit zu verstehen. In einen direkten Zusammenhang sind die frühen Erfahrungen einzugliedern, die mit bei der Errichtung von WEA im marinen Einflussbereich gesammelt wurden. WEA und Parks, die auf Inseln oder unmittelbar an die Küstenlinie gestellt wurden, stellen ein wichtiges Bindeglied für die technologische und industrielle Evolution dar. Insbesondere die rauhen Witterungsbedingungen sorgten für zahlreiche Rückschläge bei der Errichtung von Anlagen auf von Meer umschlossenem Festland. So wurde beispielsweise bereits in den 1970er Jahren in Kanada in Zusammenarbeit von Hydro-Québec und dem Conseil national de recherches Canada (CNRC) überprüft, ob Windenergie als Sekundärquelle zur Stromerzeugung für die Îles-de-la-Madeleine geeignet wäre. Hierzu wurde 1979 eine WEA des Darrieus-Typs errichtet [Konstruktionsskizze bei NAGEL 1985: 133]. Diese Anlage konnte den rauen Witterungsbedingungen auf der Insel jedoch nicht standhalten und kollabierte. Eine zweite Anlage des gleichen Typs wurde kurze Zeit später errichtet. Sie konnte zwar Strom in das Inselnetz einspeisen, musste jedoch frühzeitig den Betrieb einstellen, da sie massiver Korrosion unterlag (Siehe Abb. 43). Noch heute ist die Anlage auf dem Archipel zu betrachten. Das Innere der Anlage veranschaulicht die offensichtlichen Probleme, die Seeluft frühen Windenergieanlagen bereitete.

5.3.1 Offshore-Wind: Überlegungen und Anfänge

Der überwiegende Teil der beauftragten Studien ging bereits früh davon aus, dass für den Offshoreeinsatz entsprechend große WEA zu entwickeln wären. Die Anlagen sollten über eine Nennleistung zwischen 3,7 MW und 10 MW bei Rotorradien von 100 Metern pro Einheit verfügen [GERMANISCHER LLOYD - GARRAD HASSAN 1994: 71].

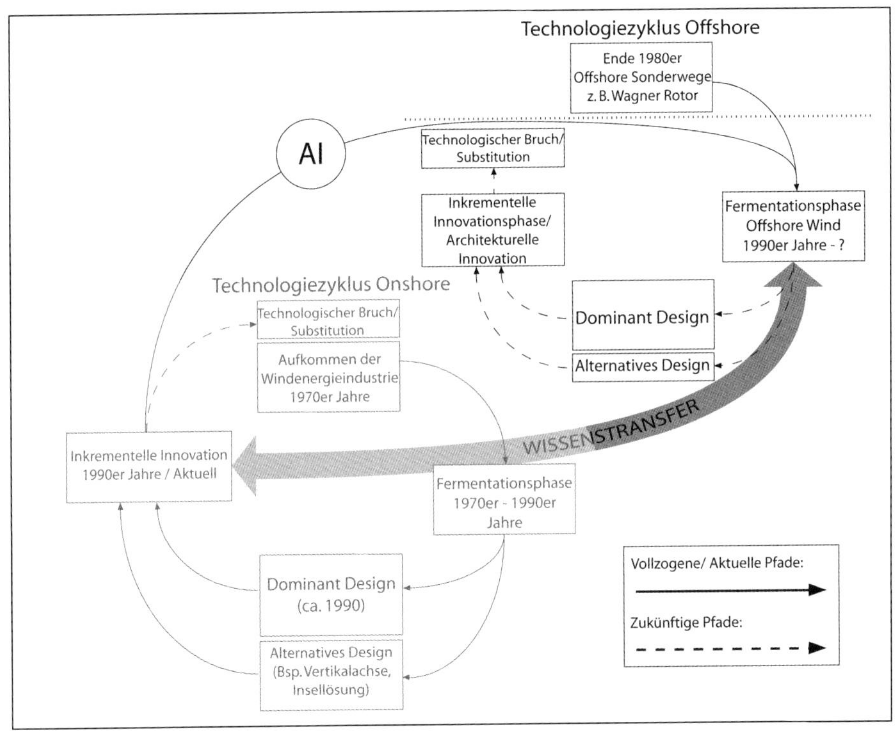

Abbildung 47: Offshorezyklus verändert nach [CORTÁZAR 2009 & TUSHMAN et al. 1997]

Die Anlagen, die in den 1980er Jahren landseitig zum Einsatz kamen, hatten eine durchschnittliche Nennleistung von 30kW bei Rotordurchmessern von etwa 15 Metern und Nabenhöhen von 30 Metern [CAMPOS SILVA & KLAGGE 2011: 236]. Somit war das Entwicklungsziel früh identifiziert, die Umsetzung sollte jedoch einige Zeit in Anspruch nehmen.

Der Wagner-Rotor

Die ersten Versuche, das Windpotenzial auf offener See nutzbar zu machen, fanden parallel zum Entwicklungspfad der Onshore-Windenergieanlagen statt. Wie im theoretischen Teil erläutert wurde, ist für einen technologischen Bruch oder eine technologische Neuheit und die daran anschließende Fermentierungsphase eine Vielzahl von Konzepten und Experimenten charakteristisch. Neue Technologiezyklen zeichnen sich durch einen hohen Grad an Unsicherheit auf verschiedenen Ebenen aus.

Es ist unklar, auf welche Weise die anstehenden technologischen Herausforderungen gemeistert werden können und welche Konzepte, die eine Lösung ermöglichen, belastbar und von Dauer sein werden. Diese Tatsache kann zu Lösungsansätzen führen, die im Laufe der Technologie- und Industriehistorie rückblickend als kurios, utopisch oder gar unverantwortlich bezeichnet werden können.

Der in List auf Sylt lebende promovierte Ingenieur Günther Wagner hatte, im Vergleich zu den bisher entwickelten WEA, ein radikal-neues Konzept entwickelt, mit dem in einem ersten Schritt Sylt und später Hamburg mit Strom beliefert werden sollten [DER SPIEGEL 1982: 79 f., SCOTT 1984: 61 ff. OELKER 2005: 66, RAVE & RICHTER 2008: 48 ff.].

Die Grundidee war die einer auf einem Schiff installierten schwimmenden Windenergieanlage, die auf See verankert werden sollte, um die dort vorherrschenden höheren Windgeschwindigkeiten nutzbar zu machen. Zudem wurde der Vorteil einer möglichen *„Wartung im Dock"* [RAVE & RICHTER 2008: 48] hervorgehoben. Ähnliche Konzepte werden aktuell für zukünftige Windparks auf See wieder aufgegriffen [ROGGEN 2013]. Das Vorhaben bediente sich wesentlicher Kernkomponenten einer WEA und sah die Installation einer 45° Achskonstruktion vor, an der zwei Rotorblätter, ein Arbeitsflügel und ein Wirkflügel montiert wurden. Auf diese Weise wurde ein Turm überflüssig. Der Rotor wurde über eine Welle mit einem Getriebe und schließlich einem Generator unter Deck verbunden.

Durch dieses Konstruktionsprinzip, welches sich zwischen Horizontalachse und Vertikalachse bewegt, sollte mit dem Wegfall des Turmes eine höhere Wartungsfreundlichkeit der Großkomponenten erreicht werden. Die Nachteile des Wagnerrotors der geringen Höhe sowie der geringeren überstrichenen Rotorfläche und der daraus resultierenden geringeren Energieausbeute aus dem Wind sollten im Rahmen von Weiterentwicklungen durch ein entsprechendes Up-scaling kompensiert werden [SCOTT 1984: 61]. Hier wurden seitens des Entwicklers Rotorblattlängen von 370 Meter und Nennleistungen von bis zu 100 MW ins Gespräch gebracht. Ehemalige Mitarbeiter des Germanischen Lloyd fügen hierzu an: *„Die Größenordnung mit 100 MW ist auch aus heutiger Sicht noch gigantisch, diese Gigantomanie war damals häufig anzutreffen."* [RAVE & RICHTER 2008: 48]

Der Prototyp wurde auf dem Küstenmotorschiff *Tanja I* aus dem Jahre 1911 montiert und sah ursprünglich eine Einzelblattlänge von 25 Metern vor. Diese mussten jedoch schließlich auf dem 31 Meter langen Schiff auf 15 Meter reduziert werden. Der Rotor funktionierte [SCOTT 1984: 62], über die Funktionalität der gesamten WEA finden sich hingegen widersprüchliche Aussagen. Presseberichten zufolge soll die Anlage Strom erzeugt haben [DER SPIEGEL 1982: 79, SCOTT 1984: 61 ff.], die Berichte von direkt am Projekt beteiligten Zertifizierern [RAVE & RICHTER 48 f.] lesen sich anders und zeigen detailliert die Probleme des gesamten Vorhabens auf. Der von Dr. Wagner vorgestellte Prototyp verfügte bei einer für die anstehenden Messprogramme durchgeführten Vorinspektion seitens des GL über keinen Generator. Dieser wurde nachträglich auf der HSW (Husumer Schiffswerft) nachgerüstet. [ebd.] Die anschließende

Testfahrt führte zu einer Beschädigung des Schiffes. Die Testphase war insgesamt durch eine Vielzahl technischer Probleme gekennzeichnet, so dass das Projekt nie über einen Prototypenstatus hinaus kam und schließlich eingestellt wurde [OELKER 2005: 66].

Abbildung 48: Wagner Rotor 1987 im Husumer Hafen
[Aufnahme: NORBERT GIESE, Eigene Bildbearbeitung & Illustration]

Trotz des unkonventionellen Ansatzes, der fragwürdigen Vorkommnisse, der massiven Probleme und des finalen Scheiterns kann der Wagner-Rotor als erster Versuch gewertet werden, eine Offshore-WEA in deutschen Gewässern zu betreiben.

Die HSW 30 auf der Forschungsplattform NORDSEE

Ein Projekt, welches im Vergleich zum Wagner-Rotor auf einem Schiff deutlich konservativer, aber auch realistischer sein sollte, wurde etwa zeitgleich initiiert. Im Jahr 1981 erteilte das BMFT im Rahmen des GROWIAN-Projektes erste Machbarkeitsstudien bezüglich der Errichtung von WEA auf See [OELKER 2005: 51, RAVE & RICHTER 2008: 43ff.]. Die grundlegende Idee bestand darin, eine erste Anlage auf der damaligen Forschungsplattform Nordsee (FPN) zu errichten. Bei der FPN handelte es sich um eine 1975 installierte Plattform, die zu diversen Forschungszwecken in der Deutschen Bucht etwa 80 Kilometer westlich vor Sylt in 30m Wassertiefe errichtet wurde [DOLEZALEK 1992: 8f.].

Für das Vorhaben wurde eine WEA des Typs HSW 30 ausgewählt. Hierbei handelt es sich um eine vergleichsweise kleine WEA und gleichzeitig um die erste Anlage, die von der Husumer Schiffswerft gefertigt wurde. Der zweiblättrige Leeläufer hatte einen Rotordurchmesser von 12,5 Metern sowie eine Nennleistung von 30 kW und war eine der ersten Anlagen, die von der jungen Firma Aerodyn aus dem Schleswig-Holsteinischen Damendorf unter dem Namen Aeolus 11 entwickelt worden war [AERODYN 2013: 44]. Bei der Anlage handelte es sich um ein Onshore-Modell, deren Prototyp östlich von Hamburg bei Mölln erprobt wurde. Auch wenn aufgrund der geringen Größe der gewählten Anlage kein eigenes Fundament errichtet werden musste, da die Statik der Forschungsplattform die zusätzliche Installation der WEA erlaubte, wurde beschlossen, die WEA eigens für den Betrieb auf See anzupassen. Diese Entwicklungsarbeiten übernahm wiederum Aerodyn.

Aufgrund der langen Planungszeiten konnte die Errichtung der ersten WEA in deutschen Hochseegewässern nicht mehr realisiert werden. Der Abriss der FPN wurde 1987 seitens des BMFT entschieden und das Vorhaben der Installation einer ersten WEA in der Deutschen Bucht somit wieder verworfen. [RAVE & RICHTER 2008: 45].

WKA 60 auf Helgoland

Ein ebenfalls durch das BMFT gefördertes Nachfolgeprojekt des GROWIAN, das hinsichtlich der Evolution der Offshorewindenergie genannt werden muss, ist die von MAN entwickelte WKA60 (GROWIAN II), die 1990 auf der Insel Helgoland errichtet wurde [HAU et al. 1993, SEIDEL 1996, OELKER 2005, RAVE & RICHTER 2008].

Abbildung 49: WKA 60 auf dem Kaiser-Wilhelm-Koog [Eigene Aufnahme 2014]

Im Vergleich zum Wagner-Rotor, zum GROWIAN oder zur HSW 30 ist die WKA 60 eine WEA, die sich in das zu Beginn der 1990er Jahre aufkommende Dominant Design einfügt. Bei der Anlage handelte es sich um einen horizontalachsigen Luvläufer mit einem Dreiblattrotor. Der Rotordurchmesser betrug 60 Meter und die Nabenhöhe 44 Meter. Die Anlage kam auf eine Nennleistung von 1,2 MW und wurde an der

Südwestspitze der Insel vor die Mole ins Wasser gesetzt. Der Zugang erfolgte über eine Bücke.

> *„Der Turm der Anlage war nach den Regeln der Offshore-Technik aus Stahlbeton gefertigt worden. Das Maschinenhaus mit allen Stahlbauteilen wurde nach den Kenntnissen aus dem Schiffbau vor Korrosion geschützt"* [RAVE & RICHTER 2008: 116].

Die Errichtungsart ähnelte somit bereits 1990 der 14 Jahre später errichteten Enercon E-112 am Dollart, die zum Errichtungszeitpunkt als erstes Nearshore-Projekt bezeichnet wurde [OSTERMEIER 2005, HARMS 2010], wobei die Helgoländer Anlage aufgrund der exponierten Lage in der Nordsee deutlich rauheren Bedingungen ausgesetzt war.

Der Plan sah vor, die WEA in Verbindung mit separaten Dieselgeneratoren zur Speisung des Inselnetzes zu nutzen. Die WKA 60 sollte hierbei ein Drittel des Stromverbrauchs der Insel decken [RAVE & RICHTER 2008: 115]. Aufgrund von zwei Blitzeinschlägen und Generatorproblemen erfolgte der Rückbau der WKA60 bereits im Jahr 1995. Das Maschinenhaus der Schwesteranlage, die 1992 auf dem WINDTEST-Gelände auf dem Kaiser-Wilhelm-Koog errichtet wurde, wird seit der EXPO2000 auf dem Fundament des GROWIAN ausgestellt und ist Besuchergruppen zugänglich (siehe Abbildung 47).

Dänische Projekte

Auch in Dänemark erfolgte der Gang auf See in seiner Anfangszeit in kleinen Schritten. Die dänischen Überlegungen, Windenergieanlagen auf See zu stellen, gehen direkt auf die Akzeptanzthematik zurück. Im Pionierland der Windenergienutzung kam es frühzeitig zu Konflikten um die erhöhte Präsenz von WEA in der Kulturlandschaft. In diesem Zusammenhang wurde die Alternative der wasserseitigen Errichtung von Windenergieanlagen in einem ersten Schritt mit dem Projekt Ebeltoft angestoßen. Bereits 1985 wurde dieser Vorläufer der Offshorewindparks in Betrieb genommen.

Der Windpark Ebeltoft wurde zum Errichtungszeitpunkt vom Bürgermeister der Stadt Ebeltoft als die erste Offshorewindfarm bezeichnet [DER SPIEGEL 1986: 106], sollte jedoch besser als *„erste[r] Prototyp eines „Offshore"-Windparks"* [SEIDEL 1996: 47] bezeichnet werden. Für die Errichtung der Windenergieanlagen ist eine etwa 800 Meter lange Mole in den Kattegat gebaut worden. Auf dieser wurden schließlich 17 Anlagen des Typs Nordtank 55kW/100kW errichtet. Die Farm wurde durch die örtlichen Behörden erbaut, um eine Verbesserung der Hafeninfrastruktur zu finanzieren [GIPE 1995: 327]. Im Jahr 2003 sind die Anlagen auf der dänischen Mole durch vier WEA des Typs Nordex N6/1300 repowert worden.

Am Rande sei an dieser Stelle ein nicht-dänisches Projekt erwähnt. Ein ähnliches Errichtungskonzept wie in Ebeltoft wurde 1987 im belgischen Zeebrugge angewandt, wo Anlagen des belgischen Herstellers Turbowinds auf eine Wellenbrechermole gestellt wurden. Diese Anlagen wurden zwischenzeitlich durch WEA desselben

Herstellers repowert und der Gesamtbestand durch zusätzliche Anlagen von Vestas erweitert.

Schwedische Projekte und die erste Offshore-WEA

Im selben Jahr, in dem das BMFT den Abriss der Forschungsplattform NORDSEE absegnete, wurde in Schweden die Realisierungsmöglichkeit der Windenergienutzung auf See geprüft. Hierfür wurden 1987 die technischen, industriellen und ökonomischen Rahmenbedingungen in den Gewässern der Provinz Blekinge geprüft [EWEC 1990: 38, GERMANISCHER LLOYD - GARRAD HASSAN 94: 71]. Die Initiative ging in diesem Falle nicht primär auf eine politische Institution zurück. Es waren Industrieakteure, die mit Regierungsunterstützung die Studie durchführten. Die beteiligten Firmen waren der 1988 aus der Fusion der schwedischen ASEA und der schweizerischen BBC hervorgegangene Elektrotechnikkonzern ABB, die schwedische Werft Karlskronavarvet, der schwedische Windenergieanlagenhersteller Kvaerner Turbin AB, der schwedische Druckkesselhersteller Uddcomb und weitere. Die der Studie zugrunde liegenden Daten lieferten einen Preis von ca. 0,60SEK/kWh[42] bei der Errichtung von 97 Windenergieanlagen der 3 MW-Klasse. Während das Blekinge-Projekt nicht über Überlegungen und Kalkulationen hinauskam, wurde nur drei Jahre später in schwedischen Gewässern die erste vor der Küste freistehende WEA der Welt errichtet.

Als erste Firma, die eine Windenergieanlage mit entsprechender Infrastruktur ins Wasser gestellt hat, kann das dänische Unternehmen WindWorld A/S angesehen werden. WindWorld wurde im Jahr 1987 im dänischen Skagen gegründet. Hier waren sowohl Produktion als auch Hauptsitz angesiedelt. Die Firma stellte während ihres zehnjährigen Bestehens knapp 1.000 Windenergieanlagen mit einer akkumulierten Gesamtnennleistung von 40 MW her. Hierbei handelte es sich um Anlagen zwischen 170kW und 750kW. Das Anlagendesign wurde dabei im Wesentlichen durch ein klassisches Design mit Horizontalachse und Dreiblattrotor repräsentiert, wobei die Leistungsbegrenzung durch eine Stall-Regelung gewährleistet wurde [EWEA 1997: 12]. Mitte der 1990er Jahre kam die Firma zunehmend in Schwierigkeiten, bis sie schließlich 1997 von NEG Micon übernommen wurde. Zum Übernahmezeitpunkt durch NEG Micon waren 100 Mitarbeiter bei WindWorld angestellt, der Jahresumsatz lag bei geschätzen 55 Mio. US$.

Bei dem Projekt, in dessen Rahmen zum ersten Mal eine Windenergieanlage deutlich vor der Küste im Wasser errichtet wurde, und zwar in etwa 250 Meter Küstenentfernung und sechs Metern Wassertiefe, handelt es sich um das Nogersund-Projekt. Die 1990 installierte und in Betrieb genommene Anlage des Typs WindWorld W2500/220 von Nogersund wird allgemein als die erste Offshore-WEA bezeichnet [MELNYK & ANDERSEN 2009: 374, BEURSKENS 2011: 9, JAEGER 2013: 501]. Als Fundament wurde eine Tripile-Konstruktion konzipiert. Fundament und Anlage wurden in einem Trockendock in Karlskrona vormontiert und anschließend zum Errichtungs-

---

[42] Unter Berücksichtigung des historischen Wechselkurses entspricht dies heute 0,08 € [OANDA.COM 2014].

ort geschleppt. Basierend auf den Planungs- und Vorlaufzeiten für derartige Projekte kann davon ausgegangen werden, dass sich WindWorld somit bereits seit Anfang der Unternehmenshistorie mit dem Projektentwickler über die Idee, eine WEA auf See zu installieren, beschäftigt hat. Die Umsetzung des 11 Mio. SEK[43][44] teuren Projektes erfolgte durch die schwedische Utility Sydkraft AB, die inzwischen in E.On Sverige AB aufgegangen ist. Die Wahl der WindWorld-Turbine wurde mit der damaligen Verfügbarkeit der Anlage begründet. Das Projekt sollte zur Generierung praktischer Erfahrungen dienen und neben Betriebserfahrungen Daten über die Auswirkungen der WEA auf die örtlichen Fisch- und Vogelpopulationen liefern.

Die WindWorld Anlage stellt auch im Bereich des Rückbaus einen Pionierschritt dar. Es handelt sich um die erste seeseitig installierte WEA, die im Jahr 2007 vollständig zurückgebaut worden ist [JUNGINGER et al. 2008]. Wird das Konstruktionsdatum sowie die Einsatzumgebung der WEA berücksichtigt, so ist der Betriebszeitraum von 17 Jahren als bemerkenswert zu erachten.

Die schwedischen Planungen beschränkten sich nicht auf das Blekinge-Projekt und die Nogersund-Anlage. In einem weiteren Schritt war geplant, basierend auf der Zweiblatt WEA *Näsudden II* mit drei MW Nennleistung der Firma Kvaerner Turbin AB ein Offshoreprojekt in Anlauf zu nehmen [EWEC 1990: 38]. Der schwedische Energieversorger Vattenfall AB kündigte noch im Jahr 1990 an, zeitnah Prototypenanlagen wasserseitig stellen zu wollen, da Windenergie als eine ‚Break-Through-Technologie' angesehen wurde [ebd.]. Eine Realisierung der Pläne blieb jedoch aus.

Wenngleich alle hier genannten Beispiele jeweils nur Prototypen- und Forschungsprojekte darstellten, so zeigen sie, dass die Überlegungen für die Nutzung von Windenergie auf See bereits sehr früh und parallel zum Aufkommen der landseitigen Windenergienutzung begannen und bis in die 1980er Jahre zurückgehen.

Der erste Offshore-Windpark - Die 1990er: Jahre des Aufbruchs

Im Jahr 1991 wurde schließlich der weltweit erste Offshore-Windpark, die in der dänischen Ostsee gelegene Windfarm Vindeby, in Betrieb genommen. Bereits im Vorfeld war das Bewusstsein für die im Vergleich zur Onshorenutzung höheren Kosten präsent. Es wurde davon ausgegangen, dass der kWh-Preis vergleichsweise 40% höher liegen würde, obwohl mit bis zu 60% mehr Energieertrag gerechnet wurde [EWEC 1990: 20]. Insgesamt wurden in diesem ersten Windpark, der nach über 20 Jahren nach wie vor in Betrieb ist, elf WEA des Typs Bonus B35 mit jeweils 450kW und somit einer Gesamtnennleistung von 4,95 MW verbaut.

Die positiven Erfahrungen, die mit den ersten Projekten gesammelt wurden, sollten die Grundlage für einen weiteren Ausbau der wasserseitigen Windenergienutzung in den 1990er Jahren darstellen. Während die Projekte in Dänemark, den Niederlan-

---

[43] Unter Berücksichtigung des historischen Wechselkurses entspricht dies heute 1.481.070,08 € [OANDA.COM 2014].

[44] Die Projektkosten lagen somit umgerechnet bei ~ 6,8 Mio. €/MW.

den, Schweden und Großbritannien vorangetrieben wurden, wurden mit Ausnahme für die niederländische Windfarm Lely, bei der Anlagen der niederländischen Firma Nedwind zu Einsatz kamen, ausschließlich WEA dänischer Hersteller verbaut. Dies verdeutlicht die technologische Vorreiterstellung dänischer WEA-Hersteller während der 1990er Jahre über den Onshore-Bereich hinaus.

Nach den Windfarmen Vindeby (1991) und Lely (1994) sollten in den 1990er Jahren noch vier weitere Projekte realisiert werden. Ihnen gemein war, dass sie alle küstennah errichtet wurden. Die höchste Küstenentfernung weist mit knapp sechs Kilometern das 1995 in Betrieb genommene Projekt Tunø Knob auf. Die durchschnittliche Küstenentfernung lag bei zwei Kilometern und die durchschnittliche Wassertiefe bei circa fünf Metern, wodurch Wartung und Betrieb der Anlagen, deren Nennleistung in keinem der Projekte 600kW überstieg, noch relativ einfach zu garantieren waren.

Auch in Großbritannien wurde bereits seit Ende der 1980er Jahre über den möglichen Einsatz von Windenergieanlagen auf See nachgedacht [EWEC 1990: 40]. Bis zum ersten realisierten Projekt dauerte es zehn Jahre. 1998 wurde der erste britische Windpark vor der Küste von Blyth errichtet. Der Park selbst, der sich mit 1,6 Kilometern Küstenentfernung in direkter Sichtweite zum Festland befindet, stellt dennoch einen wichtigen Schritt für die technische Entwicklung der Offshore-Windenergie dar. Mit der Vestas V66 kam zum ersten Mal in der Geschichte der Offshore-Windenergie eine WEA der Megawattklasse zum Einsatz.

Die erste Dekade der Windenergienutzung auf See führte zu ersten Erkenntnissen, dass die Offshorebedingungen nach neuen und von landseitigen WEA differierenden Lösungskonzepten und Ansätzen verlangen. Ab Ende der 1990er Jahre sind die ersten expliziten Patentanmeldungen im Deutschen Patent- und Markenamt verzeichnet, die technologische Lösungen für entsprechende Produkte vorschlagen. Die Offshorewindenergietechnologie stand vor ihrer nächsten großen Etappe.

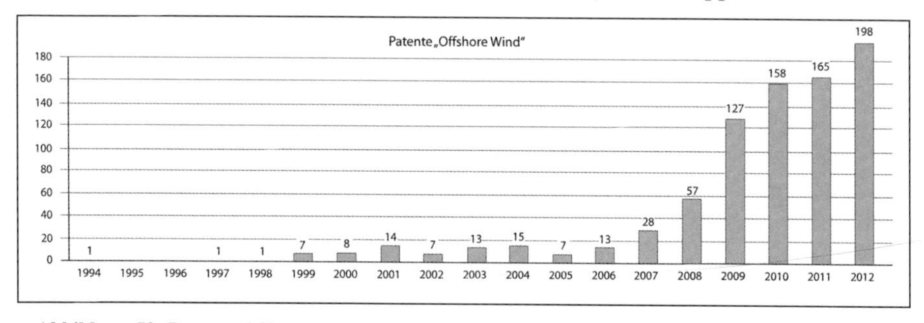

Abbildung 50: Patente Offshore-Wind [Eigene Erhebung, Quelle: DEPATISNET. DEPMA.DE 2014]

5.3.2 Technologischer Bruch - Multi-Megawatt-Anlagen und großflächige Parks

Wurden die ersten Offshore-Parks bis Mitte der 1990er Jahre noch mit Anlagen der Sub-Megawatt-Klasse projektiert und errichtet, vollzog sich zum Ende der Dekade ein erster signifikanter Bruch. In den Projekten Blyth (1998) und Utgrunden (2000) errichteten die Anlagenhersteller Vestas und Enron die ersten Parks mit Anlagen der Megawatt-Klasse. Diese Anlagen mit 2 MW (Vestas V66) und 1,5 MW (Enron EW1,5s) stellten Onshore-WEA dar, die für den Einsatz auf See angepasst wurden. Hierbei wird von der *„marinisierten Megawatt-Klasse"* [KÜHN 2002: 77] gesprochen. *„Marinisierung bezieht sich auf verschiedene graduelle Modifikationen von Onshore-Anlagen für den Einsatz auf See"* [ebd.].

Name	Jahr	WEA-Zahl	MW/WEA	Distanz (km)	Tiefe (m)
Lely	1994	4	0,5	0,8	7
Samsö	2003	10	2,3	3,5	9
Lillgrund	2007	48	2,3	7	10
Robin Rigg	2010	60	3	12	12
Walney	2011	51	3,6	15	25
BARD 1	2013	80	5	90	40

Tabelle 13: Evolution von Offshore-Windparks
[Eigene Zusammenstellung, Quellen: LORC.DK 2013, 4COFFSHORE.COM 2013, EVU]

Im Rahmen der Marinisierung wurden etwa Korrosionsschutz, Lüftungseinrichtungen und Luftfilter, Bordkräne zur Großkomponentenbewegung oder Helikopter-Plattformen auf den Maschinenhäusern nachgerüstet. Bis zum Ende der 2000er Jahre wurde dieses Konzept bei einer leichten Steigerung der Nennleistung bis auf 3,6 MW vorangetrieben. Im Wesentlichen verlief die Steigerung der Nennleistung parallel zu derjenigen konventioneller Onshore-WEA. Insbesondere in dieser Entwicklungsphase häuften sich jedoch die Probleme und es wurde offensichtlich, dass *„eine technische Ausreifung der Anlagen [...] nicht gegeben [war]"* [KRAMER-KRONE 2005: 25]. Die Entwicklung signifikant größerer und speziell für den Offshoreeinsatz konstruierter Windenergieanlagen begann. Hervorzuheben ist, dass das Größenwachstum von WEA für den Offshore-Einsatz im Vergleich zu Onshore-WEA aufgrund der höheren durchschnittlichen Windgeschwindigkeiten auf See von größerer Bedeutung ist. Wird die Nennleistung einer Onshore WEA um 10% erhöht, so kann mit einem Anstieg des Jahresenergieertrags um 5% gerechnet werden. Findet die gleiche Nennleistungserhöhung bei einer Offshore-Anlage statt, so steigt der Jahresenergieertrag im Schnitt um 7% [WINDPOWER TV - WINDPOWERMONTHLY.COM 2014].

Die Erkenntnis, dass für den Offshore-Betrieb deutlich größere und an die Extrembedingungen angepasste WEA konstruiert werden müssen, setzte als erste Firma die in Hamburg und mit der Entwicklung in Osterrönfeld bei Rendsburg ansässige Firma REpower Systems um. Der Anlagenhersteller wagte als erstes den Sprung in die 5 MW-Klasse. Die Grundlagen des Projektes gehen auf ein Konsortium der REpower Systems Vorgänger pro+pro und Jacobs sowie Nordex zurück. Das Entwicklungskonsortium, in dessen Beirat der spätere REpower CEO Prof. Dr. Fritz Vahrenholt saß, firmierte unter dem Namen Norddeutsches Offshore Konsortium (NOK). Nachdem es zu internen Differenzen kam, stieg Nordex aus dem Projekt wieder aus. Die Anlagenentwicklung wurde nachfolgend unter dem Dach der neugegründeten Firma REpower Systems vorangetrieben. Der Prototyp der REpower 5M wurde schließlich im Jahr 2004 landseitig im Schleswig-Holsteinischen Brunsbüttel in unmittelbarer Nähe zum Atomkraftwerk errichtet. Die erste Anlage der Multimegawatt-Klasse, die speziell für den Einsatz auf See konzipiert wurde, hat einen Rotordurchmesser von 126m, wobei dieser alleine ein Gesamtgewicht von 120t vorzuweisen hatte. Die Gondel kommt mit 290t auf mehr als das Doppelte. Noch im selben Jahr errichtete die Firma Multibrid (heute AREVA-Wind) den Prototyp der von Aerodyn entworfenen Multibrid M5000 in Bremerhaven. Auch diese Anlage hatte eine Nennleistung von 5 MW, wobei der Rotor nur auf einen Durchmesser von 116m kommen sollte. Beide Anlagentypen, die sowohl in den Projekten Beatrice (5M) und alpha ventus (M5000) in tiefem Wasser und deutlicher Küstenentfernung gestellt wurden, markieren einen Bruch hinsichtlich der Anlagenentwicklung [45]. Mit dem Sprung in die 5MW-Klasse vollzog sich sukzessive die Abkopplung der WEA-Entwicklung vom Onshore-Segment, wobei auf den originären Entwicklungspfad der Onshore-Technologie zu verweisen ist.

Die technologische Diskontinuität, die sich auf der Einheitenebene durch die Einführung speziell ausgelegter Großanlagen, die ausschließlich für das Offshore-Marktsegment konzipiert wurden (Siehe 4.4.1), manifestierte, fand auf Anlagenebene ebenfalls ihren Niederschlag. Auf der Ebene des Gesamtsystems machte die Größenevolution insbesondere mit dem Erreichen der Multi-Megawatt-Klasse einen deutlichen Sprung. Nennleistung und Anzahl der pro Projekt gestellten WEA nahmen sukzessive zu. Handelte es sich bei den ersten Prototypen noch um Einzelanlagen, so können die Offshoreparks zwei Dekaden später als Kraftwerke begriffen werden, die entsprechend angepasste Infrastruktur, Koordination und Betriebsführung erfordern. Stellvertretend für diesen Bruch auf Anlagenebene kann der Windpark Horns Rev angesehen werden. Es wurde im Rahmen seines Baus eine Reihe von maßgeblichen Innovationen für die neue Offshorewindindustrie eingeführt, jedoch wurden auch die Komplikationen, die sich aus der neuen Einsatzumgebung, der neuen Architektur und der neuen Komponenteninteraktion ergeben, evident.

[45] Als einzige herausstehende Ausnahme für den Onshore-Bereich kann auf die 2002 entwickelte Enercon Anlage E-112 und das 2007 eingeführte Nachfolgemodell E-126 verwiesen werden. Diese in Magdeburg gefertigte Anlage mit ihrem 126m großem Rotor, einer Nennleistung von bis zu 7,6MW und einer Gesamthöhe von bis zu 198,5m wird, wie alle Enercon-Anlagen, ausschließlich landseitig gestellt. Die Firma Enercon beschloss nach dem Fehlschlag von Hooksiel, nicht in das Offshore-Geschäft einzusteigen [STROM-MAGAZIN.DE 2006]. Aufgrund der Problematiken, die entsprechende Größenordnungen mit sich bringen, wurde ein komplett neues Logistik- und Errichtungskonzept für den Giganten entwickelt. Vor dem Hintergrund der geringen Stückzahl errichteter Anlagen (< 50 zum Jahr 2014, bei fast zehn Jahren Marktverfügbarkeit) ist die Anlage als Kleinserie und derzeit nicht als kommerzieller Erfolg im Hinblick auf die verkaufte Stückzahl einzuschätzen. Sie kann als Prestigeobjekt der Firma Enercon und Randerscheinung im Bereich der Onshore-WEA angesehen werden.

Exkurs: Der Windpark Horns Rev - Phase I

Für die Evolution der Offshorewindenergie spielt der Windpark Horns Rev eine nicht zu unterschätzende Rolle. Er kann und wird als einer der Meilensteine, im positiven wie im negativen Sinne, für die Entwicklung der Windnutzung auf See angesehen. Diese ambivalente Bedeutung ist tief mit den Erfolgen und Problemen des Parks verbunden. Horns Rev 1 gilt gemeinhin als erster wirklicher Offshore Park [LÖNKER 2004], der der heutigen Klassifikation entspricht.

Namensgebend für den Windpark ist die Sandbank Horns Rev, auf welcher der Park errichtet wurde. Er befindet sich in der dänischen Nordsee, in circa 60km Entfernung nordwestlich vor Sylt. Der Basishafen Esbjerg befindet sich etwa 17 km östlich der Windfarm. Der Park war der erste, der im Rahmen des dänischen Regierungsprogramms zur Offshore Windenergie errichtet wurde [KRISTOFFERSEN 2005: 1].

Die erste Phase von Horns Rev wurde im Sommer 2002 gebaut [ELSAM 2003: 3]. Sie umfasst insgesamt 80 WEA des Modells V80-2.0 der Firma Vestas. Die Anlagen sind mit einer Nennleistung von 2MW ausgelegt, was zu einer Gesamtnennleistung des Parks von 160MW führt. Die Einzelanlagen haben jeweils einen Abstand von 560m zueinander.

Somit erstreckt die erste Phase des Windparks sich über ein Gesamtareal von 20km². Die Bauarbeiten zur Errichtung des Parks begannen zum Jahresende 2001 mit der Fundamentrammung der Umspannstation auf See [DONG ENERGY 2006: 1]. Da der Windpark auf einem Areal mit relativ geringen Wassertiefen zwischen 6m und 12m errichtet wurde, wurden für die Gründung der WEA sogenannte Monopiles eingesetzt. Diese wurden zu Beginn des Jahres 2002 in den Meeresboden getrieben. Die gerammten Monopiles wurden im Anschluss mit Transition Pieces, welche integrierte Kabelröhren, Anleger und Arbeitsplattformen umfassen, ausgerüstet. Im Anschluss an die vorbereitenden Arbeiten begann die Montage der Anlagen auf die TP. Hierzu wurden Jackup Bargen genutzt, die in der Lage waren, bis zu zwei WEA in den Park zu bringen und zu installieren [ELSAM 2003: 3]. Abschließend wurde die Infieldverkabelung und der Anschluss an das Stromnetz bei Blåvandshuk realisiert. Die Fertigstellung der Windfarm fand im Juli 2003 statt [POWER 2006: 73]. Insgesamt beliefen sich die Errichtungskosten für den Windpark auf 268 Mio. Euro, wovon ca. 40 Mio. für die Verkabelung und die Netzanbindung aufgebracht werden mussten. Umgerechnet entspricht dies 1,675 Mio. €/ Installiertes MW Nennleistung.

Heute liegt die Stromproduktion des Windparks bei 600GWh pro Jahr. Dies sind in etwa zwei Prozent des dänischen Gesamtstromverbrauchs oder anders ausgedrückt der Strombedarf für 150.000 Haushalte mit einem durchschnittlichen Strombedarf von 4.000kWh pro Jahr [ELSAM 2003: 2].

Im Jahr 2013 sind 60% der Windfarm im Besitz des staatlichen EVU Vattenfall. Der mit 40% kleinere Anteil gehört dem dänischen EVU DONG Energy.

Mit der Errichtung des Parks ging eine Reihe von Innovationen einher, die zu einem Standard für Windparks mit größerer Küstenentfernung werden sollten. So ist Horns Rev die erste Farm, die eine eigenständige seeseitige Umspannplattform erhielt. Zudem war Horns Rev der erste Park, in dem aufgrund der exponierten Lage auf See, für jede einzelne WEA ein eigenes Helikopterdeck auf dem Gondelhaus montiert wurde, um die Wartung oder Reparatur der WEA auch bei schwerem Seegang zu ermöglichen. Auch neue Kontrollstandards, welche speziell für die neuen Anforderungen entwickelt wurden, wurden implementiert [KRISTOFFERSEN 2005: 2] und somit eine Marinisierung der WEA vorangetrieben.

Der Park kann somit gerechtfertigt als Meilenstein für die Offshorewindenergie angesehen werden, dennoch ist er ebenso das Paradebeispiel für die Tatsache, dass die Industrie die veränderten Komponenteninteraktionen, die sich aus der differierenden Einsatzumgebung ergeben, nur unzureichend erfasst und berücksichtigt hat.

Die Probleme um die erste Phase von Horns Rev hatten einschneidende Auswirkungen auf die Windenergieindustrie [LÖNKER & FRANKEN 2004].

Die Tatsache, dass Offshorewindenergie nicht bedeutet, einfach Onshorewindenergieanlagen auf See zu stellen, war nach dem ‚Desaster von Horns Rev' nicht mehr zu leugnen. Die etablierte Technologie war offensichtlich nicht für den Einsatz auf dem Meer geeignet, zumal sich ähnliche Probleme bei den Bonus-Anlagen des Windparks Middelgrunden eingestellt hatten [WINDPOWERMONTHLY.COM 2004]. Die Seeluft und die differierenden Lastdynamiken machten die Konstruktion und den Betrieb von WEA und Park zu einer neuen Herausforderung.

Das Ausmaß des Schadens von Horns Rev kann fast mit einem Maximalschaden gleichgesetzt werden. Alle 80 installierten Vestas V80 mussten im Jahr 2004, nach nur zwei Betriebsjahren, auf See demontiert und an Land gebracht werden. Die Ursache für diese Reparaturaktion waren defekte Transformatoren und Generatoren der WEA. Sie hatten der salzigen Seeluft nicht standhalten können, und es kam zu Kurzschlüssen [LÖNKER 2004]. Ähnliche Probleme hätten die Anlagen auch bei einer landseitigen Installation erfahren können, da als Ursache für die Probleme allgemeine Qualitätsmängel galten. Den großen Unterschied machte jedoch die Erreichbarkeit der Turbinen aus [LÖNKER 2004].

Das Ausmaß der Schäden wurde in der gesamten Windenergiendustrie als eine ernste Angelegenheit wahrgenommen. Insbesondere die Reaktion von finanzierenden Banken und Versicherern wurde aufgrund der auf See auftretenden Probleme genau beobachtet.

Auch wenn keine genauen Zahlen publiziert wurden, so wurde der Schaden auf über 30 Mio. Euro exklusive der Entschädigungen für die erlittenen Ertragsausfälle taxiert [LÖNKER & FRANKEN 2004]. Ein Interviewpartner merkte an, dass Horns Rev zu einem zwischenzeitlichen Komplettrückzug von Vestas aus dem Offshore-Segment führte. Erst nach einer detaillierten Evaluation wurden die Aktivitäten wieder aufgenommen.

Als Lehre aus Horn Rev zog die gesamte Branche, dass die Faktoren Qualität, modularer Aufbau und Wartungskonzepte einer deutlichen Verbesserung bedurften, um einen wirtschaftlich sinnvollen Betrieb eines Windkraftwerks auf See garantieren zu können. Es galt die Konzeption sowohl von WEA als auch der Parks neu zu überdenken.

5.3.3 Era of Ferment - Aktuelle Entwicklungen

Horns Rev steht an dieser Stelle beispielhaft für eine Reihe von Fehlschlägen und Problemen, die sichtbar machten, dass die neue Einsatzumgebung neue technologische Ansätze beziehungsweise veränderte Schnittstellen einzelner Komponenten erforderte und eine inkrementelle Weiterentwicklung der existenten Onshoretechnologie mittelfristig keine Chancen bieten würde, im neuen Markt Offshore zu bestehen. Sowohl auf der Einheiten- als auch auf der Anlagenebene zeichnete sich ein hoher Entwicklungsbedarf ab, um die benötigte Technologie zu designen und zur Marktreife zu bringen. Die Verankerung der WEA auf See offenbarte sich mit als die größte Herausforderung während der Bauphase. Insbesondere die Komplexität der Verknüpfung von Fundamenten und WEA war unterschätzt worden. Zahlreiche Ausfälle und Probleme, die in diesem Zusammenhang auftraten, waren für die Akteure überraschend und führten zu einer erheblichen Kostensteigerung diverser Projekte. Diese Problematik war der Anstoß einer weiteren Innovation, die erstmals an der London-Array Windfarm zum Einsatz kam. Es wurde ein konisches Anschlussstück an der Kopfseite der Monopiles angebracht [RECHENBACH 2012: 7], welches ein Verrutschen der Transition Pieces inklusive WEA verhindern soll. Die Erfahrungen, die unter anderem aus den Rückschlägen der ersten großen Parks und den marinisierten WEA resultierten, können als Nährboden von großer Bedeutung für die weitere Entwicklung der Offshorewindenergietechnologie verstanden werden.

Wurden in den 2000er Jahren noch vornehmlich WEA zwischen 2,3 MW und 3,6 MW Nennleistung im Rahmen des weiteren Ausbaus der Kapazitäten auf See errichtet, so geht dies vornehmlich auf die zur Verfügung stehende WEA-Technologie zurück. Auch wenn bereits die ersten Multi-Megawatt-WEA konstruiert waren, so handelte es sich noch um Anlagen im Prototypenstadium, die erst ihre Zuverlässigkeit beweisen mussten. Somit wurden die bereits geplanten Parks mit den bereits verfügbaren WEA der Sub-5MW-Klasse bestückt. Die durchschnittliche Nennleistung der weitgehend noch der marinisierten Generation angehörenden WEA für den Zeitraum von 2000 bis 2009[46] beträgt 2,55 MW.

[46] Dem Berechnungszeitraum liegt eine Gesamtanzahl von 695 WEA mit einer Gesamtnennleistung von 1.775,7 MW zugrunde.

Im Laufe der gesamten Technologieentwicklung sind die zeitversetzten Ebenen der marktreifen beziehungsweise angebotenen Produkte und der aktuellen Entwicklungen zu berücksichtigen. Diese Differenzierung zweier paralleler Ereignisketten, die auf die Standardmodelle von Produktentwicklungs- und Produktlebenszyklus zurückzuführen ist, ist zwingend notwendig, um Technologieentwicklung nachvollziehen, analysieren und schließlich ein vollumfängliches Bild einer Industriedynamik zeichnen zu können.

Neben der 2004 in Brunsbüttel errichteten REpower 5M und der ebenfalls 2004 in Bremerhaven errichteten AREVA M5000 sind zwei weitere WEA der 5MW+-Klasse zu nennen, die in den 2000er Jahren errichtet wurden. 2007 wurde die 5.0 der Firma BARD am Rysumer Nacken und 2009 die REpower 6M126 bei Ellhöft installiert. Diese WEA, die alle aus deutscher Entwicklung und Produktion stammen, wurden beginnend mit dem Beatrice Demonstrator Projekt (REpower 5M) vor der schottischen Küste ab dem Jahr 2007 gestellt. Bis zum Ende des Jahres 2009 wurden insgesamt neun WEA der 5MW+ Klasse errichtet, wovon sechs WEA auf die erste Phase des Windparks Thornton Bank fallen.

Mit Beginn der 2010er Jahre wurden zunehmend WEA der Multi-Megawatt-Klasse in kommerziellen Offshore-Windparks verbaut. Die Gesamtheit der installierten 5MW+-Anlagen bis Ende 2013 fällt auf die Unternehmen AREVA (6 WEA), BARD (80 WEA) und REpower Systems (84 WEA). Da die Mehrheit der installierten WEA im selben Zeitraum jedoch noch der zwei bis drei Megawattklasse (insbesondere der Siemens SWT-3.6-107/120) zuzuordnen ist, ergibt sich für den Zeitraum 2010 bis 2013 eine durchschnittliche Anlagengröße von „nur" 3,58 MW[47].

Stellen die drei genannten Anlagentypen bis Ende 2013 die einzigen in kommerziellen Großprojekten gestellten Multi-MW-WEA dar, so gibt es seit dem Jahr 2010 acht weitere Prototypen von Offshore-Anlagen mit einer Nennleistung von mehr als fünf Megawatt. Neben AREVA, REpower und der inzwischen insolventen Firma BARD finden sich mit Gamesa, Samsung, Siemens, Vestas und XEMC fünf weitere Firmen, die Neuentwicklungen in den europäischen Offshore-Markt einführen. Weitere Entwicklungsankündigungen kommen seitens AREVA mit einer geplanten 8MW-Anlage und REpower Sytems/Senvion mit einer Weiterentwicklung der 6MW-Turbine. Mit dieser neuen Anlagengeneration und dem extremen Größenwachstum, welches keine Mehrfachvermarktung, sowohl Onshore und Offshore, mehr erlaubt (Siehe 4.4.1), und in Teilen auf neue Triebstrangkonzepte setzt, wird die Abspaltung von Onshore- und Offshoretechnologie auf Einheitenebene zunehmend vollzogen.

Neben dem Technologiewandel auf der Einheitenebene lässt sich ebenso auf der Anlagenebene seit Beginn der 2000er Jahre eine zunehmende und im Rahmen der Arbeit als AI identifizierte Rekonfiguration beobachten. Hier sind insbesondere die Komponenten Umspanneinrichtung und Fundament (Hinsichtlich der Evolution der Grün-

[47] Dem Berechnungszeitraum liegt eine Gesamtanzahl von 1291 WEA mit einer Gesamtnennleistung von 4.616,8 MW zugrunde.

dungsvarianten soll an dieser Stelle auf die detaillierten Ausführungen in Abschnitt 5.1.2.2 verwiesen werden.) in den Fokus zu rücken.

Die technologische Evolution der Netzanbindung ist durch zwei Dimensionen, die physisch-technische Ebene des Netzanschlusses und die organisatorische und planerische Ebene der Netzintegration angetrieben. Im Rahmen der ersten Evolutionsstufe wurden die Offshore-Windparks der ersten Dekade (1990 - 2000) noch küstennah und mit geringen Nennleistungen geplant und errichtet, so konnten die Netzanschlüsse ähnlich wie bei Onshore-Windparks ausgelegt werden. Es erfolgte ein direkter Anschluss des Gesamtparks an das landseitige Mittelspannungsnetz. Middelgrunden wurde 2001 als erster Park, jedoch ebenfalls mittels einer direkten Landverbindung, an das Hochspannungsnetz angeschlossen, er soll dennoch aufgrund der Gesamtarchitektur noch der ersten Evolutionsstufe zugeschlagen werden.

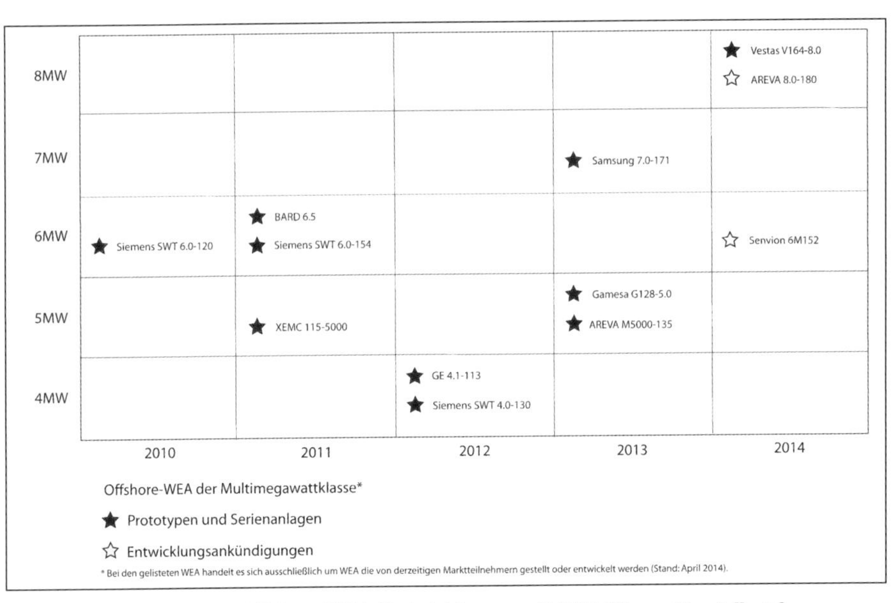

Abbildung 51: Offshore-WEA-Entwicklungen seit 2010 [Eigene Darstellung]

Erst mit Horns Rev 1 wurde 2002, wie dargelegt, die Parkarchitektur derart angepasst, dass eine eigene Umspannplattform auf See errichtet wurde. Diese Entwicklung soll die zweite Evolutionsstufe auszeichnen. Insbesondere die Parkgröße (Größenwandel) als auch die Küstenentfernung (Einsatzumgebung) machten diesen Schritt letztlich notwendig. Eine entsprechende Parkarchitektur kann im Schnitt ab einer Küstenentfernung von >10 km und einer Parkgröße von >100 MW beobachtet werden.

Die dritte Evolutionsstufe findet sich derzeit ausschließlich in der deutschen AWZ. Hierbei handelt es sich um Sammelplattformen in Form von HGÜ-Systemen, welche die Leistung einzelner Windparkcluster bündeln und eine Landverbindung mittels Hochspannungs-Gleichstrom-Übertragung realisieren. Die Wahl einer entsprechenden Umsetzung steht mit den vergleichsweise großen Küstenentfernungen der in den

Hoheitsgewässern der BRD geplanten Windparks im Zusammenhang. Hochspannungs-Drehstromübertragungen, wie sie in den Evolutionsphasen eins und zwei zum Einsatz kommen, sind über große Entfernungen hinweg weniger effizient [HEYMAN et al. 2010: 2] und bringen hohe Kapazitätsverluste mit sich. Dieser Problematik wird mit den vergleichsweise komplizierten, aber die Übertragungsverluste minimierenden HGÜ-Sytemen entgegengewirkt. Aktuell finden sich in der AWZ vier HGÜ-Cluster in Planung und Bau. Die Cluster, die jeweils bis zu drei Plattformen umfassen, tragen die Namen BorWin, DolWin, HelWin und SylWin. Werden die Elektrokomponenten maßgeblich von den Großkonzernen ABB und Siemens geliefert, so werden die Plattformen und Fundamente zum Großteil von Werften wie Nordic Yards aus Wismar beziehungsweise Warnemünde (BorWin beta, DolWin gamma, HelWin alpha, SylWin alpha), Heerema aus den Niederländischen Vlissingen (BorWin alpha, DolWin alpha, HelWin beta) oder Drydocks World aus Dubai (DolWin beta) gefertigt.

Wenngleich HGÜ-Systeme aus elektrotechnischer Perspektive kein Novum darstellen - Die erste weltweite HGÜ-Verbindung stellte 1954 der Anschluss der Insel Gotland dar [CALLAVIK et al. 2012: 2], - zeichnet sich hinsichtlich der Offshore-Errichtung ein ähnliches Problemmuster wie hinsichtlich der WEA und der Fundamente in Hinblick auf die neue Einsatzumgebung dar. *„[D]er zeitliche und technologische Aufwand bei der Entwicklung der Einzelkomponenten und der Errichtung der Anlagen auf hoher See [wurden] unterschätzt“* [BUNDESTAG 2012: 1]. Hierbei ist festzuhalten, dass diese Feststellung nicht nur hinsichtlich der Komponenten und ihrer Errichtung auf See gilt, sondern auch *„die Schwierigkeiten und Herausforderungen insbesondere der Zusammenarbeit zwischen Forschung und Industrie [...] unterschätzt [wurden]“* [LANGE et al. 2012: 49].

Dies resultierte in bedeutenden Verzögerungen bezüglich Bau und Installation der HGÜ-Systeme, womit verspätete Anschlüsse und Inbetriebnahmen der Windparks auf See einhergingen. Die dadurch entstehenden, nicht unerheblichen Planungsunsicherheiten und Mehrkosten sind wesentlich verantwortlich für die Debatte um die Sinnhaftigkeit der Offshore-Windenergie in der BRD [STIFTUNG OFFSHORE WINDENERGIE 2012, WELT.DE 2012, ZEIT.DE 2012, ZEIT.DE 2013].

Einen wesentlichen Innovationsmotor für die dargestellten Entwicklungen stellen, wie mehrfach angemerkt, die Faktoren Küstenentfernung und Wassertiefe sowie die sich aus ihnen ergebende Veränderung der Einsatzumgebung dar. Steigende Wassertiefen und Küstenentfernungen verlangen nach neuen Umsetzungslösungen, die neben den genannten Entwicklungen dazu führen, dass einige Akteure radikal neue Wege beschreiten, um zu einer kostengünstigen und validen Umsetzung der Offshorewindtechnologie zu gelangen.

Cluster	Plattform	Windparks
BorWin	BorWin alpha	BARD Offshore 1
	BorWin beta	Veja Mate, Global Tech 1
	BorWin gamma	Albatros, Hohe See,
DolWin	DolWin alpha	Borkum West II, MEG Offshore I, (Borkum Riffgrund I*)
	DolWin beta	Gode Wind I, Gode Wind II, Nordsee One
	DolWin gamma	Borkum Riffgrund I, Borkum Riffgrund II
HelWin	HelWin alpha	Meerwind, Nordsee Ost
	HelWin beta	Amrumbank West
SylWin	SylWin alpha	Dan Tysk,
	SylWin beta	N.N.
* Der Anschluss erfolgt provisorisch an DolWin alpha. Final ist DolWin gamma vorgesehen [TENNET.EU 2014].		

Tabelle 14: HGÜ-Verbindungen
[Eigene Zusammenfassung, Quellen: 4COFFSHORE.COM 2014, TENNET.EU 2014]

5.3.4 Era of Ferment - Die Entwicklung radikaler Konzepte

Unter Rückgriff auf die theoretischen Konzepte und Überlegungen aus Kapitel drei sind weitere besondere Entwicklungen der Offshore-Windenergietechnologie herauszustellen. Mit einem technologischen Bruch oder einer technologischen Diskontinuität, so wurde angemerkt, werden häufig radikale Produktveränderungen assoziiert, die in einem diametralen Verständnis zu inkrementeller Entwicklung stehen. Umgekehrt lässt sich davon sprechen, dass der Allgemeinheit technologische Brüche erst bewusst werden, wenn diese sich anhand radikal veränderter Produkte manifestieren.

Neben der Nutzung des vorgestellten Dominant Designs sowohl auf Einheiten- wie auch auf Anlagenebene lassen sich im Rahmen der Diskontinuität von Onshore zu Offshore, eine Reihe von neuen, radikalen Lösungsansätzen auf Einheitenebene identifizieren, die aufzeigen, dass die Annahme einer neuen Era of Ferment gerechtfertigt ist. Hierbei ist hervorzuheben, dass der Entwicklungsstrang um die neuen Konzepte, der, wie sich herausstellen wird, auf Überlegungen der Onshore-Era of Ferment zurückgreift, parallel zur Weiterentwicklung das aktuellen Dominant Designs verläuft.

An erster Stelle wird auf das Unternehmen 2-B Energy und die genutzte Technologie eingegangen. Das Unternehmen besinnt sich mit seinem WEA-Konzept auf die fast traditionelle Zweiblatttechnologie aus den Niederlanden. Die Anlage mit 140m Rotordurchmesser und 6MW Nennleistung, deren Prototyp 2016 landseitig bei Eemshaven errichtet werden soll [WINDPOWEROFFSHORE 2014], greift auf das Konzept des Leeläufers zurück. Um das Problem des Turmwindschattens zu minimieren, wird auf eine Gitterstruktur gesetzt. Im Gegensatz zu früheren Anlagen, die auf Pendelnaben setzten, sollen die durch die Turbulenzen entstehenden Lasten mittels einer individuellen Blattverstellung über Pitchmotoren abgefangen werden. Der hohe Geräuschpegel und die unruhige Optik, die in den 1980er Jahren mit verantwortlich dafür waren, dass sich Zweiblatt-WEA Onshore nicht durchsetzen konnten, fallen zudem bei einer Offshoreerrichtung deutlich geringer ins Gewicht. Und so wird im Zweiblattrotor inzwischen eine *„Option mit vielen Vorteilen"* [SEIFERT auf INGENIEUR.DE 2011] für den Offshorebetrieb gesehen.

Mit der Condor 6 wird eine weitere WEA explizit für die Offshorenutzung unter Nutzung eines Zweiblattrotors entwickelt. Im Gegensatz zu WEA von 2-B Energy konzipiert die für die Entwicklung verantwortliche britische Firma Condorwind jedoch einen 6MW Luvläufer mit 120m Rotordurchmesser. Das Anlagenkonzept basiert ebenfalls auf einer Onshoreentwicklung der 1980er Jahre, der italienischen Gamma 60 Turbine. Zudem finden sich über den Condorwind-Mitbegründer Glidden Donovan Verbindungen zum MOD-2-Programm der NASA, dessen Mitarbeiter er war [WINDPOWERMONTHLY 2011].

Die Wiederaufnahme von Anlagenkonzepten, die bereits in der Era of Ferment des Onshore-Pfades entwickelt wurden, beschränkt sich dabei nicht auf Zweiblattrotoren. Entwickler greifen auch das Darrieus-Prinzip wieder auf. Hier ist an erster Stelle das Unternehmen VertAx Wind Limited zu nennen, das auf die Entwicklung eines H-Darrieus-Rotor setzt. Die Planungen sehen hierbei eine circa 200m hohe VAWT mit 110m Rotorblatthöhe vor. Der Rotor soll zwei PMG von jeweils 5MW und sieben Meter Durchmesser antreiben. Auf diese Weise würde sich eine Gesamtnennleistung von 10MW ergeben. Die Anlagenerreichbarkeit auf See würde durch ein Helikopterdeck auf der Mastspitze gesichert werden [WINDPOWERMONTHLY.COM 2009].

Auch die französische Firma Nénuphar setzt auf das H-Darrieus-Prinzip mit Direktantrieb. In ersten Entwürfen wurde noch mit einer Helix-Anordnung der Rotorblätter geplant, diese jedoch wieder verworfen. Das Vertiwind bezeichnete Projekt sieht im Gegensatz zu VertAx eine schwimmende Installation der Anlagen vor. Es lässt sich zudem festhalten, dass die Entwicklung im Vergleich zum britischen Projekt weiter vorangeschritten scheint. Ein 90m hoher 2MW-Prototyp befindet sich derzeit in Fertigung [WINDPOWEROFFSHORE.COM 2013].

Hinter optisch vergleichsweise ähnlichen WEA mit Horizontalachse und Dreiblattrotor können sich auch Konzepte verbergen, die sich im Kern deutlich von den klassischen Designs mit Getriebe oder Direktantrieb unterscheiden. So entwickelt Mitsubishi für seine SeaAngel getaufte 7MW-Anlage ein hydraulisches Kraftübertragungprinzip [VDI-NACHRICHTEN.COM 2014], während die Entwickler von Sway Turbine eine 10MW Turbine in Leichtbauweise und außerhalb der Gondel liegendem Permanentringgenerator planen [RENEWABLEENERGYMAGAZINE.COM 2012].

Ein massiv radikaler Ansatz, der der Vollständigkeit halber zu erwähnen ist, verbirgt sich hinter der 10MW-Studie Aerogenerator X der britischen Firma Windpower Limited. Die Studie sieht ein schwimmendes Horizontalachsdesign vor. Die Rotorblätter sind dabei in einem 45° Winkel ausgehend von der fundamentseitigen Achsaufnahme abgespreizt. Die Studie erinnert optisch weit entfernt an den Wagner-Rotor. Ob es jemals zu einer Umsetzung beziehungsweise der Errichtung eines kleineren Prototyps kommen wird, kann derzeit nicht beurteilt werden [WINDPOWEROFFSHORE.COM 2013].

5.4 Zusammenfassung der Evolution der Windenergietechnologie

Die hier erfolgte Aufarbeitung der technologischen Entwicklung der Windenergie, die sich lose am Konzept des Technologiezyklus von ANDERSON und TUSHMAN [1990] orientiert hat, konnte aufzeigen, dass eine konsequente und nachhaltige Entwicklung der Offshore-Technologie erst mit der Ausbildung eines belastbaren Dominant Design in Onshore-Bereich an Dynamik aufnahm und sich die Offshore-Technologie im Rahmen eines technologischen Bruchs, der von Architectural Innovation begleitet wird, sukzessive vom Onshore-Pendant loslöst.

Im Zusammenhang mit dieser zunehmenden Abkopplung stehen derzeit zwei Entwicklungsstränge. Zum einen wird das Dominant Design für den Offshore-Einsatz zunehmend optimiert, wobei dabei entstehende technologische Innovationen wiederum in die Entwicklung der Onshore-Technologie transferiert werden, zum anderen kommen radikale Technologieansätze auf, die sich in Teilen auf verworfene Konzepte aus der Era of Ferment des Onshore-Zyklus stützen. Mit diesen radikalen Ansätzen gehen, so wird im weiteren Verlauf dieser Arbeit aufgezeigt, sowohl organisatorische wie auch räumliche Diskontinuitäten im Bereich der Windenergieindustrie einher, die sich deutlich von der Entwicklung des Hauptentwicklungspfades abgrenzen lassen.

6. Die organisatorische Evolution der Windenergieindustrie

Nachdem bereits eine flüchtige Darstellung der Industrieorganisation entlang der einzelnen Glieder der Wertketten stattgefunden hat, soll eine vertiefende Betrachtung der einzelnen Segmente folgen. Es wurde dargelegt, dass die Wertketten von Onshore und Offshore nach wie vor als ein- und dieselbe verstanden und wahrgenommen werden [PNE 2013: 6]. Dennoch scheint es, dass insbesondere die Differenzen, die sich aus dem Größenwandel der Komponenten sowie der neuen Einsatzumgebung ergeben, zu einem bedeutenden strukturellen Wandel innerhalb der einzelnen Glieder und zu einer Reorganisation einzelner Akteursbeziehungen führen.

Zur Überprüfung dieser Annahme werden in einem ersten Schritt die einzelnen Glieder der Wertkette erneut kontrastiv aufgearbeitet und ihre jeweiligen Eigenschaften detaillierter herausgestellt. In einem zweiten Schritt folgt die Behandlung der organisatorischen Evolution, die anlehnend an ROSENKOPF & TUSHMAN [1994] entlang des Technologiezyklus und der Struktur der Technological Community stattfindet. Ziel dieses Abschnitts ist es, zu analysieren, inwieweit die Onshore- und die Offshorewindenergieindustrie auf eine identische Organisation mit gemeinsamen Routinen zurückgreifen und ob sich die entsprechenden Akteure und Märkte decken oder ob sich neue, getrennte Organisationsstrukturen und Märkte herausbilden.

6.1 Die Wertkette der Windenergieindustrie

Die komplette Wertkette lässt sich schematisch anhand von drei Folgegliedern und zwei permanent begleitenden Prozessen abbilden (Siehe Abb. 28, S. 107). Das erste Folgeglied wird durch die Projektentwicklung dargestellt. Dieser erste Schritt umfasst alle wesentlichen planerischen Maßnahmen zur Vorbereitung einer realen Umsetzung eines Windparks. Inbegriffen sind hierbei Identifikation und Prüfung von potentiellen Standorten - sowohl großräumig als auch kleinräumig - mittels Windanalyseprogrammen und weiteren genehmigungsnotwendigen Gutachten. Wird ein Standort als umsetzungswürdig beschieden, folgt die Flächensicherung für alle umfassenden Gewerke wie WEA, Zuwegungen und Kabeltrassen. Zudem müssen Detailplanungen ausgeführt und das notwendige Genehmigungsverfahren begleitet werden. Nachdem die Bauleistungen ausgeschrieben und die einzelnen Komponenten bestellt wurden, folgt letztlich die Baubegleitung bis zur Errichtung. Die angeführten Prozesse müssen nicht zwangsläufig in der dargestellten trennscharfen Abfolge stattfinden. In Teilen können sie zeitgleich oder überschneidend stattfinden und sind gegebenenfalls projektspezifisch anzupassen.

Ist ein Projekt in die finale Planungsphase eingetreten, werden die entsprechend notwendigen Komponenten ausgewählt, und die Verhandlungsphase mit verschiedenen potentiellen Zulieferern beginnt. Nach Vertragsabschluss werden die georderten

Komponenten produziert, respektive gefertigte Elemente montiert und reserviert. Der Umstand, dass die räumliche Evolution der Industrie anhand der Unternehmenseinheiten von Windenergieanlagenherstellern nachvollzogen wird, steht im Einklang mit der Tatsache, dass die produzierenden Unternehmen den größten Umfang an der Wertschöpfung für sich einnehmen. Aus der Kostenverteilung für die Errichtung einer 2 MW-Onshore-WEA geht hervor, dass 69%, also mehr als zwei Drittel, der Kosten auf die Gewerke Turbine, Gründung und Netzanschluss entfallen [ROLAND BERGER 2009: 9]. Nach der Produktion und einer in Teilen gegebenen Vormontage der einzelnen Subsysteme folgen der Transport an die Baustelle und der Aufbau des Windparks. Der Bau, der in Abhängigkeit von den herrschenden Witterungsverhältnissen erfolgt, wird finalisiert durch die Inbetriebnahme und abschließende Abnahme des Parks.

Die drei genannten Glieder Entwicklung, Produktion und Bau sowie der finale Betrieb werden fortwährend durch die Segmente Forschung und Entwicklung als auch Finanzierung und kaufmännische Tätigkeit begleitet. Sowohl die Bedürfnisse der Entwickler als auch die Erfahrungen, die sich aus Produktion und Bau sowie dem Betrieb - insbesondere aus der technischen Betriebsführung und damit in Verbindung stehenden Serviceeinsätzen - ergeben, fließen permanent in die Forschungs- und Entwicklungsarbeit ein und resultieren so zumeist in Inkrementeller Innovation.

Finanzierung und kaufmännische Tätigkeit finden sich permanent über die Laufzeit auf verschiedenen Ebenen wieder. Beginnend von der Kapitalsicherung und möglichen Investorensuche während der ersten Planungen, über die Kostenverfolgung der Planungs- und Bauphase, in der verschiedenste Finanzierungs- und Zahlungsmodalitäten für Grundrechte oder Einzelkomponenten ausgehandelt werden, bis schließlich zum Vertrieb des fertigen Parks beziehungsweise der geschäftlichen Betriebsführung, die unter anderem auch eine Vermarktung des erzeugten Stroms vorsieht, finden sich Aktivitäten, die in direktem Zusammenhang mit Banken oder anderen Investoren stehen. Diese enden schließlich mit dem Verkauf oder dem finalen Rückbau eines Parks.

Wurden die einzelnen Glieder der Wertkette der Windenergieindustrie in Erinnerung gerufen, so soll folgend auf die jeweiligen Besonderheiten der einzelnen Segmente im aktuellen Onshore- sowie im Offshore-Bereich eingegangen werden.

6.1.1 Onshore

Werden die Projektentwickler betrachtet, so stellt sich ein recht heterogenes Gesamtbild hinsichtlich der Größe und Aktivitäten der Akteure dar. Findet sich nach wie vor eine große Anzahl kleiner Projektierungsbüros, die regional aktiv sind, so ist eine Tendenz zu wachsenden Unternehmen zu erkennen. Zunehmend finden sich international ausgerichtete Entwicklungsbüros, die sowohl finanziell als auch personell befähigt sind, zunehmend größere Projekte umzusetzen. Hinzu kommen EVU und Windenergieanlagenhersteller, die in verschiedenen Umfängen eine eigene Projektentwicklung unterhalten.

Die Fertigung der Einzelkomponenten ist bei den entsprechenden Herstellerunternehmen in weiten Teilen selbst angesiedelt. Dabei lässt sich herausarbeiten, dass in diesem Bereich die Fertigungstiefen der einzelnen Hersteller deutlich divergieren. Findet sich beispielsweise mit Enercon ein WEA-Hersteller, der eine hohe Fertigungstiefe aufweist, so gibt es Mitbewerber, die einen Großteil der Einzelkomponenten wie Generatoren, Getriebe, Rotorblätter und Türme für ihre Turbinen einkaufen. Werden die Fundamente als einzige Komponente vor Ort gefertigt, so werden die verbleibenden Bauteile (vormontierte Gondel, Rotorblätter, Turmsegmente) mittels einzelner Schwerlast-LKW direkt in den zukünftigen Park geliefert und dort montiert [KAMMER 2011: 105]. Der Bau wird vor Ort von meist regional ansässigen Firmen (Fundamentbau, Wegebau, Trassenbau) oder Spezialunternehmen (Montagekräne) übernommen und vom Personal der Projektentwickler und Anlagenhersteller koordinierend begleitet. Die Bauphase endet mit der Inbetriebnahme und der Abnahme des Parks, für die entsprechend Fachkräfte den Park direkt anfahren.

Während der gesamten Lebensdauer von 20 Jahren und mehr unterliegen die einzelnen Systeme der Gesamtanlage ständiger Wartung. Bei auftretenden schwerwiegenden Problemen werden gesonderte Serviceeinsätze gefahren, um den Ertragsausfall zu minimieren. Die relativ einfache landseitige Erreichbarkeit und die damit verbundene Logistik ermöglichen ein schnelles und meist kostengünstiges Eingreifen im Bedarfsfall. Handelt es sich um unerhebliche Schäden, die die Leistung der Anlagen nicht beeinträchtigen und in der Regel auf Verschleißerscheinungen zurückzuführen sind, wird mit einer Ausbesserung sogar meist bis zum nächsten vertraglich vereinbarten Serviceintervall gewartet.

Hinsichtlich der Bereiche Forschung und Entwicklung, Finanzierung sowie Vertrieb kann von permanent begleitenden Hintergrundprozessen gesprochen werden. Forschung und Entwicklung stehen in enger Verbindung mit den Erfahrungen aus dem Anlagenbetrieb. Ließen sich zu Beginn der technischen Entwicklung - in der Era of Ferment - vor allem Entwicklung im Bereich des Rotors identifizieren, so lässt sich mit Herausbildung eines Dominant Design eine Verschiebung der Entwicklungsaktivitäten auf den Triebstrang erkennen.

Mit der letzten Dekade verlagerten sich die Entwicklungsbemühungen vermehrt in den Bereich der Integration von Einheit und Anlage [SCHMIDT & HÜNTELER 2013: 7f.]. In diesem Zusammenhang ist ein Entwicklungsbereich aktuell besonders hervorzuheben. Er betrifft die elektrotechnischen Eigenschaften der Einheiten und Anlagen. Im europäischen Raum finden sich insbesondere in Deutschland zunehmend anspruchsvolle Anforderungen an die Netz-Systemdienstleistungen von Windenergieanlagen und Windparks, die erfüllt werden müssen, um eine Netzanschlusszusage zu erhalten. Diese Anforderungen, die in der Systemdienstleistungsverordnung (SDLWindV) festgehalten sind, stellen derzeit eine Grundlage für erhöhte Forschungsaktivität innerhalb der Onshore-Windenergieindustrie dar.

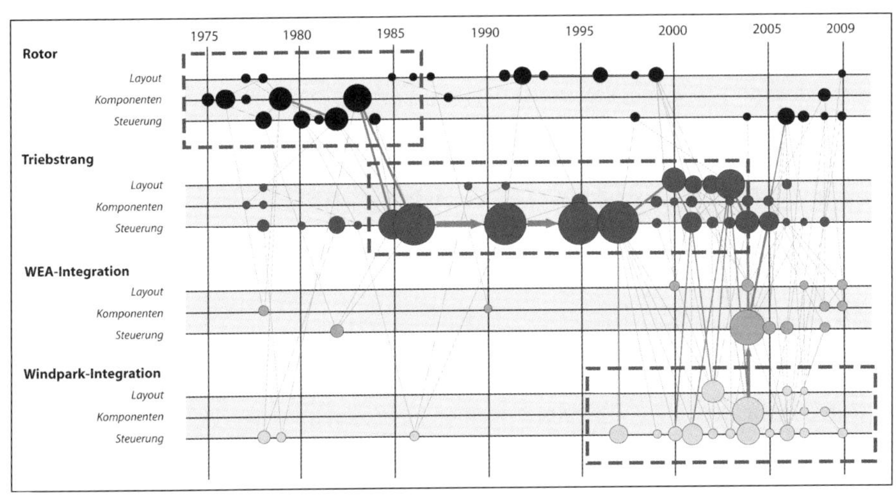

Abbildung 52: Innovationsevolution entlang der Komponentenhierarchie einer WEA [SCHMIDT & HÜNTELER 2013]

Finanzierung und Vertrieb bilden eine der zentralen Grundlagen für eine erfolgreiche Projektrealisierung. Bereits einfache Projekte wie Insellösungen mit einer Einzelanlage moderner Bauart, Zufahrt, Kranstellfläche, Fundament und Netzanbindung bringen Kosten im unteren Millionenbereich mit sich. Eine Kostenzunahme mit steigender Projektgröße ist evident. In der Regel müssen die nötigen Investitionskosten mit Hilfe von ausreichend Eigenkapital (EK) abgesichert sein, damit finanzierende Institute die Differenz zur Gesamtinvestition mit Fremdkapital (FK) aufstocken. Dieses Eigenkapital wird beispielsweise über Genussrechte, Kommanditanteile oder Genossenschaftsanteile im Bereich ab 2.000 € je Einheit angeboten [GREEN-CITY-ENERGY 2013, BÜRGERWINDPARK EMSDETTEN GMBH & CO. KG 2014].

Aufgrund der genannten Kostenstruktur finden sich für kleinere bis mittlere Projekte vornehmlich Einzelpersonen oder Personenzusammenschlüsse als Investoren. Das benötigte Fremdkapital wird in der entsprechenden Größenordnung häufig von Sparkassen und kleineren Banken gestellt. Mit steigender Projektgröße und damit verbundenen höheren Investitionskosten lässt sich beobachten, dass sich die Investorenzusammensetzung ändert. Gleiches gilt für die Struktur der finanzierenden Banken.

Windpark	WEA	MW-Gesamt	EK	FK	Gesamtinvestition
Emsdetten	4*GE2,5-125	10MW	5.360.000 €	16.340.000 €	21.700.000 €
Odenwald	5*NordexN117	12MW	6.812.500 €	19.881.950 €	26.694.450 €

Tabelle 15: Finanzstrukturen Onshore Windparks [GREEN-CITY-ENERGY 2013, BÜRGERWINDPARK EMSDETTEN GmbH & Co. KG 2014]

Die kaufmännischen Aktivitäten sind als mehrdimensional zu verstehen. Sie beginnen mit der Finanzierungssicherung eines Projektes und dem Einkauf der entsprechend benötigten Komponenten und enden in der Regel mit Vertriebsaktivitäten oder der Übernahme der kaufmännischen Geschäftsführung eines Objektes. Es besteht die

Möglichkeit, dass ein Projektentwickler, je nach Finanzierungskapitalstruktur einen fertig gestellten Park an einen Endinvestor, beispielsweise ein EVU, verkauft. Dieser Vertriebsprozess beinhaltet meist mehrere Verhandlungsrunden und eine intensive Projektprüfung (Due Dilligence). Gegebenenfalls kann der Entwickler auch für die Parkbetreiber die Geschäftsführung sowohl kaufmännisch als auch technisch übernehmen. Die kaufmännische Tätigkeit umfasst in diesem Fall das gesamte Spektrum von Stromvertrieb über Organisation des Kapitaldienstes und schließt letztlich im Abverkauf eines aktiven oder rückgebauten Projektes.

6.1.2 Offshore

Hinsichtlich der Projektentwicklung von OWP lässt sich ein Muster herausarbeiten, das sich durch eine breite Zahl von Projekten zieht. Auch wenn erste Pilotprojekte wie Nogersund, Vindeby oder Tunø Knob durch Energieversorger entwickelt wurden, so wurde ein beachtlicher Teil der heutigen Großprojekte in ihren Anfangsstadien von vergleichsweise kleinen oder mittelständischen Unternehmen geplant, angemeldet und vorangetrieben. Erst mit Verzug stiegen die großen EVU wieder eigenständig in die Entwicklung ein. In Hinblick auf die Entwicklungen in der Deutschen Bucht wurden beispielsweise das von der in Enge-Sande ansässigen GEOmbH entwickelte Projekt DanTysk 2007 an den schwedischen EVU Vattenfall veräußert. Die Rechte am Projekt Borkum Riffgrund West, welches von der Bremer Energiekontor AG entwickelt wurde, gingen im Jahr 2011 an die Dänische Utility DONG. Diese Tendenzen beschränken sich nicht auf die OWP in deutschen Gewässern. Die inzwischen von RWE Innogy geplanten und gebauten Projekte Rhyl Flats und North Hoyle wurden ursprünglich von der Celtic Offshore Wind Limited beziehungsweise NWP Offshore geplant. RWE übernahm die Rechte und die Projektierung für beide Parks im Jahr 2002.

Inzwischen sind maßgeblich EVU mit eigenen Abteilungen für die Entwicklung von OWP verantwortlich. Zwar finden sich auch mittelständische spezialisierte Entwickler, wie WPD, PNE oder GEO, die Projekte vorantreiben, jedoch werden die Rechte in der Regel im Fremdauftrag entwickelt oder noch vor Projektrealisierung veräußert. Kleine regionale Entwicklungsbüros oder Projekte, die auf bürgerliche Eigenentwicklungen zurückgehen, wie sie Onshore zu finden sind, fehlen gänzlich.

In Bezug auf Produktion und Bau lassen sich wesentliche signifikante Unterschiede herausarbeiten. Bei genauer Betrachtung der Einzelkomponenten lässt sich festhalten, dass mit den fertigenden Unternehmen der Gründungsstrukturen eine neue Akteursgruppe eingetreten ist, beziehungsweise das Tätigkeitsfeld sich gewandelt hat. Ebenso wie in Bezug auf die Logistikdienstleistungen lassen sich in diesem Glied der Wertkette, wie bereits in Abschnitt 6.1.2.2 dargelegt, deutliche Einflüsse und ein Knowlege-spill-over aus der Offshore Öl- & Gas-Industrie festhalten. Hinsichtlich der Produktion der Einzelkomponenten eines Windparks kristallisieren sich zunehmend branchenspezifische Lösungen und Produkte auf allen Ebenen heraus, die noch während der frühen Reifephase der Industrie häufig als ‚bottlenecks' bezeichnete

Engpässe darstellten. Für die Offshorewindenergieindustrie waren dies unter anderem Transport- und Errichtungsschiffe [KPMG 2010: 45] beziehungsweise die Übertragungs- und Netzverknüpfungstechnologien [ZEIT.DE 2012]. Ein weiteres Spezifikum hinsichtlich der Logistik stellen die Lagerkapazitäten dar. Es sind für Großkomponenten wie Fundamente und WEA genügend schwerlastfähige Lagerflächen vonnöten, um Komponenten in ausreichendem Maß vorhalten zu können und einen Verzug bei der Verschiffung zu verhindern.

Aufgrund der in Teilen extremen Witterungsbedingungen auf See stellen Bau und Transport für die Realisierung eines OWP weitere Herausforderungen dar, die einen deutlich höheren Einfluss auf die Kostenstruktur haben. Sowohl für die Errichtung als auch die Inbetriebnahme und Wartung müssen Wetterzeitfenster optimal genutzt werden, um die ‚Weather-Down-Time' gering zu halten.

Ebenso wie die Onshore-Anlagen wird für die Offshore-Einheiten mit einer Betriebsdauer von 20 Jahren gerechnet. Betriebsgenehmigungen seitens des BSH sind aktuell auf maximal 25 Jahre ausgelegt, wobei nach Fristablauf und erneuter Prüfung eine Verlängerung möglich scheint. Aufgrund der exponierten Lage auf See und der damit einhergehenden schwierigen Erreichbarkeit der Parks sind mögliche Ausfälle zu minimieren. Zum einen stellen sich Service-Einsätze deutlich schwieriger und kostenintensiver als an Land dar, zum anderen ist aufgrund der möglichen Wetterlage auf See mit einer geringeren Erreichbarkeit der Komponenten zu rechnen. Im Schadensfall würde ein Ertragsausfall deutlich höher sein (siehe 4.5). Im Rahmen der Erhebung der qualitativen Daten wurde diskutiert, dass einem Kleinteil, welches im Einkauf Kosten im einstelligen Euro-Bereich verursacht, bei der Entwicklung von Offshore-WEA deutlich mehr Beachtung hinsichtlich Qualität und Langlebigkeit erfährt als Onshore. Die entsprechend daraus resultierenden Entwicklungs- und Qualitätssicherungskosten sind gerechtfertigt vor dem Hintergrund, dass besagtes Kleinteil bei einem Versagen Onshore Kosten in Höhe einer Größenordnung von 700 € bis 800 € nach sich zieht, bis es repariert ist. Fällt das gleiche Bauteil Offshore aus, können sich die Kosten in ungüstigen Fällen, aufgrund der entsprechend notwendigen Logistik und möglichen schlechten Witterungsverhältnissen, im mittleren fünfstelligen Euro-Bereich einpendeln. Spontane Serviceeinsätze sind aus diesen Gründen Offshore zu vermeiden.

Aufgrund der genannten Gegebenheiten ergeben sich diverse Konsequenzen für Forschung & Entwicklung in Hinblick auf Offshore-Lösungen. Zum einen benötigen insbesondere die Schnittstellen und Verknüpfungen aufgrund des Wandels eine erhöhte Aufmerksamkeit, zum anderen wird der Qualitätssicherung eine höhere Bedeutung zugemessen. Themen wie Netztechnik, SCADA-Technologie und CMS-Systeme werden konsequenter verfolgt, um Probleme auf See frühzeitig erkennen und analysieren zu können. Ziel ist es, Schäden zu vermeiden beziehungsweise im Ernstfall schon eine detaillierte Schadensanalyse vor dem Service-Einsatz vorliegen zu haben. Im Vergleich zu Onshore-Anlagen stellen Offshore-Systeme projektspezifische Lösungen dar, die bedeutend mehr Kommunikation zwischen allen Akteuren wie Zulieferern, Herstellern und Betreibern benötigen. Mit der Implementierung neuer Qualitätssicherungsstrukturen rücken die Mitwirkenden organisatorisch enger zusammen. Zudem bleibt festzuhalten, dass Technologien, die sich Offshore bewährt haben und der Produktverbesserung im Allgemeinen dienen, in vielen Fällen, laut interviewter Experten, sukzessive in Onshore-Produkte implementiert werden. Hier findet sich eine Rückkopplung zwischen den Onshore- und Offshore-Technologien und Entwicklungszyklen.

Bewegen sich die Investitionssummen für Onshore-Projekte, je nach Größenordnung, im Millionenbereich, so stellen für aktuelle Offshore-Projekte Milliardenbeträge die Realisierungsgrundlage dar. Finden sich Onshore im Rahmen kleinerer, bis mittlerer Projekte noch Bürgerbeteiligungen, so sind diese im Offshore-Segment nicht existent. Eine Ausnahme stellt das im Jahr 2000 erbaute dänische 40MW-Projekt Middelgrunden dar, welches auf einem Bürgerbeteiligungsmodell basiert [LARSEN 2001: 3]. Die Umsetzung großer Offshore-Farmen mit entsprechender Bürgerbeteiligung zu realisieren, ist hingegen gescheitert. Als Beispiel hierfür kann der Bürgerwindpark Butendiek angesehen werden. Gingen die ersten Planungen noch auf eine Umsetzung mit Bürgerbeteiligung zurück, so mussten die ambitionierten Planungen schließlich an einen Investor mit entsprechender Liquidität abgegeben werden [ZEIT.DE 2011B]. Aufgrund der inzwischen erreichten Größenordnungen sowohl hinsichtlich Parkgröße, als auch Finanzierungsvolumina ist es legitim, bei der Offshore-Windenergie von Kraftwerksbau zu sprechen. Daher ist es nicht verwunderlich, dass EVU zu den Hauptinvestoren und Betreibern im Offshore-Segment gehören [MARKARD & PETERSEN 2009, EWEA 2013: 20ff.], welche durch Großbanken ergänzt beziehungsweise gestützt werden.

Windpark	MW-Gesamt	Gesamtinvestition	Kosten /MW
Horns Rev 1	160	~ 300 Mio. €	1,87 Mio. €
Thanet	300	~ 950 Mio. €	3,16 Mio. €
Thornton Bank I-III	318	~ 1,31 Mrd. €	4,34 Mio. €
Walney	367	~ 1,22 Mrd. €	3,31 Mio. €
Greater Gabbard	504	~ 1,58 Mrd. €	3,13 Mio. €
BARD Offshore I	400	~ 3,00 Mrd. €	7,50 Mio. €

Tabelle 16: Investitionsvolumina ausgewählter OWP [Eigene Erhebung, Quellen: EVU]

Bei einer zum aktuellen Zeitpunkt stattfindenden, direkten und kontrastiven Betrachtung der einzelnen Wertkettensegmente kann festgehalten werden, dass sich das Organisationsgefüge innherhalb der jeweiligen Wertketten von Onshore-Wind und Offshore-Wind decken. Offensichtlich wird dabei jedoch, dass sich die innere Organisation der einzelnen korrespondierenden Glieder zunehmend differierend gestaltet.

Um die Entstehung der festgestellten Unterschiede im Rahmen der Technologieentwicklung aufzeigen zu können, sollen folgend die organisatorischen Entwicklungen entlang des Technologiezyklus aufgearbeitet werden.

6.2 Die organisatorische Evolution des Onshore-Zyklus

Der Einstieg in die kontrastive Betrachtung der organisatorischen Evolution beider Segmente erfolgt erneut chronologisch und somit über die Onshore-Evolution beziehungsweise ihren Zyklus.

6.2.1 Das Entstehen einer Industrie - Era of Ferment

Beginnend mit der ersten Phase von 1970 bis 1990 ist festzuhalten, dass die intraorganisationelle Struktur der Windenergieindustrie als rudimentär bezeichnet werden kann. Der Großteil der ersten Akteure wurde durch die, in Anlehnung an GARUD & KARNØE [2003], sogenannten Bricoleurs gestellt. Die technischen Ansätze stellten zumeist individuelle Lösungen dar, die mittels vorhandener und fremdgenutzter Komponenten oder Eigenentwicklungen umgesetzt wurden. Eine feste Organisationsstruktur mit formellem Wissensaustausch war nicht existent und wurde erst mit fortschreitender Entwicklung aufgebaut.

Den Einzelpersonen und Tüftlern standen die Großprojekte von staatlichen Akteuren, der Großindustrie und den EVU gegenüber. In der BRD ist hier insbesondere der GROWIAN zu nennen, in den Vereinigten Staaten das NASA-Programm um die MOD-Anlagen. Eine fruchtbare Zusammenarbeit zwischen beiden Akteursgruppen konnte nicht aufgebaut werden. Aufgrund des Scheiterns der letztgenannten Stakeholder oblag es den Kleinunternehmern, sich zunehmend zu organisieren, zu formieren und die organisatorische Basis der heutigen Windenergieindustrie aufzubauen.

Die Abnehmer- beziehungsweise Kundenkonstellation ist insbesondere in der Initialphase der Windenergie in breiten Teilen mit derjenigen der Entwickler deckungsgleich. Wurden erste Anlagen meist zur Eigenversorgung und aus ideologischen Gründen konstruiert und errichtet, erweiterte sich die Kundenstruktur anfangs um Akteure, die das Autarkiekonzept für sich übernehmen wollten. Es waren meist Landwirte, die sich für die neuen Insellösungen interessierten [BRUNS et al. 2008: 27]. Nachfolgend spalteten sich zunehmend die Gruppen der Entwickler und Betreiber. So bildeten sich in Dänemark zunehmend Betriebsgenossenschaften für WEA, die Møllelaug, heraus. Ausschlaggebend waren hierfür zwei Entwicklungen: zum einen die sich aufgrund des Größenwachstums ergebenden höheren Kosten und zum anderen die zunehmend energiepolitische Motivation der Betreiber. Mitte der 1980er wurde dieses Betriebsmodell in Deutschland übernommen [ebd.: 39]. Einer der ersten Bürgerwindparks Deutschlands, an dem einer der Interviewpartner maßgeblich beteiligt war, war das Projekt des Vereines Umschalten e.V.. Zwischen 1989 und 1990 wurden von 165 beteiligten Personen drei WEA angeschafft, vollständig bezahlt und am Wedeler Yachthafen bei Hamburg, bei Brokdorf und bei Grömitz errichtet.

In Dänemark kann im Bereich der Forschung insbesondere die Refokussierung des Risø Forschungszentrums ab Ende der 1970er und weiter nach der Regierungsentscheidung 1985 gegen die Nuklearenergie [NIELSEN et al. 1998: 18ff.] als Stärkung der nationalen Organisation der Windenergie gewertet werden. Eine ähnliche Entwicklung setzte in Deutschland ebenfalls Ende der 1970er Jahre mit den Aktivitäten des GL [RAVE & RICHTER 2008: 33ff.] und verstärkt Ende der 1980er Jahre mit der Gründung des ISET und Kassel, der Windtest Kaiser-Wilhelm-Koog GmbH und der Ausrichtung der ersten Husumer Windtage [OELKER 2005: 366] ein.

Einhergehend mit diesen Entwicklungen kamen erste staatliche Förderungen und Unterstützungsinitiativen auf. Auch in diesem Bereich war die Dänische Entwicklung der deutschen leicht voraus. 1979 entschied die dänische Regierung, dass für WEA, die durch das Risø Testzentrum zertifiziert seien, dem Anlagenkäufer eine Unterstützung in Höhe von 30% des Kaufpreises zu Gute kommen sollte [NIELSEN et al. 1998: 18]. Zudem wurden bereits Mitte der 1980er Jahre *„günstigere Konditionen für Anschlussbedingungen und Einspeisevergütungen erreicht“* [OHLHORST 2009: 86] und 1981 die Danish Wind Industry Association - Vindmøllenindustrien gegründet. Ähnliche Entwicklungen waren zeitgleich in den Niederlanden zu erkennen [ebd.: 110]. In der BRD kann als Schlüsselmoment das Stromeinspeisungsgesetz von 1991 angesehen werden, welches maßgeblich von Politikern (Peter Harry Carstensen/ CDU) aus dem Norden angestrengt wurde. Es implementierte die Abnahmepflicht für Strom aus regenerativen Quellen. Der Staat war als aktiv fördernder Akteur in die Technological Community [ROSENKOPF & TUSHMAN 1994] beziehungsweise das technologische Innovationssystem [CARLSSON & STANKIEWICZ 1991] eingetreten.

Somit ist festzuhalten: Bis Anfang der 1990er Jahre hatte eine zunehmende Konfiguration und Formierung eines Organisationsgefüges in den führenden Nationen der europäischen Windenergie Dänemark, Deutschland und den Niederlanden stattgefunden. Firmen, Universitäten, Regierungen und übergreifende Institutionen hatten sich ausgebildet beziehungsweise waren zunehmend involviert und begannen sich in einem relationalen Gefüge zu positionieren und zu festigen, während die technologische Dimension zunehmend zu einem Dominant Design konvergierte.

6.2.2 Dominant Design und Inkrementelle Innovation

Parallel zum Aufkommen eines dominanten Designs und den daraus resultierenden Möglichkeiten inkrementeller Weiterentwicklung und Kostensenkungen aufgrund besserer Effizienz und höherer Verfügbarkeiten lässt sich in der Folgezeit eine immer stärker zunehmende Differenzierung und Kohäsion der einzelnen Akteure und Stakeholder im Gefüge der Windenergie bemerken.

In der Konstellation der Anlagenanbieter sind in den 1990er Jahren insbesondere zwei Entwicklungen herauszuarbeiten. An erster Stelle sei auf einen Rückgang der Ein- und Austrittsdynamik mit Einsetzen des Dominant Designs verwiesen [MENZEL & KAMMER 2011: 246], an zweiter Stelle auf die damit einhergehenden Verdichtungstendenzen. Insbesondere bei den dänischen aber auch bei den niederländischen und deutschen Herstellern lässt sich eine Reihe von Fusionen und Zukäufen beobachten.

Eine hohe Dynamik findet sich beispielsweise um das Unternehmen NEG Micon, das im Jahr 1997 aus Nordtank und Micon entstand. Im Folgejahr wurden die dänische WindWorld und die niederländische NedWind übernommen. Noch vor der Jahrtausendwende folgte das britische Unternehmen Wind Energy Group. Ebenfalls 1997 schließt sich das dänische Unternehmen Nordex mit seinem deutschen Ableger zusammen und wechselt in die BRD. Auch die Übernahmen des deutschen Herstellers Tacke und der amerikanischen Firma Zond durch Enron sind hervorzuheben, wobei der Hauptsitz in Salzbergen belassen wurde [KAMMER 2011: 153].

Im Gesamtbild ergibt sich für die Hersteller der europäische Windenergieindustrie eine zunehmende regionale Festigung, in deren Folge die verbleibenden Unternehmen stetig größer werden und ihr Geschäftsfeld erst auf europäischer, dann, zum Ende der ersten Dekade des 21. Jahrhunderts, auf globaler Ebene ausdehnen [KAMMER 2011: 287].

Mit zunehmender Reife der Industrie und Validität der Technologie, die mit Inkrementeller Innovation assoziiert wird [ROSENKOPF & TUSHMAN 1994: 419], lässt sich ein weiterer Wandel mit anschließender Festigung der Kundenstruktur erkennen. Zu den Betreibern der ersten Stunde wie Einzelpersonen und Genossenschaften kommen nach und nach Stadtwerke, *„spezialisierte Windparkbetreiber"* [KAMMER 2011: 73] und EVU. Diese Entwicklung kann mit mehreren Faktoren in Verbindung gebracht werden. Zum einen ist aufgrund der zunehmenden Reliabilität der Technologie ein geringeres Investitionsrisiko verbunden, welches durch die staatliche Implementierung gesetzlich vorgeschriebener Vergütungssätze zusätzlich minimiert wird [BRUNS et al. 2008: 49], zum anderen wird seitens der Politik, aufgrund der Ergebnisse der internationalen Klima- und Klimafolgenforschung aktiv der Ausbau regenerativer Energien gefördert.[48] Die Folge aus dieser Entwicklung ist, dass EVU wie die spanische Iberdrola, die deutsche E.ON Climate and Renewables oder die französische EDF Energie Nouvelles zu den führenden Windparkbetreibern in Europa aufsteigen.

Auf staatlicher und institutioneller Ebene erfolgte in Dänemark eine weitere Unterstützung der Windenergieindustrie. 1990 wurde der Aktionsplan Energy 2000 veröffentlicht, der eine bedeutende Reduktion der CO2-Emissionen zum Ziel hatte [VAN EST 1999: 99 ff.]. Direkter Profiteur war die Windenergieindustrie, die höhere Stückzahlen insbesondere an die EVU verkaufen konnte [ebd.]. In Deutschland *„[traten] in der Förderung durch Bund und Länder [...] im Jahr 1990 die größten Veränderungen auf"* [BRUNS et al. 2008: 45]. Zum einen wurde das 100MW-Programm, das aufgrund der Vielzahl der gestellten Anträge auf 250MW erweitert wurde [TACKE 2004: 176ff.], implementiert, zum anderen wurden neue baurechtliche Vorschriften eingeführt, um den Zuwachs besser steuern zu können. Hinsichtlich des Stromeinspeisungsgesetzes kam es vermehrt zu Konflikten um seine Rechtmäßigkeit. Insbesondere die großen EVU versuchten, gegen das Gesetz vorzugehen. Auch eine Novelle des Gesetzes

[48] In diesem Zusammenhang ist insbesondere auf das Kyoto-Protokoll und die darin implementierten CO2-Reduktionsverpflichtungen zu verweisen.

entschärfte den Konflikt nicht bedeutend. Eine Widerstandsabnahme fand erst mit Inkrafttreten des EEG statt. Ein massiver Unterschied war, dass EVU, *„die bisher von den Vergütungen nach StrEG ausgenommen waren“* [BRUNS et al: 2008: 75], nun ebenfalls von den regenerativen Energien profitieren konnten. Somit wurden bedeutende Stakeholder, die EVU, deutlich stärker in das Akteursgeflecht eingebunden.

Die staatlichen Entwicklungen und Bemühungen der first-mover-Länder wurden neben Zusammenschlüssen von privaten Betreiberinitiativen von einer zunehmenden Anzahl von Gründungen und Ausbildungen von Lobby- und Interessensgruppen der Windenergie begleitet. In den Niederlanden wurde 1989 die NEWIN (Nederlandse Windenergie Vereniging), aus der 2005 im Zusammenschluss mit Herstellern und Betreibern die NWEA (Nederlandse Wind Energie Associatie) hervorging, gegründet. In Deutschland formierte sich 1993 der Fachbereich Windenergie im Verband Deutscher Maschinen- und Anlagenbau (VDMA) und drei Jahre später der Bundesverband Windenergie (BWE). Auf internationaler Ebene sind ähnliche Entwicklungen ab dem Jahr 2000 zu finden. Die World Wind Energy Association (WWEA) entstand 2001 und der Global Windenergy Council (GWEC) 2005. Zeitgleich zu dieser *„Institutionalisierung von Interessen“* kam es zu einer verstärkten *„Institutionalisierung von [...] Wissen“* [BRUNS et al. 2008: 50]. So wurde im Jahr 1990 in Wilhelmshaven vom Land Niedersachsen das Deutsche Windenergie-Institut (DEWI) gegründet.[49] Weitere Forschungseinrichtungen und Institute begannen sich zunehmend mit der Windenergie, ihrer Technologie, ihrer Nutzung, ihrem Potenzial und ihren Auswirkungen auseinanderzusetzen. Beispiele hierfür sind Forschungsprojekte und Arbeitsgruppen verschiedener Institute und Hochschulen, die zeitversetzt in die Gründung spezialisierter Forschungseinrichtungen mündeten. Hier sind unter anderem die Fraunhofer Institute CWMT/IWES, die 1999 gegründete DUWind der TU Delft oder das 2003 in Oldenburg eröffnete Zentrum für Windenergieforschung ForWind zu nennen. Aus stillem Wissen wurde zunehmend kodifiziertes Wissen.

Das Resultat der dargelegten Entwicklungen besteht nach einer etwa dreißigjährigen Entwicklung aus gefestigten Organisationsstrukturen, die durch die Entwicklungen des Offshore-Segments in vielen Dimensionen zunehmend erschüttert und transformiert werden.

6.3 Die organisatorische Evolution des Offshore-Zyklus

Parallel und in weiten Teilen in direkter Verbindung zur Dynamik des Onshore-Segments wurde, wie bereits dargelegt, mit der Installation von WEA auf See begonnen.

6.3.1 Era of Ferment - Aktuelle Entwicklungen

Bis auf die Ausnahme des Wagner-Rotors, der als entwicklungstechnische Kuriosität zu verstehen ist, kann festgehalten werden, dass für die Bemühungen der Implemen-

[49] Der Einstieg in das Offshore-Segment erfolgte über die Gründung des DEWI-OCC im Jahre 2003.

tierung von Offshore-WEA auf die mehr oder minder bewährte Onshore-Technologie und das Dominant Design des Dreiblattrotors, mit Horizontalachse und Getriebe zurückgegriffen wurde. Auf industrieorganisatorischer Ebene ist zu bemerken, dass hier in ähnlicher Weise auf die bestehenden und bewährten Strukturen zurückgegriffen wurde. Dennoch gilt für die Windenergie, dass:

> *„[die] Technikentwicklung an einem Gabelungspunkt [...] unterschiedliche Pfade ein[schlägt]. Die Gabelung hat die Funktion, dass neue Anwendungsfelder für die Technologie erschlossen werden und ihr Potenzial erweitert wird. In den sich gabelnden Technologiezweigen und den sie umgebenden Konstellationen sind starke strukturelle Unterschiede in vielfältigen Bereichen feststellbar: Akteure, Interessenkoalitionen, Technik, ökologische und ökonomische Implikationen, politisch-institutionelle und rechtliche Faktoren, administrative Verfahren sowie Problemwahrnehmung und Akzeptanz der unterschiedlichen Pfade unterscheiden sich voneinander"* [OHLHORST 2009: 255].

ROSENKOPF & TUSHMAN [1994: 412] halten hierzu fest:

> *„We posit, that technological discontinuities initiate a period of community reorientation, [...]" und "The birth of new actors in the technological discontinuity is not limited to firms. Subsequent to the technological discontinuity, other types of actors organize and grow to influence technological evolution"* [ebd.: 414].

Auch der Wandel der durch das Aufkommen der Offshore-Entwicklungen konstituiert ist, führt mehr zu einer Transformation der bereits existenten Abhängigkeiten, Interaktionen und Organisationsmuster, als zu einer Neuentstehung. Mit dem Eintritt neuer Akteure und dem Austritt etablierter Stakeholder kommt es zu einer, je nach Bereich, mehr oder minder ausgeprägten Rekonfiguration der Interdependenzen, Machtverhältnisse und Verknüpfungen der Technological Community.

In Hinblick auf die Betrachtung der Anbieter- und Kunden-Struktur und der intraindustriellen Organisation beider Akteursgruppen zu- und untereinander ist auf den zunehmenden und wesentlichen Einflussfaktor der Kostenentwicklung aufmerksam zu machen. Insbesondere aus der veränderten Einsatzumgebung des Gesamtsystems Windpark resultiert eine Adaption der Technologie an die neuen Gegebenheiten. Dies hat einen technologischen Bruch zur Konsequenz, der in eine massive Veränderung der Kosten- und Investitionsstruktur mündet. Dies sei anhand der folgenden groben Kostenaufschlüsselung, die jeweils für 1 installiertes und an das Netz angeschlossenes Megawatt Windleistung steht, dargestellt. Der Übersicht halber wurden einzelne Gewerke und Kostenfaktoren subsumiert. Es ergeben sich an dieser Stelle die folgenden Oberbegriffe: Turbine, Fundament, Netz, Installation & Logistik sowie Sonstiges.

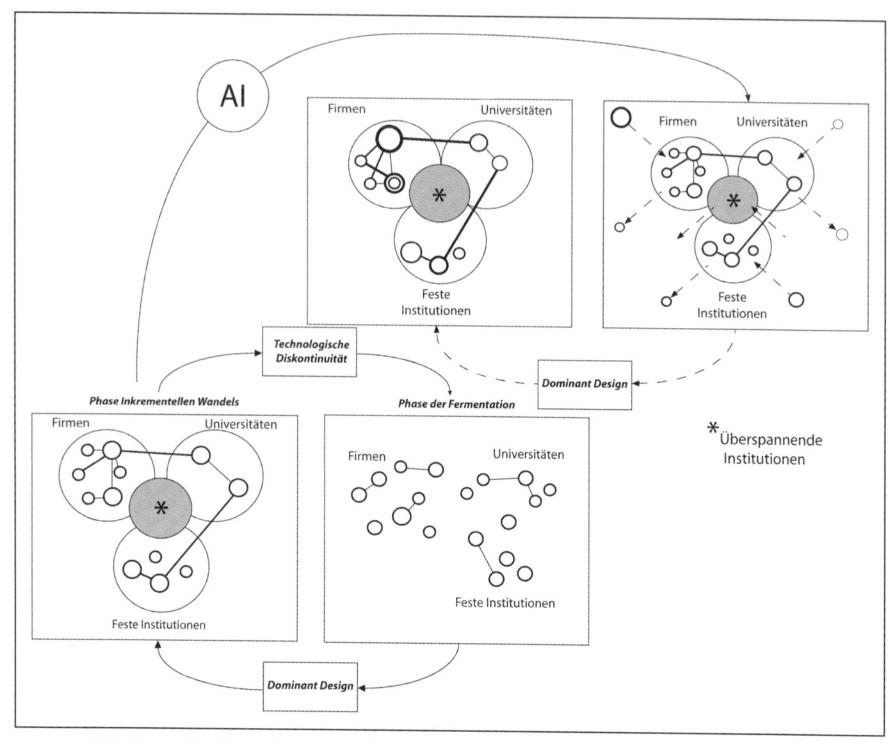

Abbildung 53: Organisatorische Rekonfiguration der Technological Community im Technologiezyklus [verändert nach ANDERSON & TUSHMAN 1990; ROSENKOPF & TUSHMAN 1994]

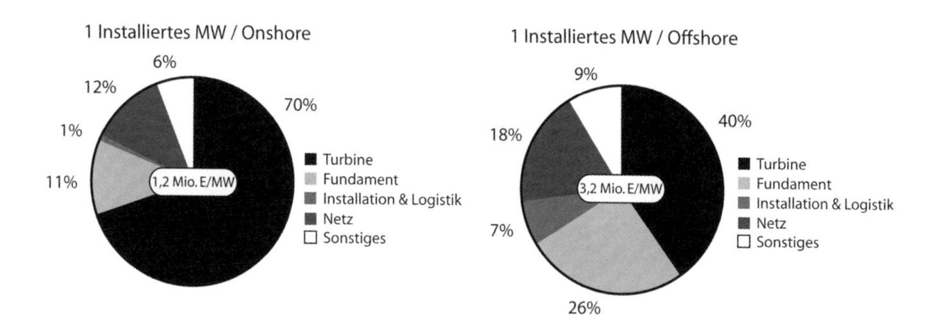

Abbildung 54: Kosten/MW & Kostenverteilung [Eigene Darstellung, Quellen: BLANCO 2009, EWEA 2009, MAKE 2011, IRENA 2012]

Für ein aktuelles Onshoreprojekt, das mit WEA der Zwei-Megawatt-Klasse bestückt wird, werden als Durchschnittswert Kosten von 1,2 Millionen Euro angesetzt. Dieser genannte Durchschnittswert kann in Abhängigkeit mehrerer Variablen wie beispielsweise der lokalen Gegebenheiten und des gewählten Anlagentyps variieren. Die gemittelten Kostenanteile für 1 installiertes MW machen hinsichtlich der WEA und des Fundamentes 70% respektive 11% aus. Für das Netz, somit für die Netzanschlussgenehmigung sowie Planung und Bau der Innerparkverkabelung und des Anschlusskabels, sind 12% zu veranschlagen. Die Anlieferung der Großkomponenten sowie deren Installation am Errichtungsort hängen im Wesentlichen von den anzufahrenden Distanzen sowie dem Umfang der benötigten Straßenanpassungs- und -umbaumaßnahmen ab und machen im Schnitt circa 1% pro MW aus. Die gesamten übrigen Kosten, die im Rahmen der Planung und des Baus eines Windparks anfallen, hierzu gehören unter anderem Kosten für Projektentwicklung, Projektmanagement, Gutachten, Versicherungen sowie den Kapitaldienst, können auf 6% beziffert werden.

Eine entsprechende Kostenaufschlüsselung für 1 Offshore installiertes Megawatt hebt deutlich die Unterschiede der Kostenstruktur zu Onshore hervor. Für 1 Offshore installiertes MW fallen deutlich höhere Kosten an. Diese können auf circa 3,2 Millionen Euro angesetzt werden. Als Referenzen für diesen Wert sollen die ungefähren Kosten aktueller Großprojekte wie *Thanet* (3,6 Mio. €/MW) [EIB.ORG 2010], *Greater Gabbard* (3,4 Mio. €/MW) [POWER-TECHNOLOGY.COM 2013] oder *Global Tech I* (3,3 Mio. €/MW) [SONNEWINDWAERME.DE 2009] dienen. Erste Offshorewindparks, die limitierter in ihren Abmessungen sind oder in flachen und relativ küstennahen Gewässern errichtet wurden, wie *Middelgrunden* (1,4 Mio. €/MW), *North Hoyle* (2,0 Mio. €/MW) und *Nysted* (2,0 Mio. €/MW) [GARRAD HASSAN 2003: 3], benötigen im Schnitt geringere Investitionsvolumina, wohingegen für Extrem- und Pilotprojekte wie das *Beatrice Wind Farm Demonstrator Project* (4,1 Mio. €/MW), 25 Kilometer vor der Ostküste Schottlands [BEATRICEWIND.CO.UK 2013], *alpha ventus* (4,2 Mio. €/MW) [ALPHA-VENTUS.DE 2013] und *BARD Offshore 1* (circa 7,5 Mio. €/MW) [FAZ.NET 2013] in Teilen deutlich höhere Kosten zu veranschlagen sind. Somit wird deutlich, dass sich für ein Offshoreprojekt die Investitionskosten pro installiertes MW, im Vergleich zu einem Onshorewindpark, zum aktuellen Entwicklungspunkt im Schnitt mehr als verdoppeln.

Die detaillierte Kostenaufschlüsselung des oben genannten Durchschnittswerts lässt zudem eine eindeutige Verschiebung hinsichtlich der Kostenverteilung erkennen. So ist der prozentuale Anteil der WEA, bei einem Megawatt installierter Leistung, mit 40% von deutlich geringerer Bedeutung, wohingegen der Anteil des Fundaments auf 26% wächst und sich somit um den Faktor 2,3 signifikant erhöht. Die durchschnittlichen Kostenanteile für Logistik und Installation steigen um das Siebenfache und nehmen mit nun 7% einen deutlich höheren Anteil ein, wohingegen die anteiligen Kosten für den elektrischen Netzanschluss sowie die sonstigen Kosten im Vergleich zu Onshore jeweils um ein Drittel auf 18% beziehungsweise 9% steigen.

Mit der Tendenz, den Gang Offshore zu wagen, gehen somit bedeutende Veränderungen einher. Die Tatsache, dass die Erzeugungsanlagen in immer größerer Entfernung zur Küste und in zunehmend tieferen Gewässern errichtet werden, führt nicht nur zu erhöhten Kosten pro installiertem MW Nennleistung, sondern beinhaltet auch deutlich höhere Risiken, die bewertet und koordiniert werden müssen. Ferner ist festzuhalten, dass es sich um eine mehrdimensionale Größenveränderung handelt, die sich sowohl auf der technologischen als auch der finanziellen Ebene manifestiert.

Die einzelnen Subsysteme der Erzeugungsanlage Windpark werden größer, komplexer und aufwändiger. Neue Lösungen für den Netzanschluss und die Netzintegration müssen entwickelt und umgesetzt werden. Darüber hinaus differieren die Logistik, die Errichtung und die Wartung der einzelnen Subsysteme aufgrund der Umgebungsbedingungen Offshore derart von den bekannten und eingespielten Mustern der Logistik, Errichtung und Wartung Onshore, dass auch hier auf neue Konzepte sowie neue Akteure und neues Wissen zurückgegriffen werden muss.

Hinsichtlich dieser Entwicklungen stoßen Investitions- und Finanzierungsmechanismen ebenfalls in neue, entsprechend größere Dimensionen vor und werden zu Kernherausforderungen der Umsetzung von Offshorewindparks [OFFSHORE-WINDENERGIE.NET 2013]. Daraus bedingt sich auf dieser Ebene ebenfalls ein Wandel im Akteursgeflecht [MARKARD & PETERSEN 2009: 3546, OHLHORST 2009: 223]. Aufgrund des mit der Offshorewindenergie entstehenden Dimensionswachstums wird diese Variante der Windenergie zunehmend für Großkonzerne, Fonds und Großbanken oder Energieversorgungsunternehmen interessant. Anlässlich dieser Entwicklungen verschieben sich die Marktstrukturen weg von Kleininvestoren hin zu Großunternehmen[50].

Im Rahmen dieser Entwicklungen lassen sich auf Anbieterseite wie auf Kundenseite ähnliche Entwicklungen erkennen. Großkonzerne dominieren zunehmend das Marktsegment. Als grundlegend für diese Entwicklung kann die Tatsache verstanden werden, dass im Offshore-Segment potenzielle Fehlschläge und Probleme jedweder Natur klein- und mittelständische Unternehmen finanziell und existenziell bedrohen können. Dieses potenzielle Ausfallrisiko wirkt sich auf die Organisationsstruktur des gesamten Offshore-Bereichs aus. Vereinfacht kann festgehalten werden, dass Teilnehmer des Offshore-Bereichs entweder technologisch und risikotechnisch ein großes Vertrauen seitens des Marktes besitzen müssen, oder über entsprechende Größe und entsprechendes Kapital verfügen müssen um mögliche Fehlschläge auffangen zu können. Diese inzwischen hohe Eintrittsbarriere in den Offshore-Wind-Bereich kann als eindeutiger Vorteil großer Industriekonglomerate gewertet werden.

Bei einer näheren Betrachtung der Anbieter am Markt fällt auf, dass von den aktuell (2013/2014) erfolgreichen Herstellern Offshore lediglich REpower Systems noch zu den mittelständischen Unternehmen gezählt werden kann. Zusammen mit Vestas ist das Hamburger Unternehmen zudem ein reiner Windenergieanlagenhersteller und keine Sparte eines Großkonzerns. GE kann als erster großer Technologiekonzern

[50] Im Folgenden soll auf die von [MARKARD & PETERSEN 2009: 3549] erarbeitete Kategorisierung von Firmengrößen zurückgegriffen werden. - Als Großkonzerne gelten Unternehmen, die entweder einen Jahresgeschäftsumsatz von 4 Mrd. € oder mehr in der Bilanz stehen haben, oder über 2000 Mitarbeiter beschäftigen.

gewertet werden, der durch den Zukauf von Unternehmen (Enron[51] 2002 und Scanwind 2009[52]) in das Windenergiegeschäft einstieg. Siemens unternahm mit dem Kauf von Bonus im Jahr 2004 den gleichen Schritt und fokussierte sich anfangs vorrangig auf das Offshore-Geschäft. Weitere Einstiege von Großkonzernen in die Windenergieindustrie mittels Aufkäufen sollten folgen. Nachdem AREVA 2007 mit der Übernahme von REpower Systems gescheitert war, kaufte der französische Konzern die deutsche Offshore-Wind-Firma Multibrid. Im selben Jahr stieg auch Alstom mit dem Aufkauf der spanischen Ecotécnia in die Branche ein und begann 2010 eine eigene Offshore-WEA, die Haliade 150 zu entwickeln.

Jahr	**2006 bis 2011**	**2012**
Marktanteile Onshore (MW)		
Rang	**Hersteller & Marktanteil (%)**	**Hersteller & Marktanteil (%)**
1.	Vestas (26,2%)	Vestas (24,5%)
2.	Enercon (24,4%)	Enercon (22,0%)
3.	Gamesa (15,0%)	Siemens (15,9%)
4.	Siemens (7,6%)	Gamesa (8,9%)
5.	Nordex (7,4%)	REpower Systems (7,9%)
6.	REpower Systems (6,2%)	GE (5,6%)
7.	GE (3,6)	(Nordex 4,5%)
8.	AREVA (0%)	AREVA (0%)
9.	BARD (0%)	BARD (0%)
10.	Andere (9,4%)	Andere (10,6%)
Jahr	**2006 bis 2011**	**2012**
Marktanteile Offshore (MW)		
Rang	**Hersteller & Marktanteil (%)**	**Hersteller & Marktanteil (%)**
1.	Siemens (48,3%)	Siemens (74,0%)
2.	Vestas (44,2%)	REpower Systems (19%)
3.	REpower Systems (3,1%)	BARD (7%)
4.	WinWind (2,7%)	WinWind (0%)
5.	AREVA (1,3%)	AREVA (0%)
6.	BARD (0,2%)	Vestas (0%)
7.	Nordex (0,1%)	Nordex (0%)
8.	GE (0%)	GE (0%)

Tabelle 17: Gemittelte Marktanteile Onshore vs. Offshore im Untersuchungsgebiet [Eigene Erhebung, Quellen: BTM 1998-2010, MAKE 2011 & 2012]

[51] Im weiteren Sinn kann Enron als erster Großkonzern gewertet werden, der mit der Übernahme des US-Herstellers Zond in die Windenergie einstieg. Aufgrund der strategischen Ausrichtung von Enron (Dienstleistungen und Großhandel von Energie und Energieträgern) wird jedoch General Electric in dieser Arbeit als erster Technologiekonzern mit Aktivitäten im Windbereich betrachtet.

[52] Der Aufkauf von Scanwind erfolgte vor einem Offshorehintergrund.

Weitere internationale Großkonzerne, die in das Offshore-Segment vordringen beziehungsweise Anlagen in der Entwicklung haben und im Untersuchungsraum aktiv sind, sind Mitsubishi und Samsung. Die aktuellen Entwicklungen deuten daraufhin, dass es zu weiteren Zusammenschlüssen großer Konzerne kommt, um erfolgreich am Offshore-Markt bestehen zu können. Zum Jahresbeginn 2014 gründeten sowohl Vestas und Mitsubishi (jetzt unter dem Namen MHI Vestas Offshore Wind firmierend) als auch Gamesa und AREVA Joint-Ventures, die sich ausschließlich auf ihre Offshore-Segmente beschränken.

Hinsichtlich der Marktentwicklungen bis zum aktuellen Zeitpunkt lassen sich bereits deutliche Differenzen in Bezug auf die Marktteilnehmer aufzeigen. In diesem Zusammenhang sei in Erinnerung gerufen, dass der Wechsel von Marktführern, der Austritt beziehungsweise der Nichteintritt von etablierten Firmen und der Einstieg neuer Firmen als Indikator für eine technologische Diskontinuität gewertet werden [ADRIAN & MENZEL 2013: 4] und die Entstehung eines neuen Marktes beziehungsweise die Restrukturierung eines bestehenden Marktes bei einem hinsichtlich der Kernkomponenten unveränderten Produkt mit dem Phänomen der AI in Verbindung gebracht werden [TUSHMAN et al. 1997: 4].[53]

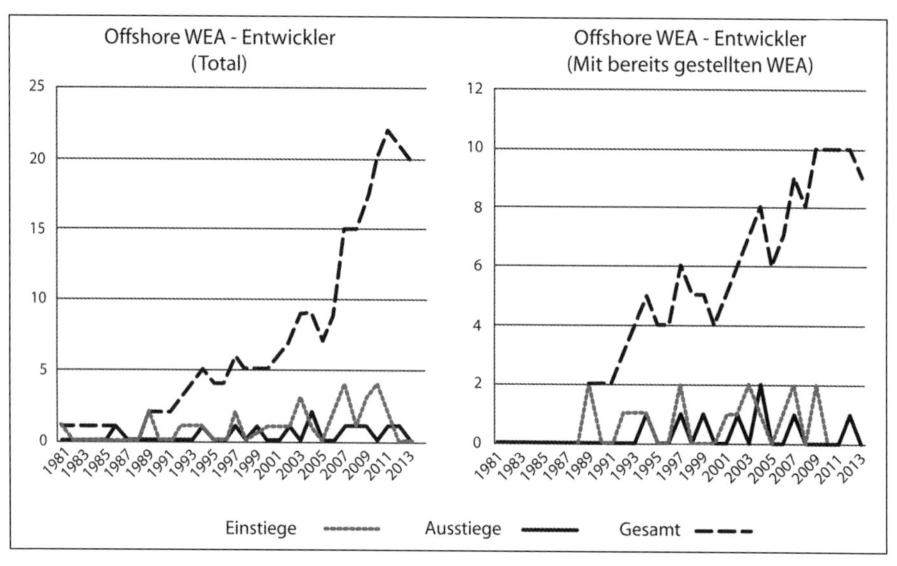

Abbildung 55: Eintritt- und Austrittsdynamik OS-WEA Entwickler/Hersteller [Eigene Erhebung]

Bezüglich der Entwicklung der WEA-Hersteller sticht insbesondere der Beginn des 21. Jahrhunderts hervor. Annähernd zeitgleich mit dem Meilenstein Horns Rev begann die Dynamik der Industrie sich zu verändern. Die Zahl der Windenergieanlagenentwickler, die sich der Thematik Offshore annahmen, sprang innherhalb weniger Jahre um den Faktor 2. Diese Entwicklung trifft sowohl auf Anlagenhersteller zu,

[53] Siehe Kap. 3.3.7

die auf See installierte Anlagen aufweisen können, als auch auf die Gesamtheit aller Anlagenentwickler zu, die auch potentielle Hersteller mit Anlagen in der Designphase inkludiert.

Auch im Hinblick auf die Kundenstruktur wurde bereits der tiefgreifende Wandel angerissen. In den Anfängen der Offshore-Bemühungen gab es mit Middelgrunden und Butendiek Projekte, die auf dem Modell des Bürgerwindparks basierten. War für Middelgrunden aufgrund der Gesamtstruktur des Projektes (wenige WEA, nah an der Küste und im flachen Wasser) die finale Umsetzung erfolgreich, so war dem Projekt Bürgerwindpark Butendiek kein Erfolg beschieden. Aufgrund der zu hohen Investitionssummen und der zunehmende Komplexität ging das Projekt erst in die Hände von Scottish and Southern Energy (SSE) und schließlich WPD über. Die Fertigstellung des Parks, der auf Planung aus dem Jahr 2002 zurückgeht, ist für 2015 vorgesehen.

Inzwischen finden sich als Eigner europäischer Offshore Windparks fast ausschließlich Großkonzerne und EVU. 91% aller OWP werden von dieser Gruppe gehalten (im Onshore-Bereich aktuell lediglich 25%). Sind die Kleinanleger im Onshore-Segment mit 67% vertreten, so gehören ihnen über Beteiligungen lediglich 8% der Anteile an den Windkraftwerken auf See. Bei den fünf Hauptanteilseignern der vor europäischen Küsten installierten Leistung handelt es sich im Jahr 2012 um die EVU Vattenfall (816 MW), Dong (724 MW), E.ON (467 MW, RWE Innogy (352 MW) und SSE (250 MW).

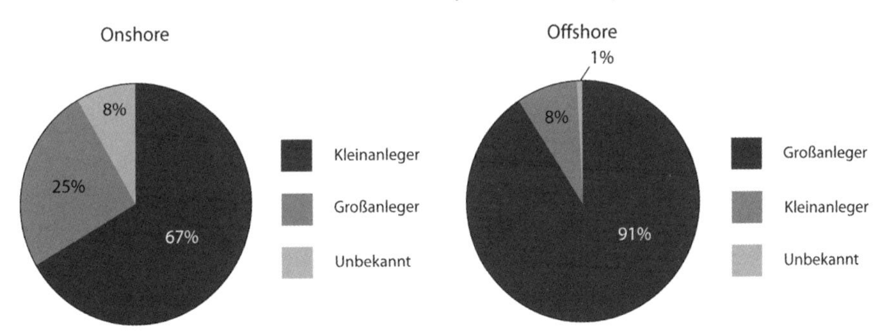

Abbildung 56: Besitzverhältnisse an Windparks
[Eigene Darstellung, Quellen: Markard & Petersen 2009; MAKE 2012]

Diese Prozesse führen zu zunehmenden Interaktionen und Interdependezen zwischen fertigenden Unternehmen und den potenziellen Kunden, den großen Energieversorgungsunternehmen und Banken. Mehrere Interviewpartner berichteten, dass die Zusammenarbeit zwischen Anbietern und Kunden zunehmend intensiver gestaltet wird. Das Verlangen nach Detailwissen ist im Offshore-Segment deutlich höher, als es im Onshore-Segment der Fall ist. Die WEA-Hersteller dienen zunehmend als Kommunikator und Mediator zwischen den Endkunden und der Zuliefererindustrie. Informationsaustausch und Kommunikation steigen bedeutend an. Mit der neuen Kundenbasis wird ein neues Qualitätssicherungsniveau eingeführt, welches alle beteiligten Akteure enger zusammenrücken lässt. Auch die Entwicklung einzelner Subsysteme wird zunehmend interorganisational koordiniert. Als prominentes Beispiel hierfür soll die Kooperationsvereinbarung zwischen dem dänischen EVU Dong Energy und dem dänischen Windenergieanlagenhersteller Vestas angeführt werden. Der potenzielle Kunde Dong Energy fungiert als exklusiver Kooperationspartner für den Test der neuen Vestas Offshore-WEA V164 - 8MW und bekommt folglich die Möglichkeit, intensiv in die Finalentwicklung der WEA eingebunden zu werden [IWR 2012]. Dieser Wandel stellt somit einen zusätzlichen Mosaikstein dar, um die herausgearbeiteten räumlichen, organisatorischen und strukturellen Reorganisationsprozesse erklären zu können.

Eines der Resultate des Kyoto-Protokolls war, dass europaweit die Offshore-Windenergie mehr in den Fokus rückte. In Deutschland stellt die *„Strategie der Bundesregierung zur Windenergienutzung auf See"* [BMU 2002] einen zentralen Impuls auf staatlicher Ebene dar. Den einzelnen Akteuren war zu diesem Zeitpunkt klar, dass Berlin Offshore unterstützen würde. In Großbritannien wurde die Verstärkung der Entwicklungen über einen Wandel des Vergütungssystems erreicht, *„wobei die Regierung prioritär auf den Aufbau der Offshore Windenergie setzte"* [OHLHORST 2009: 216]. Diese Unterstützung ist in direktem Zusammenhang mit der Hoffnung der britischen Politik zu sehen, Großbritannien aufgrund des breiten Wissensvorsprungs im Bereich der Offshore-Öl- und Gasindustrie zu einem Vorreiter der Offshore-Windenergieindustrie zu machen. Zu diesem Zweck wurde 2004 im Rahmen des New Energy Act eine eigens an das Küstenmeer angrenzende Renewable Energy Zone (REZ) eingerichtet[54] [ebd.].

Auch in Deutschland findet sich im selben Zeitrahmen basierend auf der Offshore-Strategie der Regierung eine verstärkte staatliche Förderung der Offshore-Industrie. Offshore-Wind wurde zum Schwerpunkt der Windenergieförderung des Bundes. Zwischen 2001 und 2004 flossen 4,2 Mio. € in diesen Bereich. Die Errichtung der FINO-Plattformen kann in diesem Kontext genannt werden [OHLHORST 2009: 218 ff.]. Da sich aufgrund der Gegebenheiten in der deutschen AWZ (große Küstenentfernung, große Wassertiefe) die im EEG festgeschriebenen Vergütungssätze als nicht kostendeckend beziehungsweise unattraktiv herausstellten, wurde seitens des Bundes im Rahmen der Gesetzesnovellen von 2004 und 2009 die Vergütung systematisch überarbeitet und heraufgesetzt. Somit wurde eine Angleichung an die Vergütung anderer EU-Länder, insbesondere an Großbritannien (siehe 2.2.6), herbeigeführt. Die Niederlande, die in der Pionierphase mit Parks wie Lely, Dronten und Egmond aan Zee zu

[54] In diesem Zusammenhang ist darauf zu verweisen, dass die Einstiegsschwelle in die britische Offshore-Windenergie aufgrund der geltenden politischen Regulatorien und der physisch-geographischen Gegebenheiten (Stichwort: Nearshore) im Vergleich zu den restlichen EU-Küstenländern als deutlich geringer einzuschätzen ist.

den Vorreitern gehörten, aber inzwischen über keine etablierte eigene Industrie mehr verfügen, fuhren hingegen im Jahr 2011 ihre Bemühungen und Förderungen mit Verweis auf die hohen Kosten zurück [REUTERS.COM 2011, INGENIEUR.DE 2012].

Eine weitere kostenintensive Thematik, die ein Hemmnis des Ausbaus darstellte, war der Konflikt um die Verantwortlichkeit des teuren, da komplett neu zu planenden, fertigenden und errichtenden Netzanschlusses. In Deutschland wurde im Jahr 2006 im Rahmen der Novelle des Energiewirtschaftsgesetzes klärend festgelegt, dass die ÜNB sich für diesen Part verantwortlich zeigen mussten. In Dänemark war dieser Beschluss bereits im Jahr 2004 getroffen und die Netzanschlusskosten vom Staat, repräsentiert durch den staatlichen ÜNB Energienet.dk, übernommen worden [KRUPPA 2007: 115]. Zeitgleich griff der dänische Staat mittels der Danish Energy Agency (DEA) in die Auswahl der Parkentwickler und Zulieferer ein, um zu vermeiden, dass es, aufgrund unzureichender technischer Vorkenntnisse oder einer unzureichenden finanziellen Struktur der Beteiligten, zu Akteursausfällen kommen würde. Somit war der dänische Markt politikseitig auf Großkonzerne und EVU beschränkt.

Die Raumplanung auf dem Meer, wie sie in UK im Rahmen der REZ stattfand, war grundlegend für die Umsetzung der großen Offshore-Projekte und bezog bisher nicht in die Windenergie involvierte Akteure ein. Im deutschen Kontext soll hier das Bundesamt für Seeschifffahrt und Hydrographie, welches als neuer Akteur in den institutionellen Kreis hinzukam, beispielhaft und besonders hervorgehoben werden. Die Problematik, die zu Beginn der ersten Planungen bestand, lag darin, dass kein bestehendes Rahmen- und Regelwerk für entsprechende Windplanung auf See existent war. Es galt ein Genehmigungsverfahren zu entwickeln. Hierzu wurden Erfahrungen aus den terrestrischen Planfeststellungsverfahren für die Wasserwege als Ausgangsgrundlage genutzt. Darauf basierend wurden neue Standards inklusive notwendiger Abweichungsklauseln gestaltet. Als Resultat dieses Prozesses wurde am 09.11.2001 die erste Genehmgigung für einen OWP in der AWZ erteilt.

Im Rahmen dieser grundlegend neuen Entwicklungsprozesse blieben, aufgrund einer Reihe von bisher nicht bekannten Sachverhalten, die die Entwicklung einer neuen Technologie mit sich bringt, Probleme und Rückschläge auch hinsichtlich der administrativen Planung nicht aus. Insbesondere die ersten Genehmigungen waren viel zu allgemein gehalten. Auch die Netzanbindung, ihre Planung und die ungeklärten Zuständigkeiten wurden anfangs administrativ nicht ausreichend beachtet und unterschätzt. Die Vielzahl der hinsichtlich der Bewältigung der Netzthematik einzubeziehenden Akteure (u. a. Gesetzgeber, Bundesnetzagentur, ÜNB) verzögerte eine eindeutige Klärung der Zuständigkeiten, die wie dargelegt erst im Jahr 2006/2007 erfolgte. Auch andere inzwischen festgelegte Regulatorien, wie die Fragestellung nach der Größe des Bemessungsschiffes für die Beschädigung oder Zerstörung einer Umspannplattform, wurden erst, während die Technologieentwicklung angestoßen war[55], festgelegt. Dies

[55] Die Festlegung der Dimension eines Bemessungsschiffes durch das BSH wurde erst im Rahmen der Genehmigung für die Siemens-Plattform des RWE Innogy Projektes Nordsee Ost angepasst.

führte zu entsprechenden Nacharbeiten beim Zulieferer Siemens, der ebenfalls die Komplexität einer Offshore-Umspannplattform unterschätzt hatte. So ergab sich aus einer Kaskade von Verzögerungen und Mehrkosten eine Negativdynamik, die sich auf weite Teile der Industrie auswirkten sollte. An diesen Beispielen zeigt sich, wie sich Technologieevolution und Governancestrukturen gegenseitig gestalten und als interdependent zu verstehen sind [OHLHORST 2009: 265].

Weiterhin lässt sich herausarbeiten, dass im Rahmen der zunehmenden Aktivitäten Offshore eigene, von der Onshore-Windenergie abgetrennte Branchenvertretungen und Netzwerkorganisationen entstanden, um einen Interessens- und Wissensaustausch zu fördern. Diese sind in Teilen als Abteilungen oder Themenbereiche in bestehende Organisationen der Gesamtwindindustrie wie der EWEA dem BWE oder Renewable UK eingegliedert, agieren aber häufig, aufgrund der differierenden Themen, völlig losgelöst und fokussierter. Zu diesen Akteuren gehören beispielsweise das 2001 gegründete Offshore Forum Windenergie (OFW), die 2005 gegründete Stiftung OFFSHORE-WINDENERGIE, der 2008 ins Leben gerufene Offshore Wind Accelerator (OWA), die 2011 eingerichtete Offshore Wind Scotland (OWS), die 2012 gegründete Offshore-Wind-Industrie-Allianz (OWIA) oder das ebenfalls 2012 aufgebaute Wirtschaftsforum Offshore Helgoland. Ihnen gemein ist, dass sie deutlich zeitversetzt zu den Organisationen des Onshore-Segments implementiert wurden und einen Akteurswechsel im institutionellen Kreis anstoßen.

Im Vergleich zur Onshore-Windenergie wurde das Offshore-Segment bereits in seinen Anfängen vergleichsweise intensiv von Forschung begleitet. Waren die Bastler und Kleinunternehmen von Windenergieanlagen zur landseitigen Nutzung, die die Pioniere darstellen, meist auf sich allein gestellt, so wurden bereits die ersten Offshore-Überlegungen wie das Blekinge Projekt, Nogersund oder Vindeby durch Begleitforschung gestützt [GERMANISCHER LLOYD - GARRAD HASSAN 1994]. Auch die Planungen der ersten Schritte in Deutschland mit der HSW30 auf der FPN oder der WKA60 waren in einem Forschungsrahmen verortet.

Begleitforschung, wie mit den FINO-Plattformen oder dem Research at alpha ventus (RAVE)-Programm, gehörten von Anbeginn zur Industrieentwicklung dazu. Auch entsprechende Studiengänge, wie der Studiengang Offshore Windenergie in Oldenburg oder die Offshore Renewable Energy Group an der Cranfield University, werden nicht nur von Industriepartnern wie beispielsweise Siemens gefördert und genutzt, sondern entstanden ebenfalls vergleichsweise früher und auf dem Fundament der Onshore-Forschung. Es ist in diesem Kontext festzuhalten, dass im Rahmen der universitären Forschung eine Reihe von radikalen Konzepten hervorgeht, die sich insbesondere mit schwimmenden Offshore-Wind-Lösungen auseinandersetzen.

6.3.2 Industrieorganisatorische Aspekte radikaler Offshore-Konzepte

Der Hauptentwicklungpfad der Offshore-Windenergie wird, wie dargelegt, durch einen weniger stark ausgeprägten Parallelpfad mit radikalen Technologiekonzepten ergänzt. Hierbei handelt es sich um Akteure, welche die technologische Diskontinuität Offshore für sich nutzen, um mit zum Teil komplett neuen Entwicklungen oder existierenden Alternativdesigns in den neuen Markt vorzudringen. Sie alle stellen im Bereich der Windenergie eine komplett neue Akteursgruppe dar, die mit ihren Innovationen und Aktivitäten das aktuelle Organisationsgefüge des Offshore-Segments beeinflussen und von bestehenden Strukturen profitieren.

Die bereits genannten Unternehmen wie 2-B-Energy, Condor Wind, VertAx oder Nénuphar stellen allesamt Start-ups oder Spin-offs dar. Wird der direkte Vergleich zu ähnlich strukturierten Akteuren in der Era of Ferment der Onshore-Windenergie der 1970er und 1980er Jahre gezogen, so lassen sich mehrere wesentliche Unterschiede hinsichtlich der frühen Organisationsstruktur herausarbeiten. Zum einen ist die in den genannten Offshore-Projekten deutlich höhere Präsenz von universitärem Wissen, insbesondere im konstruktiven Bereich, hervorzuheben. Waren die Akteure hinter den radikalen Ansätzen in der Era of Ferment des Onshore-Zyklus eher als Bastler [BRUNS et al. 2008: 27, KAMMER 2011: 83] zu begreifen, so handelt es sich bei den aktuellen Entwicklungen um hochtechnologisierte Vorhaben, die auf eine breite Basis technologischer und wissenschaftlicher Kompetenz zurückgreifen können. Zum anderen werden die aktuellen Entwicklungen deutlich ernster genommen. Dies äußert sich auf verschiedenen Ebenen. So finden sich für die Unternehmen bedeutend leichter Investoren und Finanzierungsmöglichkeiten, als es zu Beginn des Onshore-Zyklus der Fall war. Als Beispiele seien hier der Einstieg von AREVA bei Nénuphar (Fünf Mio. € Förderung) im Mai 2014 genannt [OFFSHOREWIND.BIZ 2014B] oder das breite Funding des VertAx-Projektes mit Unterstützern wie Converteam, Slingsby Advance Composites oder SeaRoc [WINDPOWERMONTHLY.COM 2009]. Mit diesen Strukturen geht nicht nur ein Zufluss von Liquidität, sondern auch die Einbringung technologischen, organisatorischen und strategischen Wissens einher. Ähnliches trifft auf das neu gegründete französische Start-Up Spinflaot zu, welches unter Einbeziehung der dänischen SSP Technology, des deutschen Fraunhofer IWES, der niederländischen Akteure GustoMSC und ECN sowie der polytechnischen Universität von Mailand ein multinationales Entwicklungsprojekt aus der Taufe gehoben hat.

Exkurs: Statistische Betrachtung von Technologie- und Industrieevolution der Offshore-Windenergieindustrie

Ein möglicher Zusammenhang zwischen Technologie- und Industrieevolution wurde zusätzlich mittels angestrengter Korrelationsanalysen überprüft. Die Überprüfung erfolgte anhand gewählter Stellvertretervariablen für Technologie- und Industrieentwicklung.

Als aufgearbeitete Stellvertretervariablen standen für die Technologieentwicklung sowohl die absoluten Wachstumszahlen an gestellten Offshore-WEA als auch die aufgearbeiteten und bereinigten quantitativen Daten der Offshore-Wind Patente im Untersuchungszeitraum zur Verfügung. Im Rahmen einer ersten Analyse konnte eine positive Korrelation zwischen den Anmeldungsszahlen der Offshore-Wind Patente und denen der gestellten Offshore-WEA ermittelt werden. Aufgrund des in der Literatur häufig genutzten, etablierten, jedoch auch kritisch diskutierten Indikators der Patentzahlen [Galvão Diniz Faria 2014: 11f.] wurde zugunsten der Nutzung der Patentdaten entschieden.

Für die Industrieentwicklung waren als mögliche Variablen sowohl die absoluten Wachstumszahlen der identifizierten Offshore-Unternehmen als auch die absoluten Wachstumszahlen der aktiven Offshore-UE zur Auswahl vorhanden (Für die Berechnungsdetails siehe Fußnote 63). Bei einer positiven Korrelation der genannten Variablen zur Industrieentwicklung wurde sich aufgrund der im Rahmen dieser Arbeit hauptsächlich genutzten Daten und in Anlehnung an Frenken & Boschma [2007: 636f.] für die absoluten Wachstumszahlen der identifizierten Offshore-Unternehmenseinheiten zwischen 1990 und 2013 entschieden.

Variablen: Industrieevolution: Unternehmen (U); Unternehmenseinheiten (UE)
Technologieevolution: Gestellte WEA (WEA); Patente Offshore-Windheiten (P)

Variablen	Korrelationskoeffizient (r)	t-test (t_{22})	kritischer t-wert (Schwellenwert)
U; **UE**	0,70	4,62	2,51
WEA; **P**	0,87	8,30	2,51
UE; **P**	0,58	3,33	2,51

Abbildung 57: Übersicht Variablen und Ergebnisse Korrelationsanalysen [Eigene Darstellung]

Aus der finalen Korrelationsanalyse zwischen Wachstumszahlen von Unternehmenseinheiten und Patentanmeldungen ergibt sich, dass zwischen den Jahren 1990 und 2013 die Technologieentwicklung und die Industrieentwicklung im Offshore-Segment schwach positiv miteinander korrelieren und somit angenommen werden kann, dass eine Entwicklung von Technologiezyklus und Industriezyklus im Untersuchungszeitraum in gewissem Maße miteinander einherging.

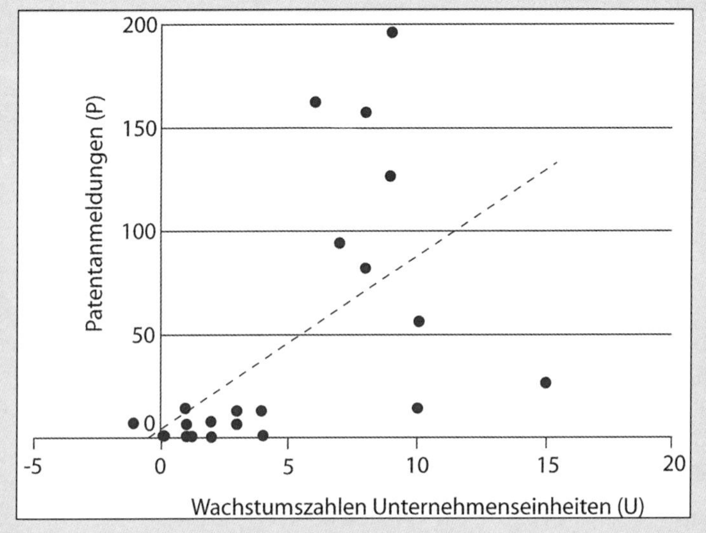

Abbildung 58: Punktwolke Korrelation von Patentanmeldungen (P) und Unternehmenseinheiten (U) [Eigene Darstellung]

[56]

[56] Der Berechnung des Korrelationskoeffizienten liegt die Excel-Funktion =KORREL(DatensatzX;DatensatzY) zugrunde. Die Signifikanz des Korrelationkoeffizienten wurde mittels eines t-Tests [LEONHART 2012: 274f.] mit einer Irrtumswahrscheinlichkeit von 1% überprüft.

Der dazu benötigte Schwellenwert, der auch in der Fachliteratur [BAHRENBERG et al. 1990: 225, LEONHART 2012: 739] abzulesen ist, wurde exakt mit der Excel-Funktion =TINV(0,02;22) berechnet.

Für den Korrelationskoeffizient zwischen Patenten und gestellten WEA gilt r= 0,87. Der zugehörige t-Test ergibt: t22 = 8,30 ist größer als der kritische t-Wert: TINV(0,02;22) = 2,51, der Korrelationskoeffizient ist damit signifikant größer als Null.

Für den Korrelationskoeffizient zwischen Unternehmen und UE gilt r= 0,70. Der zugehörige t-Test ergibt: t22 = 4,62 ist größer als der kritische t-Wert: TINV(0,02;22) = 2,51, der Korrelationskoeffizient ist damit signifikant größer als Null.

Für den Korrelationskoeffizient zwischen UE und Offshore-Wind Patenten gilt r= 0,58. Der zugehörige t-Test ergibt: t22 = 3,33 ist größer als der kritische t-Wert: TINV(0,02;22) = 2,51, der Korrelationskoeffizient ist damit signifikant größer als Null.

6.4 Zusammenfassung der organisatorischen Evolution der Windenergieindustrie

Zusammenfassend lässt sich, in Hinblick auf die Betrachtung der organisatorischen Entwicklung der Windenergieindustrie und der Sparten Onshore und Offshore, sagen, dass sich das von ROSENKOPF & TUSHMAN [1994] dargestellte evolutionäre Schema des Organisationsgefüges einer Technological Community beziehungsweise eines technologischen Innovationssystems als hilfreiches Aufarbeitungsgerüst erwiesen hat.

Es wurde aufgezeigt, dass die organisatorische Evolution sich in weiten Teilen mit den Phasen deckt, die für die technologische Entwicklung der Windenergieindustrie und des technologischen Bruchs von Onshore zu Offshore herausgestellt werden konnten. Auch auf industrieorganisatorischer Ebene stellt sich zunehmend, in Hinblick auf die Segmente Onshore und Offshore, ein Trennungsprozess ein.

Wenngleich die Struktur der industriellen Wertkette bei der Transition von Onshore zu Offshore unverändert bleibt und die einzelnen Glieder keinen Funktionswandel durchlaufen, so ist festzustellen, dass eine organisatorische Restrukturierung innerhalb der einzelnen Glieder stattfindet. Es kommt zu einem Ein- und Austritt von differierenden Akteuren aus den verschiedenen Wertkettengliedern, womit eine Restrukturierung der Technological Community einhergeht. Insbesondere durch den zunehmenden Einfluss von Großkonzernen und Akteuren, die mit einem Hightech-Hintergrund in das Offshore-Segment einsteigen, verändern sich zunehmend die intraindustriellen Routinen. Dabei ist herauszustellen, dass es zwischen den Segmenten Onshore und Offshore auf organisatorischer Ebene, ebenso wie es auf technologischer Ebene der Fall ist, zu Rückkopplungen kommt. Die Bereiche Onshore und Offshore sind nicht starr voneinander getrennt. (Neue) Routinen, die durch (neue) Akteure in das Offshore-Segment eingebracht werden, werden auch durch das Onshore-Segment angenommen und gegebenenfalls spezifisch angepasst. Dies trifft zunehmend auf Prozesse und Routinen der Qualitätssicherung zu.

Festzuhalten bleibt zudem, dass die Offshore-Sparte durch die bestehenden organisatorischen Grundlagen der Onshore-Entwicklung profitieren konnte. Auf Basis der bestehenden Routinen hatte das Offshore-Segment die Möglichkeit, organisatorische Entwicklungen in vergleichsweise kürzerer Zeit zu durchlaufen.

7. Die räumliche Evolution der Windenergieindustrie

Wurde im bisherigen Verlauf dieser Arbeit die Auseinandersetzung mit der technologischen Evolution der Windenergieindustrie sowie der Herausarbeitung industrieorganisatorischer Entwicklungen und der damit verbundenen Herausforderungen und Dynamiken vorangetrieben, soll in einem dritten Schritt die sowohl quantitativ als auch qualitativ aufgearbeitete räumliche Evolution der Industrie nachgezeichnet und analysiert werden. Grundlage für die räumliche Analyse sind die in Kapitel vier präsentierten Daten, die in ein GIS eingepflegt wurden und es nunmehr erlauben, die räumliche Entwicklung der Windenergieindustrie - sowohl der Onshore- als auch der Offshore-Aktivitäten - in einzelnen Jahresschritten nachzuverfolgen.

Komplementär zur Darstellung der technologischen und organisatorischen Industrieevolution soll die Behandlung der räumlichen Industrieentwicklung ebenfalls entlang der zyklisch-evolutionären Betrachtungsweise stattfinden. Der Einstieg wird wiederum über den Onshore-Zyklus vorgenommen.

7.1 Onshore - Era of Ferment 1970er Jahre bis 1990

Da der vorhandene Datenbestand einen rudimentären Einblick in die Entwicklungen vor dem hier als Era of Ferment bezeichneten Zeitraum ermöglicht, sollen diese knapp erläutert werden. Mit den Allgeier-Werken in Uhingen und Brümmer in Bad Karlshafen finden sich zwei Entwicklungs- und Produktionsstätten für WEA, die von 1948 bis 1961 respektive von 1966 bis 1979 aktiv waren.

Mitte der 1970er begann die Industriepopulation zu wachsen und ihre räumliche Ausdehnung voranzuschreiten. Mit Dornier stieg 1975 in Friedrichshafen ein weiteres deutsches Unternehmen ein. Im selben Jahr begannen Vestas im dänischen Lem und SAAB im schwedischen Trollhättan in der Windenergietechnologie aktiv zu werden. Folgend lässt sich bis zum Ende der 1970er Jahre eine zunehmende räumliche Dispersion erkennen. Mit Ratier-Figeac in Figeac und Riva Calzoni in Bologna gab es erste Aktivitäten in Frankreich und Italien. Die europäische Population der Windenergieindustrie wuchs von vier registrierten Unternehmen im Jahr 1975 auf 31 im Jahr 1980 an, wobei noch kein Unternehmen explizit im Offshore-Bereich aktiv war. Lediglich die Husumer Schiffswerft war, bis zur Projektaufgabe, in die Überlegungen um die zu installierende und anzupassende WEA für die FPN involviert.

Land	Unternehmenseinheiten Total	Unternehmenseinheiten %
Dänemark	12	40,0%
Deutschland	9	30,0%
Niederlande	6	20,0%
Schweden	2	6,7%
Frankreich	1	3,3%

Tabelle 18: Übersicht Windindustriepopulation nach Ländern 1980 [Eigene Erhebung]

Insbesondere die Industrieentwicklung in Dänemark, den Niederlanden und Deutschland ist hervorzuheben. 1980 ließen sich 90% der registrierten Unternehmen in diesen drei Ländern verorten. Die dänischen Entwicklungen fanden hierbei am intensivsten auf Jütland statt, während sich die Industrie in den Niederlanden auf das Zentrum und das Grenzgebiet bei Hengelo aufteilte. In Deutschland konzentrierten sich die Standorte mit den Herstellern MBB, MAN, Böwe und Dornier vor allem im Süden der Republik.

Innerhalb der nachfolgenden Dekade bis 1990 nahmen die Entstehungsdynamik der Windenergieindustrie und die damit in Verbindung stehende räumliche Unternehmensverteilung an Geschwindigkeit auf. Hierbei zeigt sich insbesondere, dass es zu einer zunehmenden Konzentration der Industrie in Dänemark, Deutschland und den Niederlanden kam. Während in Dänemark und den Niederlanden im Rahmen dieses Wachstumsmusters die regionale Verteilung kaum Änderungstendenzen unterworfen war, zeigt sich für die BRD, dass sich die deutsche Windenergieindustrie zunehmend nach Norddeutschland, vor allem Niedersachsen und Schleswig-Holstein, verlagerte.

Die Phase der frühen Era of Ferment ist von einer hohen Fluktuation geprägt. Zwischen den Jahren 1976 und 1989 wurden 42 Unternehmen identifiziert, die den Einstieg in die Fertigung von WEA wagten, ihre Aktivitäten aber aufgrund von Problemen technischer oder finanzieller Natur wieder aufgaben. Der Großteil dieser Unternehmen, die sich zwischen einem und zehn Jahren (im Durchschnitt 4,18 Jahre) im Bereich der WEA-Herstellung halten konnten, wird durch die hier in Anlehnung an GARUD & KARNOE [2003] bezeichnete Gruppe der Bricoleurs dargestellt. Der Hauptteil der Ein- und Austritte ließ sich im dänischen Jütland verzeichnen. Gefolgt wird dieser von Fluktuationsprozessen in den Niederlanden und Deutschland. Allein in den Jahren 1988 und 1989 sind insgesamt 15 Austritte erkannt worden. Unter den betroffenen Unternehmen finden sich auch Großunternehmen, die kurzzeitig in die Windenergie diversifizierten, sich jedoch meist wieder schnell auf ihr Kerngeschäft konzentrierten. Beispiele hierfür sind der schwedische Flugzeug- und Automobilbauer SAAB, der italienische Flugzeug- und Automobilbauer Fiat, der niederländische Flugzeugbauer Fokker oder das deutsche Maschinenbauunternehmen Voith.

Ferner lässt sich auf gesamteuropäischem Niveau feststellen, dass es während der 1980er Jahre erstmals zu Unternehmensausgründungen in Großbritannien (Howden, Wind Energy Group, IRD), Österreich (Villas Wind) und Spanien (Ecotécnia) kam.

Herauszuheben hinsichtlich der räumlichen Verortung der Unternehmen ist, dass sich die Entstehungsdynamik auf gesamteuropäischer Ebene hauptsächlich auf ländlich-periphere Räume und Kleinstädte beschränkte. Von 1989 insgesamt 52 erfassten aktiven Unternehmenseinheiten waren lediglich sieben in Großstädten, die über eine industrielle Infrastruktur verfügten, verortet. Es lässt sich zusammenfassen, dass die Grundlage für die Formierung der Windenergieindustrie in ruralen Regionen gelegt wurde.

Land	Unternehmenseinheiten Total	Unternehmenseinheiten %
Deutschland	20	38,5%
Dänemark	15	28,8%
Niederlande	6	11,5%
Großbritannien	3	5,8%
Belgien	2	3,8%
Schweden	2	3,8%
Frankreich	1	1,9%
Norwegen	1	1,9%
Österreich	1	1,9%
Spanien	1	1,9%

Tabelle 19: Übersicht Windindustriepopulation nach Ländern 1989 [Eigene Erhebung]

Wird die räumliche Industrieverteilung zudem auf einer qualitativen Ebene betrachtet, so lässt sich aufzeigen, dass sich noch keine organisatorische Ausdifferenzierung der Unternehmen einstellte. Hauptsitz, Produktionsstätte und sonstige administrative Aufgaben lagen am selben Firmenstandort. Forschung und Entwicklung, die im Wesentlichen aus handwerklichem Experimentieren bestand, fand ebenso mehrheitlich am zentralen Standort statt.

Ausnahmen stellen lediglich die Firmen MAN, Micon, Nordtank und Vestas dar. Die Maschinenfabrik Augsburg-Nürnberg betrieb in München, zusätzlich zu ihrem Hauptsitz und Produktionsstandort Augsburg, ein Entwicklungszentrum, das für die Windsparte genutzt wurde. Micon und Nordtank hatten jeweils zu ihren Hauptsitzen und Produktionsstätten in Randers und Balle administrative Zweigstellen eingerichtet, die im Entwicklungzusammenhang der WEA genutzt wurden. Die Firma Vestas ist mit bereits vier identifizierten Standorten besonders hervorzuheben. Neben dem Hauptsitz im dänischen Lem wurden bis zum Ende der 1980er Jahre ein administrativer Sitz in Husum, eine Gondelfertigung in Viborg und eine bedeutende Kooperation mit der Gießerei Kristiansand Jernstøperi A/S im norwegischen Kristiansand geschlossen, aus der in den 1990er Jahren die Vestas Castings Kristiansand A/S hervorgehen sollte.

7.2 Onshore - Dominant Design und erste Schritte Offshore

Den Einstieg in eine zunehmend detaillierte Betrachtung der räumlichen Verteilung der in Onshore und Offshore geteilten Windindustrie soll das Jahr 1990 und die nachfolgende Dekade darstellen. Für dieses Jahr kann auf eine erhobene aktive Population von 46 Unternehmen und insgesamt 55 Unternehmenseinheiten zurückgegriffen werden.

Begründet werden soll die Entscheidung, das Jahr 1990 als Startpunkt für die detaillierte industrieräumliche Betrachtung zu wählen, anhand verschiedener Merkmale. Erstens bestand zum gewählten Zeitpunkt bereits eine übersichtliche Industriepopulation, die im Onshore-Bereich auf industrieller Ebene dabei war, der Pionierphase zu entwachsen, und auf technologischer Ebene in weiten Teilen den Übergang von der ‚Era of Ferment' zum Dominant Design vollzog. Zweitens können Überlegungen und Entwicklungen in Bezug auf die Installation von WEA auf See erstmals geographisch verortet werden. Drittens decken sich die erhobenen Ergebnisse für die Gesamtwindenergieindustrie weitgehend mit den Ergebnissen von KAMMER [2011 Karte 1] für einen annähernd gleichen Untersuchungszeitraum.

7.2.1 1990 - 2000

Hinsichtlich der räumlichen Dispersion der Windenergieindustrie ist für diesen Zeitraum festzuhalten, dass im Vergleich zum Jahr 1989 nur ein leichtes quantitatives Wachstum der Industriepopulation festzustellen ist. Die herausstechendste Entwicklung zu Beginn der 1990er Jahren fanden sich im Norden Jütlands, wo zudem die Firmen Nordtank, WindWorld A/S und Bonus begannen, sich mit Fragestellungen hinsichtlich der Errichtung von WEA auf See auseinanderzusetzen.

Während Nordtank mit Ebeltoft den ersten Schritt in Richtung wasserseitige Installation wagte, wurde die Firma WindWorld mit Sitz in Skagen der erste Anlagenhersteller, der mit der Nogersund Anlage eine WEA auf ein eigenes Fundament wasserseitig stellte. Die in Brande ansässige Bonus AS verkündete 1991 mit Vindeby die erste im Wasser errichtete Windfarm. Nicht unerwähnt bleiben soll in diesem Zusammenhang, dass jedes dieser drei genannten Unternehmen in einem der aktuellen Offshore-Marktführer Siemens oder Vestas aufgegangen ist.

Bis Mitte der 1990er Jahre fand ein moderates Wachstum hinsichtlich der Zunahme und Verteilung der gesamtindustriellen Unternehmenseinheiten statt. Aus den 55 Unternehmenseinheiten von 1990 wurden bis zum Jahr 1993 lediglich 59. In den nachfolgenden Jahren konnte ein deutlich dynamischeres Industriewachstum beobachtet werden.

Karte 3: Detaillierte Industriepopulation 1990 [Eigene Darstellung]

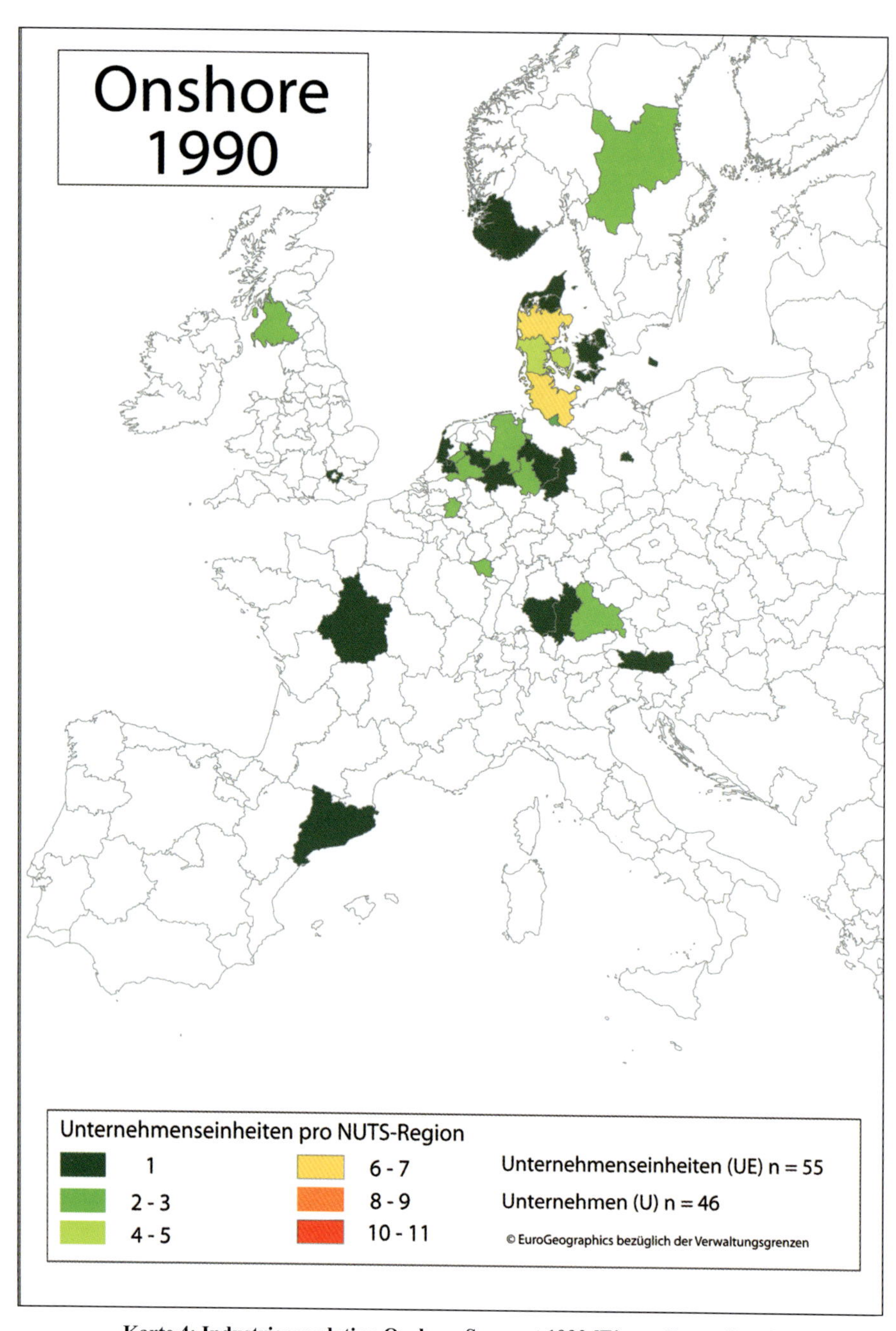

Karte 4: Industriepopulation Onshore-Segment 1990 [Eigene Darstellung]

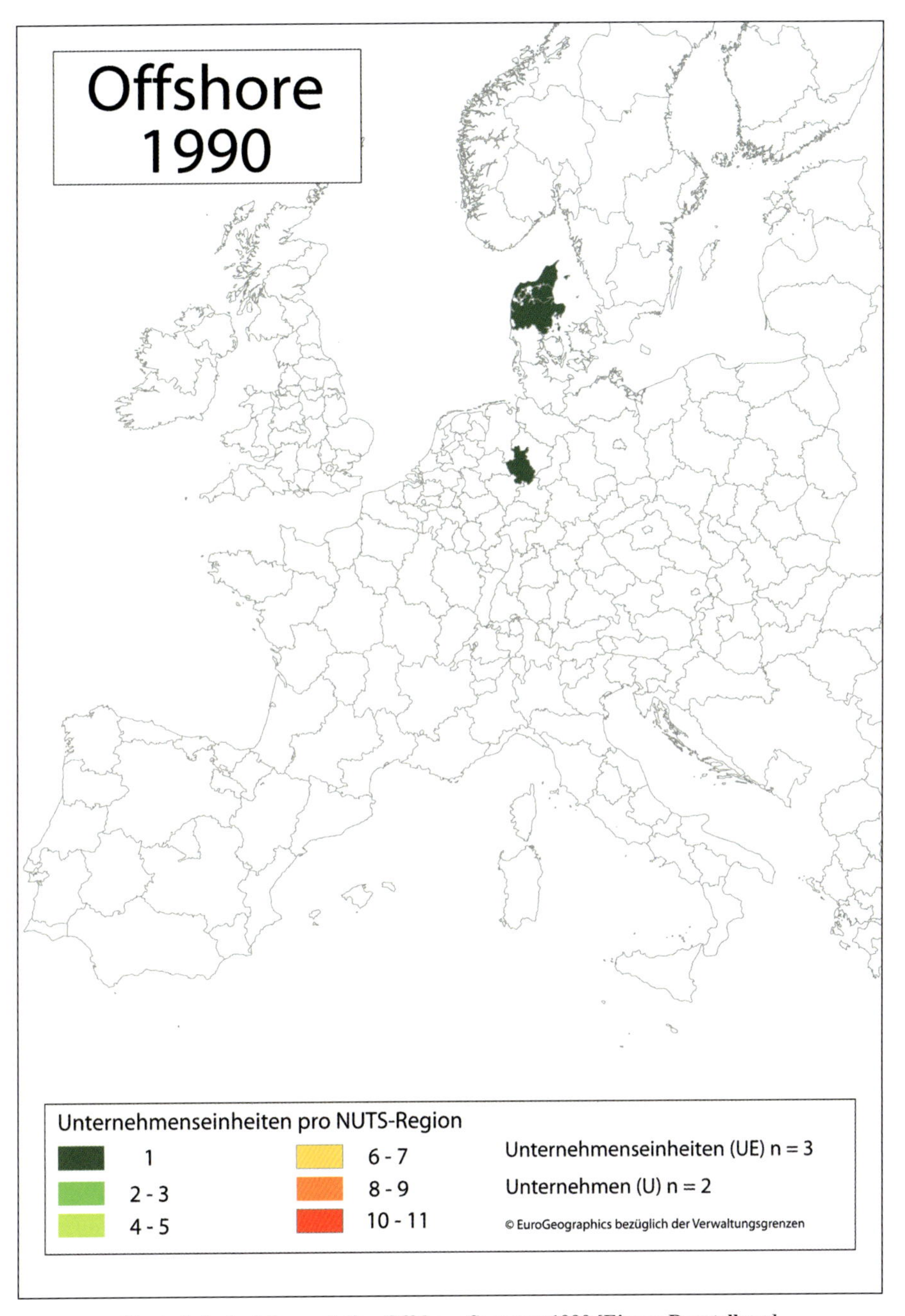

Karte 5: Industriepopulation Offshore-Segment 1990 [Eigene Darstellung]

Die höchsten Wachstumsraten[57] in Bezug auf die identifizierten Unternehmenseinheiten im Gesamtuntersuchungsraum betrugen im Jahr 1994 13,5%, im Jahr 1997 15,7% und im Jahr 1999 12,7%. Dies hatte zur Folge, dass zum Jahr 2000 bereits auf eine Gesamtpopulation von 105 Unternehmenseinheiten geblickt werden konnte, woraus sich für die Gesamtdekade eine Wachstumsrate von 90,9% ergibt.

Unter Einnahme einer räumlichen Perspektive muss gesagt werden, dass mit dem Jahr 1994, und somit erst nach der Ausdifferenzierung eines Dominant Designs, die Ausbildung der Windenergieindustrie in Spanien an Dynamik gewann. Waren bis zu diesem Zeitpunkt Ecotécnia in Barcelona und ADES in Zaragoza die einzigen Hersteller auf der iberischen Halbinsel, so kamen mit Abengoa in Sevilla, MADE in Medina del Campo und Gamesa mit Standorten in Pamplona und Madrid in Spanien drei neue heimische Unternehmen dazu. Zudem eröffnete Vestas in Barcelona eine administrative Dependance. Vestas stellte insgesamt betrachtet zu diesem Zeitpunkt den dynamischsten Akteur unter den Anlagenherstellern dar. Lag die Anzahl der Unternehmenseinheiten des dänischen Herstellers 1990 noch bei vier in Dänemark, Deutschland und Norwegen, so waren es 1994 bereits zwölf. Neben einem Ausbau der Kapazitäten in Dänemark und Deutschland waren das genannte Büro in Barcelona, sowie Büros und Produktionsstätten in Schweden eröffnet worden.

Herausgehoben werden soll zudem, dass mit der im niederländischen Rhenen ansässigen NedWind sich 1994 eine weitere Firma der Herausforderung stellte, Windenergieanlagen auf See zu stellen. Nur ein Jahr später nahm sich Vestas mit Aktivitäten am dänischen Standort Lem ebenfalls der Aufgabe Offshore an. Bis zum Ende der 1990er Jahre wurde diese Konstellation der Anlagenhersteller, die Anlagen wasserseitig stellten, nicht mehr erweitert. Vielmehr sollte es zu einer Fusions- und Übernahmewelle kommen. Anzuführen sind hierbei die Fusion von Nordtank und Micon zu NEG Micon im Jahre 1997 sowie die Übernahmen von NedWind 1998 und WindWorld 1999 durch NEG Micon. In Folge dieser Entwicklungen konzentrierte sich 1999 der Hauptteil der Offshore-Aktivitäten an den dänischen Standorten Randers, Lem und Brande.

Wenngleich diese Entwicklungen für die weitere Entwicklung der Offshore-Kompetenz noch von Bedeutung sein werden, fanden die Fusionen und Übernahmen im Wesentlichen vor dem Hintergrund der Hauptaktivitäten - der Onshore-Windenergie - statt. In diesem Zusammenhang ist eine weitere Übernahme anzumerken. Ebenfalls 1998 übernahm NEG Micon das britische Unternehmen The Wind Energy Group, dessen Standort aufgrund der Übernahme nur noch für Vertriebstätigkeiten und administrative Zwecke von Micon genutzt wurde. Zum Jahr 2000 fand sich schließlich kein aktives Unternehmen und keine aktive Unternehmenseinheit mehr in Großbritannien.

Neben den massiven Entwicklungen in Spanien, die insbesondere aus der Unternehmensentwicklung von Gamesa, mit seit 1994 insgesamt 13 neu gegründeten Einhei-

[57] Wird im Folgenden von Wachstum gesprochen und dieses in % angegeben, so bezieht sich dieses auf die Wachstumsrate: Wachstumsrate = (Aktueller Wert - Ehemaliger Wert)/Ehemaliger Wert.

ten, hauptsächlich in Aragonien, Galizien, Navarra und dem Baskenland resultierten, können die angemerkten Wachstumsraten unter einer gesamtheitlichen Betrachtung des Untersuchungsraumes mit der industriellen Expansion in Dänemark und Deutschland in Verbindung gebracht werden.

In Dänemark lassen sich innerhalb der dargestellten Dekade zwei Hauptdynamiken herausarbeiten. Zum einen kam es zu einem Ausbau der Fertigungs- und Montagekapazitäten. Die Gesamtzahl der entsprechenden Entitäten stieg von zwölf auf 18. Zum anderen kam es aber zu einer Abnahme der Unternehmensdiversität. Handelte es sich bei den für 1990 identifizierten Produktionseinheiten um Standorte von elf Unternehmen, so gingen die 18 identifizierten aus dem Jahr 2000 auf nur noch sechs Unternehmen zurück. Neben dem Ausscheiden kleiner Hersteller wie K.V. Vindmøller, ELSAM oder Danwind, sind insbesondere die Fusionen von Nordtank und Micon zu NEG Micon und der anschließende Aufkauf von WindWorld durch NEG Micon als Grund für die Unternehmensreduktion anzusehen. Der Aufbau der Fertigungskapazität hingegen stand insbesondere mit Vestas in Verbindung. Konnten für 1990 nur die Einheiten in Lem und Viborg beobachtet werden, so gab es im Jahr 2000 bereits dreizehn Produktionsstätten des dänischen Marktführers.

Die Evolution in der Bundesrepublik war unter anderem durch die neuen Entwicklungsmöglichkeiten, die sich durch den Mauerfall ergeben hatten, geprägt. Besonders zu betonen ist der schrittweise Umzug des Hauptsitzes des 1985 im dänischen Give gegründeten Unternehmens Nordex in das deutsche Ostseebad Rerik bei Rostock in den Jahren 1993 und 1994. Nach und nach wurden neue Fertigungskapazitäten in den neuen Bundesländern aufgebaut. 1999 wurde das ehemalige Dieselmotorenwerk Rostock (DMR) übernommen und die Produktion aus dem inzwischen über zu wenig Kapazitäten verfügenden Standort Rerik an die Erich-Schlesinger-Straße verlegt. Zum Ende der 1990er Jahre folgte das 1984 gegründete Auricher Unternehmen Enercon mit dem Aufbau des Großwerks bei Magdeburg, wo später auch die Großanlagen E-112 und E-126 gefertigt werden sollen. Neben diesen Entwicklungen darf die Ausgründung des Unternehmens Brandenburgische Wind- und Umwelttechnologien GmbH (BWU) im brandenburgischen Britz nicht unerwähnt bleiben. BWU war die Grundlage für die späteren Aktivitäten von REpower Systems in Eberswalde und Trampe.

Während der 1990er Jahre ließ sich in Deutschland eine Fluktuation der Unternehmenspopulation feststellen, die den dänischen Entwicklungen in Teilen ähnelte. Unternehmen, hauptsächlich kleinerer Natur, wie HSW in Husum, Hüllmann in Tornesch, Kähler in Norderheistedt, Köster in Heide, Krogmann in Löhne, Nordwind Umwelttechnik in Neubrandenburg, Seewind in Walzbachtal, Südwind in Berlin und Lichtenau, Ventis in Braunschweig oder Windtechnik-Nord in Enge-Sande aber auch die Windenergiesparten von Großunternehmen wie MAN in Augsburg und München oder MBB in München, die in den 1980er und 1990er Jahren gegründet wurden beziehungsweise Aktivitäten im Bereich der Windenergie aufnahmen, steigen bis zum Jahr 2000 wieder aus dem Markt aus.

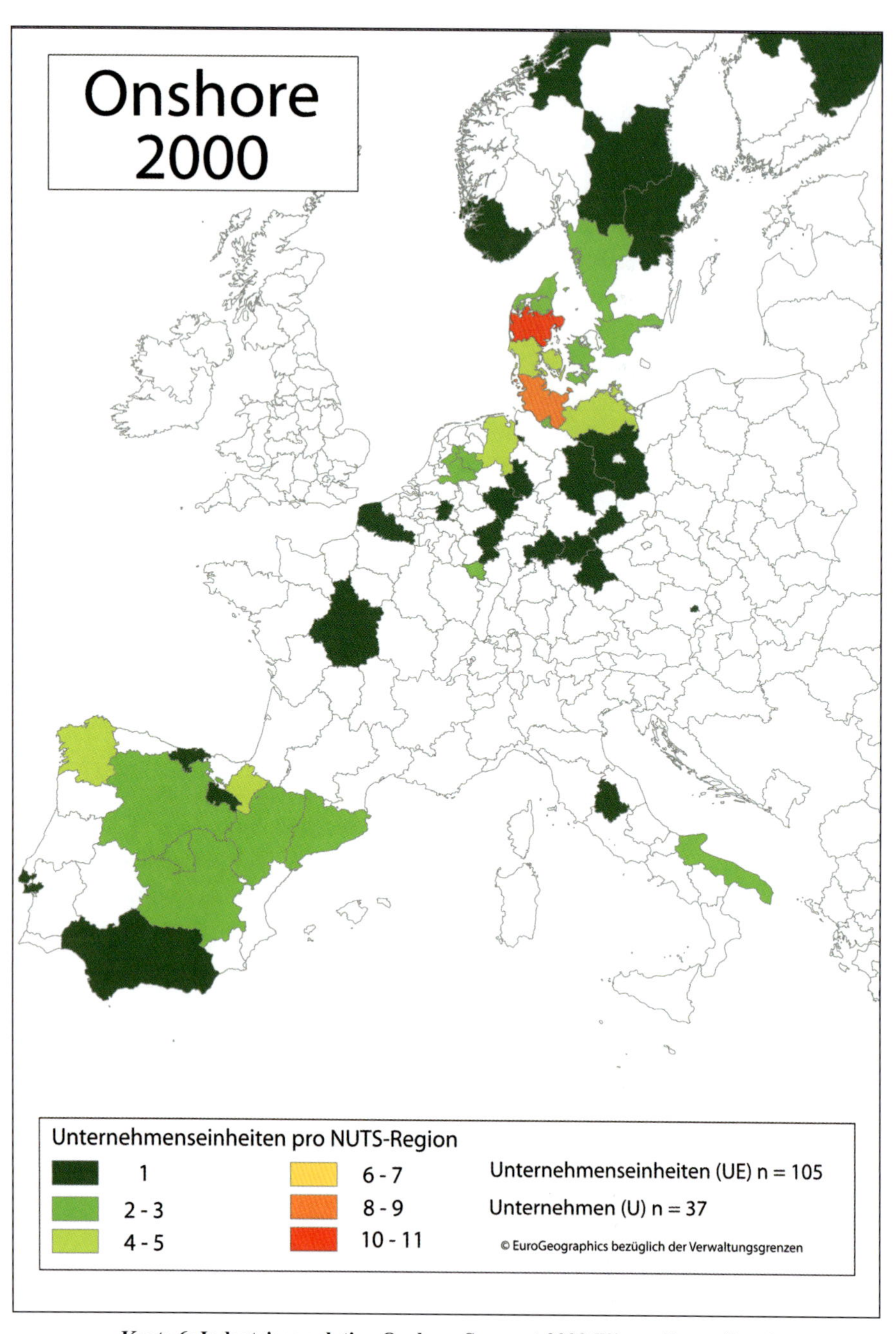

Karte 6: Industriepopulation Onshore-Segment 2000 [Eigene Darstellung]

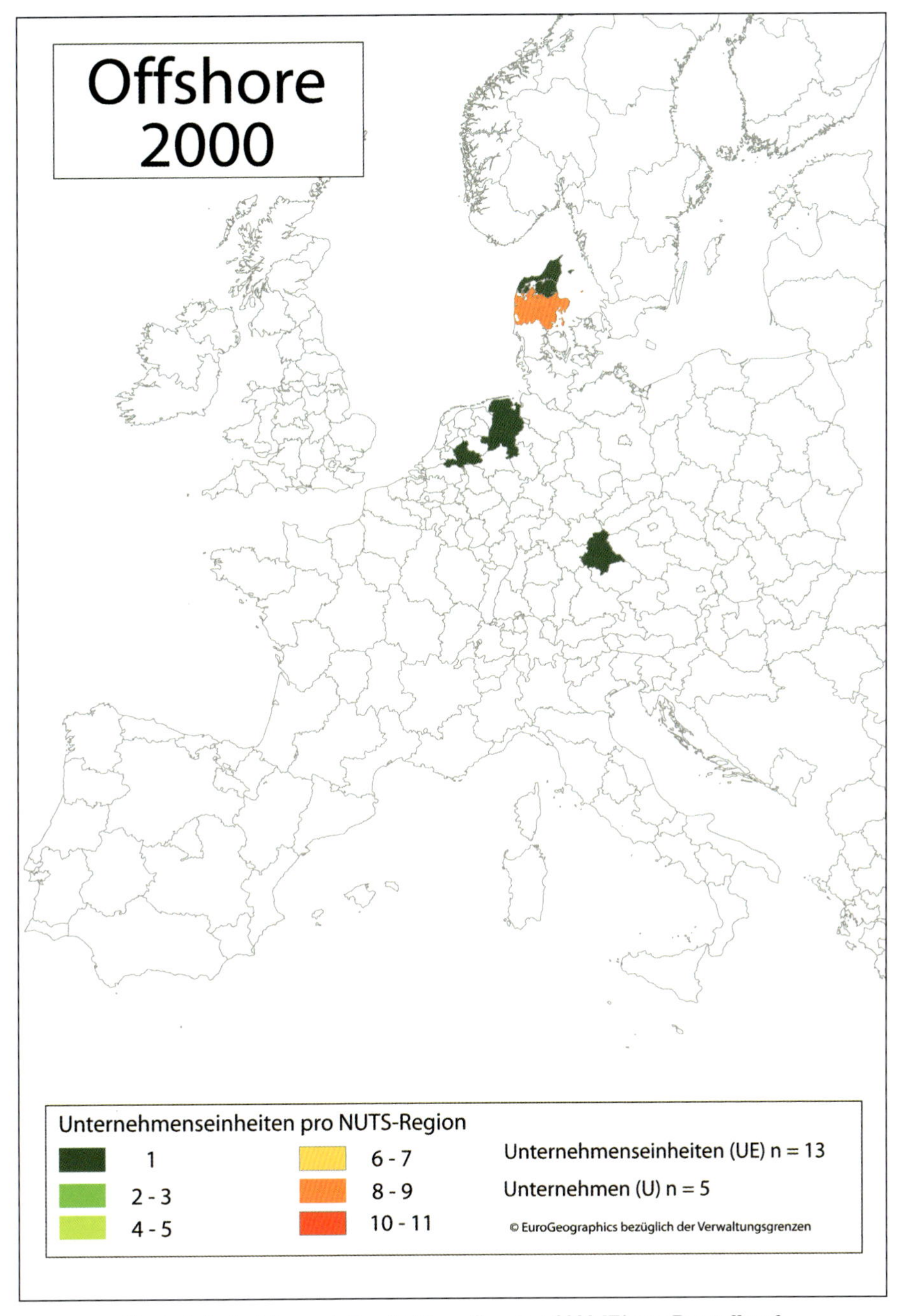

Karte 7: Industriepopulation Offshore-Segment 2000 [Eigene Darstellung]

Weitere Ereignisse von größerer industrieller und industrieräumlicher Relevanz lassen sich in Westdeutschland identifizieren. 1991 baute der dänische Marktführer Vestas eine bedeutende produzierende Unternehmenseinheit in Deutschland auf. Als Standort für diese Aktivitäten wurde Husum gewählt. 1997 übernahm das US-amerikanische Großunternehmen Enron die im niedersächsischen Salzbergen ansässigen Tacke Windtechnik GmbH. Dieser Schritt, der die Beibehaltung des Standortes bei einem gleichzeitigen Ausbau der Hauptsitzfunktion beinhaltete, war einer der ersten Zukäufe eines Windenergieunternehmens durch einen Großkonzern überhaupt und kann als Beginn einer sich fortsetzenden Entwicklung angesehen werden, die insbesondere in jüngerer Zeit in Verbindung mit der Offshore-Windenergie beobachtet werden kann.

Karte 8: Die spanische Windenergieindustrie im Jahr 2000 [Eigene Darstellung]

Die industriellen Unternehmenseinheiten und Standorte unterlagen nicht nur einem quantitativen sondern auch einem qualitativen Wachstum. Bestehende Standorte wurden weiter ausgebaut, zunehmend durch die Einführung und Übernahme von Industriestandards professionalisiert und diversifiziert. Insbesondere die hochintegrierten Standorte von Enercon in Aurich, Emden und Magdeburg [KAMMER 2011: 183] aber auch die Aktivitäten von Vestas um den Ringkøbing Fjord stehen hierfür stellvertretend.

Mit dem sich festigenden Dominant Design und der zunehmenden Professionalisierung der Windenergiebranche ist eine weitere räumliche Entwicklung in Verbindung zu bringen. Besonders zum Ende der dargestellten industriellen Dekade war eine zunehmende Expansion der Unternehmen über ihre Ursprungsregionen hinaus zu verzeichnen. Diese Aktivitäten äußerten sich vornehmlich durch steigende administrative Aktivitäten in europäischen Nachbarländern. Besonders Enercon und Vestas, aber auch Nordex trieben den Ausbau ihrer Vertriebsaktivitäten durch die Erschließung neuer Märkte mittels der Etablierung von Vertriebsbüros voran. Vestas war zum Ende der Dekade in den europäischen Märkten Dänemark, Deutschland, Griechenland, Italien, den Niederlanden, Norwegen, Schweden und Spanien aktiv vertreten. Nordex führte aktive Einheiten in Dänemark, Deutschland, Griechenland und Spanien, während Enercon in Deutschland, Griechenland, den Niederlanden, Schweden und der Türkei zu finden war.

Zum Ende der ersten vorgestellten industriellen Dekade stellt sich das großräumliche Bild wie folgt dar: Die Zentren der Windenergieindustrie wurden durch Dänemark (insbesondere Jütland), Deutschland, Spanien und die Niederlande konstituiert. Die genannten Länder beherbergten die höchste Anzahl produzierender Einheiten und waren gleichzeitig die Heimat der meisten Unternehmen, die noch weitestgehend die Heimatmärkte belieferten. Weitere produzierende Standorte lagen in Belgien, Italien, Norwegen und Schweden. Auch wenn der Vertriebsfokus noch auf den Heimatmärkten lag, fanden sich zunehmend vertriebliche Tätigkeiten und die damit einhergehende Etablierung von administrativen Einheiten außerhalb der Kernmärkte. Eine bemerkenswerte Präsenz von Forschungs- und Entwicklungseinheiten ließ sich europaweit noch nicht erkennen.

Die Existenz von Unternehmenseinheiten, die sich mit Offshorewindenergie beschäftigten, beschränkte sich zu diesem Zeitpunkt auf Dänemark, Deutschland und die Niederlande und insgesamt fünf Unternehmen. Die dänischen Unternehmen Bonus, NEG Micon und Vestas bildeten die Speerspitze der Entwicklung. Der US-Konzern Enron mit Hauptsitz der Windsparte in Deutschland und das deutsche Unternehmen Pfleiderer bildeten die Nachhut.

7.3 Inkrementelle Evolution Onshore und Abspaltung Offshore

Zur ersten Dekade des 21. Jahrhunderts hatte sich eine abgrenzbare räumliche Struktur der Windenergieindustrie mit klaren Zentren herausgebildet. Auf technologischer Ebene konnte dargestellt werden, dass sich zu Beginn der 1990er Jahre ein technologisch dominantes Design herausgebildet hatte und nach Erreichen dieses Status die Phase der inkrementellen Evolution der Onshore-Technologie begann. Zudem wurde mit den ersten Versuchen, WEA auf See zu stellen, begonnen. Diese Entwicklungen auf technologischer Ebene stellten die Grundlage für einen stabileren Zustand [Anderson & Tushman 1990: 613] und somit ein risikominimiertes Wachstum einer Industrie dar. In Hinblick auf die räumliche Evolution der Windenergieindustrie ist eine konsequente Entwicklung zu erkennen.

7.3.1 2001 - 2007

Nach einem zunehmenden räumlichen Wachstum der Industrie und der Herausbildung der genannten Regionen erhöhter industrieller Präsenz und Aktivität, folgte eine Phase der räumlichen Stabilisierung. Hiervon waren insbesondere die spanischen und deutschen Entwicklungen betroffen.

Für die BRD ist im genannten Zeitraum hinsichtlich der erfassten Unternehmenseinheiten, die sich mit Onshore-Thematiken befassten, ein Wachstum von 37 auf 45 Einheiten zu verzeichnen. Dies stellt eine Wachstumsrate von 21,6% dar. Die räumliche Dispersion von Einheiten der WEA-Hersteller war in Deutschland annähernd über das gesamte Bundesgebiet gegeben, wobei eine Konzentration auf die nördlichen und westlichen Bundesländer Schleswig-Holstein, Hamburg, Niedersachsen und Nordrhein-Westfalen zu erkennen ist. Auch wenn die Hauptentwicklung durch Wachstum gekennzeichnet war, so waren Ausstiege einzelner Hersteller zu verzeichnen. Während die Unternehmen SW Vindkraft, FRISIA und Pfleiderer aus der Industrie austraten, fand sich eine Reihe von Unternehmen, die im Rahmen eines einsetzenden Konsolidierungsprozesses fusionierten oder aufgekauft wurden.

Zu den Unternehmen, Einheiten und Standorten, auf die diese Entwicklung zutraf, gehörten unter anderem pro+pro aus Rendsburg, Jacobs Energie aus Husum, BWU aus dem brandenburgischen Britz und die HSW. Alle diese fanden sich im Jahr 2001 zusammen und gingen in REpower Systems mit neuem Hauptsitz in Hamburg auf. In diesem Rahmen wurde am Standort Büdelsdorf bei Rendsburg die F&E-Einheit aufgebaut, wohingegen in Husum das Werftgelände und der Standort Trampe in 12km Entfernung von Britz als Produktionsstandorte ausgebaut wurden. In Salzbergen übernahm 2002 der US-amerikanische Industrieriese GE die Windenergietechnologiesparte und in diesem Zusammenhang den Standort vom insolventen Mitbewerber Enron. Die ersten Aktivitäten von Suzlon auf dem deutschen Markt mit einem 2003 eröffneten Entwicklungszentrum in Rostock und weiteren Standorten in Berlin und Bochum im Jahr 2006 gingen auf die erste Zusammenarbeit und spätere Übernahme von Entwicklern der insolventen Südwind zurück. Die NEG Micon-Standorte Hamburg und Ostenfeld wechselten im Rahmen der Übernahme durch Vestas im Jahr 2004 den Besitzer, wobei der Standort Ostenfeld noch im selben Jahr geschlossen wurde. Schließlich wurde 2005 die Bremer AN Windenergie, die eng mit der Bonus verflochten war, nur ein Jahr nach der dänischen Firma von Siemens übernommen.

Weiteres Wachstum stand in Verbindung mit dem Ausbau der deutschen Fertigungskapazitäten von Enercon und Vestas. Während Enercon 2005 eine weitere Produktion in Emden aufbaute und Vestas seine Rotorblattfertigung 2002 in Lauchhammer eröffnete, gündeten beide Unternehmen (Enercon 2001 und Vestas 2002) Fertigungsstätten in Magdeburg.

Neben den Unternehmensaustritten, Zusammenschlüssen und dem autarken Wachstum der etablierten Unternehmen gab es eine Reihe von Neuzugängen. 2004 stieg das Unternehmen Avantis, dessen optisches Turbinendesign auf Luigi Colani zurückgeht, mit einer administrativen Einheit in Hamburg in den Markt ein. Im Jahr 2007 kamen gleich drei neue Unternehmen hinzu. Sowohl die Conergy AG mit Hauptsitz in Hamburg und Produktionseinheit in Bremerhaven, als auch die Unternehmen Innovative Wind Power mit Sitz in Osnabrück und Kenersys mit Administation und F&E-Einheit in Münster kamen neu hinzu.

Betrug das Wachstum in puncto Unternehmenseinheiten, die in den Onshorebereich involviert waren, von 2001 bis Ende 2007 annähernd 22%, so kann für denselben Zeitraum ein Wachstum von 600% der Offshore-UE erfasst werden. In absoluten Zahlen stieg die Anzahl von drei auf 21. Während dieses enorme Wachstum auf insgesamt sieben einzelne Unternehmen zurückzuführen war, stachen drei Unternehmen hervor. Hierbei handelte es sich um die 2003 durch den deutsch-russischen Ingenieur und Millionär Arngolt Bekker in Bremen gegründete Firma BARD, die 2004 von der Pfleiderer AG aufgegebene Multibrid und REpower Systems. Weitere Unternehmen, die Offshoreaktivitäten in der BRD auf- und ausbauten, waren GE, Nordex, Siemens und Vestas. Räumlich können alle Aktivitäten mit Ausnahme des F&E-Zentrums von GE in Garching bei München weitgehend auf den Norden und Nordwesten begrenzt werden. Als räumlichen Schwerpunkt ließen sich die Bundesländer Niedersachsen und Bremen/Bremerhaven erkennen.

Nach der Unternehmensgründung 2003 erfolgte ein rasanter Aufbau der Kapazitäten von BARD. 2005 nach dem Kauf eines Anlagendesigns von Aerodyn wurden in Emden Konstruktions- und Entwicklungsbüros sowie administrative Einheiten aufgebaut. Es folgten 2006 und 2007 Fertigungseinheiten am selben Standort. Zudem baute BARD mit CSC einen eigenen Fundamenthersteller auf, dessen Produktion für die eigenen Tripile-Fundamente 2006/2007 in Cuxhaven angesiedelt wurde. BARD brachte als Unternehmen mit hohen Ansprüchen - Projektplanung, Fertigung, Errichtung also annähernd die gesamte Wertkette sollten in eigener Hand bleiben - keine eigenen Erfahrungen aus der Windenergieindustrie mit. Der Kern der *Wissensträger* wurde von Enercon und der von Siemens aufgekauften AN Windenergie übernommen.

Wie auch für die BARD-Anlage ist die Rendsburger Firma Aerodyn ebenfalls für die Entwicklung der Multibrid-Technologie mitverantwortlich. Der Ursprung der Aktivitäten ging auf den Entschluss des Holzverarbeitungs- und Baustoffunternehmens Pfleiderer aus Neumarkt aus dem Jahr 2000 zurück, direkt in die Offshore-Windenergie einzusteigen. Pfleiderer trieb die Planungen bis ins Jahr 2004 voran und zog sich dann aufgrund strategischer Unternehmensentscheidungen wieder zurück. Der Offshore-Bereich wurde in diesem Zusammenhang an die in Stade bei Hamburg ansässige Prokon Nord Energiesysteme verkauft, welche die Aktivitäten in Stade und unter dem Namen Multibrid Entwicklungsgesellschaft in Bremerhaven fortführte und dort eine Fertigung aufbaute. Zum Jahr 2007 stieg der französische Nuklearkonzern AREVA in die Offshorewindenergie ein und übernahm 51% der Anteile an Multibrid von Prokon Nord.

Der Einstieg von AREVA bei Multibrid erfolgte, nachdem der französische Konzern an einem Übernahmekampf um die Hamburger REpower Systems beteiligt war und diesen aufgegeben hatte. REpower konnte im Jahr 2007 bereits auf See installierte WEA vorweisen, wurde aber schließlich anteilig von Suzlon übernommen. REpower begann bereits in seinem Gründungsjahr, sich der Thematik Offshore im Rahmen des NOK zu widmen. Entsprechend ließen sich seit 2001, spätestens aber seit 2004 Aktivitäten im Hauptsitz Hamburg und den F&E-Zentren Osterrönfeld und Osnabrück identifizieren. Da REpower in der Anfangsphase über keine eigenen Fertigungskapazitäten für eine 5MW-Offshore-Turbine verfügte, wurde die erste 5M-Offshore-WEA in der HDW-Werft in Kiel montiert [REPOWER SYTEMS 2004: 33], bevor sie zum Errichtungsort Brunsbüttel verbracht wurde.

GE widmete sich neben der Entwicklungseinheit in Garching auch im Hauptsitz der Windsparte in Salzbergen den Offshore-Planungen, während sich Nordex ebenso wie REpower seit dem NOK-Projekt im Jahr 2001 in der Zentrale in Norderstedt mit dem Gedanken Offshore auseinander setzte. Die Aktivität am Fertigungsstandort Rostock wurde hingegen erst 2005 aufgenommen. Im Jahr 2007 konnten insgesamt 45 Einheiten mit Onshore- und 21 Einheiten mit Offshore-Aktivitäten im gesamten Bundesgebiet lokalisiert werden, die 17 respektive sieben Unternehmen zuzurechnen waren.

Das deutsche Wachstum wurde bei weitem von den spanischen Entwicklungen übertroffen. Obwohl Spanien vor Deutschland das europäische Land mit der höchsten Entwicklungsdynamik in Hinblick auf die Windenergieindustrie darstellte, ließ sich keine Unternehmenseinheit identifizieren, die sich mit der Offshore-Windtechnologie im betreffenden Zeitraum befasste. Der Fokus wurde ausschließlich auf das Onshore-Segment gerichtet. Das Wachstum hinsichtlich der Unternehmenseinheiten betrug von 2001 bis 2007 64,7 %. Konnten 2001 noch 34 Einheiten von 11 Unternehmen festgestellt werden, so waren dies 2007 bereits 56 Einheiten bei einer gleichbleibenden Firmenanzahl. Die Details, die sich hinter dieser räumlichen und zeitlichen Entwicklung verbergen, sind folgende:

Als Haupttreiber der genannten Entwicklungen lassen sich insbesondere Gamesa und Acciona nennen. Wurden für Acciona 2001 nur drei Einheiten identifiziert, so waren es 2007 acht, das Einheitenwachstum lag somit bei 166,6%. Gamesa wuchs von 18 auf 27 Einheiten (50,0%). Das weitere Wachstum ging im Wesentlichen auf den Ausbau der administrativen Einheiten, die zumeist durch Vertriebsbüros von Enercon, GE, Nordex, Suzlon und Vestas konstituiert wurden, zurück. Zudem steigerte Vestas die Anzahl seiner in Spanien produzierenden Einheiten von einer auf drei. Unternehmensdynamisch ist die Übernahme von Ecotécnia durch den französischen Industriekonzern Alstom im Jahr 2007 hervorzuheben.

Industrieräumlich verstärkte sich im Rahmen des Wachstums das Muster, dass sich Industrieballungen in Nordspanien, besonders in Galizien, dem Baskenland, Navarra und Aragonien formierten. Insbesondere die produzierenden Einheiten ließen sich hier verorten. In Hinblick auf administrative und lenkende Einheiten traten inbesondere Madrid und die nähere Hauptstadtumgebung hervor.

Auch die Niederlande konnten zu Beginn in den ersten zwei Dritteln der 2000er Jahre ein Wachstum hinsichtlich der Unternehmenseinheiten verzeichnen. Es betrug 71,4%, wobei sich die absolute Zahl von sieben auf zwölf steigerte. Die räumliche Aktivität konzentrierte sich anfänglich auf das Zentrum und den Osten des Landes, wobei insbesondere die Fremdfirmen Enercon, GE, Suzlon und Vestas ihre Einheiten tendenziell in den östlichen Regionen eingerichtet hatten. Die einheimischen Firmen Harakosan und Lagerwey, auf die drei der sieben Einheiten fielen, fanden sich seit ihrer Gründung in den 1980er Jahren im Zentrum in Lelystadt und Barneveld.

Bis zum Jahr 2007 schieden drei der genannten Einheiten aus. Die Firma Lagerwey stieg 2003 komplett aus dem Markt aus und GE schloss seine Fertigungseinheit in Almelo nach einem Großbrand [Kammer 2011: 188]. Das räumliche Muster der Windenergieindustrie in den Niederlanden hatte sich zudem deutlich gewandelt. Es war eine Dispersion zu erkennen, die weiter nach Westen aber auch nach Südwesten und Nordosten vorgedrungen war. Eine dieser Triebkräfte war die 2004 gegründete Firma EWT, die bis 2007 vier Einheiten administrativer und produktiver Natur aufbaute. Mit Harakosan war weiterhin eine zweite einheimische Firma aktiv, die 2005 in Den Helder einen neuen Produktionsstandort aufbaute.

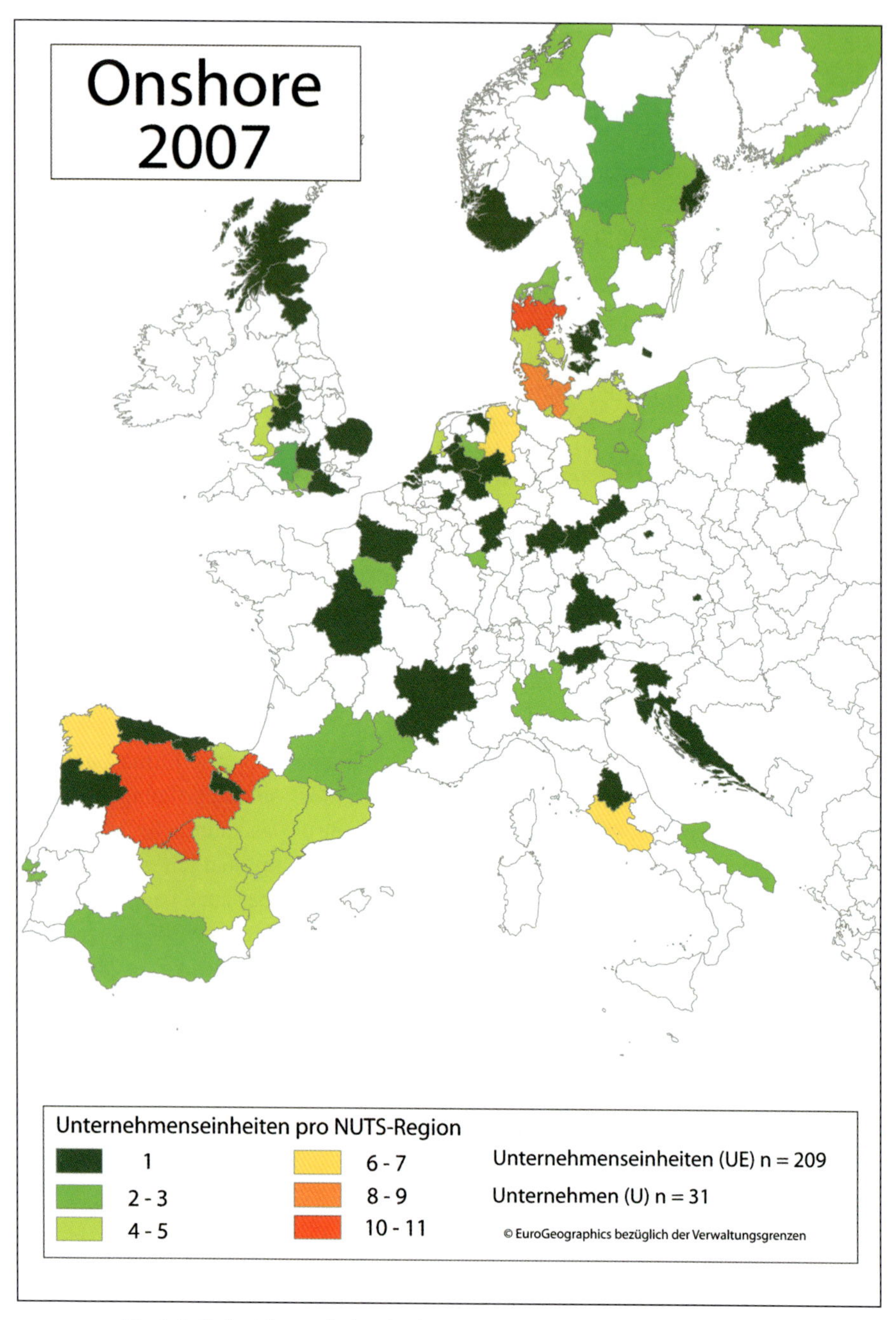

Karte 9: Industriepopulation Onshore-Segment 2007 [Eigene Darstellung]

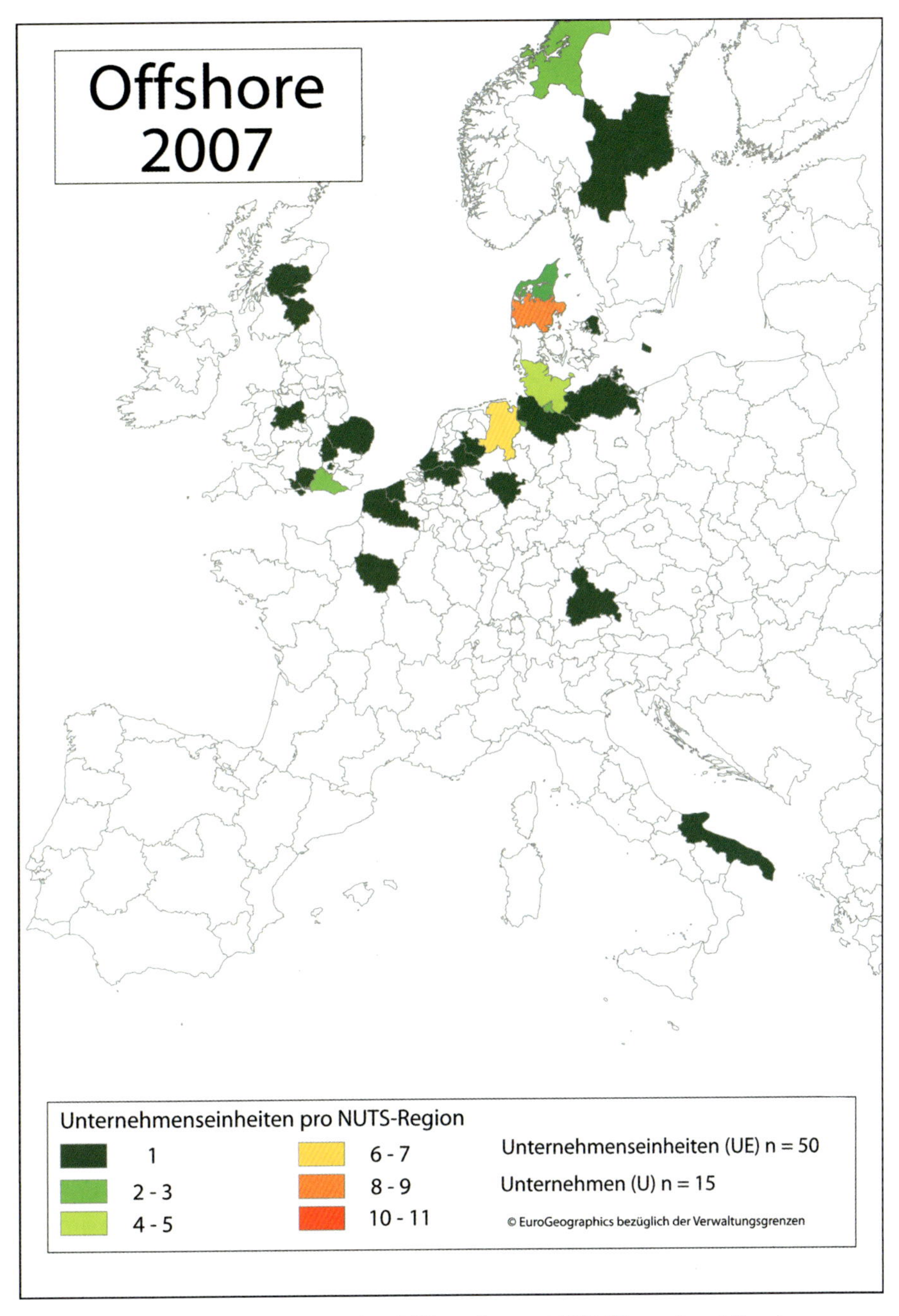

Karte 10: Industriepopulation Offshore-Segment 2007 [Eigene Darstellung]

Als externer Neueinsteiger in den Niederlanden konnte Siemens gewertet werden, die 2007 in direkter Nachbarschaft zur Technischen Universität ein neues F&E-Zentrum in Delft eröffneten. Die Zusammenarbeit zwischen der TU Delft und Siemens Wind Power beinhaltete seitdem auch die Forschung in Bezug auf Offshore-Windenergie

[DE VALK 2013]. Waren die Niederlande mit der Firma NedWind und dem Lely-Projekt noch unter den Pionieren der Offshore-Windenergie zu finden, so konnte für das Jahr 2001 einzig Vestas mit einer administrativen Einheit identifiziert werden. Die Offshore-Aktivitäten am Standort Rheden/Arnheim werden jedoch als marginal eingeschätzt, was letztlich dazu führt, dass die Niederlande im Jahr 2001 als nahezu inaktiv im Offshore-Segment zu bewerten sind. 2004 begann die in Oosterhout neu gegründete Firma Blue-H mit der Entwicklung eines schwimmenden Anlagenkonzeptes. Eine weitere Firmenneugründung fand 2007 in Hengelo statt. Das Unternehmen 2-B-Energy begann mit der Entwicklung einer Multi-Megawatt Offshore-Anlage. Wurde Blue-H inzwischen gespalten und beschäftigt sich ausschließlich mit der Entwicklung einer schwimmenden Plattform, wohingegen das inzwischen in UK ansässige Spin-off Condorwind die WEA-Entwicklung vorantreibt, so ist beiden Unternehmen eine Gemeinsamkeit zuteil. In beiden Fällen wird auf die niederländische Zweiblatttechnologie gesetzt.

Die Entwicklung in UK ist besonders vor dem Hintergrund des Offshore-Segments interessant. Dies liegt daran, dass das Wachstum im Offshore-Bereich zwischen 2001 und 2007 über dem des Onshore-Bereichs lag. Letztlich jedoch sind die nachfolgenden Zahlen auf die späte Entwicklung der britischen Windenergieindustrie zurückzuführen. Waren 2001 im Onshore-Segment nur Nordex in Didsbury und Vestas in Campbeltown mit jeweils einer Unternehmenseinheit aktiv, waren es 2007 bereits neun Firmen mit 14 Unternehmenseinheiten. Dies entspricht im genannten Zeitraum einem Wachstum von 600%. Dieses Wachstum, welches hauptsächlich auf administrative und F&E-Einheiten zurückzuführen ist, ging ausschließlich auf ausländische Firmen zurück. 2007 waren dies neben Nordex und Vestas, Acciona, Enercon, Gamesa, GE, Nordic Windpower, REpower Systems und Siemens.

Das sagenhafte Wachstum von 0 auf 8 Unternehmenseinheiten im Offshoresegment ging zum Großteil auf das Jahr 2007 zurück. Die britische Neugründung Windpower Limited, die sich ausschließlich der Entwicklung und Vermarktung des radikalen Aerogenerator X widmet, eröffnete 2003 gleich zwei Einheiten. Während der Hauptsitz mit Suffolk angegeben wurde, fanden sich F&E in Cranfield wieder. 2005 eröffnete REpower Systems in Edinburgh ein Büro, welches sich sowohl Onshore- als auch Offshore-Aktivitäten annahm. Das Jahr 2007 brachte vier Unternehmen mit fünf Einheiten auf die Insel. Mit VertAx fand in Guildford/Surrey die Ausgründung einer neuen britischen Firma statt, die sich wie 2-B-Energy ausschließlich dem Offshore-Segment widmet. Während Siemens ähnlich wie in den Niederlanden in Delft eine neue F&E-Einheit an der University of Keele mit einem Offshore-Fokus einrichtete und Vestas neue OS-Forschungszentren in Leatherhead und auf der Isle of Wight eröffnete, gründete das japanische Großunternehmen Mitsubishi seinen Hauptsitz für die Offshore-Wind-Aktivitäten in London. Unter industrieräumlichen Gesichtspunkten manifestierte sich die einsetzende Spaltung der Segmente Onshore und Offshore in UK noch deutlicher als in der BRD.

Das Hauptzentrum der Offshore-Windenergiesparte befand sich im Jahr 2001 noch in Dänemark. Bonus, NEG Micon und Vestas betreiben zusammen zehn Einheiten, die alle Untersuchungskategorien abdeckten. Die Hauptsitze der Markführer Vestas und Bonus, aus denen auch das Offshore-Geschäft geleitet wird, sind in Randers und Brande beheimatet. Alle im Offshore-Segment aktiven Einheiten, mit Ausnahme einer gesonderten Offshore-Unit von Vestas am Standort Randers, sind sowohl Onshore als auch Offshore aktiv. Die Entwicklung bis ins Jahr 2007 wurde wesentlich durch den Aufkauf von Bonus durch Siemens und die Übernahme von NEG Micon durch Vestas im Jahr 2004 beeinflusst. Hinsichtlich der Einheitenanzahl war zumindest quantitativ eine Stagnation festzustellen, die sich auch räumlich manifestierte. Die einzig beobachteten räumlichen Veränderungen gingen auf die von Siemens 2006 in Engesfang gegründete neue Produktionseinheit und das 2007 in Kopenhagen eröffnete F&E-Zentrum zurück. Dabei ist hervorzuheben, dass insbesondere die Vestas-Standorte Randers, Lem, Skjern und Hammel sowie die Siemens Einheiten in Brande und Aalborg qualitativen Veränderungen unterliefen, die sich sowohl auf die Offshore- als auch die Onshore-Sparte erstreckten.

Hinsichtlich der räumlichen und industriellen Struktur des dänischen Onshore-Segments lassen sich weitere Eigenheiten herausarbeiten. In diesem Bereich fanden sich 2001 19 Einheiten bei 17 Standorten und sechs Unternehmen, die sich ebenso wie im Offshore-Bereich zum Großteil auf Jütland konzentrierten. Neben den Einheiten von Bonus und Vestas fanden sich ein Vertriebsbüro von Enercon in Egaa, die bis 2003 existierende Firma Lolland im selbigen Ort, das noch eigenständige Unternehmen NEG Micon in Randers und Nordex am Gründungsort Give. Sieben Jahre später hatte die Unternehmensdiversität keine Veränderung erfahren. Nach wie vor waren sechs Unternehmen aktiv. Die aus dem Markt ausgestiegene Firma Lolland und das durch die Übernahme seitens Vestas bedingte Verschwinden von NEG Micon wurden durch die 2003 eingerichtete administrative Einheit von Gamesa in Silkeborg und das 2004 eröffnete Büro von Suzlon in Aarhus kompensiert. Zum Jahr 2007 fand sich nur eine Unternehmenseinheit mehr als im Vergleichsjahr 2001, daher kann ebenso wie im Offshore-Segment von einer Wachstumsstagnation hinsichtlich der Einheitenquantität gesprochen werden.

Stellten die bisher behandelten Länder Dänemark, Deutschland, die Niederlande, Spanien und UK, aufgrund der genannten Entwicklungen besonders hervorzuhebende räumliche Einheiten dar, so galt es ebenso, die Entwicklung im restlichen Untersuchungsgebiet aufzuarbeiten und darzulegen. Mit dem Offshore-Segment beginnend kann für das Jahr 2001 nur auf die Aktivitäten in den bereits dargestellten Ländern Dänemark, Deutschland und die Niederlande verwiesen werden. Für das Jahr 2007 ließen sich hingegen weitere Einheiten in Belgien, Frankreich, Italien, Norwegen und Schweden nennen. Das amerikanisch/niederländische Unternehmen Blue-H betrieb von 2007 bis 2010 an der apulischen Küste eine Einheit, die sich primär mit dem Testbetrieb des Prototyps vor der dortigen Küste befasste. Auch das 2006 in Lille gegründete Unternehmen Nénuphar befasst sich ausschließlich mit schwimmenden

Turbinen. Zudem hatte REpower Systems im belgischen Oostende eine Einheit eingerichtet, die unter anderem das Projekt Thornton Bank begleitete. Mit dem norwegischen Unternehmen ScanWind stieg zudem 2007 ein weiterer etablierter Hersteller von WEA in den Offshore-Bereich ein. Die norwegischen Einheiten in Trondheim und Verdal sowie im schwedischen Karlstad wurden in diesem Zusammenhang in die neuen Entwicklungsbemühungen einbezogen.

Die Dynamik der Unternehmenseinheiten im Onshore-Segment war durch zwei primäre Merkmale gekennzeichnet. Zum einen waren kleinere, meist national aufgestellte Unternehmen wie die schwedischen Firmen SW Vindkraft 2001 und KaWeMa 2005 oder der französische Hersteller Jeumont 2005 gezwungen, auszusteigen, zum anderen expandierten Unternehmen wie Acciona, Enercon, Nordex, REpower und Vestas im Rahmen des gesamten Untersuchungsgebietes. Dieser Zuwachs fand primär über die Einrichtung administrativer Einheiten mit dem Hauptfokus auf Vertriebsaktivitäten statt. Lediglich Enercon und Vestas bauten weitere Produktionskomplexe außerhalb ihrer Heimatländer auf.

Während Enercon 2002 im Türkischen Izmir eine Fertigung für Rotorblätter aufbaute, erweiterte Vestas seine Produktion von Gondeln und Blättern im italienischen Taranto im Jahr 2003. Mit der Übernahme von Ecotécnia durch Alstom wurde neben dem Hauptsitz in Barcelona 2007 ein neuer Zweitsitz im französischen Toulouse eingerichtet. Drei weitere Neueinsteiger konnten identifiziert werden. Hierbei handelt es sich um die finnische Firma WinWind, die bis zum Jahr 2007 vier Einheiten in ihrer Heimat ausgründete, die 2003 gegründete und im italienischen Sterzing beheimatete Firma Leitwind und das 2007 im tschechischen Prag angesiedelte Unternehmen Wikov.

Es blieb somit auf gesamteuropäischem Niveau ein Gesamtwachstum von Onshore 63,3% (absolut von 128 auf 209 Einheiten) und Offshore 257,1% (14 auf 50 Einheiten) zu beobachten. Dabei wurde bereits ein erkennbarer Unterschied zwischen den räumlichen Ausprägungen der Segmente Onshore und Offshore offensichtlich. Auffallend ist die komplette Abwesenheit des Offshore-Bereichs in Spanien und im Gegenteil hierzu das auffällige Wachstum in UK. Auch während in Dänemark eine räumliche Stagnation festzuhalten war, bildeten sich in Deutschland neue Einheiten heraus. Neben den hier aufgearbeiteten Entwicklungen, die sich auf den europäischen Untersuchungsraum konzentrieren, setzte mit Beginn des 21. Jahrhunderts eine deutlich zunehmende globale Wachstumstendenz ein. Diese wurde durch eine Internationalisierung der Industrie und somit auch die Expansion europäischer Hersteller auf andere Kontinente getragen [Kammer 2011: 185 ff.].

7.3.2 2008 - 2013

Die Betrachtung des letztgewählten Betrachtungszeitraums ist insbesondere vor den anfänglich erwähnten zwei Schlüsselmomenten, der globalen Finanz- und Weltwirtschaftskrise ab 2007/2008 und der Havarie des AKW Fukushima-Daiichi 2011 zu entwickeln. Während die Finanzkrise sich global und auf alle Marktteilnehmer mehr oder minder intensiv auswirkte, war die Diskussion um die (energie-) politischen Konsequenzen insbesondere in der BRD gegeben.

Wird die Dynamik der in Deutschland ansässigen Windenergieindustrie einer rein quantitativen Betrachtung unterzogen, so sticht zu Beginn des hier gewählten Untersuchungsintervalls ein weiteres Wachstum nach Unternehmenseinheiten des Onshore-Segments hervor, welches mit Eintreten der Wirtschaftskrise abflachte und nach 2010 sogar rückläufig war. Im Offshore-Segment war bis zum Jahr 2012 das Wachstum abflachend aber stetig. Der Abfall im Jahr 2013 ist auf den Ausstieg von Nordex aus dem Offshore-Bereich zurückzuführen.[58]

Jahr	2007	2008	2009	2010	2011	2012	2013
Anzahl Onshore-Unternehmenseinheiten	45	58	64	67	65	65	64
Wachstum	-	28,9%	10,3%	4,7%	-3,0%	0,0%	-1,5%
Anzahl Offshore-Unternehmenseinheiten	21	27	30	31	31	34	32
Wachstum	-	28,6%	11,1%	3,3%	0,0%	9,7%	-5,9%

Tabelle 20: Wachstumsraten nach Unternehmenseinheiten der deutschen Windenergieindustrie 2007 - 2013 [Eigene Erhebung]

Die industrieräumliche Entwicklung, die sich hinter diesen Wachstumsdynamiken verbirgt, lässt sich für den Onshore-Bereich insbesondere im Norden und Westen der Bundesrepublik verorten. Als Neueinsteiger der WEA-Fertigung waren im Jahr 2008 die Firmen E.N.O. Energy mit Produktions- und Administrationseinheiten in Rostock sowie Eviag in Ratingen zu beachten. Die 2007 gegründete Windsparte der Conergy AG musste im Rahmen finanzieller Schwierigkeiten ihr Geschäft aufgeben. Diese wurde an den Investor Warburg Pincus veräußert und die Standorte in Hamburg (Administration) und Bremerhaven (Fertigung) fortan unter dem Namen Powerwind weitergeführt.

Zudem ließ sich für das Jahr 2008 eine Reihe von Umzügen identifizieren. Die Vensys Energy AG verlegte ihre Aktivitäten von Saarbrücken, wo sowohl Hauptsitz als auch Produktion angesiedelt waren, nach Neunkirchen (Saar), wo eine neue Fertigungshalle entstanden war, und eröffnete zeitgleich eine neue Fertigungseinheit in Diepholz bei Bremen. Auch das Unternehmen Fuhrländer zog bei gleichzeitiger Expansion um. Der Hauptsitz wurde von Waigandshain an den Siegerland-Flughafen verlegt. Im Hamburg eröffnete derweil der neue Hauptsitz von REpower Systems in der Bürostadt ‚City-Nord', während Vestas seine administrative Einheit in der Hansestadt erweiterte und von der Osterbekstraße in den Christoph-Probst-Weg wechselte. Ebenfalls in Hamburg eröffnete Suzlon zeitgleich ein neues Forschungs-Zentrum, während Siemens den gleichen Schritt in Aachen vollzog.

[58] Mit dem Jahr 2014 stieg zudem das Unternehmen BARD aus dem Offshore-Bereich aus.

2009 öffnete der deutsche Marktführer Enercon zwei neue Fertigungseinheiten an den bereits bestehenden Standorten Aurich und Magdeburg. Auch Kenersys eröffnete eine neue Produktionseinheit und wählte dafür den Standort Wismarer Seehafen, wohingegen sich Innovative Windpower für Bremerhaven entschied. Das weitere Wachstum ging auf administrative Einheiten von Fuhrländer (München) Siemens (Hamburg) und REpower Systems (Rendsburg/Büdelsdorf) zurück. Insgesamt konnten sowohl für das Jahr 2008 als auch 2009 keine Schließungen, die nicht mit Einheits-Umzügen in Verbindung stehen, identifiziert werden.

Eine ähnliche Dynamik wie für die beiden Vorjahre stellte sich für das Jahr 2010 ein. Die Aktivitäten von Siemens und Nordex lassen sich mit Umzügen in Verbindung bringen. Da Siemens beschloss, sein Hauptquartier für das Europa-Geschäft nach Hamburg zu verlegen, zog die bereits früher existente administrative Einheit innerhalb des Stadtgebiets um. Auch wenn der Umzug von Nordex nicht durch die Überwindung einer großen Distanz gekennzeichnet war, so fand mit dem Wechsel des Hauptsitzes von Norderstedt nach Hamburg-Langenhorn der Übertritt in ein anderes Bundesland statt. Aufgrund der angemeldeten Insolvenz schied das erst 2007 gegründete Unternehmen Innovative Windpower wieder aus dem Markt aus, wohingegen das im Baden-Würtembergischen Göppingen ansässige Maschinenbauunternehmen Schuler beschloss, eine eigene Anlagen-Entwicklung aufzubauen. Weiterer Zuwachs ging auf Enercon zurück, da die Firma am Standort Aurich eine neue Produktions-Einheit einweihte.

Die Stagnation zwischen den Jahren 2011 und 2012 beinhaltet bei einer weitgehend gleichbleibenden Industriepopulation den Wechsel administrativer Standorte von Gamesa und Vestas. Gamesa eröffnete in Hamburg ein neues Büro, während die Aschaffenburger Dependance geschlossen wurde. Vestas „tauschte" das Zwickauer Büro gegen eine Einheit in Nürnberg. Mit dem Jahr 2012 siedelte sich zwar Samsung mit seinem Europa-Hauptsitz der Windsparte in Hamburg an, es begann aber auch eine Reihe von Insolvenzen und Rückzügen. Während PowerWind 2012 sowie EVIAG und Fuhrländer 2013 konkurs gingen, beschloss Schuler seine Ambitionen wieder zurückzustellen und trat aus dem Markt aus. Ob der Versuch des 2013 gegründeten Unternehmens FWT Trade, Teile der Fuhrländer-Hinterlassenschaften weiterzuführen gelingt, bleibt abzuwarten.

Auch wenn nur auf die Hauptereignisse hinsichtlich der räumlichen Wachstumsdynamik eingegangen wurde, so lässt sich festhalten, dass das quantitative Gesamtwachstum von 45 auf 64 Einheiten bei 42,2% lag. Dieses Wachstum festigte die bis dato bestehende räumliche Dispersion des nach Unternehmenseinheiten betrachteten Industrie-Segments Onshore. Die prominenten räumlichen Ausprägungen fanden sich weiterhin im Norden und Westen des Landes. Eine geringere Industriedichte bestand im Osten und Südosten, wohingegen im Zentrum und im Südwesten von einer nahezu kompletten Abwesenheit gesprochen werden kann.

Im Gegenzug dazu konnte das Offshore-Segment in Deutschland für denselben Zeitraum eine Gesamtwachstumsrate von 52,3% vorweisen, was ein stärkeres Wachstum für den neuen Bereich bedeutete. Auch in diesem Fall ist ein sich verfestigendes Raummuster erkennbar, das insbesondere die Entwicklungen der Jahre 2006 und 2008 fortführte. Dieses erstreckte sich über die Standorte von REpower Systems und Vestas in Schleswig-Holstein, das sich herausbildende Zentrum Hamburg, Niedersachsen und Nordrhein-Westfalen. Neue Aktivitäten im Osten des Landes gingen auf Vestas zurück. Das 2010 eröffnete Hauptstadtbüro soll eine Anbindung an die politischen Entscheidungsträger ermöglichen [IWR.DE 2010], und die Produktionseinheit in Lauchhammer wurde neu in die Rotorblattentwicklung und Fertigung mit eingebunden.

Die detaillierte evolutionäre Betrachtung zeigt speziell zunehmende Aktivitäten in Hamburg auf. Dieses Wachstum deckt sich in Teilen mit Einheiten, die Onshore- und Offshore-Inhalte gleichermaßen bedienen. Mit dem AREVA-Büro oder dem GE Offshore-Technology Center entstanden in der Hafen City zudem Einheiten, die ausschließlich die Meereswindenergie im Fokus haben. Zum Jahresende 2013 konnten zehn in Hamburg im Offshore-Bereich aktive Einheiten seitens der WEA-Hersteller bestimmt werden. Begleitet wurde diese Entwicklung von der Ansiedlung zahlreicher industrieanhängiger Unternehmenseinheiten wie Energieversorgern, Dienstleistern oder Zulieferern, die aus der industrieorganisatorischen Kontingenz resultieren. Während sich diese Entwicklung auf leitende, steuernde und forschende Einheiten beschränkt, können produzierende Einheiten hauptsächlich in den Küstenstädten Bremerhaven und Emden verortet werden.

Mit einer deutlichen zeitlichen Differenz zu Dänemark und Deutschland setzte die Entwicklung des Offshore-Segments in Spanien zum Ende des hier besprochenen Zeitraumes ein. Der Beginn der eigentlichen Aktivitäten steht mit drei Unternehmen im Zusammenhang und fand ab dem Jahr 2010 statt. Der Einstieg geht auf den französischen Industriekonzern Alstom zurück, der am Hauptsitz seiner Windsparte in Barcelona beschloss, eine Offshore-Turbine zu entwickeln. Im Folgejahr begann Acciona seine Forschungsbemühungen im Rahmen mehrerer Grundlagenprojekte im Rahmen der Offshore-Thematik. Diese konzentrieren sich auf den Hauptsitz in Madrid und das F&E-Zentrum in Noain.

Eine deutliche Zunahme der aktiven Unternehmenseinheiten ging auf ein singuläres Projekt zurück. Mit dem Beginn der Anlagenentwicklung der G128-5.0 von Gamesa stiegen ganze neun Einheiten der Firma in das Offshore-Segment ein. Hintergrund hierfür ist die hohe Fertigungstiefe des Unternehmens. Während die administrativen Einheiten in Zamudio, Pamplona und Madrid in die Steuerung des Unterfangens eingebunden wurden, wurden die einzelnen Komponenten in Aoiz (Rotorblätter), Avilés (Turm), Tauste (Gondel), Lerma/Burgos (Triebstrang), Reinosa (Generator), und Benisano (Steuerelektronik) gefertigt und montiert. Die weitere Aktivität aller Standorte nach der Entwicklung und Fertigung des Prototyps scheint aufgrund der unternehmensstrategischen Ausrichtung von Gamesa und AREVA jedoch fraglich und wird vor diesem Hintergrund hier aktuell als Singularität bewertet. Insgesamt weist das spanische Offshore-Segment ein positives Wachstum auf.

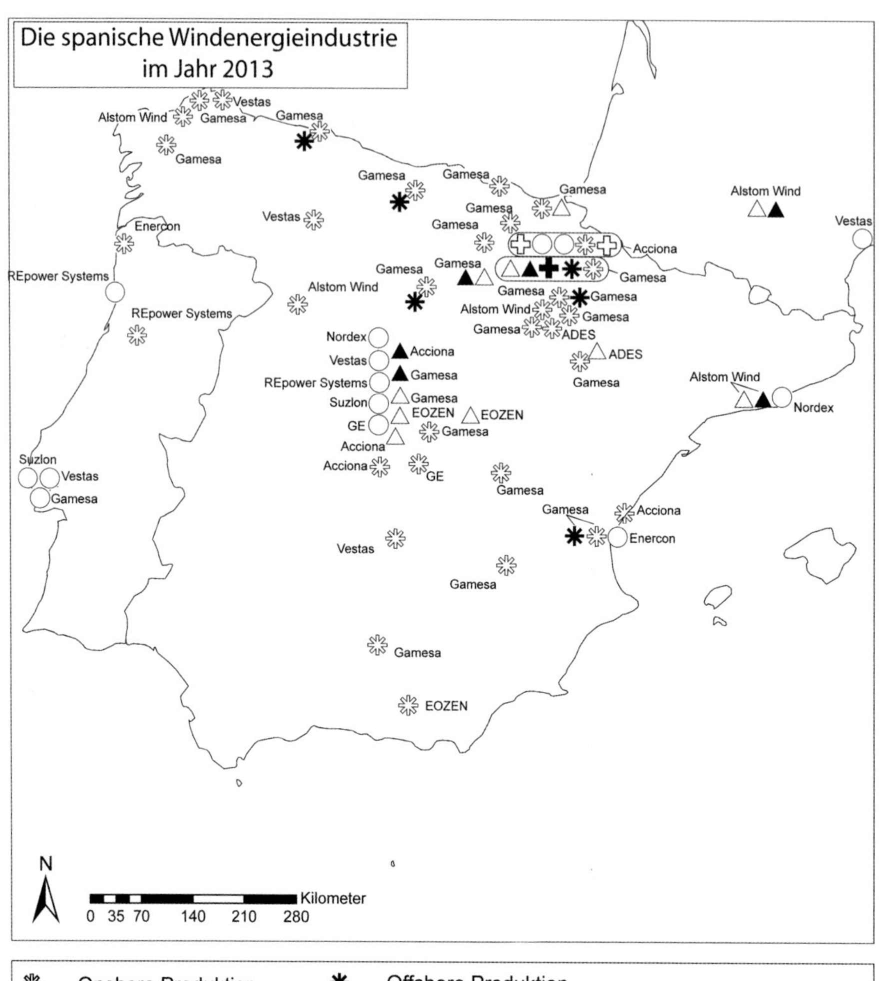

Karte 11: Die spanische Windenergieindustrie im Jahr 2013 [Eigene Darstellung]

Im Onshore-Segment sind zwei Entwicklungen aufzuzeigen: Zum einen, dass Spanien hinsichtlich der Gesamtanzahl seiner aktiven Einheiten einen nur geringen Abstand hinter der Bundesrepublik aufwies, und zum anderen, dass die Tendenzen der Stagnation und Rezession auch die spanischen Entwicklungen trafen. Hinter den absoluten Zahlen verbirgt sich, dass keine bedeutende Industrieveränderung sowohl auf organisatorischer als auch räumlicher Ebene herauszuarbeiten ist. Die Einheiten-Verteilung und ihre Reihenfolge unterliefen keiner Veränderung, Gamesa (2008: 27, 2013: 23), Acciona (2008: 8, 2013: 8), Vestas (2008: 7, 2013: 4), Rest (2008: 15, 2013: 16).

Der Rückgang seit 2010 geht somit wesentlich auf Einheiten von Gamesa und Vestas zurück. Die beiden Unternehmen schlossen vorwiegend fertigende Einheiten. Hiervon waren die Standorte Alsasua, Bergondeo (2010), Imarcoain, Medina del Campo und Tajomnar (2012) von Gamesa[59] sowie Barcelona (2010) und Olvega (2012) von Vestas betroffen.

Jahr	2007	2008	2009	2010	2011	2012	2013
Anzahl Onshore-Unternehmenseinheiten	56	57	56	57	55	55	51
Wachstum	-	1,8%	-1,8%	1,8%	-3,5%	0,0%	-7,2%

Tabelle 21: Wachstumsentwicklung Spanien [Eigene Erhebung]

[59] Aufgrund der wirtschaftlich schlechten Situation ist Gamesa zu weiteren Umstrukturierungs- und Abbaumaßnahmen gezwungen. Zum Jahresbeginn 2014 ist ein weiterer Rückgang um zwei Fertigungsstandorte zu verzeichnen. Einheiten in Albacete und Tudela wurden im Laufe des Jahres 2013 stillgelegt.

Bei einer quantitativen Betrachtung der niederländischen Industrie-Einheiten bleibt festzuhalten, dass unter Betrachtung der absoluten Zahlen beide Segmente, Onshore und Offshore, eine ähnliche Entwicklung durchliefen. Bis zum Jahresende 2010 wuchsen beide Segmente. Anschließend setzten stagnative bis rückläufige Tendenzen ein. Das relative Gesamtwachstum Onshore zwischen 2008 und 2013 betrugt 16,6% (von zwölf auf 14 Einheiten), das des Offshore-Bereichs 25% (von vier auf fünf Einheiten).

Mit Harakosan und Darwind wurden im Jahr 2009 zwei niederländische Turbinenhersteller von asiatischen Firmen übernommen. Harakosan wurde vom südkoreanischen Konzern STX Heavy Industries aufgekauft und ging unter Beibehaltung seiner Standorte Lelystadt und Den Helder in STX Windpower Netherlands B.V. auf. Darwind wurde in den chinesischen XEMC-Konzern eingegliedert. Während XEMC sich im Rahmen dieser Übernahme nun auch der seit 2008 von Darwind entwickelten Offshore-Technologie zuwidmete, in Zwartsluis 2010 eine neue Fertigungseinheit eröffnete und die 5MW Turbine XD115 entwickelte, fokussierte sich STX ausschließlich auf das Onshore-Segment. Einen Austritt aus dem Offshore-Segment im Bereich der Turbinen-Entwicklung muss die niederländische Industrie 2010 mit der Aufspaltung der Firma Blue-H hinnehmen. Während die Anlagentechnologie künftig in UK vom Spin-off Condorwind weiterentwickelt wird, konzentriert sich Blue-H in den Niederlanden auf die Entwicklung von schwimmenden Plattformen für die Offshore-WEA.

Im Onshore-Segment war 2011 ein Neueinsteiger zu verzeichnen. Die neu gegründete Firma Global Windpower B.V. als Partner der chinesisch-indischen Global Windpower Limited (GWPL) entwickelt in Amstelveen basierend auf der Lagerwey-Technologie eine WEA mit Direktantrieb und PMG. Hinsichtlich der räumlichen Dispersion der einzelnen Unternehmenseinheiten der niederländischen Windenergieindustrie bleibt festzuhalten, dass die wesentliche Differenz zwischen Onshore- und Offshore-Segment durch die räumliche Dichte gegeben ist. Beide Segmente konzentrieren sich unverändert auf ein sich zentral erstreckendes Band von West nach Ost.

Indes sich in den Niederlanden die Entwicklung der beiden Segmente Onshore und Offshore zumindest hinsichtlich der absoluten Wachstumszahlen und der räumlichen Verteilung gleichen, ergibt die Analyse der Evolution in UK ein grundsätzlich konträres Muster. Während die Anzahl der Onshore-Einheiten über den Gesamtzeitraum und insbesondere ab 2009 rückläufig war, fand sich Offshore über denselben Zeitraum ein permanentes Wachstum. Eine weitere Besonderheit ist hierbei, dass sich die Zahlen der identifizierten Einheiten komplett gegenläufig zueinander verhalten. Gab es 2007 14 aktive Onshore-Einheiten und acht aktive Offshore-Einheiten, so waren es 2013 15 aktive Offshore-Einheiten bei nur noch 10 Einheiten des Onshore-Segments. Der intensivste Rückgang der aktiven Onshore-Einheiten fand in UK, wie in anderen vorgestellten Ländern auch, nach dem Einsetzen der Finanzkrise statt. Nach 2009 schrumpfte das Segment um ein Drittel, wohingegen das Offshore-Segment trotz der wirtschaftlichen Turbulenzen ein Wachstum von 36,4% vorweisen konnte.

Auf räumlicher Ebene schlug sich das positive Wachstum des Offshore-Sektors hauptsächlich in Schottland und in London und Hauptstadtumgebung nieder. Wohingegen die größten Verluste an Onshore-Einheiten im Südwesten und Süden der Insel zu verzeichnen waren. Sie gingen auf die Schließung der beiden administrativen Einheiten von Acciona[60] in Newport sowie der Vestas Produktions-Standorte in Campbeltown und auf der Isle of Wight zurück. Die Details der rezenten Offshore-Entwicklungen werden nachfolgend im Abschnitt der Regionalentwicklungen (7.4) aufgegriffen.

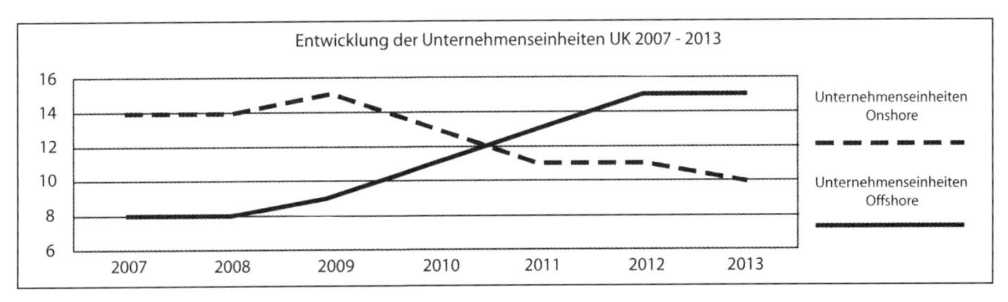

Abbildung 59: Wachstumsentwicklung UK [Eigene Darstellung]

Bei einer rein quantitativen Analyse der Evolution der dänischen Unternehmenseinheiten im Zeitraum von 2008 bis 2013 lässt sich hinsichtlich der Wachstumstendenzen eine ähnliche Entwicklung wie in UK aufzeigen. Bei einer Abnahme der Einheiten des Onshore-Segments kam es zu einer gleichzeitigen Zunahme derer des Offshore-Bereichs. Betrug die Anzahl der aktiven Onshore-Einheiten zum Jahresende 2007 noch 20 und lag damit doppelt so hoch wie die des Offshore-Bereichs, so kamen zum Jahr 2013 beide Bereiche auf 18 aktive Einheiten. Aus dieser Entwicklung ergibt sich für das dänische Onshore-Segment ein negatives Wachstum von -10,0% über den Gesamtzeitraum, wohingegen der Offshore-Bereich um 80,0% wuchs. Fand sich auch im Onshore-Segment bis zum Jahr 2011 ein positives Wachstum, so ist der Rückgang im Anschluss besonders stark. Das Segment fiel von 25 UE auf 18 zurück, was einem relativen Rückgang von -28,0% gleichkommt.

Bezüglich der qualitativen Veränderungen hinter diesen Zahlen sind zwei Entwicklungstendenzen hervorzuheben. Zum einen der Auf- und Ausbau der Einheiten des Siemenskonzerns, der die Marktführerschaft in der Offshore-Windenergie übernimmt, und zum anderen die starken Einschnitte, die Vestas im Rahmen der Wirtschaftskrise vornimmt. Konnten 2007 noch vier Siemens-Einheiten lokalisiert werden, so waren es 2008 bereits sechs und seit 2011 acht. Dieser Zuwachs geht dabei vornehmlich auf Forschungs- und Entwicklungs-Einheiten zurück. Sowohl in Taastrup 2008 als auch in Brande und Aalborg 2011 wurden entsprechende Einheiten aufgebaut oder signifikant erweitert und mit neuen Kompetenzen ausgestattet.

Zudem ließ sich feststellen, dass Siemens zum Jahr 2013 an nahezu allen Standorten beide Segmente bedient. Auch Vestas baute seine Unternehmenseinheiten für den Offshore- Fokus aus. Waren es Anfang 2008 noch sechs Einheiten, so konnten 2013 neun identifiziert werden. Gleichzeitig wurden sieben Onshore-Einheiten geschlossen.

[60] Mit diesem Ausstieg verfügt Acciona nach 2012 vorerst über keine aktiven UE in Großbritannien.

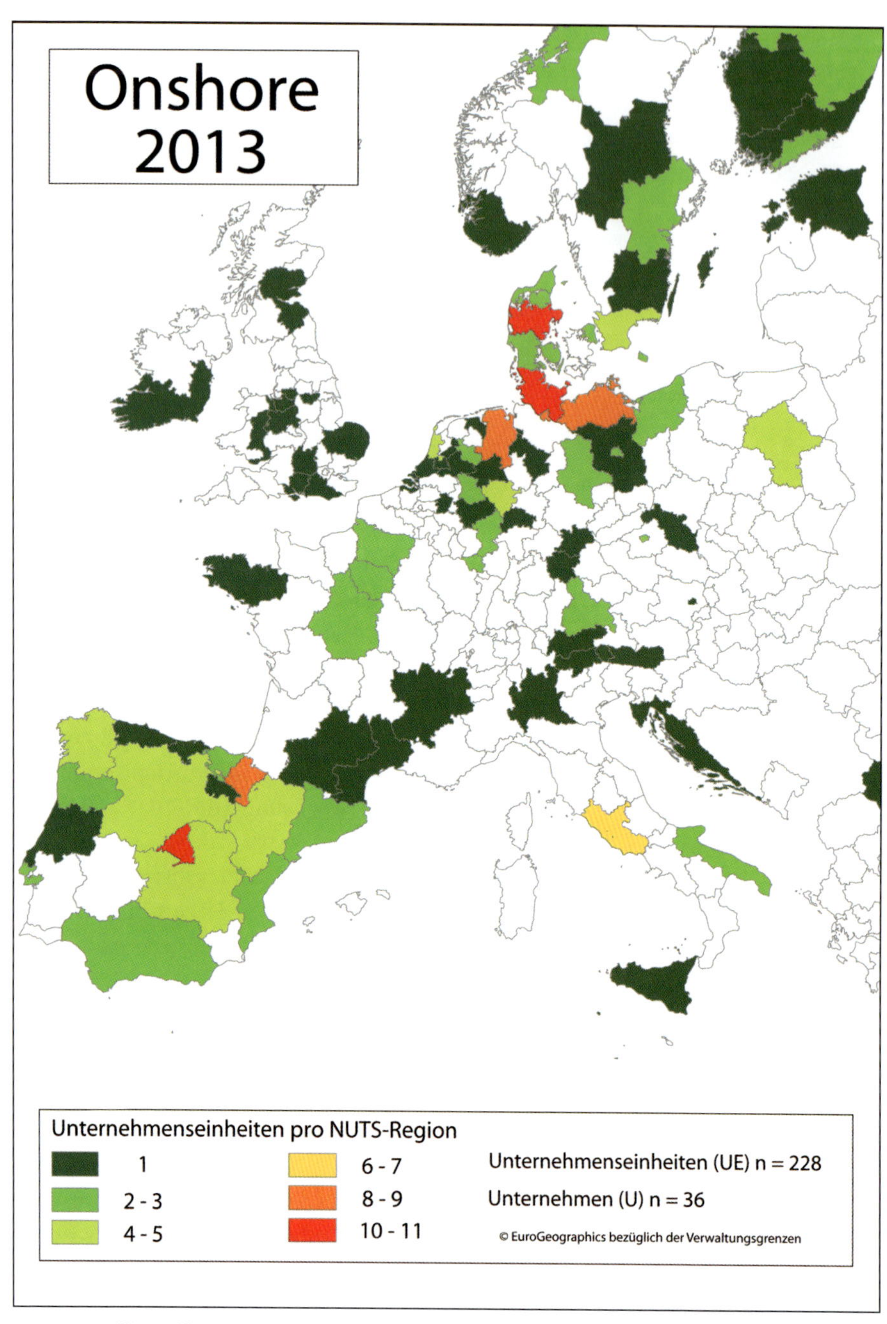

Karte 12: Industriepopulation Onshore-Segment 2013[Eigene Darstellung]

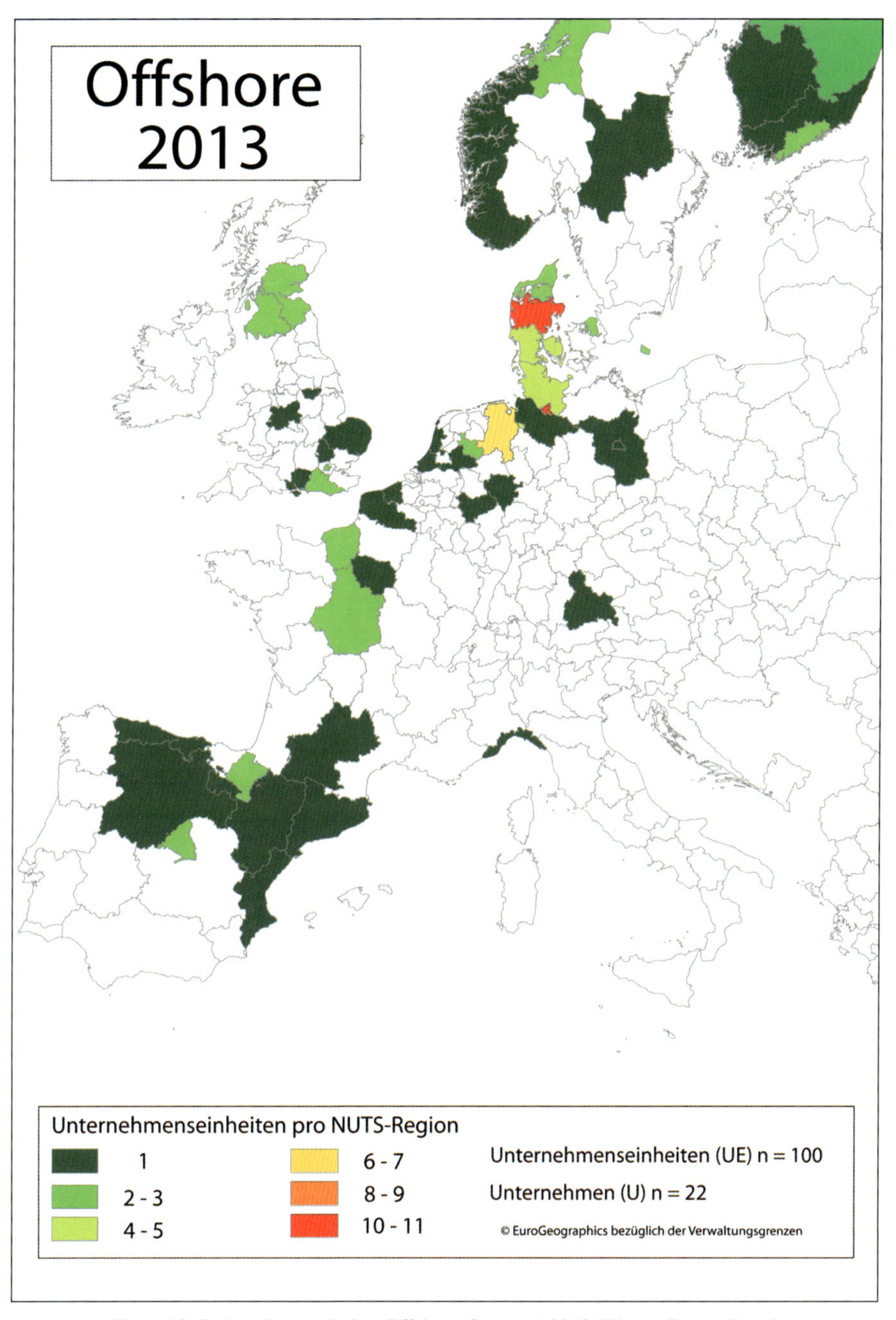

Karte 13: Industriepopulation Offshore-Segment 2013 [Eigene Darstellung]

Darunter fanden sich hauptsächlich Produktionseinheiten wie die in Viborg, Skagen, Arhus, Varde oder Rudkøbing. Diese Entwicklungen resultieren aus der Umstrukturierung, dem Abbau von Überkapazitäten und der Neuaufstellung von Vestas.

Auch im restlichen Untersuchungsgebiet lassen sich die bisherigen Tendenzen bestätigen. Bei einem Wachstum hinsichtlich der Unternehmenseinheiten im Onshore-Segment bis zu den Jahren 2009/2010 und einer gefolgten Stagnation mit mehr oder minder stark ausgeprägten rezessiven Tendenzen ist für das Offshore-Segment bis zum Ende 2013 ausschließlich ein Wachstum zu identifizieren.

Auf der nationalen Ebene lassen sich in puncto dieser Entwicklungen deutliche Differenzen aufzeigen. Der Einstieg in diese Detailanalyse soll folgend über den Onshore-Bereich stattfinden. Besonders herauszustellen ist, dass sich bis inklusive 2010 weitere Unternehmensausgründungen identifizieren ließen. Moncanda Costruzioni aus Italien, Vergnet aus Frankreich und Goliath aus Finnland erschienen 2008 auf der Landkarte. Ein Jahr später folgte Mervento ebenfalls aus Finnland, und die tschechische Firma Wikov begann mit dem Bau eigener WEA. Im Jahr 2010 kamen schließlich Alpswind in Österreich und Model Enerji in der Türkei dazu. Die norwegische Firma ScanWind wurde unterdessen 2009 von GE übernommen, womit die Standorte in Trondheim, Verdal und Karlstad ihren Besitzer wechselten. Darüber hinaus kam es zu Fluktuationen von Standorten der etablierten Hersteller. So eröffnete Vestas bis zum Ende 2013, verteilt über ganz Europa, acht neue Administrationeinheiten mit einem vertrieblichen Schwerpunkt, schloss aber im Gegenzug sechs Einheiten, wovon es sich bei vieren um Produktionseinheiten handelte. Neben Vestas fuhr auch Acciona seine Aktivität zurück und schloss vier Administrationseinheiten in Frankreich, Italien, Portugal und Slowenien. Auch die Insolvenz des finnischen WinWind-Konzerns schlug sich mit vier Einheiten stark auf die Gesamtentwicklung nieder. Das Wachstum von REpower Systems war hingegen positiv, zwar wurde 2011 die Vertriebseinheit in Athen geschlossen, doch wurden gleichwertige Einheiten im schwedischen Västeras, im polnischen Warschau und im rumänischen Bucharest sowie eine Produktionseinheit in Oliveira de Frades (Portugal) aufgebaut.

Das Wachstum im Offshore-Segment betrug relativ 157,1% und absolut 11 Einheiten. In Hinblick auf diese Evolution ist die Entwicklung in Frankreich hervorzuheben. Fiel das Hexagon lange Zeit durch Inaktivität innerhalb der Windenergieindustrie auf, so änderte sich dies mit dem Aufkommen der Offshore-Technologie. Allein sechs neue Einheiten an vier neuen Standorten finden sich in Frankreich wieder. Zum einen erweitern die Großkonzerne AREVA und Alstom ihre Präsenz, zum anderen sind es junge, radikal innovative Firmen wie Nénuphar in Lille oder die seit 2011 bestehende Beteiligung am Winflo Projekt der Firma Vergnet aus Ormes, die einen Anteil am französischen Wachstum haben. Ebenfalls ausschließlich auf den Offshore-Bereich konzentriert sich das norwegische Unternehmen Sway-Turbine, welches sich ähnlich wie die Niederländer von Blue-H in die Bereiche Turbinen- und Fundamententwicklung gespalten hat.

Nachdem die Detailentwicklungen dargelegt wurden, sollen abschließend die Entwicklungen für den letzten Analyseabschnitt im gesamten Untersuchungsgebiet zusammengefasst werden.

Das Gesamtwachstum des Onshore-Segments von Anfang 2008 bis Ende 2013 betrug 9,1 % wohingegen sich der Offshore-Sektor mit einem Wachstum von 100,0% deutlich dynamischer entwickelt hat. Zudem konnten bis zum Jahr 2013 lediglich schrumpfende Tendenzen hinsichtlich der Anzahl der Onshore-Einheiten festgestellt werden. Auf räumlicher Ebene fällt zudem auf, dass sich betreffend der Entwicklungen der beiden Segmente unterschiedliche Wachstumstendenzen und Verteilungen abzeichnen.

Jahr	2007	2008	2009	2010	2011	2012	2013
Anzahl Onshore- Unternehmenseinheiten	209	233	246	245	243	236	228
Wachstum	-	11,5%	5,6%	-0,4%	-0,8%	-2,9%	-3,4%
Anzahl Offshore-Unternehmenseinheiten	50	60	69	77	83	92	100
Wachstum	-	20,0%	15,0%	11,6%	7,8%	10,8%	8,7%

Tabelle 22: Wachstumsraten Gesamtuntersuchungsraum [Eigene Erhebung]

Waren Großbritannien und Frankreich auf lange Sicht innerhalb der Windenergie vergleichsweise inaktiv, so ändert sich dies mit dem Aufstreben des Offshore-Sektors. Eine gegensätzliche Tendenz findet sich hingegen in Spanien. Das Land, welches innerhalb der letzten zwei Dekaden eine breite eigene Windenergieindustrie aufgebaut hat, konzentriert sich nahezu ausschließlich auf den traditionellen Onshore-Markt und die damit in Verbindung stehende Technologie. Lediglich die aktuellen Aktivitäten von Gamesa, die derzeit noch nicht von einem finalen strategischen Fundament getragen werden, bilden eine nennenswerte Ausnahme. Die Hauptaktivitäten und Erfolge im Bereich der Gesamtindustrie, die sowohl Onshore als auch Offshore umfasst, finden sich in den Kernländern, die mit auf den längsten Entwicklungspfad blicken können, Dänemark und Deutschland.

7.3.2.1 Räumliche Verortung radikaler Ansätze

Hinsichtlich der vorgestellten radikal-neuen Technologiekonzepte, die im Rahmen des Offshore-Zyklus in Erwägung gezogen werden, wurde bereits die damit einhergehende organisatorische Diskontinuität angerissen. Auffallend ist bei gesamtanalytischer Betrachtung der Räumlichkeit der Industrie, dass die neuen Entwicklungsansätze und ihre Urheber sich in deutlicher Weise von der Räumlichkeit etablierter Unternehmen abheben. Sind die führenden europäischen Hersteller aktuell in Dänemark und Deutschland zu verorten, so lassen sich die Entwickler neuer Konzepte insbesondere in UK aber auch in Frankreich, den Niederlanden und Norwegen registrieren.

Insbesondere die Aktivitäten in UK sind zu betonen. Vier der insgesamt sieben als radikal identifizierten Entwicklungsansätze, die sich aus der Hinwendung zum Offshore-Bereich ergeben, konnten auf der Insel verortet werden. Mit Condorwind in London, Windpower Limited in Cranfield und Suffolk sowie VertAx in Guildford/Surrey lassen sich nahezu alle britischen Entwicklungsprojekte auf den Südwesten der Insel und die Region um London eingrenzen. Einzig das im Jahr 2010 von Mitsubishi aufgekaufte und eingegliederte Spin-off der University of Edinburgh Artemis Intelligent Power in Loanhead bei Edinburgh fällt in Bezug auf die regionale Verortung aus dem genannten Muster heraus.

Bei den weiteren identifizierten Unternehmen handelt es sich um das französische Start-up Nénuphar in Lille, das in Bergen ansässige norwegische Spin-off des Entwicklers schwimmender Fundamente Sway AS und das im niederländischen Hengelo zu findende Start-up 2-B Energy. Während sich das Unternehmen 2-B Energy regional auf die industriehistorischen Grundlagen von Unternehmen wie Lagerwej und NedWind stützen kann, fällt auf, dass Nénuphar und Sway Turbine, ähnlich wie die angeführten britischen Unternehmen, in keiner Verbindung mit einem regional fundierten industriellen Entwicklungspfad stehen.

7.4 Offshore - Investitionsvolumina und Regionalentwicklungen

Im vorherigen Abschnitt wurde die räumliche Evolution der Windenergieindustrie sowohl Onshore als auch Offshore auf europäisch-großräumlicher Ebene dargestellt und beschrieben. Es wurde aufgezeigt, dass sich sowohl hinsichtlich der Wachstumszahlen als auch der räumlichen Dispersion differente Entwicklungen erkennen lassen. Im Weiteren soll auf einzelne, ausgewählte Standorte und regionale Entwicklungen, die sich maßgeblich aus den neuen Offshoreaktivitäten ergeben, eingegangen werden, um zu klären, ob strukturschwache Küstenregionen von den Entwicklungen profitieren. Der Hauptfokus wird hierbei auf die Staaten und Regionen mit den deutlichsten Entwicklungen gelegt. Hierbei handelt es sich um die BRD, Dänemark, UK und Frankreich.

Der Auf- und Ausbau der Offshore-Windenergieindustrie kann, sofern dieser unter konsistenten Rahmenbedingungen geschieht, von erheblicher sozioökonomischer Relevanz für die europäischen Küstenanrainerstaaten und somit auch für die BRD sein. Diese Feststellung lässt sich anhand verschiedener Kalkulationen und Prognosen untermauern. Zu Beginn des 21. Jahrhunderst wurden bereits die ersten Vorhersagen hinsichtlich des bedeutenden ökonomischen Potenzials der Offshorewindenergieindustrie angestrengt, aus denen erhebliche Investitionsvolumina herauszulesen sind.

Die niedersächsische Landesregierung gab 2001 eine Studie zur Untersuchung der wirtschaftlichen Effekte resultierend aus der Offshore-Windenergieindustrie in Auftrag [DEWI et al. 2001]. Hierbei werden Investitionsvolumina von vier Milliarden Euro auf Landes- und neun Milliarden Euro auf Bundesebene bis zum Jahr 2020 prognostiziert. Allein die für die Realisierung der vor der Schleswig-Holsteinischen Küste gelegenen Offshorewindparks Butendiek, Dan-Tysk, Amrumbank West, Helgoland-Nord, Nordsee-Ost und Sandbank 24 mit einer geplanten Gesamtleistung aller Ausbaustufen von annähernd 9.000 MW wurde die geschätzte Investitionssumme auf 12 Milliarden Euro taxiert [WFG 2003: 8]. Auch spätere Prognosen hinsichtlich der okönomischen Effekte des Auf- und Ausbaus der Offshorewindenergie gehen von beachtlichen Investitionsvolumina aus, die entsprechend positive Auswirkungen auf die Gesamt- und Regionalwirtschaft mit sich bringen würden. Die Analysten der Firma KPMG rechnen auf Basis der geplanten Ausbauziele der Offshorewindenergie mit einem potenziellen Umsatz von bis zu 18 Milliarden Euro bis zum Jahr 2020 allein für die Werftindustrie. Dieser Umsatz teilt sich dabei in die Bereiche der traditionellen Werftarbeiten wie Schiffbau und Schiffsinstandsetzung, auf den circa 6,5 Milliarden Euro ausfallen würden, und neue Tätigkeitsfelder wie die Montage von Offshoretragstrukturen, die bis zu 11,5 Milliarden Euro an Umsatz generieren könnten [KPMG 2011: 6].

Jahr	Zeitraum	Prognostiker	Prognoseeinheit	Volumen
2001	- 2020	Landesreg. NDS	Niedersachsen	~ 4 Mrd. €
2001	- 2020	Landesreg. NDS	BRD	~ 9 Mrd. €
2003	offen	WFG	Schleswig-Holstein	~ 12 Mrd. €
2011	- 2020	KPMG	Werftindustrie	~ 18 Mrd. €
2013	- 2030	VDMA	Gesamtinvest	~ 75 Mrd. €
2012	offen	Bunderegierung	Gesamtinvest	~ 100 Mrd. €
2011	- 2030	EWEA	Gesamtinvest	~ 200 Mrd. €
2011	- 2022	Renewable UK	UK	~ 70 Mrd. €
2011	- 2020	Ashurts Paris	Frankreich	~ 20 Mrd. €

Tabelle 23: Hochgerechnete Investitionsvolumina [Eigene Zusammenstellung]

Diese Investitionssummen, die für sich jeweils alleine betrachtet bedeutend sind, ergeben zusammengerechnet ein enormes Volumen, welches seitens des Verbandes Deutscher Maschinen und Anlagenbau (VDMA) auf ein Gesamtinvestitionsvolumen von 75 Mrd. Euro bis 2030 [VDMA 2013: 2] und seitens der Bundesregierung [BUNDESREGIERUNG.DE 2008] auf bis zu 100 Mrd. Euro geschätzt wird. Diese Prognosen sind im Vergleich mit den Abschätzungen der European Wind Energy Association (EWEA), die bis zum Jahr 2030 mit einer Investitionssumme von bis zu 200 Milliarden Euro rechnet [EWEA 2011: 17 ff.], durchaus konservativ. Auch in den europäischen Nachbarländern wird von hohen Investitionen in die Offshore-Windenergie und die anhängige Wertschöpfungskette ausgegangen. Großbritannien geht davon aus, dass die nationale Bruttowertschöpfung bei 70 Mrd. Euro bis zum Jahr 2022 liegen wird [RENEWABLE UK 2011: 20]. Für Frankreich wird im Rahmen der bisher geplanten 6GW mit 20 Mrd. Euro gerechnet [ASHURST PARIS 2011: 1].

Anhand der genannten Investitionsvolumina, die sich auf die gesamte Wertkette verteilen, lässt sich vermuten, dass der Auf- und Ausbau der Offshorewindenergieindustrie von entsprechender Bedeutung für die einzelnen beteiligten Standorte, Regionen und Sektoren ist und sich mit den genannten Aktivitäten zusammenhängende Entwicklungen auch entsprechend räumlich manifestieren. Die bisherigen Entwicklungen werden nachfolgend behandelt.

7.4.1 Deutschland

In Deutschland lassen sich die augenscheinlichsten Phänomene der Offshore-induzierten Industrieevolution der letzten Jahre an einzelnen Hafenstandorten der Westküste aufzeigen. Diese gehen hauptsächlich, wie im Verlauf dieser Arbeit fokussiert dargelegt, auf die entwickelnden und fertigenden Glieder der Wertschöpfungskette im Allgemeinen und die Einheiten der WEA-Hersteller und Kern- und Großkomponenten-Zulieferer im Besonderen zurück.

Weitere nennenswerte Wertschöpfungseffekte finden sich zudem aufgrund des systemischen und komplexen Aufbaus, sowohl von Erzeugungseinheit als auch Erzeugungsanlage, im Binnenland [BMU 2013: 31]. Da eine entsprechende Detailtiefe für den gesamten Untersuchungsraum der Arbeit zu umfänglich ist, sollen an dieser Stelle ausschließlich zu Veranschaulichungszwecken regionale Kennzahlen für den bundesdeutschen Raum genannt werden. Von ähnlichen Effekten in entsprechend dynamischen Regionen und Nationen im Untersuchungsgebiet kann entsprechend zumindest in Teilen ausgegangen werden.

In Hinblick auf die regionale Verteilung der Marktteilnehmer der Offshore-Windenergieindustrie stellen die Bundesländer Hamburg, Bremen/Bremerhaven, Niedersachsen und Nordrhein-Westfalen mit jeweils mehr als 80 Marktteilnehmern die Spitzenreiter dar [PWC 2012: 20]. Diese regionale Verteilung der Akteure deckt sich weitgehend mit der Verteilung der Wertschöpfung. Im Segment der Maschinenfertigung bilden Nordrhein-Westfalen, Niedersachsen und Bayern das Spitzentrio. Hierbei ist hervorzuheben, dass Nordrhein-Westfalen und Niedersachsen einen höheren Anteil an der Fertigung von Groß- und Kernkomponenten aufzeigen können. Auffällig ist, dass *„während in den küstennahen Bundesländern nahezu die gesamte Wertschöpfungskette abgedeckt wird, [sich] andere Bundesländer auf bestimmte Wertschöpfungsstufen [konzentrieren]“* [PWC 2012: 21].

Nordrhein-Westfalen ist als starker Industriestandort der Sitz einer breiten Reihe von Komponentenherstellern der ersten (beispielsweise die Getriebhersteller Winergy, Eickhoff und Renk mit fertigenden Einheiten in Voerde, Bochum oder Rheine) und zweiten Reihe (beispielsweise die Lagerhersteller Rothe Erde und Schaeffler mit fertigenden Einheiten in Dortmund und Wuppertal)[61].

---

[61] Als erste Reihe sollen im Kontext dieser Arbeit die Zulieferer von Groß- und Kernkomponenten gewertet werden. Die zweite Reihe wird aus den zuliefernden Unternehmen der restlichen Subsysteme und Komponenten konstituiert.

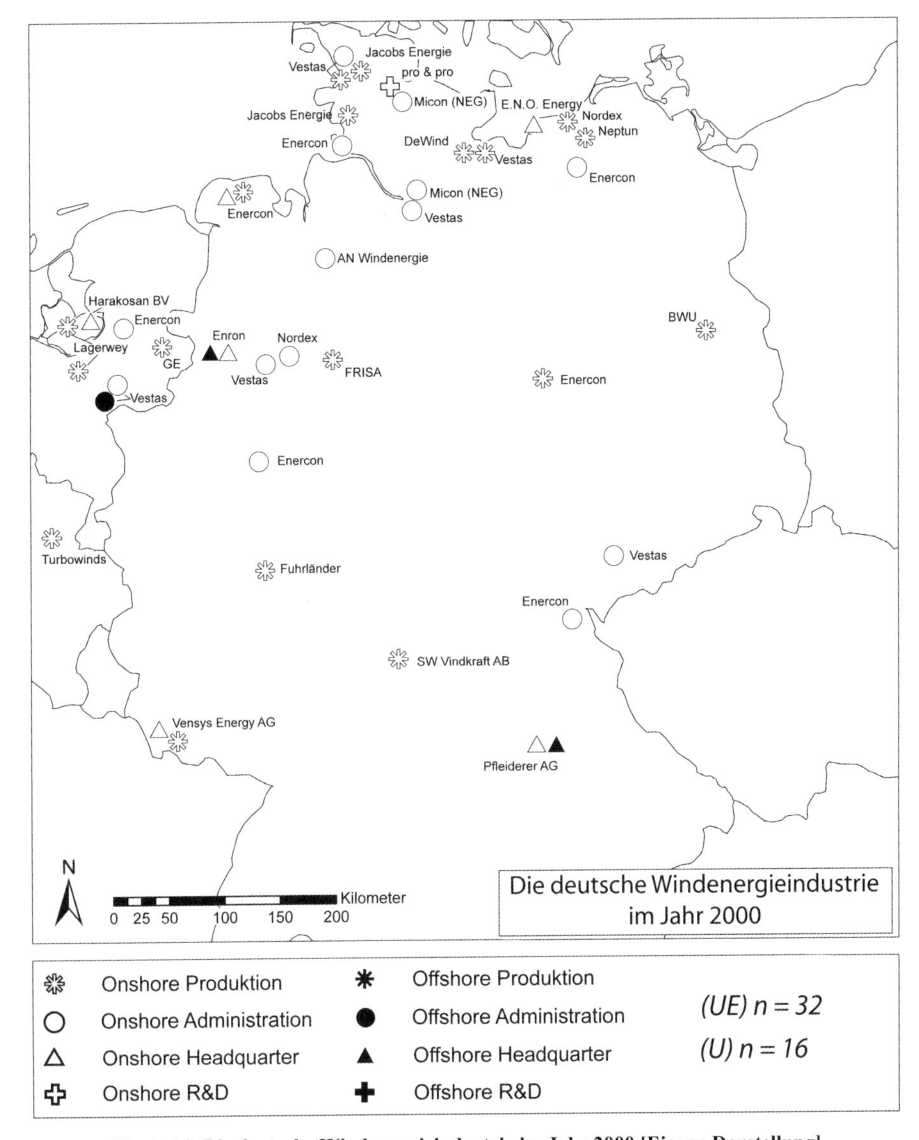

Karte 14: Die deutsche Windenergieindustrie im Jahr 2000 [Eigene Darstellung]

Zudem finden sich mit den in NRW ansässigen EVU E.ON SE (Düsseldorf) und RWE AG (Essen), oder den Baukonzernen Hochtief AG (Essen) und Strabag AG (Köln) bedeutend verantwortliche Akteure für den Aufbau von Offshore-Windparks. Aus diesen Gegebenheiten resultiert die höchste Marktteilnehmerdichte im Segment der Offshore-Windenergie im gesamten Bundesgebiet. Diese wird mit > 80 angegeben [PWC 2012: 20].

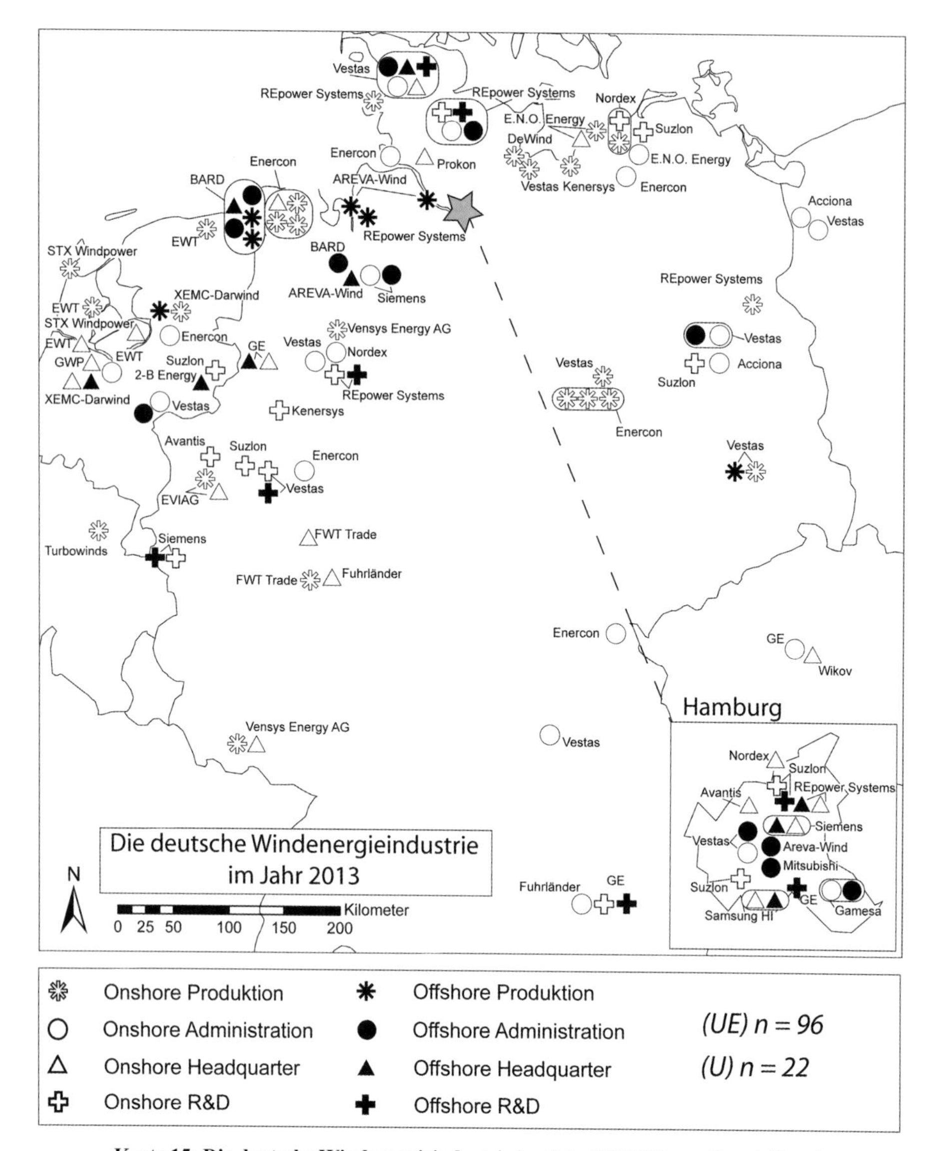

Karte 15: Die deutsche Windenergieindustrie im Jahr 2013 [Eigene Darstellung]

WEA-Hersteller, Fundamentbauer oder Rotorblattproduzenten aus dem Offshore-Segment konnten jedoch nicht in NRW identifiziert werden. Dennoch werden Nordrhein-Westfalen insgesamt 2.500 Beschäftigte und ein Jahresumsatz von 1,2 Mrd. € aus dem Segment der Offshore-Windenergie zugerechnet [ENERGIEAGENTUR NRW 2014: 31]. Nach NRW stellt Niedersachsen mit geschätzten 2.000 Beschäftigten und 800 Mio. € Umsatz das zweitaktivste Bundesland im Rahmen des Offshore-Windenergie-Segments dar [PWC 2012: 27]. Die Abdeckung der gesamten Wertschöpfungskette betreffend kann Niedersachsen sogar die Spitzenposition für sich beanspruchen. Insbesondere die im weiteren Verlauf detaillierter betrachteten Küstenstandorte Emden und Cuxhaven profitierten zeitweise von den Entwicklungen. Zudem soll der Standort

Oldenburg mit einer breiten Forschungs- und Dienstleistungbasis (u.a. Sitz der Deutschen Offshore-Testfeld und Infrastruktur GmbH & Co. KG) nicht unerwähnt bleiben.

Bremen/Bremerhaven folgt mit geschätzen 1.500 Beschäftigten [ebd.: 26]. Hierbei kann von einem hohen Anteil von Arbeitnehmern ausgegangen werden, die direkt in die Anlagen- und Komponenten-Fertigung eingebunden sind. Begründet wird dies mit den arbeitsintensiven Montage- und Fertigungseinheiten von AREVA, REpower Systems, Powerblades oder Weserwind. Neben Emden und Cuxhaven ist Bremen/ Bremerhaven der Standort, dessen Entwicklung am direktesten vom neuen Segment Offshore abhängig ist.

Weitere Veränderungen, die sich auf andere Glieder der Wertkette verteilen und sich im Wesentlichen im Tertiär- und Quartärsektor bewegen, finden sich insbesondere in der Freien und Hansestadt Hamburg. Hierzu gehören Firmen und Unternehmens-Einheiten, die insbesondere die Wertkettenglieder Planung, F&E, Betrieb sowie kaufmännische und technische Dienstleistungen abdecken. Die Gesamtbeschäftigtenanzahl wird hier mit 1.800 Arbeitnehmern und der Jahresumsatz mit 550 Mio. € angegeben. Insbesondere der Koordinierungsfunktion kommt eine erhöhte Aufmerksamkeit zu. *„Zahlreiche Großunternehmen haben Hamburg als Standort für die Bündelung ihrer Offshore-Windenergieaktivitäten gewählt, darunter die Energieversorger EnBW und Vattenfall."* [ebd.] Da diese Entwicklungen in breiten Teilen weniger offensichtlich sind, aber mit den herausgearbeiteten industrieorganisationellen Veränderungen einhergehen und daher nicht minder relevant sind, wird auf Hamburg exemplarisch für die entsprechenden Entwicklungen eingegangen.

7.4.1.1 Hamburg

„Eine bemerkenswerte Sogwirkung entfaltet momentan die Entwicklung der Offshore-Windenergie in Deutschland, die dafür sorgt, dass viele Unternehmen mit Management-, Vertrieb und Produktentwicklungsebenen nach Hamburg ziehen." urteilte Jan Rispens, Geschäftsführer des EEHH, im September 2011 [EEHH 2011: 1]. Auch die Stadt Hamburg sieht in der Offshorewindenergieindustrie einen potentiellen Motor für Wachstum und Entwicklung [HAMBURG 2013]. Der Kernunterschied zu den anschließend behandelten Küstenstandorten wie Bremerhaven oder Cuxhaven liegt in der Struktur der Branchenakteure, die sich in einer Großstadt wie Hamburg ansiedeln. Hier sind es insbesondere die HQ und F&E-Funktionen, sowie koordinierende Akteure und KIBS (Knowledge Intensive Business Services), die das Gros der Entwicklungen des Offshore-Segments ausmachen [ADRIAN & MENZEL 2013: 9, 21].

Bereits in der vorbereitenden Phase des Ausbaus der Offshore-Windenergie diente die Freie und Hansestadt Hamburg als Standort verschiedenster Planungs- und Koordinationsabläufe. Sowohl hinsichtlich der raumplanerischen Aktivitäten, mit denen das BSH seit dem Jahr 2000 beauftragt wurde, nachdem ab 1999 erste Voranfragen über die Möglichkeiten zur Errichtung von Offshorewindparks in deutschen Gewässern aufliefen, als auch in puncto der Umsetzung erster technologischer Meilensteine kann Hamburg als ein Standort der ersten Stunde im Bereich der Offshorewindenergie gelten. Anfang des 21. Jahrhunderts wurde seitens der Bundesregierung beschlossen, die Möglichkeiten und Bedingungen für den Aufbau von Windparks auf See zu ergründen. Zu diesem Zweck wurde das Forschungsvorhaben FINO (Forschungsplattformen in Nord- und Ostsee) aus der Taufe gehoben. Ziel der geplanten Forschungsplattformen sollte es sein, sowohl die Erforschung der Standortbedingungen (Windstärken und Turbulenzen, Wellenhöhen, Meeresströmungen und Meeresgrundbeschaffenheit) als auch der ökologischen Sachverhalte (wie Vogelzug, Benthos- und Schweinswalpopulationen) vor den deutschen Küsten zu ermöglichen. Zu diesem Zweck wurde die in Hamburg ansässige Germanischer Lloyd WindEnergie GmbH vom BMU mit der Koordination, Spezifikation, der Ausschreibung und mit dem Bau und dem Betrieb der Forschungsplattformen beauftragt [FISCHER 2004: 1]. Der Auftrag zur Fertigung der Gründungsstruktur wurde an die Hamburger ARGE bestehend aus der F+Z Baugesellschaft und der Bugsier Reederei- und Bergungsgesellschaft vergeben. Diese Aktivitäten deuten bereits zu einem frühen Zeitpunkt der Industriegeschichte die wissensintensive Rolle Hamburgs hinsichtlich Koordination und Organisation in der Offshorewindindustrie an.

Im Hinblick auf die Einheiten von Windenergieanlagenherstellern sind zum einen die hohe Dichte an repräsentierten Unternehmen und zum anderen die rezenten Entwicklungen ab 2007 hervorzuheben. Mit Vestas, REpower und Nordex (bis 2010 im Schleswig-Holsteinischen Norderstedt angesiedelt) fanden sich vergleichsweise frühzeitig drei namhafte Hersteller in oder bei Hamburg. Eine deutliche Zunahme der Industriedynamik ist etwa eine halbe Dekade später zu beobachten. Insgesamt konnten neun Eintritte von Unternehmenseinheiten verzeichnet werden. Von diesen fand ein Drittel ausschließlich vor einem Offshore-Hintergrund statt (AREVA, Gamesa, GE). Lediglich 22% fokussieren sich nur auf den Onshore-Bereich. Die restlichen 44% sind in beiden Segmenten aktiv. Nicht nur den ersten sondern auch den letztgenannten Einheiten ist gemeinsam, dass die Gesamtunternehmensaktivität im Rahmen der Offshore-Aktivitäten zunahm.

Siemens verlagerte im Mai 2009 seine Zentrale für das europäische Windgeschäft nach Hamburg, damit einher ging der Aufbau von 70 neuen Arbeitsplätzen. Einer der Entscheidungsfaktoren war, dass *„Siemens [...] unter anderem das wachstumsstarke Geschäft mit Windparks auf Hoher See [von der Hansestadt aus] vorantreiben [will]"* und *„man hier nahe an einer Vielzahl großer Kunden (sei)"* [HAMBURGER ABENDBLATT 2009A: 23]. Als große Kunden sind besonders Energieversorger zu verstehen. Auch wenn Vestas frühzeitig in der Hansestadt präsent war, so erfolgte im Mai 2009 ein qualitativer Sprung. Vestas verlegte einen Teil der Steuerung seines Europa-Geschäfts von Husum nach Hamburg [HAMBURGER ABENDBLATT 2009B: 23].

Die genannten Einheiten von Gamesa, GE und AREVA, die sich ausschließlich mit dem Offshore-Segment auseinandersetzten, stellen eine noch jüngere Entwicklung dar und sind komplett dem Jahr 2011 zuzuordnen. Gamesa eröffnete sein Offshore-Büro in Hamburg, da Nordeuropa als aktueller Hauptmarkt für Offshore-Technologien angesehen wird. Der Windableger des französischen Nuklearkonzerns AREVA eröffnete eine Einheit, die zwischenzeitlich als Hauptsitz fungierte, ebenfalls mit der Begründung der Kundennähe in der Großstadt Hamburg. Im Jahr 2012 wurde die Hauptsitzfunktion nach Bremen verlegt und dies mit der Nähe zu den Produktionseinheiten in Bremerhaven begründet [WINDKRAFT-JOURNAL.DE 2012]. Die Einheit am Sandtorkai 50 wurde im Laufe des Jahres 2013 verkleinert und in den Stadtteil Hammerbrook verlegt. Der US-amerikanische Technologiekonzern GE eröffnete sein Büro in direkter Nähe zum AREVA-Sitz in der Hamburger Hafen City. Der Fokus der Unternehmenseinheit liegt dabei vornehmlich auf der Technologieentwicklung.

Unternehmen	Einheit	Eintrittsjahr HH	Segment
REpower Systems	HQ	2001	Onshore/Offshore
Vestas	Administration	2000	Onshore/Offshore
Gamesa	R&D	2011	*Offshore*
AREVA	Administration*	2011	*Offshore*
GE	R&D	2011	*Offshore*
Mitsubishi	R&D	2008	Onshore/Offshore
Samsung HI	R&D	2012	Onshore/Offshore
Suzlon	R&D	2007	Onshore
RETC (Suzlon)	R&D	2008	Onshore/Offshore
Siemens	HQ	2009	Onshore/Offshore
Avantis	HQ-Europe	2004	Onshore
Nordex	HQ	2010	Onshore**

* Hauptsitz von 2011 bis 2012

** Im Offshore-Segment aktiv bis 2012

Tabelle 24: Im Jahr 2013 aktive UE von WEA-Herstellern in Hamburg [Eigene Erhebung]

Auch Hamburgs Industrieverband (IVH) betont die Bedeutung der regenerativen Energien im Allgemeinen und der Offshorewindenergie im Speziellen für die Stadt Hamburg. Die Perspektive, ein globales Zentrum für die Meereswindenergie mit einem neuen industriellen Umfeld innerhalb der Metropolregion zu werden, ist seitens des Verbandes gegeben [HAMBURGER MORGENPOST 2013: 16]. Neben den Einheiten der Anlagen-Hersteller sind es Fundament-Zuliefer, die ihre Präsenz in Hamburg auf- und ausbauen. Bereits im Jahr 2004 eröffnete die Firma HOCHTIEF Construction AG ein Kompetenzzentrum für Gründungskonstruktionen für Offshore-WEA mit den Kernbereichen F&E und Projektplanung [IHK NORD 2009: 10]. Auch der direkte Mitbewerber Bilfinger, der an alpha ventus, Thanet und den Fino-Plattformen beteiligt war und aktuell in den Vattenfall-Park DanTysk involviert ist, koordiniert seine Aktivitäten seit Beginn der 2000er Jahre aus Hamburg. Desweiteren wurde 2011 das planende und koordinierende Büro für die zukünftigen Aktivitäten der Strabag Offshore Wind GmbH im Herzen Hamburgs, am Millerntorplatz, eröffnet [STRABAG 2011]. Im gleichen Jahr erweiterte die Firma Rambøll, die sich maßgeblich für die Konstruktion für Offshore-Tragstrukturen zeigt, ihr Zweigstellennetz mit einem Konstruktionsbüro in Hamburg.

Neben den steuernden Einheiten der Anlagen-Hersteller und Zulieferer finden sich entsprechende Einheiten der großen EVU in Hamburg. So steuert der schwedische Energiekonzern Vattenfall seine Offshore-Wind-Aktivitäten aus Hamburg und koordiniert aktuell den Bau des 288 MW starken und 80 WEA umfassenden Windparks DanTysk. Auch das Essener EVU RWE hat einen Großteil seiner Aktivitäten im Bereich der erneuerbaren Energien (RWE Innogy) im Allgemeinen und im Bereich der Offshore-Windenergie im Besonderen 2008 in Hamburg angesiedelt. Beim ersten Vorstandsvorsitzenden handelte es sich um den ehemaligen CEO des Hamburger WEA-Herstellers REpower Systems, Prof. Dr. Fritz Vahrenholt. Die Zentrale befindet sich in der City Nord in unmittelbarer Nähe zum Mitbewerber Vattenfall und einem der Hauptlieferanten der von Innogy in den Parks Thornton Bank und Nordsee Ost genutzten Offshore-WEA, REpower Systems. Der dritte große deutsche Energieversorger, der Hamburg als Hauptsitz für seinen Offshore-Windbereich wählte, ist EnBW. Seit 2009 werden Aufbau und Planungen der eigenen Offshore-Windparks von hier koordiniert. Die Nähe zu den Anlagen-Zulieferern für den laufenden Park Baltic 1 (Siemens), den in Bau befindlichen Park Baltic 2 (Siemens) und den geplanten Park Hohe See (REpower Systems) [4COFFSHORE.COM 2014B] gaben den Ausschlag für den Standort Hamburg [HK HAMBURG 2010]. Auch das dänische EVU Dong Energy, im Jahr 2012 nach Vattenfall der größte Betreiber von Offshore-Windparks [MAKE CONSULTING 2012: 8], wählte im Jahr 2011 für sein deutsches Büro Hamburg. Insbesondere die Windparks des Unternehmens in der deutschen AWZ wie Borkum Riffgrund 1 und Gode Wind 1 und 2 sollen aus dem Büro im Dockland betreut werden.

Weitere Stärkung erfuhr der Offshore-Wind-Sektor in Hamburg innerhalb der letzten Dekade durch eine Reihe von planenden, koordinierenden und beratenden Dienstleistern, die im direkten Zusammenhang mit Offshore-Wind nach Hamburg kamen oder entsprechend ihre bestehenden Einheiten und Geschäftsbereiche erweiterten. Namhafte Akteure sind TÜV Süd Bereich Offshore-Windenergie (angesiedelt 2011), Det Norske Veritas Offshore-Wind Büro[62] (angesiedelt 2011) [ADRIAN & MENZEL 2013: 20f., EEHH 2011], Windea Offshore GmbH (angesiedelt 2011) oder die Global Tech I Offshore Wind GmbH (angesiedelt 2010).

Komplettiert werden die in Hamburg angesiedelten Aktivitäten im Offshore-Wind-Segment durch Beratungsbüros, Versicherer, Rechtsanwälte oder Netzwerk-Einrichtungen wie dem Offshore-Forum Windenergie [SOMMER 2009: 143]. Das dargelegte Gesamtbild der Entwicklungen, die sich in weiten Teilen ausschließlich aus der Offshore-Windenergie ergeben, führt dazu, dass Hamburg in Branchenkreisen inzwischen als *„Offshore-Windenergiekapitale"* [ERNEUERBAREENERGIEN.DE 2012] bezeichnet wird.

[62] Seit 2013 mit dem Germanischem Lloyd zu DNV GL fusioniert.

7.4.1.2 Bremen und Bremerhaven

Exemplarisch für den zweiten Teil der Offshorebranche sollen folgend insbesondere Standorte mit spezifisch für die Offshore-Windenergieindustrie fertigenden Einheiten hervorgehoben werden. Der Einstieg in diesen Bereich soll über den Standort Bremen/Bremerhaven stattfinden. Die Ansiedlung der Industrieakteure ist gegensätzlich zu Hamburg vor dem Hintergrund anderer Kausalitäten zu sehen. Insbesondere werden für die Ansiedlung der Produktionsentitäten die Vorteile und Notwendigkeiten der Küstennähe der Standorte hervorgehoben. Hier wird im Sinne WEBERs meist mit den Transport- und Lagerkosten argumentiert. Die Eignung der Häfen, die für die Standorte der Produktions- und Montageeinheiten der Industrie genutzt werden, ist dabei nicht ausschließlich mit der Wassernähe zu erklären. Auch die Potenzialflächen (schwerlastfähig, großflächig), die sich vornehmlich aus Werftstilllegungen ergaben, spielten eine Rolle.

Evolutionär betrachtet stellen Bremen und Bremerhaven in Hinblick auf die Fertigungs- und Logistikaktivitäten der Offshore-Windenergie eine Pionierregion dar und repräsentieren auf diese Weise das arbeitsintensive Pendant zu Hamburg. Im Rahmen des geplanten Ausbaus der Offshorewindenergie in der Deutschen Bucht fanden, wie oben dargelegt, die ersten organisatorischen und koordinativen Arbeiten in Bezug auf das FINO-Projekt in Hamburg statt, die Fertigung und Verschiffung der Plattformen und somit der handwerklich arbeitsintensive Teil der Realisierung war hingegen in Bremerhaven verortet. Die Fertigung der plattformtragenden Gründungsstruktur begann in Bremerhaven. Für die Montage der Plattform und des Helikopterdecks wurden die räumlichen Kapazitäten der 1997 aufgelösten Vulkan-Werft in Bremen genutzt [FISCHER 2004: 2]. Nachdem alle Subsysteme der Forschungsplattform gefertig waren, wurden diese final aus Bremerhaven zur Endmontage auf See auf den Weg geschickt. Anhand des Beispiels der Forschungsplattform FINO 1 lässt sich somit bereits die frühe Rolle der Städte Hamburg und Bremerhaven für die deutsche Offshorewindenergieindustrie illustrieren.

Die Aufbereitung und Analyse der Entwicklung von Bremen und Bremerhaven im Offshore-Bereich soll folgend zweigeteilt vorgenommen werden. Hierfür werden eingangs die Entwicklungen in Bremen dargelegt, bevor im Anschluss auf Bremerhaven eingegangen wird.

In Bremen selbst konnten drei Unternehmenseinheiten von WEA-Herstellern aus dem Offshore-Segment identifiziert werden. BARD eröffnete bereits im Jahr 2003 seine erste Dependance in der Hansestadt. Im Rahmen des Ausscheidens des Unternehmens aus dem Markt ist dieses Büro inzwischen nicht mehr existent. Aktuell präsent sind AREVA, die ihren Offshore-Hauptsitz 2012 nach Bremen verlegten, und eine administrative Einheit von Siemens. Als einziges fertigendes Unternehmen im Bereich Offshore-Wind ist Ambau hervorzuheben. Am Standort Bremen werden Turmsegmente produziert. Das 2005 eingeweihte Werksgelände von Ambau befindet sich auf der ehemaligen Bremer Vulkan-Werft, die 1997 ihre letzten Schiffe vom Stapel laufen ließ.

Auch wenn der Turmzulieferer Ambau in Bremen die einzige fertigende Einheit darstellt, so findet sich eine breite Vielfalt an Unternehmen, die in direktem Zusammenhang mit der Offshore-Windenergie stehen. Diese kommen zu größten Teilen aus administrativen Bereichen wie Planung und Verwaltung. Hierzu gehören Dienstleister wie Ingenieurbüros und Umweltgutachter, die in das Offshore-Segment eingestiegen sind. 17,4% der Wertschöpfung aus Projektplanung und -entwicklung fallen auf Bremen [PWC 2012: 23]. Der Forschungsbereich ist ebenso stark präsent. Zu den Akteuren, die direkt an den Planungen, Entwicklungen und Forschungen im Offshore-Wind-Bereich beteiligt sind, gehören: die Universität Bremen, die Hochschule Bremen, die Stiftung Institut für Werkstofftechnik und das Fraunhoferinstitut für Fertigungstechnik und Materialforschung, kurz IFAM.

Bremerhaven kann als der Fertigungsstandort der Offshore-Windenergieindustrie in Deutschland bezeichnet werden. Es finden sich mit REpower Systems und AREVA zwei der bedeutenden Produzenten von Offshore-WEA am Luneort. Zudem sind die Rotorblattfertigung der REpower Tochter Powerblades und der Fundamenthersteller Weserwind in direkter Nähe. Die Bedeutung der Unternehmenseinheiten wird durch den Anteil der Wertschöpfung der Bundesländer an der Anlagenfertigung deutlich. Bremen/Bremerhaven kommt nach den Flächenbundesländern NRW (17,1%), Niedersachsen (13,4%) und Bayern (12,2%) mit 9,8% auf den vierten Platz [PWC 2012: 22].

AREVA-Wind geht, wie mehrfach erwähnt, auf Multibrid zurück. Die 2000 gegründete Firma hatte sich ausschließlich dem Offshore-Segment verschrieben. Das Unternehmen weihte im Jahr 2007, im Jahr der Übernahme durch AREVA, seine Fertigung in Bremerhaven ein. In direkter Nähe wurde nur ein Jahr später die Fertigung des Mitbewerbers REpower Systems aufgebaut. Neben den ehemaligen (5M) und aktuellen (6M) Offshore-WEA werden zudem zur Auslastung des Werks WEA der modernen 3MW-Onshore-Serie gefertigt. Die Rotorblattfertigung von Powerblades wurde auf der gegenüberliegenden Straßenseite ebenfalls im Jahr 2008 eröffnet. Das letzte zu nennende fertigende Unternehmen, die WeserWind GmbH, war deutlich vor den WEA-Herstellern in Bremerhaven vertreten. Die Gründung fand im Jahr 2002 statt. Der Sitz in Bremerhaven ist seit 2003 existent. Erste Erfahrungen sammelte das Unternehmen mit der Fertigung des Windmessmastes Amrumbank West. Die Serienfertigung begann mit den Aufträgen für die Fundamente der Windparks alpha ventus, Global Tech und Meerwind.

Die Bremerhavener Gesellschaft für Investitionsförderung und Stadtentwicklung (BIS) legt inzwischen einen Hauptfokus auf die Ansiedlung und Betreuung der Offshore-Windenergieindustrie. Mit ihrer Hilfe soll langfristiges Wachstum in die Hafenstadt kommen. Ziel ist es, Frei- und Brachflächen im Hafengebiet derart zu nutzen, dass mit der Ansiedlung weiterer Unternehmen und Forschungseinrichtungen ein einmaliges Cluster geschaffen wird [SOMMER 2009: 137]. Im Umfang der Planungen sind neben der Aufbereitung des Labradorhafens auch die Errichtung eines Offshore Terminals (OTB) bis zum Jahr 2016 vorgesehen [BIS 2013: 22].

Bremerhaven lässt sich dennoch im Offshore-Segment nicht nur auf die Fertigung reduzieren. Mit dem Fraunhofer IWES (Institut für Windenergieforschung und Energiesystemtechnik), welches Forschung und Entwicklung entlang der gesamten Wertschöpfungskette der Offshore-Windenergie betreibt, dem Alfred-Wegener-Institut, welches sich insbesondere mit der Erforschung der Einflüsse der Offshore-Windenergie auf die maritime Umgebung befasst, und dem Institut fk-wind der Hochschule Bremerhaven finden sich hochqualitative Forschungsakteure in direkter Nähe zur Industrie.

Abbildung 60: AREVA Gondeln im Hafen von Bremerhaven [Eigene Aufnahme 2014]

7.4.1.3 Emden

Emden als Mündungsort der Ems und westlichste Hafenstadt der BRD entwickelte sich neben Cuxhaven zum zweiten Ansiedlungsstandort der Offshore-Windenergieindustrie in Niedersachsen. Die Hauptentwicklung des Standortes und der industriellen Aktivitäten lässt sich dabei direkt mit dem hochintegrierten Unternehmen BARD in Verbindung bringen. Da sich BARD auf die Offshore-Technologie beschränkte, können die nachfolgend beschriebenen Entwicklungen ausschließlich auf den technologischen Bruch und das neue Segment Offshore zurückgeführt werden. Alle direkten Unternehmenseinheiten der Windenergieindustrie, die zwischen 2005 und 2013 identifiziert werden konnten, stehen in unmittelbarer Verbindung zum von Arngolt Bekker gegründeten Unternehmen.

Es wurden Produktionseinheiten für Rotorblätter und die von Aerodyn lizensierte hauseigene WEA aufgebaut. Hinzu kamen Einheiten für Projektentwicklung und -planung, Konstruktion, Service und Logistik. Zu Hochzeiten wurden fünf zu BARD zugehörige Unternehmenseinheiten in Emden identifiziert. Noch während der Recherchen im Jahre 2009 wurde seitens der Wirtschaftsförderung Emden die Aussage getätigt, dass *„BARD [...] die Offshore-Windindustrie in Emden [ist]"* [SOMMER 2009: 134]. Innerhalb von drei Jahren hatte das Unternehmen mit seinen gesamten Unternehmenseinheiten am Standort annähernd 1.000 Arbeitsplätze sowohl im blue-collar- als auch im white-collar-Bereich geschaffen [WEINHOLD 2009: 81]. Diese Verbindung der einzelnen Bereiche und Aufgaben an einem Standort bringt aufgrund der benötigten Schwerlastareale einen hohen Flächenbedarf mit sich. Insbesondere die Gegebenheiten am Jarßumer Hafen wurden hierzu genutzt. Das Gesamtinvestitonsvolumen der BARD-Gruppe für den Aufbau des Standortes Emden betrug mehr als 38 Millionen Euro.

Die Entwicklungen um den Aufbau der Offshore-Windenergieindustrie in Emden sollten sich nicht auf die BARD-Gruppe beschränken. Wurde im Jahr 2009 BARD noch als einziger bedeutender Akteur wahrgenommen, so sorgten die Entwicklungen um die Werft der Nordseewerke für eine Intensivierung der industriellen Standortdynamik. Das Stahlbauunternehmen SIAG übernahm zum Jahr 2010 die Werft, die unter wechselnden Besitzerstrukturen Handelsschiffe aber auch U-Boote fertigte. Diese wurde seitens des Unternehmens für die Fertigung verschiedenster Stahl-Großkomponenten für die Offshore-Windindustrie umfunktioniert. Hierzu sollten neben Türmen und Transition Pieces auch Gründungsstrukturen sowohl für WEA als auch Umspanneinrichtungen gehören. Vor dem Hintergrund, dass die Offshore-Energiebranche als eine der weltweit am stärksten wachsenden Industrien wahrgenommen wurde [SIAG 2010: 11], sollten seitens SIAG 30 Mio. € in Übernahme und Ausbau der Werft investiert werden.

Der Rückschlag kam für das Unternehmen SIAG und den Standort Emden nur zwei Jahre später im Jahr 2012. Auswirkungen der Finanzkrise und Probleme bei der Netzanbindung von Windparks auf See verzögerten oder verhinderten Folgeaufträge. Es wurde ein Insolvenzverfahren eingeleitet. Zwar wurde das Unternehmen vom saarländischen Stahlbauer DSD Steel übernommen, der einen Teil der Offshore-Aktivitäten aufrecht erhalten möchte, doch zwei Drittel der Arbeitsplätze gingen verloren.

Auch BARD wurde von den Marktentwicklungen und den aus dem hohen Integrationsansatz entstehenden Problemen und Risiken eingeholt. Insbesondere die Schwierigkeiten im Rahmen des Projektes BARD-Offshore I offenbarten, dass acht Jahre nach den Problemen von Horns Rev Planung, Bau und Betrieb von Offshore-Windparks nach wie vor unterschätzt wurden. Auch wenn die externen Faktoren wie die Wirtschaftskrise und mangelndes politisches Handeln einen wesentlichen Einfluss auf die Entwicklungen hatten, so war der Ansatz, alles aus einer Hand anzubieten, rückblickend gesehen zu ambitioniert. Im Verlauf des Projektes verloren zwei Arbeiter auf See ihr Leben. Das Vorzeigeprojekt ging mit zwei Jahren Verzug komplett an das

Netz. Die Kosten beliefen sich mit drei Mrd. Euro über der veranschlagten Summe. Die finanzierende Bank UniCredit musste aufgrund der negativen Enwicklungen von BARD geschätzt Abschreibungen in Milliardenhöhe vornehmen.

Aus diesen Entwicklungen ergab sich das „Project Phoenix", mit dem die Investmentbank JP Morgan einen möglichen Interessenten an der gesamten BARD-Gruppe finden sollte. Unternehmen wie GE, Deawoo, AREVA oder Alstom wurden als mögliche Käufer gehandelt [FTD.DE 2011]. Letztlich fand sich kein Käufer und das Unternehmen BARD wurde abgewickelt. Damit ging die Schließung sämtlicher UE einher. Lediglich eine Belegschaft von ca. 300 Mitarbeitern wurde für den Betrieb von BARD-Offshore I gehalten. Von diesen Entwicklungen blieb auch die BARD-Tochter Cuxhaven Steel Construction (CSC), die für die Fertigung der unternehmenseigenen Fundamente mit Tripile-Technologie verantwortlich war, nicht ausgenommen.

7.4.1.4 Cuxhaven

Im Vergleich zu den bisher genannten Standorten ist anzumerken, dass in Cuxhaven keine direkte Unternehmenseinheit eines WEA-Herstellers existiert. Aufgrund der besonderen Entwicklungen am Standort soll die Stadt an der Elbemündung dennoch im Rahmen dieser Arbeit ausführlicher erwähnt werden. Mit der BARD-Tochter CSC existiert eine indirekte Verbindung zur Gruppe der WEA-Hersteller. Die Ansiedlung von CSC in Cuxhaven erfolgte im Jahr 2006. Der Fundamenthersteller sollte das erste Unternehmen sein, welches sich an der aufgebauten Offshore-Basis Cuxhaven ansiedelte. Nachdem das neue Werksgelände ab September 2007 aufgebaut wurde, begann im Jahr 2008 die Produktion der Tripile-Fundamente für den Windpark BARD-Offshore I. 1.600 direkte Arbeitsplätze wurden durch die neue Fertigungseinheit aufgebaut. Im Rahmen der dargestellten Entwicklungen um die BARD-Gruppe wurde die Unternehmenseinheit CSC im April 2013 geschlossen.

Der Aufbau der Fertigung war Teil und Resultat der Anstrengungen des Landes Niedersachsen und der Stadt Cuxhaven, um die Stadt an der Elbemündung neben Emden zu einem modernen Standort der Offshore-Windenergieindustrie aufzubauen. Mit Hilfe von Fördergeldern der EU, des Bundes und des Landes Niedersachsen wurde eine grundlegend neue Infrastruktur aufgebaut, um sowohl der Fertigung als auch der Logistik der Großkomponenten gerecht zu werden [SOMMER 2009: 124 ff.]. Hierzu wurden im Rahmen des Gesamtkonzeptes eine neue Schwerlastplattform und ein neuer Offshore-Terminal errichtet. Es wurden innerhalb eines knappen Jahres 50ha Hafenfläche ausgebaut und angepasst. Neue Liegeplätze, neue Straßen und neue Gleisanlagen wurden geschaffen, um der Offshore-Windindustrie optimale Bedingungen bieten zu können. Insgesamt investierten private und öffentliche Geldgeber 200 Millionen Euro in die Offshore-Basis. 48 Millionen Euro entfielen auf die EU und das Land Niedersachsen [INNOVATIVES-NIEDERSACHSEN.DE 2009].

Die Bemühungen führten neben der Ansiedlung von CSC zudem dazu, dass der Turm- und Fundament-Produzent Ambau im Jahr 2008 eine speziell auf Offshore-Komponenten ausgelegte Fertigungseinheit an der Offshore-Basis errichtete. Auch das Unternehmen Strabag plante lange Zeit mit dem Aufbau einer Fertigung für Betonfundamente. Erste Pläne gehen noch auf die Entwicklungen unter der Unternehmenstochter Ed. Züblin zurück. Im Jahr 2009 wurde eine Absichtserklärung zur Ansiedlung in Cuxhaven unterzeichnet. Dies geschah, nachdem sich mit der Stadt Brunsbüttel nicht über die Ansiedlungbedingungen geeinigt werden konnte. In Cuxhaven sollten knapp 100 Mio. € investiert und 500 Arbeitsplätze geschaffen werden [SOMMER 2009: 125]. Im Jahr 2013 wurde seitens der Strabag SE bekannt gegeben, dass die Planungen in Cuxhaven vorerst zurückgestellt werden. Als Gründe hierfür wurden die unsichere politische, rechtliche und energiepolitische Situation ins Feld geführt [CN-ONLINE.DE 2013].

Neben diesen Aktivitäten, die sich auf die fertigende Industrie beschränken, sind weitere Entwicklungen anzumerken. 2003 wurde das DEWI-OCC (Offshore and Certification Centre) gegründet. Hierbei handelt es sich um einen Ableger des Deutschen Windinstitutes, das sich explizit dem Feld Offshore widmet. Insbesondere Zertifizierungs-Dienstleistungen werden vom OCC übernommen. Zudem wurde das *Offshore-Kompetenzzentrum Cuxhaven* als Aus- und Weiterbildungszentrum eingerichtet. Schwerpunkte liegen hier in der Ausbildung qualifizierter Mitarbeiter für den speziellen Einsatz im Offshore-Segment, sowohl an Land als auch zur See.

7.4.2 Dänemark

Unter Einnahme einer industrieräumlichen Perspektive ist zu konstatieren, dass Dänemark als Pionierland der Windenergie, sowohl Onshore als auch Offshore, gelten kann. Die ersten identifizierten Aktivitäten in Hinblick auf Offshoreüberlegungen lassen sich Ende der 1980er Jahre mit Nordtank in Balle und WindWorld in Skagen im nördlichen Jütland verorten. Sukzessive erweitert sich Mitte der 1990er Jahre das räumliche Aktivitätsspektrum um den Vestas-Hauptsitz in Randers und die Standorte von Vestas in Lem und Bonus in Brande im zentralen Jütland. Im weiteren evolutionären Verlauf wird offensichtlich, dass es bis zum aktuellen Zeitpunkt auf großräumlicher Ebene zu keiner weiteren massiven Veränderung kommen sollte. Lediglich der 2004 eröffnete Siemens Standort in Aalborg und die seit 2008 zunehmenden Aktivitäten von Vestas in Aarhus fallen aus dem genannten Muster heraus.

Erwähnenswert ist die Erweiterung um Standorte innerhalb des genannten Großraumes, die sich aufgrund der Fusionen und Übernahmen innerhalb der letzten beiden Dekaden im Jahr 2013 auf die räumliche Biarchie der Unternehmen Siemens und Vestas beschränkt.

In Dänemark sind im betrachteten Evolutionszeitraum keine bedeutenden Standortunterschiede zwischen Einheiten mit Onshorefokus und Offshorefokus herauszuarbeiten. Die identifizierten Einheiten decken an ihren Standorten in weiten Teilen beide Funktionen ab. Um der aus dieser Ausrichtung resultierenden Aufgabensituation gewachsen zu sein, so kann konstatiert werden, haben die Einheiten und Standorte sowohl ein quantitatives wie auch ein qualitatives Wachstum vollzogen.

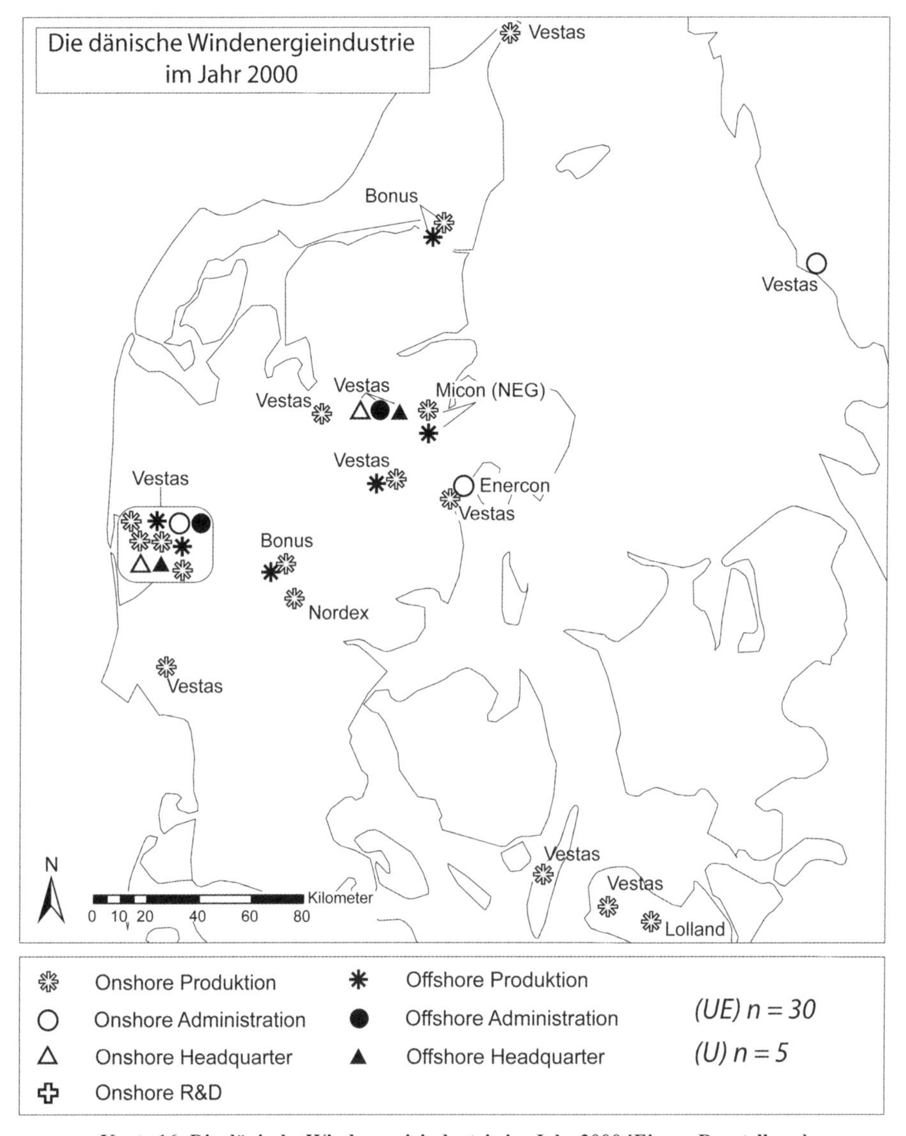

Karte 16: Die dänische Windenergieindustrie im Jahr 2000 [Eigene Darstellung]

So wurde beispielsweise der Standort der Siemens Rotorblattproduktion in Aalborg ab 2011 explizit für die Fertigung der 75 Meter langen und 20 Tonnen schweren Blätter für die SWT-6.0-154 ausgebaut. Zusätzlich zur Produktion wurde 2013 in Aalborg komplementär zur qualitativen und quantitativen Erweiterung des Hauptsitzes in Brande eine bedeutende Forschungs- und Entwicklungseinheit mit sieben Teständen für Rotorblätter und drei Teständen für Gesamtrotoren [SIEMENS.COM 2013] eingeweiht. Die Ausbauinvestitionen in die Standorte Aarlborg und Brande betrug im Rahmen der genannten Erweiterungen 150 Millionen Euro.

Der Mitbewerber Vestas setzt im Rahmen seiner Steuerung und Produktentwicklung in Dänemark auf die Standortachse Randers - Arhus im östlichen Jütland. Randers, ursprünglich Hauptsitz der Firma NEG Micon, diente Vestas seit der Übernahme des Unternehmens im Jahr 2004 als Hauptquartier. Im Jahr 2011 musste der Standort, der nach wie vor die administrative Einheit Vestas Offshore beherbergt, seine Hauptsitzfunktion abgeben. Die Funktion übernahm der Standort Aarhus, an dem eigens eine neue Zentrale gebaut wurde. 2013 wurde am F&E-Zentrum in Aarhus ein neuer Gondelteststand eingerichtet. Im selben Jahr wurden zudem weitere Mitarbeiter aus Randers und Kopenhagen an den Hauptsitz verlegt [IWR.DE 2013C]. Aktuell wird jedoch unternehmensintern über eine Rückverlegung einzelner administrativer Funktionen nach Kopenhagen diskutiert [WINDPOWERMONTHLY.COM 2014].

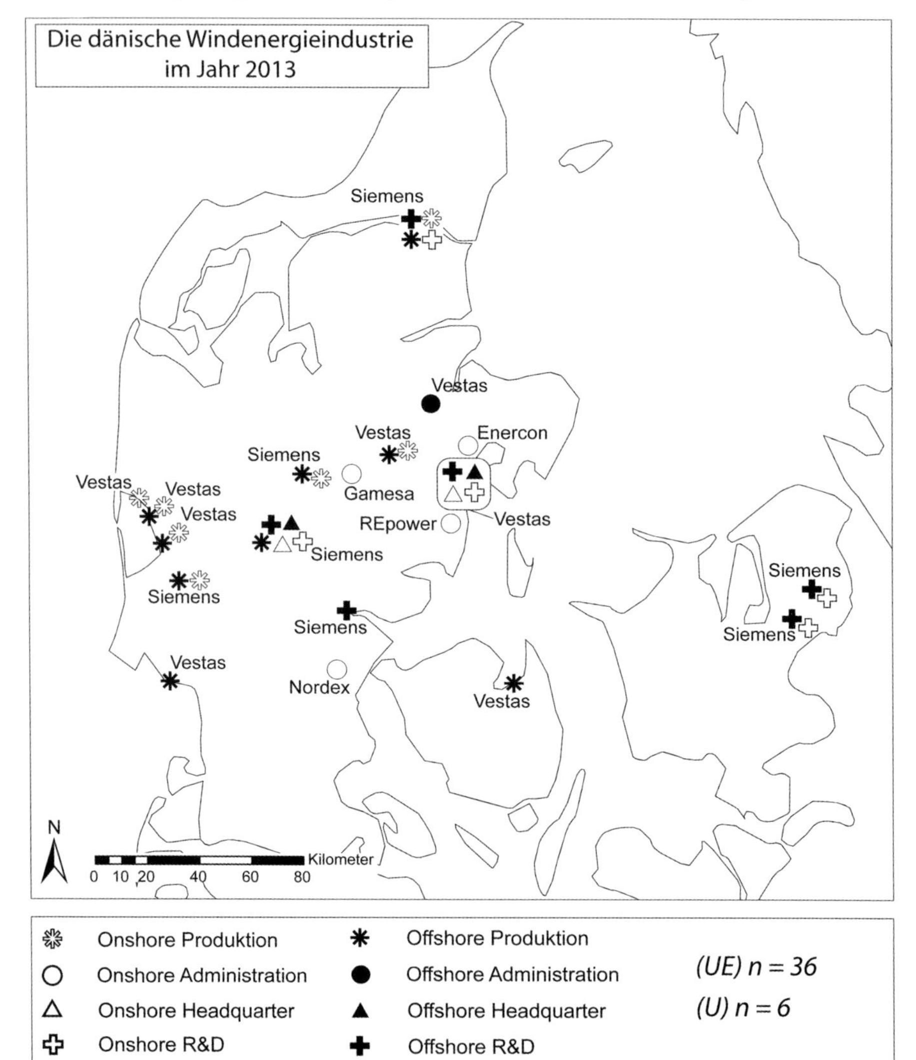

Karte 17: Die dänische Windenergieindustrie im Jahr 2013 [Eigene Darstellung]

Der Großteil der heimischen Fertigungseinheiten findet sich bei Vestas wiederum im westlichen Jütland, wo in Lem seit 1996 und seit 2000 in Skjern Fertigungseinheiten für Rotorblätter aufgebaut wurden. Die Montageeinheiten für Gondeln finden sich unweit nördlich in Ringkøbing. Die Fertigungskapazitäten umfassen dabei sowohl Onshore- als auch Offshore-Varianten der Baureihen der mittleren Anlagenfamilie der zwei bis drei MW-Klasse. Aufgrund der begrenzten räumlichen Kapazitäten in den genannten Fertigungsstätten wurde für die neue Offshore-Turbine V164-8.0 im Jahr 2012 eine Montageeinheit in Lindø am Odense-Fjord eingerichtet. Die Rotorblätter für den Prototyp der Anlage wurden im Entwicklungszentrum auf der britischen Isle of Wight gefertigt.

Eine Entwicklung, die im Rahmen der dänischen Windenergieindustrie und insbesondere in Hinblick auf den Offshorebereich bemerkenswert ist, sind die Aktivitäten im Hafen von Esbjerg. Auch wenn keine forschenden oder fertigenden Einheiten in der Hafenstadt an der jütländischen Westküste identifiziert werden konnten, kann Esbjerg als ein strategisches Drehkreuz für die dänische Offshore-Windenergieindustrie angesehen werden und soll daher genauer beleuchtet werden.

7.4.2.1 Esbjerg

Die Hafenstadt Esbjerg kann auf eine für die Offshore-Windenergieindustrie vorteilhafte Entwicklungshistorie zurückblicken. Zum einen ist der Standort die Heimat der dänischen Offshore-Öl-und-Gas-Industrie und beherbergt 80% der zugehörigen Unternehmenseinheiten [ESBJERG 2009: 3]. Zum anderen wird davon ausgegangen, dass 65% aller in Dänemark gefertigten WEA über den Hafen von Esbjerg verschifft werden [ESBJERG KOMMUNE 2011: 8]. Wenngleich sich bis dato keine fertigenden Einheiten in Esbjerg finden lassen, sind 2.000 Arbeitsplätze in Esbjerg direkt von der Offshore-Windenergie abhängig [ESBJERG KOMMUNE 2011: 13]. *„The construction and commissioning of the Horns Rev wind farm in 2002 marks the start of the offshore wind-farm era in Esbjerg“* [ESBJERG 2009: 6]. Aufgrund der Lage an der Westküste nutzen Vestas und Siemens Esbjerg in den Folgejahren als Ausgangshafen für eine Vielzahl von Projekten in der Nordsee. So wurden im Laufe der letzten Dekade neben Horns Rev 1 die Windparks Horns Rev 2 (Dänemark), Lynn, Inner Dowsing, Greater Gabbard, Gunfleet Sands (Großbritannien), DanTysk, und Riffgat (Deutschland) von Esbjerg aus, zumindest in Teilen, abgewickelt. Zudem eröffnete Vestas 2013 eine neue Vormontage der V112 Turbinen im Hafen von Esbjerg.

Die Erfahrungen, die aus diesen Konstellationen und Synergien resultieren, stellen für die Offshore-Windenergieindustrie insbesondere in Hinblick auf die Herausforderungen bezüglich der Logistik, des Projektmanagements und der Errichtung eine unschätzbare Wissensgrundlage dar. Aufgrund der ansässigen Industrie und der vorhandenen Lagerflächen und Transportinfrastrukturen, bestehen gute Voraussetzungen dafür, dass das Drehkreuz Esbjerg ein Basishafen der Offshore-Windenergieindustrie bleibt.

Da sich die bisherige Verschiffung von WEA, sowohl Onshore als auch Offshore, auf vergleichsweise kleinere und leichtere Anlagen der zwei und drei Megawattklasse beschränkt und die künftigen Anlagengenerationen der 5MW+-Klasse sowohl wegen der Abmaße als auch des Gewichts in neue Dimensionen vorstoßen werden, müssen Häfen entsprechend angepasst werden. Zu diesem Zweck werden in den Hafen von Esbjerg zwischen 2009 und 2015 mehr als 100 Millionen Euro investiert. Zusätzlich wird die Hinterlandanbindung für mehr als 50 Millionen Euro angepasst [ESBJERG KOMMUNE 2011: 11].

Abbildung 61: Gondeln und Türme des Windparks DanTysk im Hafen von Esbjerg [Eigene Aufnahme 2013]

7.4.3 Großbritannien

Großbritannien stellt zum Untersuchungszeitpunkt die größte installierte Gesamtnennleistung an Offshore-Windenergie. Nach Betrachtung und Analyse der Industriestuktur sind drei besondere Eigenschaften hervorzuheben. An erster Stelle kann festgehalten werden, dass im Vergleich zu den errichteten Kapazitäten bezüglich der nationalen Industriestruktur eine deutliche Diskrepanz heraussticht. Zum Untersuchungszeitpunkt findet sich keine produzierende Unternehmenseinheit auf der Insel. Gleichzeitig, und dies stellt die zweite Besonderheit dar, gibt es seitens mehrerer großer Anlagenhersteller die Willensbekundungen und Planungen große Produktionseinheiten im Vereinigten Königreich zu errichten. In keinem weiteren europäischen Nachbarland gibt es eine derartige Häufung von Planungen. An dritter Stelle ist die hohe Konzentration von Unternehmen hervorzuheben, die sich mit radikalen Technologieansätzen für den Offshore-Wind-Bereich auseinandersetzen.

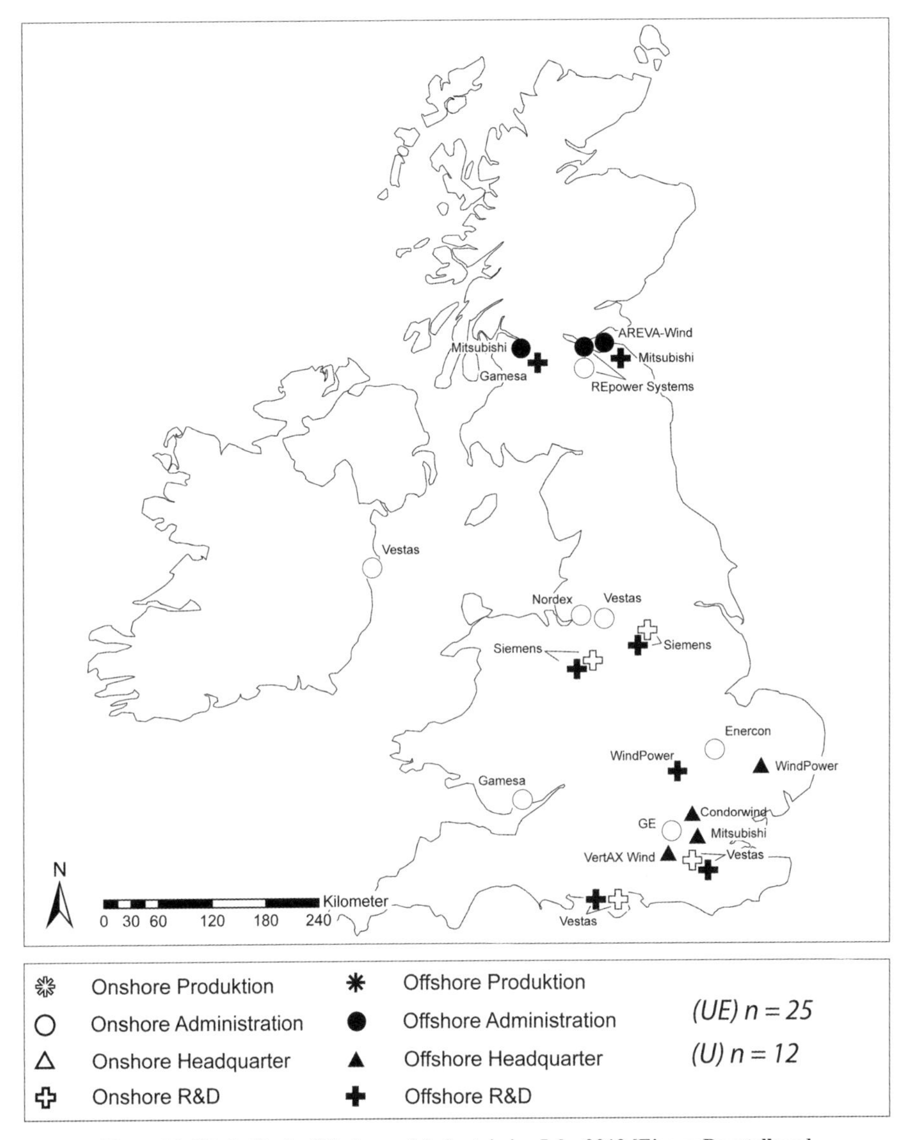

Karte 18: Die britische Windenergieindustrie im Jahr 2013 [Eigene Darstellung]

Insbesondere die beiden letztgenannten Tatsachen stehen in enger Verbindung mit der britischen Förderpolitik. Großbritannien investiert vergleichsweise hohe Summen in die Industrie- und Technologieförderung des Offshore-Windenergiesektors. In diesem Zusammenhang wurde 2013 eigens die Offshore Wind Investments Organisation (OWIO) gegründet [IWR.DE 2013B, HM GOVERNMENT 2013, IWR.DE 2014B]. Ursächlich für diese Initiativen sind sowohl die Notwendigkeit hoher Investitionen in die britische Energieversorgung [FAZ.NET 2010] als auch die Bemühungen den Arbeitsmarkt zu stimulieren. Insgesamt *„wurden seit 2010 mehr als 31 Milliarden Britische Pfund in den Industriezweig der Offshore-Windkraft investiert, dadurch sollen langfristig 35.000 Arbeitsplätze geschaffen werden“* [WINDMESSE.DE 2013].

Die regionale Entwicklung, die sich in Teilen aus diesen Förderaktivitäten ergibt, lässt sich grob zweiteilen. Es finden sich Aktivitäten in Schottland, insbesondere Edinburgh und Umgebung sowie im Südosten, in und um London. Dabei ist anzumerken, dass sich die Aufbauversuche industriell-produzierender Einheiten auf den Norden konzentrieren. Administrative und forschende Einheiten finden sich vergleichsweise stärker in den südöstlichen Landesregionen. In diesem Zusammenhang ist eine herausstechende Besonderheit zu erwähnen: Forschungseinheiten großer Unternehmen wie Siemens, Vestas und Mitsubishi weisen eine hohe, direkte universitäre Nähe auf.

Hinsichtlich der zeitlich-evolutionären Entwicklung ist festzuhalten, dass erste Aktivitäten zu Beginn der 2000er Jahre zu erkennen sind. Eine Zunahme der Dynamik fand, was die Offshore-Aktivitäten anbetrifft, insbesondere ab dem Jahr 2007 statt.

7.4.3.1 Der Norden und Edinburgh

REpower Systems begleitete seit Mitte der 2000er Jahre die Aktivitäten um die Errichtung der Beatrice Demonstrator Windfarm unter anderem aus Edinburgh, von wo später weitere administrative Tätigkeiten im Offshorebereich übernommen wurden. Bis zum Ende der 2000er Jahre sollte REpower Systems allein in der Region ansässig sein.

2008 gab es seitens der US-amerikanischen Firma Clipper die ambitionierten Bestrebungen eine 10MW-Turbine mit dem wohlklingenden Namen Britannia zu entwickeln und zu fertigen. Hierfür wurden von der britischen Regierung Fördergelder in Millionenhöhe zur Verfügung gestellt. Forschung und Entwicklung sollte am Blyth's National Renewable Energy Centre in Blyth vorangetrieben werden und eine großflächige Produktionseinheit auf der brachliegenden Neptunes Yard Werft [THEJOURNAL.CO.UK 2011] des 2006 konkurs gegangenen Schiffsbauers Swan Hunter aufgebaut werden. Das Unternehmen Clipper, welches von Zond Gründer James G.P. Dehlsen aufgebaut wurde, ging ab 2010 in den Besitz des Großkonzerns United Technologies über. Als Resultat der Wirtschftskrise von 2008 und der zunehmend erkannten industriellen Herausforderung stoppte der Mutterkonzern alle Offshore-Wind-Aktivitäten und zahlte die britischen Fördergelder zurück. Das Projekt Britannia war somit ad acta gelegt.

Im Jahr 2010 erweiterte Mitsubishi schließlich seine Präsenz in Großbritannien durch den Aufkauf der Firma Artemis Intelligent Power um ein Forschungs- und Technologiezentrum in Loanhead, das 1994 als Spin-off aus der University of Edinburgh hervorging. Mit diesem Schritt konnte Mitsubishi Wissen um neue Triebstrangstechnologien aufkaufen und annähernd 200 neue Arbeitsplätze in Forschung und Entwicklung schaffen [THEGUARDIAN.COM 2010].

Die rezentesten Entwicklungen in der Region gehen auf die Eröffnung der Unternehmenseinheiten von Gamesa und AREVA zurück. Gamesa eröffnete 2011 ein Offshore-Technologiezentrum in Glasgow und AREVA 2012 eine administrative Einheit in Edinburgh, um unter anderem die Pläne um die Errichtung der geplanten Produktionseinheit am Firth of Forth [TELEGRAPH.CO.UK 2012] zu koordinieren. Anfang des Jahres 2014 wurde ein Joint-Venture zwischen Gamesa und AREVA verkündet, das vorsieht, die Entwicklung und Produktion im Offshore-Wind-Segment zu bündeln. Die schottischen Standorte beider Unternehmen werden in diesem Zusammenhang eng zusammenarbeiten.

Über diese vollzogenen und anlaufenden Entwicklungen hinaus gibt und gab es weitere Planungen, insbesondere Produktionseinheiten in Schottland aufzubauen. Der koreanische Großkonzern Doosan legte seine 2011 angekündigten Planungen für ein Montagewerk bei Clydeside bereits ein Jahr später auf Eis [BUSINESSGREEN.COM 2012]. Auch die 2012 angekündigten Planungen von Gamesa, in Leith eine Fertigungseinheit aufbauen zu wollen, scheinen vor dem Hintergrund der genannten Kooperation mit AREVA vorerst gestoppt zu sein. Gleiches gilt für die Überlegungen der US-Amerikaner um General Electric aus dem Jahr 2010, die angekündigt hatten, bis zu 2000 Arbeitsplätze mit ihrer Produktionseinheit schaffen zu wollen [WINDPOWERMONTHLY.COM 2012].

Mit Samsung ist ein weiterer Technologiegroßkonzern in Schottland aktiv. Die Koreaner planen eine Fertigung bei Methil/Fife aufzubauen. An diesem Standort hat Samsung seit 2013 eine administrative Einheit, die den Aufbau des im Offshore Testfeld Energy Park Fife 2014 errichteten Prototyps begleitete [IWR.DE 2014]. Die bisherige Gesamtinvestition Samsungs in den Standort wird inklusive der Errichtung des Prototyps auf knapp 85 Millionen Euro taxiert.

7.4.3.2 Der Südosten und London

Die ersten Unternehmenseinheiten, die in UK einen direkten Bezug zur Offshore-Windenergietechnologie aufweisen, finden sich im Südosten der Insel und werden durch zwei Ausgründungen des britischen Unternehmens WindPower Limited im Jahr 2003 repräsentiert. Hinter dieser Firma verbirgt sich ein Entwicklungsteam, das den Aerogenerator X verwirklichen möchte. Zu diesem Zweck wurde eine Forschungs- und Entwicklungseinheit in Cranfield eröffnet, wobei sich das Hauptbüro in Suffolk befindet. 2007 kamen mit Mitsubishi, Siemens und Vestas drei große Anlagenhersteller auf die Insel, die insbesondere in Forschung und Entwicklung investierten. Siemens und Vestas eröffneten Forschungszentren, die sich hauptsächlich auf Offshore-Technologie konzentrieren. Neben der Einrichtung an der Keele University eröffnete Siemens 2009 eine weitere Unternehmenseinheit, die direkt an die universitäre Forschung angebunden ist. An der University of Sheffield wird sich dabei hauptsächlich mit Generatortechnologie auseinandergesetzt. Die Einheiten von Vestas in Leatherhead und auf der Isle of Weight haben ihren Fokus auf Grundlagenforschung und Rotorblattentwicklung gelegt.

Mit VertAx und Condorwind wurden in den Jahren 2007 und 2010 zwei neue Unternehmen gegründet, die sich ähnlich wie Windpower Limited der Entwicklung neuer Technologieansätze widmen. In beiden Fällen repräsentieren die Standorte in Guildford Surrey und London sowohl Hauptsitz als auch Forschungseinheit.

Die Bestrebungen Siemens', eine Produktionseinheit an der zentralen Ostküste bei Hull aufzubauen, wurden im Jahr 2011 bekannt gegeben. Der Standort, für den Siemens 80 Millionen £ investieren möchte, soll Garant für bis zu 700 Arbeitsplätze in der Region Yorkshire and the Humber sein [BUSINESSGREEN.COM 2014]. Der Bau der Einheit wurde im März 2014 bestätigt. Die Gesamtinvestition seitens Siemens und der Associated British Ports Holdings Plc wird auf 371 Millionen Euro geschätzt. Die Inbetriebnahme einer Fertigung für Rotorblätter und eines Montagezentrums sind für 2016 geplant [WELT.DE 2014].

7.4.4 Frankreich

Bei der Betrachtung und Analyse der französischen Entwicklungen sind eingangs zwei Eigenschaften explizit zu nennen. An erster Stelle ist auf die massive, ja traditionelle Nutzung der Nuklearenergie im Hexagon zu verweisen. Frankreich besitzt im Jahr 2014 mit 58 aktiven Reaktoren, die fast 80% der genutzen Elektrizität produzieren [WORLD-NUCLEAR.ORG 2014], die größte Konzentration von Kernkraft innerhalb Europas. An zweiter Stelle wird in Frankreich in weiten Teilen elektrisch geheizt. Diese beiden Faktoren sind Bestandteil einer Ausgangssituation, die in Frankreich lange Zeit die Debatte um die Notwendigkeit regenerativer Energiequellen gehemmt hat. Aufgrund des hohen Anteils an Atomenergie und der sich daraus ergebenden geringen Nutzung von klimakritischen Ressourcen wie Köhle und Öl ist Frankreich in der Lage, klimapolitische Ziele und Grenzwerte schneller zu erreichen als seine Nachbarn. Zum anderen sind die Verbraucherpreise des Atomstroms für die französische Bevölkerung, die deutlich abhängiger von den Strompreisen ist als anderswo, günstiger als regenerative Alternativen. Dies führt zu einer breiteren Akzeptanz für Nuklearenergie als andernorts. Entsprechende Verhältnisse sind, neben anderen, für die schwache Entwicklung einer heimischen Windenergieindustrie verantwortlich.

Die Entwicklung des französischen Windsektors kann lange Zeit auf die Aktivitäten von Ratier-Figeac von 1978 bis 1982 sowie das Unternehmen Vergnet, welches seit 1988 aktiv ist und hauptsächlich WEA der Submegawattklasse fertigt, beschränkt werden. Vergnet hat sowohl Hauptsitz als auch Produktion in Ormes angesiedelt und verfügt mit dieser Ausgangslage über ein Alleinstellungsmerkmal auf dem französischen Markt. Für die geringe vorhandene Entwicklung der Windenergieindustrie in Frankreich, die sich insbesondere ab Mitte der 2000er Jahre abzeichnet, sind hauptsächlich deutsche, dänische und spanische Unternehmen verantwortlich. Hierbei lassen sich diese Aktivitäten vornehmlich auf den administrativen Bereich beschränken.

Enercon, E.N.O Energy, Nordex, Repower Systems, Vestas und Gamesa haben Vertriebs- und Koordinationsbüros eröffnet, wovon sich ein Großteil in Paris oder dem Pariser Umland verorten lässt. Lediglich Enercon verfügt mit seinem Betonturmwerk Longueil-Sainte-Marie seit 2012 über eine produzierende Unternehmenseinheit. Der nachhaltige Aufbau einer Produktionseinheit der REpower Systems AG, der im Jahr 2002 unter dem Namen Les Vents de France initiiert wurde, scheiterte.

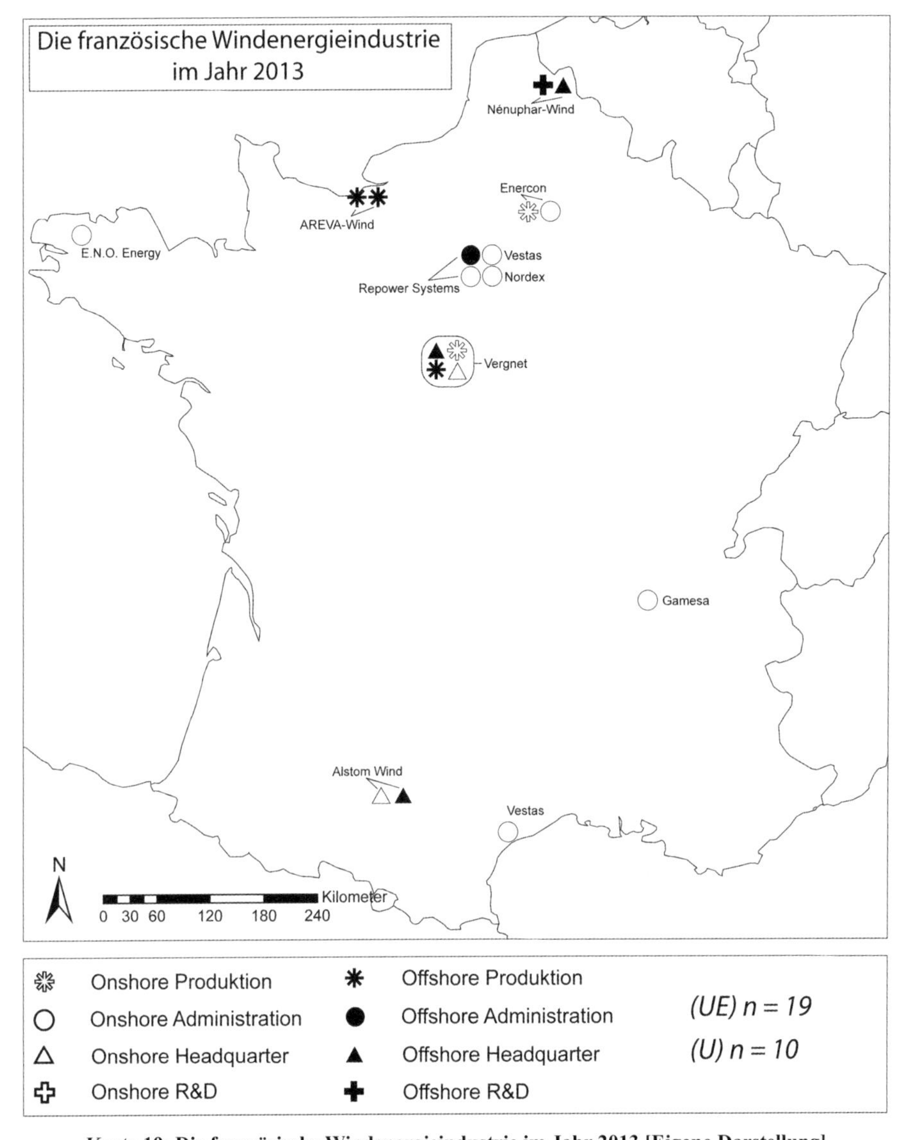

Karte 19: Die französische Windenergieindustrie im Jahr 2013 [Eigene Darstellung]

Das Jahr 2007 ist im Zusammenhang mit der französischen Windenergieindustrie besonders hervorzuheben. Mit der Übernahme des spanischen Unternehmens Ecotécnia durch den Großkonzern Alstom und den im selben Jahr erfolgten Einstieg des traditionell aus dem Nuklearbereich kommenden Großkonzerns AREVA bei Multibrid wächst die heimische Population der Windenergieindustrie. Hierbei ist anzufügen, dass sich der AREVA-Konzern mit seinen Aktivitäten im Windsektor ausschließlich auf Offshore konzentriert. Alstom bietet hingegen ebenso WEA des Onshoresegments an, treibt jedoch, insbesondere mit der WEA Haliade 150, seine Offshoreaktivitäten voran. Die französischen Eigenaktivitäten und Entwicklungen im Rahmen der

Offshore-Windenergie setzen im Vergleich zu den Pionierländern Dänemark und Deutschland mit einer Verzögerung von zwei Dekaden ein und basieren auf Zukauf von Wissen und Strukturen. Alstom gründete im Jahr 2007 einen französischen Hauptsitz in Toulouse, führt das Hauptgeschäft jedoch aus Barcelona, dem Haupsitz des übernommenen Unternehmens Ecotécnia. Ein ähnliches Entscheidungsmuster findet sich in Bezug auf AREVA, die ihre Windsparte aus Bremerhaven und Bremen steuern.

7.4.4.1 Le Havre, Cherbourg, St. Nazaire

Mit dem Offshore-Fokus der Großkonzerne Alstom und AREVA geht ein beabsichtigter Aufbau von Fertigungskapazitäten an der französischen Küste einher, der seit 2012 andauert. Da AREVA bereits über Fertigungskapazitäten verfügt, fällt der Ausbau geringer aus als der von Alstom. Der Konzern, der sich, über direkte oder indirekte Anteile, zu 100% in französischem Staatsbesitz befindet, baut am Quai Joannès Couvert in Le Havre Einheiten zur Rotorblattfertigung und Gondelmontage auf. Zudem soll ein neuer Teststand für die geplante 8MW-Anlage errichtet werden. Aus dieser Standortentscheidung resultieren zudem Ankündigungen der Zulieferer ABB, Moventas und NTN, sich ebenfalls in Le Havre anzusiedeln. Bis zu 750 direkte Arbeitsplätze sollen auf diese Weise in der Hafenstadt entstehen [RENEWS.BIZ 2014]. Insgesamt soll der Industriekomplex, an dem weitere Unternehmen der Branche angesiedelt werden sollen, bis zu 2000 Arbeitsplätze schaffen [LEHAVRE.FR 2014]. Das zwischen Gamesa und AREVA geplante Joint-Venture im Bereich Offshore-Wind soll hauptsächlich die Technologie und die Strukturen von AREVA nutzen und setzt zum aktuellen Zeitpunkt explizit auf den Standort Le Havre [WINDMESSE.DE 2014].

Alstom hat sich für die Standorte Cherbourg und St. Nazaire entschieden. In Cherbourg sollen am Quai des Flamands ab 2015 Rotorblätter und Türme gefertigt und verschifft werden. In St. Nazaire entstehen am Boulevard des Apprentis eine Generatorfertigung und eine Gondelmontage. Ingesamt sollen im Rahmen der zwei Standorte und vier neuen Unternehmenseinheiten bis zu 1000 direkte und 4000 indirekte Stellen geschaffen werden [ALSTOM.COM 2012]. Nach Fertigstellung der genannten Unternehmenseinheiten werden vier der fünf, also 80%, der Produktionsstandorte französischer Unternehmen im Offshoresektor angesiedelt sein.

7.4.4.2 Paris, Lille

Ein weiteres französisches Unternehmen, das 2006 in den Offshore-Wind-Sektor einstieg, ist das Start-Up Nénuphar mit Sitz im nordfranzösischen Lille. Das erklärte Entwicklungsziel ist es, eine schwimmende Plattform mit darauf installierter VAWT zu fertigen. Neben Nénuphar sind seit 2009 der Energieversorger EDF und der Anlagenbauer Technip am Projekt mit dem Namen Vertiwind beteiligt. Ein Prototyp sollte bereits im Jahr 2013 [LE MONDE 2011] auf See getestet werden, es kam jedoch zu projektseitigen Verzögerungen. Eine Inbetriebnahme der Testanlage ist nun für 2014 oder 2015 geplant [WINDPOWERMONTHLY.COM 2013].

Letztlich bleibt anzumerken, dass keine explizite Aktivität in Paris identifiziert werden konnte. Aufgrund der Strukturen der französichen Großkonzerne AREVA, Alstom, EDF, GDF Suez oder Technip, die alle ihren Hauptsitz direkt in oder bei Paris haben, ist davon auszugehen, dass wichtige Bereiche der administrativen Tätigkeit und Entscheidungsgewalt sich auf Konzernebene in der französischen Hauptstadt wiederfinden. Zudem lässt sich aus diesen vergleichsweise rezenten Entwicklungen resümieren, dass die Offshore-Windenergie sowie die damit in Verbindung stehende Technologie für neue Impulse innerhalb der französischen Windenergieindustrie sorgen, woraus wiederum ein weiterer Auf- und Ausbau der Standortstruktur resultiert.

7.5 Zusammenfassung der räumlichen Evolution der Windenergieindustrie

Nach Aufarbeitung der gesamträumlichen Evolution der europäischen Windenergieindustrie lassen sich die folgenden Hauptentwicklungen festhalten:

Die räumlichen Entwicklungen der Segmente Onshore und Offshore weisen in ihren jeweiligen Anfangsstadien deutliche Parallelen untereinander auf. Die räumliche Dispersion beider Segmente erfolgt jedoch deutlich zeitversetzt. Mit einer fortschreitenden Maturität des Offshore-Segments, welches insbesondere ab Mitte der 2000er Jahre an Dynamik gewinnt, stellt sich eine zunehmende räumliche Differenzierung der beiden Segmente ein. Sowohl für die Entwicklung des Onshore- als auch des Offshore-Segments ging die industrieräumliche Evolution von Dänemark und Deutschland aus. Spanien sollte im Onshore-Segment erst nach der Herausbildung eines dominierenden technologischen Designs zur drittwichtigsten Windenergieindustrienation aufsteigen. Waren die Nationen Frankreich und Großbritannien im Onshore-Bereich kaum aktiv, so finden sich deutliche rezente Entwicklungsansätze im Offshore-Segment. Ebenso scheint Spanien aktuell mit einer, der Entwicklung des Onshore-Segmentes entsprechenden, zeitlichen Verzögerung von etwa einer Dekade, zunehmend im Offshore-Bereich aktiv zu werden.

Auf regionaler Ebene lässt sich bei einer genaueren Betrachtung für das Offshore-Segment eine zweigeteilte Entwicklung aufzeigen. Zum einen der Aufbau der produzierenden Einheiten und Logistikstandorte in unmittelbarer Küstennähe, zum anderen das Entstehen von Steuerungszentren.

Bei den die Küste betreffenden Entwicklungen bringen Investitionsvolumina in Milliardenhöhe neue Perspektiven für strukturschwache Regionen und Städte wie Schleswig-Holstein und Niedersachsen in Deutschland, Le Havre in Frankreich oder Blyth in Großbritannien. Häfen können hierbei von der erneuten Nutzung von ehemaligen Werftarealen wie in Emden, Bremen, Bremerhaven, Cuxhaven oder den genannten Städten Le Havre und Blyth profitieren. Dieser Industrieaufbau mit den entsprechenden Investitionsvolumina steht und fällt dabei mit dem Zustand des aktuellen Marktumfelds. Ausbleibende Standortentwicklungen und rezessive Tendenzen resultieren dabei meist aus Investitionsunsicherheiten, die wiederum aus Problemen der Technologieetablierung und mangelnder politischer Steuerung generiert werden.

Profitiert eine Vielzahl von Küstenstandorten aufgrund der neuen Produktionseinheiten vom Auf- und Ausbau der Offshore-Windenergie, so beschränkt sich das räumliche Wachstum der Steuerungszentren hauptsächlich auf Großstädte und Metropolregionen. Insbesondere Greater London und Hamburg sind hier zu nennen, wobei sich die Hansestadt an der Elbe zunehmend zur europäischen (Offshore-)Windhauptstadt entwickelt.

8. Schlussfolgerungen

Zum Abschluss der vorliegenden Arbeit soll an dieser Stelle ein umfangreiches Fazit gezogen werden. Hierfür werden eingangs die theoretische Grundlage und die Anwendung der genutzten Modelle aufgearbeitet und kritisch reflektiert. Im Anschluss wird sich mit den Ergebnissen mit Rücksicht auf die technologischen, die organisatorischen und die räumlichen Entwicklungen der behandelten Industrie auseinandergesetzt. Diese Zusammenfassung der herausgearbeiteten Ergebnisse erfolgt dabei entlang der eingangs aufgestellten Thesen. Zum Abschluss des Kapitels erfolgt eine Aufarbeitung und Herausstellung des weiteren Forschungsbedarfs.

8.1 Genutzte Theorien und Methoden

Im Rahmen der Konzeptionsphase wurde herausgearbeitet, dass im Kontext der energiegeographischen Forschung auf kein hinreichendes Theorie- und Methodengebilde für die aufgestellten Thesen aufgebaut werden konnte. Die von BRÜCHER [2009: 36 ff.] vorgeschlagene Betrachtung entlang der Prozesskette zur Aufarbeitung des Energiesektors und seiner Untersegmente wurde für die Analyse des vermuteten Spannungsgefüges zwischen den Bereichen Onshore und Offshore der Windenergieindustrie als nicht zweckdienlich erachtet.

Inspiriert durch erste explorative Interviews fiel das Interesse auf Modelle der Technologieevolution und somit stärker auf Ansätze, die in der Industriegeographie zu verorten sind. Da klassische Erklärungsansätze und Theorien, die weitestgehend auf die Dichotomie Radikaler und Inkrementeller Innovation zurückgreifen, während erster Analysen als nicht ausreichend beurteilt wurden, geriet im Rahmen einer weiteren Theorierecherche die Innovationskonzeption von HENDERSON & CLARK [1990] in den Blick. Im Zusammenhang mit dem zyklischen Modell technologischen Wandels nach ANDERSON & TUSHMAN [1990] konnte ein Analysezugang für die aufgestellten Thesen erarbeitet werden.

8.1.1 Verwendung des Innovationsmodells nach HENDERSON & CLARK

Die detaillierte Verwendung, Aufarbeitung und Nutzbarmachung des Innovationsmodells nach HENDERSON & CLARK [1990] stellt nach Wissen des Autors in weiten Teilen ein Novum in der (Wirtschafts- und Industrie-) Geographie dar. Eine flüchtige Bezugnahme konnte in diesem Kontext bisher ausschließlich bei MURMANN & FRENKEN [2006] gefunden werden. Das Modell von HENDERSON & CLARK bleibt bei der Darstellung und Analyse der postulierten Innovationsformen radikal, architectural, modular und inkrementell ausschließlich bei einer qualitativ-deskriptiv-theoretischen Beschreibung. Zwecks einer konsistenten Nutzbarmachung des Modells zur Identifikation der jeweiligen Innovationsformen und des Wandels der Windenergietechnologie galt es, mangels Existenz, einen eigenen methodischen Ansatz zur Bestimmung von Innovationsformen herauszuarbeiten. Resultat dieser Überlegungen ist das binäre

Matrixmodell in Abschnitt 4.3. Mittels der Aufarbeitung von ‚Kernkomponenten' und ‚Interaktionen' sowie ihrer Übertragung in das erstellte Raster wurde eine neue quantitative Möglichkeit zur Identifikation von Innovationsformen geschaffen.

Grundlegend zur Verwendung des erarbeiteten Zugangs ist die vorherige Aufarbeitung technologischer Objekte hinsichtlich ihrer Ebenen und Systemhierarchien. Dies konnte mittels der theoretischen Überlegungen von MURMANN & FRENKEN [2006] zur Identifikation von Kernkomponenten unter Zuhilfenahme des Konzepts der Pleiotropie geleistet werden. Mit der Aufarbeitung der qualitativen Merkmale, die laut HENDERSON & CLARK [1990] mit Architectural Innovation einhergehen, wurde die quantitative Analyse zusätzlich erweitert und abgeglichen. Zudem ist darauf hinzuweisen, dass sowohl das zusätzlich von TUSHMAN et al. [1997] herausgearbeitete qualitative Merkmal eines neuen Marktes als auch das eigene herausgearbeitete qualitative Merkmal der neuen Einsatzumgebung eine Ergänzung und Verfeinerung der Analyse erlauben.

An dieser Stelle sei erneut hervorgehoben, dass die Einteilung in die Innovationsformen radikal, inkrementell, modular und architectural nicht als fixe Kategorisierung zu verstehen ist. Eine strenge Gliederung und Einteilung kann und darf nicht das Ziel einer entsprechenden Aufarbeitung und Einteilung sein. Sinn ist es, auf Differenzen und Muster aufmerksam zu machen und eine Sensibilisierung für Zwischenformen von Innovation und damit möglicherweise einhergehenden Problemen zu erreichen.

Die Wahl einer Innovationsperspektive hat sich für diese Arbeit als hilfreich erwiesen, um die verschiedenen Mechanismen und Akteure einer Industrie identifizieren und verstehen zu können. Da Innovation, ob nun architectural oder radikal, und technologische Brüche immer in ein Faktoren- und Akteursgeflecht eingewoben sind, welches evolutionären Dynamiken unterworfen ist, konnte über den Zugang des Technologiezyklus und seiner industrieorganisatorischen Implikationen [ANDERSON & TUSHMAN 1990, ROSENKOPF & TUSHMAN 1994] ein breiter Teil der Entwicklung der Windenergieindustrie und ihrer Teilindustrien Onshore und Offshore aufgearbeitet und Erklärungsansätze für Probleme im Zusammenhang mit technologischem Wandel aufgezeigt werden.

8.1.2 Verwendung des Technologiezyklus nach ANDERSON & TUSHMAN

Die zweite theoretische Säule der Arbeit stellt das zyklische Modell technologischen Wandels nach ANDERSON & TUSHMAN [1990] dar.

Die anfängliche Einordnung des Modells in einen Gesamtkontext ist grundlegend für seine weitere Nutzung. So ist Technologie und Technologiewandel immer als nur ein Faktor in einem evolutionären Kausalgeflecht zu verstehen. Das Modell darf nicht als starrer Ablaufplan verstanden werden, der einer rein linearen Logik folgt. Auch eine implizite oder explizite Wertung hinsichtlich der Bedeutung der einzelnen Phasen des Modells ist für eine gewählte Technologie- und Industrieentwicklung abzulehnen. Einzelne Technologiezyklen sind nicht zwangsläufig geschlossen. Sie können einander ablösen, aber auch nebeneinander existieren und sich gegenseitig beeinflussen. Entsprechende Rückkopplungseffekte zwischen den Zyklen Onshore und Offshore wurden mehrfach nachgewiesen.

Ist eine Einlassung auf das zyklische Modell technologischen Wandels erfolgt, so bietet es im Zusammenhang mit den aufgearbeiteten Innovationsformen einen ansprechenden Zugang zu technologischer und industrieller Entwicklung und ermöglicht einzelne Entwicklungspfade, insbesondere Neugestaltungen, Brüche und Neuentstehungen, besser einzuordnen.

Dabei ist der Erklärungsgehalt des technologischen Fokus nur ein Mosaikstein. Die entsprechenden Entwicklungen und Möglichkeiten hängen desweiteren von den einzelnen Märkten und ihren Funktionsweisen innerhalb des gewählten Untersuchungsraumes ab.[63] Die entsprechenden gesamtgesellschaftlichen Umfelder wirken wesentlich auf die Evolution von Industrien und Branchen ein [SCHAMP 2012: 126]. Somit lässt sich nur aufzeigen, dass durch einen Technologiewandel, im Sinne einer Radikalen Innovation oder einer AI, ein Bruch, der möglicherweise zu einem neuen WLO führt, entstehen kann. Wie, ob und durch welche Akteure ein entsprechendes Fenster genutzt wird und welche Institutionen diese Nutzung hemmen oder begünstigen, bedarf weiterer Klärung und Fallstudien. Nachdrücklich ist darauf hinzuweisen, dass Innovation und Innovationsprozesse und deren Bedeutung branchenabhängig sind. Beispielsweise ist für ressourcenanhängige Industrien wie den Bergbau eine geringere Bedeutung von technologischen Brüchen für die Ausbildung eines Windows of Locational Opportunity anzunehmen. Für solche Exempel kann in weitem Maß von einer Determinierung der Industriestruktur durch die auszubeutende Ressource ausgegangen werden.[64]

Letztlich besteht ein weiterer Kritikpunkt am zyklischen Modell technologischen Wandels darin, dass technologischer Wandel, seine Formen, Phasen und Dimensionen meist ausschließlich ex post und nicht ex ante differenzierbar sind [ROSENBLOOM & CHRISTENSEN 1994: 659]. Für ein erfolgreiches (regionales) Handeln müssen ein Bruch und die anschließende Era of Ferment bereits frühzeitig als solche verstanden und ihre Entwicklungsdynamiken präzise antizipiert werden.

---

[63] Hier sei beispielsweise auf den Varieties of Capitalism Ansatz von HALL & SOSKICE [2001] verwiesen.

[64] Dennoch sollte auch bei der Betrachtung einer entsprechenden Industrie die technologische Komponente nicht unberücksichtigt bleiben. Aufgrund des Aufkommens neuer Fördertechnologien, wie beispielsweise dem Fracking, und der daraus möglicherweise resultierenden Modifikationen der Marktmechanismen könnten sich ressourcenanhängige Industrien auf organisatorischer und räumlicher Ebene umstrukturieren.

8.2 Die technologische, organisatorische und räumliche Evolution der Windenergieindustrie

Der Kern der vorliegenden Arbeit wurde durch die These repräsentiert, dass sich die Windenergieindustrie in die beiden Bereiche Onshore und Offshore spaltet.

Auch wenn die Grundannahme der Spaltung final, aufgrund der herausgearbeiteten Ergebnisse und Entwicklungen, eindeutig positiv beantwortet werden kann, ist es wichtig die Differenzen der Zweige Onshore und Offshore zu betonen, da es nach wie vor Akteure und Stakeholder gibt, die diese noch nicht verinnerlicht beziehungsweise erkannt haben. Dies kann, wie es für Entwicklungen, die durch Architectural Innovation begleitet werden, nicht unüblich ist, zu unnötigen, hemmenden, kostspieligen und vermeidbaren Rückschlägen führen.

Es konnten deutlich unterschiedliche Wachstumsraten hinsichtlich der beiden Segmente herausgearbeitet und eine technologisch, organisatorisch sowie eine räumlich differente Evolution dargelegt werden. Es wurde offenbar, dass die Entwicklungen der beiden Segmente deutlich zeitversetzt stattfinden. Somit wurde die Differenz der beiden Zyklen Onshore und Offshore aufgezeigt. Dabei soll es nicht der Gedanke sein, dass ein Technologiezyklus (Offshore) einen anderen Zyklus (Onshore) ablöst. Es kommt zu einer Parallelexistenz mit mehr oder minder starken Überschneidungen auf technologischer, organisatorischer und räumlicher Ebene.

Dieser mehrdimensionale Spaltungsprozess findet nach wie vor statt. Das Offshore-Segment ist der Era of Ferment noch nicht entwachsen. Es wurde aufgezeigt, dass sich entsprechende Implikationen sowohl auf technologischer als auch auf organisatorischer und räumlicher Ebene einstellen, wobei Technologiewandel und Organisationswandel nicht parallel zueinander laufen müssen. Durch unterschiedliche Entwicklungsgeschwindigkeiten der einzelnen Ebenen kam und kommt es zu Hemmnissen der Industrieevolution des Offshore-Segments.

8.2.1 Die technologische Dimension

Nach der vorliegenden Analyse und Beschreibung der Technologieentwicklungen der letzten Dekaden wird festgehalten, dass die These *Der postulierten Industrieteilung liegt ein technologischer Innovationsprozess zugrunde, der sich im Spannungsfeld der Dichotomie radikal und inkrementell bewegt*, bestätigt werden kann (Ein ausführliches Zwischenfazit wurde im Abschnitt 4.5 gezogen). Viele der Probleme und Rückschläge lassen sich in weiten Teilen mit einem Unverständnis der beteiligten Akteure für die Art des Wandels erklären. Mehrere Interviewpartner betonten, dass die Akteure, die in die Offshorewindenergie eingestiegen sind, die Gesamtthematik in all ihren Dimensionen unterschätzt haben. Beim Sprung von Land auf See wurde von einer Inkrementellen Innovation, da es sich offensichtlich nicht um eine radikale Veränderung handelte, ausgegangen. Nicht nur, dass sich diese Einschätzung als unzutreffend erwiesen hat, so betonten insbesondere Interviewpartner aus dem Technologiebereich, dass sie heute immer wieder erstaunt seien, wie viele Akteure die Komplexität, die Offshore aufgrund der veränderten Einsatzumgebung und den neuen Komponenten- und Systeminteraktionen darstellt, nicht verinnerlicht hätten.

Die dargestellten Probleme, insbesondere auf Schnittstellenebene erlauben die Annahme, dass der Wandel von Onshore zu Offshore durch Architectural Innovation begleitet wird. Diese Schlussfolgerungen beschränken sich dabei auf den primären Technologiepfad der aktuellen Entwicklungen.

Es wurde dargelegt, dass die Herausforderungen, die sich aus dem Einsatz der Windenergietechnologie auf See ergeben, zu einem weiteren Entwicklungsstrang führen, der auf eine Vielfalt neuer Anlagenkonzepte setzt. Neben neuen Anlagenentwicklungen, die auf eine feste Verankerung am Meeresgrund setzen, finden sich Ansätze, die ihre Technologie explizit für schwimmende Plattformen auslegen und hauptsächlich aus professionellen Forschungsvorhaben und Konsortien hervorgehen.

8.2.2 Die organisatorische Dimension

Auch die These, dass sich der Spaltungsprozess auf organisatorischer Ebene manifestiert, hat sich im Laufe der Arbeit bestätigt. Die Reorganisation der Industrie entlang einer praktisch unveränderten Wertkette bringt neue Akteure mit sich, bei einem gleichzeitigen Wandel oder Ausstieg etablierter Stakeholder.

Dieser Wandel betrifft alle Glieder der Wertkette. Im Rahmen der Projektentwicklung hat sich eine zunehmende Konsolidierung eingestellt. Viele der urspünglichen und kleinen Entwickler haben ihre Offshore-Projekte, oftmals sehr lukrativ, an größere Entwickler und EVU verkauft. Insbesondere den EVU kommt eine besondere Rolle zu. Nicht nur, dass sie in Teilen als Projektierer auftreten, auch sind sie zum größten Anteilseigner der Offshore-Windparks geworden, der einen Großteil der Offshore-Aktivitäten aus eigenen Mitteln ohne breites Fremdkapital finanziert. Sie drängen somit verstärkt in das Wertkettenglied der Finanzierung. Zudem finden sich nicht zu unterschätzende Entscheidungen und Einflüsse der EVU beim Bau und beim Betrieb der Windparks, sowie der Konstruktion der WEA. Ein entsprechend großer Einblick und hoher Einfluss seitens des Kunden lässt sich im Onshorebereich (noch) nicht herausarbeiten.

Verschiedene Haupttriebkräfte für die Reorganisation der Windenergieindustrie im Rahmen des Offshore-Segments sind hervorzuheben. An erster Stelle sei auf die hohe und aus dem Umgebungs- und Technologiewandel resultierende Kapitalintensität des Offshore-Bereichs verwiesen. Diese bedingt letztendlich, dass vornehmend Großkonzerne den neuen Markt sowohl hersteller- als auch kundenseitig dominieren und neue Routinen mitbringen und implementieren. Nachdem auf die kundenseitige Dominanz der EVU bereits verwiesen wurde, kann festgehalten werden, dass sich herstellerseitig eine Tendenz zu einer zunehmenden Aktivität von Großkonzernen oder entsprechenden Joint-Ventures abzeichnet.[65] Dieses ist ebenfalls weitestgehend mit der hohen Kapitalintensität zu begründen. Anlagenhersteller müssen in der Lage sein, mit Hilfe einer starken Finanzstruktur garantieren zu können, dass sie in der Lage sind, die sich aus dem technologischen Bruch von Onshore zu Offshore ergebenden Probleme und Risiken monetär aufzufangen. Angesichts der Kompexität des Offshore-Segments kommt der technologischen und finanziellen Risikominimierung eine bedeutend höhere Rolle zu, als dies Onshore der Fall ist.

Da sich infolge der dargelegten Komplexität und Kapitalintensität ein neues Marktsegment, mit neuen Akteuren und Marktführern, ergeben hat, ist an dieser Stelle eine wesentliche marktformierende Triebkraft, die politische Steuerung, hervorzuheben. Die politische Unterstützung im Rahmen von Förder- und Forschungsgeldern, insbesondere aber in der Ausgestaltung eines attraktiven und vor allem stabilen Vergütungssystems können als ausschlaggebend für die erfolgreiche Industrieentwicklung verstanden werden. Die entsprechenden Implikationen für Großbritannien, Dänemark, Frankreich, Deutschland und den Niederlanden wurden aufgezeigt. Je nach verfolgter Energiepolitik kann diese auf nationaler als auch gesamteuropäischer Ebene zu einem Promotor oder einem Hemmnis der (Offshore-) Windenergieindustrie werden.

8.2.3 Die räumliche Dimension

Auch die dritte These *Der Spaltungsprozess manifestiert sich auf industrieräumlicher Ebene* kann positiv beantwortet werden. Die Übertragung der erhobenen Daten in das GIS hat eine räumlich differierende Entwicklung der Segmente Onshore und Offshore offenbart. Diese lässt sich auf räumlicher Ebene sowohl quantitativ als auch qualitativ nachvollziehen.

So finden sich mit dem zunehmenden Aufbau produktiver und administrativer Einheiten in Frankreich und Großbritannien Entwicklungen, die sich, in dieser Form, nicht im Onshore-Segment finden lassen. Der Einstieg der französischen Großkonzerne AREVA und Alstom und die Aussage der französischen Energieministerin Segolène Royal, dass Frankreich der europäische Führer der maritimen Energien werden kann [LE MONDE 2014: 4], zeigen, dass hier dem Offshore-Segment eine Aufmerksamkeit zukommt, die das Onshore-Segment nie kannte. Mit der breiten Unterstützung des Offshore-Segments in UK lässt sich eine ähnliche Entwicklung erkennen. Die Nutzung eines anzunehmenden Window of Opportunity wird in beiden Ländern für den Aufbau eines eigenen, neuen Industriesegments genutzt, wobei eher die Industrie- und Technologieentwicklung sowie die Schaffung neuer Arbeitsplätze im Vordergrund stehen als die Sorge um eine nachhaltige Energieversorgung. Die Annahme der Existenz dieses WLO wird zudem durch die Entwicklung radikaler Technologieansätze in Großbritannien und Frankreich untermauert. Hierbei heben sich die beiden

[65] Im späten Verlauf dieser Arbeit wurde mit den Joint Ventures von Mitsubishi und Vestas sowie von Gamesa und Areva, welche ausschließlich die Offshore-Aktivitäten der jeweiligen Partner umfassen, die entsprechenden Entwicklungen untermauert.

Länder ebenfalls von den Vorreiterländern Dänemark und Deutschland ab. Auch wenn die quantitativen Entwicklungen in UK und Frankreich noch wenig ausgeprägt sind, so kann anhand der qualitativen Entwicklungen (verstärker Offshore-Fokus mit teils differierenden Alternativkonzepten) ein industrieräumlicher Wandel erkannt werden.

Insbesondere mit dem Aufbau der produzierenden Einheiten der Offshore-Windenergieindustrie können Chancen für strukturschwache und periphere Küstenregionen einhergehen. Die Beobachtung dieser Entwicklungen beschränkt sich dabei nicht auf die BRD und die Standorte Emden, Bremerhaven und Cuxhaven. Mit dem aktuellen Aufbau der französischen Standorte Le Havre (AREVA), Cherbourg (Alstom) und St. Nazaire (Alstom) sowie dem britischen Hull (Siemens) findet sich im gesamten Untersuchungsgebiet die Tendenz, dass Städte und Regionen mit relativ hohen Arbeitslosenzahlen durch den Aufbau der produzierenden Offshore-Unternehmenseinheiten profitieren. Somit kann für *These 4 Der räumliche Wandel bietet neue Chancen für strukturschwache und periphere Küstenregionen*"festgehalten werden, dass sie zutrifft. Wichtig ist, einschränkend anzumerken, dass diese positiven Effekte und Entwicklungen nur anhalten können, wenn für die Branche Planungs- und Investitionssicherheit besteht. Die aktuellen Entwicklungen in Emden, Cuxhaven und Bremerhaven zeigen, dass bei ausbleibenden Aufträgen aufgrund von technischen Problemen, mangelnder Koordination und mangelnder politischer Unterstützung diese Effekte nur temporärer Natur sind.

Somit lässt sich erkennen, dass mit der Ausbildung eines zunehmend getrennten Offshore-Segments derzeit verstärkt Küstenstandorte durch den Auf- und Ausbau von Produktionskomplexen profitieren. Die Gründe hierfür liegen insbesondere in einer Transportkostenminimierung und der Existenz geeigneter Flächen für Groß- und Schwerkomponenten. Ländliche Binnenstandorte könnten zu Verlierern der aktuellen Entwicklungen werden. Bleiben hier momentan die Produktions- und Administrationsfunktionen für das Onshore-Segment aufrechterhalten, könnte sich dies zukünftig ändern. Langfristig bleibt abzuwarten, ob einzelne Produktionsstandorte im Hinterland geschlossen werden, um die Produktion an den Küsten zu konzentrieren. Eine entsprechende Mehrfachnutzung der küstennahen Produktionseinheiten könnte eine Reihe von Synergieeffekten mit sich bringen. Insbesondere eine mögliche höhere Auslastung sowie das Abfangen der aus dem Offshore-Projektgeschäft resultierenden Auftragsschwankungen sind hier zu nennen.

Auf Metropolebene kann die Hansestadt Hamburg als bedeutender Gewinner der Entwicklungen festgehalten werden, wobei das Wachstum in Hamburg sich, ähnlich wie in London, auf koordinierende und entscheidende Funktionen beschränkt. Die Gründe, die für die Entwicklung Hamburgs im Rahmen der Interviews genannt wurden, sind dabei vielfältig und lassen sich auf personenbezogene Entscheidungen (REpower Systems und RWE Innogy), die maritime Tradition (GL), sowie eine zunehmende organisatorische Nähe der einzelnen Akteure zueinander zurückführen. Zudem stellt Hamburg die zentralste und größte Metropole in der räumlichen Kernregion dar, die die benötigten infrastrukturellen Vorteile einer größer werdenden und zunehmend professionalisierten Industrie befriedigen kann. Hieraus resultiert auch das Abwandern der globalen Windenergie-Leitmesse von Husum nach Hamburg im Jahr 2014.

Letztlich ist zu erwähnen, dass die Kernregion der Onshore-Windenergie, insbesondere das zentrale Jütland und Norddeutschland, ebenso die Kern- und Ausgangsregion der Offshore-Windenergie darstellt und entsprechend als Profiteur der Entwicklungen anzusehen ist. Zwar kommt es zu den genannten deutlichen räumlichen Veränderungen, doch kann zum aktuellen Zeitpunkt nicht von einer grundlegend differenten großräumlichen Industriestruktur gesprochen werden. Inwieweit sich dieses Muster in den kommenden Dekaden entwickelt, bleibt zu beobachten.

8.3 Weiterer Forschungsbedarf

Trotz eines tiefen Einstiegs in die einzelnen Ebenen der Windenergieindustrieentwicklung zwischen Onshore und Offshore muss erwähnt werden, dass eine nicht unwesentliche Anzahl von Fragen, die zudem in Teilen im Laufe der vorliegenden Arbeit entstanden sind, nur unzulänglich oder überhaupt nicht beantwortet werden konnten.

Zum einen resultieren diese Feststellungen aus dem breiten und detaillierten vorliegenden Datencorpus, der dieser Arbeit zugrunde liegt. Die Datenfülle ermöglicht einen Einblick in verschiedenste Entwicklungen der Windenergieindustrie, die aus Kapazitätsgründen nicht abdeckend behandelt werden konnten. Zum anderen wurde der Fokus dieser Arbeit bewusst auf den Einfluss von Technologieentwicklung und die damit in Verbindung stehenden Industriedynamiken und räumlichen Aspekte gelegt.

Dies hatte aufgrund der starken Fokussierung zur Folge, dass weitere Einzelaspekte oder ihr gesamtsystemischer Zusammenhang nicht oder nur oberflächlich behandelt werden konnten. Da insbesondere in aktuellen TIS-Ansätzen und entsprechenden Arbeiten dazu geneigt wird, komplexe Prozesse, Dimensionen und Akteure stark zu verallgemeinern [Dewald 2012: 273], wird an dieser Stelle dafür plädiert, erst weitere Detailanalysen zu einzelnen Systemfragmenten anzustrengen, bevor eine konsistente gesamtsystemische Betrachtung der Industrie und ihrer Segmente vorgenommen werden kann. Ein Ziel der vorliegenden Arbeit war es, einen Mosaikstein zu fertigen, welcher es im Zusammenschluss mit weiteren Arbeiten, die sich differenten Einzelaspekten der Evolution der Windenergieindustrie widmen, ermöglicht, eine valide Betrachtung auf systemischer Ebene zu leisten. Demzufolge wird eine weitere Aufarbeitung einzelner nachfolgend genannter Aspekte als äußerst wertvoll und relevant erachtet.

Für weitere geographische Detailanalysen werden zum aktuellen Zeitpunkt insbesondere Fragestellungen um die Industrialisierungsprozesse, um die Wissensdynamiken und um die Finanzialisierung erachtet. Dies gilt sowohl für die Einzelsegmente Onshore und Offshore als auch für die Gesamtindustrie.

In Hinblick auf die genannten Entwicklungen gilt, dass infolge eines zunehmenden Reifungsprozesses der Technologie und der zunehmenden energiepolitischen Bedeutung der Windenergie weitere Kostenreduzierungspotenziale (insbesondere im Offshore-Segment) zu heben sind. Daher lassen sich zunehmende Veränderungen auf Ebene der Wert- und Produktionsketten beobachten, die einen gestaltenden Einfluss auf die räumliche und organisatorische Industrie-Konfiguration zu haben scheinen. Mit einer steigenden Standardisierung von Komponenten und Prozessen sind Veränderungen in den Zuliefererketten in Verbindung zu bringen. Ob und wie der Wandel von relationalen zu modularen Zuliefererbeziehungen das räumliche Muster der Windenergieindustrie gestaltet, ist intensiver zu prüfen. Zu diesem Zweck kann es sinnvoll sein, die räumliche Verortung und Dynamik der Zulieferer-Unternehmen und Einheiten in den Fokus zu rücken.

Bezüglich der Wissensdynamik deutete sich im Laufe der Arbeit an, dass mit einem zunehmenden Reifeprozess der Industriesegmente die Forschungsaktivität sowohl auf universitärer als auch industrieller Ebene zunahm und nach und nach eine Vielzahl von Kooperationen zwischen beiden Bereichen entstand. Eine räumliche Aufarbeitung der Evolution dieser Prozesse im Rahmen der Geographie von Innovation und Wissen würde weitere Detaileinsichten ermöglichen und die Gestaltung eines fruchtbaren Bodens für eine gesamtsystemische Analyse der Windenergieindustrie fördern.

Insbesondere vor der dargelegten Bedeutung der Kapitalintensität des Offshore-Segments, auf nahezu allen Ebenen, stellt die Analyse der Finanzialisierung der Windenergieindustrie ein weiteres interessantes und lohnenswertes Forschungsterrain dar. Die Interaktionen der einzelnen Stakeholder und der evolutorische Wandel dieses Organisationsgefüges haben einen nicht unwesentlichen Einfluss auf die Gesamtindustriedynamik und sollten daher detailliert aufgearbeitet werden. In diesem Zusammenhang ist festzuhalten, dass auch, wenn eine solche Analyse für den Onshore-Sektor interessant wäre, aufgrund der besseren Datenverfügbarkeit und der jüngeren Industrieevolution dazu geraten wird, sich in einem ersten Schritt dem Offshore-Segment zu widmen.

Hinsichtlich der räumlichen Dimension der weiteren Forschung erscheint sowohl die Einnahme einer globalen Betrachtungsperspektive als auch eine Fokussierung auf regionale Entwicklungen sinnvoll. Die Wahl des hier gewählten Untersuchungsraumes ist auf die historischen und aktuellen industriellen Aktivitäten und Dynamiken im Windenergiesektor, die ihren Ursprung in Europa und insbesondere in Dänemark und Deutschland haben [GIPE 1995, OELKER 2005, KAMMER 2011], zurückzuführen. Gegen eine Berücksichtigung der asiatischen Entwicklungen wurde sich aufgrund einer komplizierten Quellenlage entschieden.[66] Da der Ausbau der Windenergietechnologie in Asien aber eine intensive Dynamik aufgenommen [KLAGGE et al. 2012] und einen zunehmenden Einfluss auf den europäischen Kernmarkt hat, muss dieser in weiteren Arbeiten genauer erfasst und aufgearbeitet werden. Auf regionaler Ebene konnte in den Jahren dieser Arbeit die zunehmende Bedeutung Hamburgs in der europäischen Windenergieindustrie festgestellt werden. Dabei gibt es Indikatoren, die dafür sprechen, dass die Konzentrationstendenzen der Windenergieindustrie in der Hansestadt nicht nur in Verbindung mit dem Offshore-Segment stattfinden. Besonders die angemerkten Standardisierungs- und Professionalisierungstendenzen der Gesamtindustrie scheinen sich mit den Offshore-Entwicklungen zu überlagern und sich so in Teilen gegenseitig zu verstärken. Die differenzierte Aufarbeitung dieser Entwicklungen wird als äußerst fruchtbar erachtet.

Aufgrund der nach wie vor hohen Industriedynamik, die zum aktuellen Zeitpunkt insbesondere durch Effekte der Wirtschaftskrise und unsichere politische Rahmenbedingungen begleitet wird, wäre zu gegebener Zeit eine erneute Überprüfung der hier vorgestellten Ergebnisse wünschenswert.

Der genannte Forschungsbedarf umfasst die Aufarbeitung direkter Industriethematiken. Das Themenfeld der Windenergie ist jedoch zu weit, um sich auf diese Fragestellungen zu beschränken. Um ein besseres Verständis der sozioökonomischen Dimension zu erhalten, werden diskurstheoretische Ansätze vorgeschlagen, die sich mit dem Wandel und der räumlichen Verortung der Akzeptanzthematik auseinandersetzen. Die Parallelen und Differenzen zwischen der Akzeptanz von Onshore- und Offshorewind haben sich fortwährend verändert und einen nicht zu unterschätzenden Einfluss auf die Implementierung der Windenergietechnologie gehabt.

Da im Rahmen der Energiewende die Energieversorgung immer breitere Teile des öffentlichen Raumes in Anspruch nimmt, müssen die Betroffenen (Landwirte, Fischer, Anwohner) mit in die Entscheidungsprozesse eingebunden werden. Ebenso ist es notwendig an die entsprechenden Räume angepasste Partizipationskonzepte zu entwickeln. Auch dies sollte Aufgabe der weiteren Forschung sein.

---

[66] Die hierzu in ersten Recherchen zusammengetragenen Daten stellten sich als wenig belastbar heraus. So wurden beispielsweise Windparks der installierten Leistung zugerechnet, obwohl sie nicht am Netz angeschlossen waren [IWR.DE 2013D, CHINA.AHK.DE 2014], oder Kernenergie von offizieller Seite den erneuerbaren Energieträgern zugerechnet [BOELL.DE 2013]. Hinzu kam eine hohe sprachliche Barriere, die zu einer unzureichenden Verfügbarkeit beziehungsweise Überprüfbarkeit der vorliegenden Daten und somit zu erhöhten Unzuverlässigkeiten geführt hätte. Aus diesen Gründen wurde davon Abstand genommen, die Untersuchung auf eine globale Perspektive auszudehnen.

9. Literatur- und Quellenverzeichnis

9.1 Literatur

ABERNATHY, WILLIAM, J. [1978]: The productivity dilemma: roadblock to innovation in the automobile industry, John Hopkins University Press, Baltimore.

ABERNATHY, WILLIAM, J. und UTTERBACK, JAMES M. [1978]: Patterns of Industrial Innovation, in: Technology review, Vol. 80 Nr. 7, S. 40-47.

ABERNATHY, WILLIAM, J. und CLARK, KIM B. [1985]: Innovation: Mapping the winds of creative destruction, in: Research Policy, Vol. 14 Nr. 1, S. 3-22.

ADRIAN, MARKUS und MENZEL, MAX-PETER [2013] Changing Spatial Configurations: the Example of the Wind Energy Industry in Hamburg, Paper presented at the 1st IWH ENIC Workshop: The Evolution of Networks, Industries and Clusters (ENIC), 18th - 19th of July 2013, Halle.

AHLHORN, FRANK und SIMMERING, FRANK [2001]: Offshore Windparks - Mosaikstein im Integrierten Küstenzonenmanagement, in: Vechtaer Studien zur Angewandten Geographie und Regionalwissenschaft, Band 22, S. 125-137.

ANDERSEN, PER, DANNEMAND [2004]: Sources of experience - theoretical considerations and empirical observations from Danish wind energy technology, in: International Journal Energy Technology and Policy, Vol. 2, Nr. 1/2, S. 33-51.

ANDERSON, PHILIP und TUSHMAN, MICHAEL L. [1990]: Technological Discontinuities and Dominant Designs: A Cyclical Model of Technological Change, in: Administrative Science Quarterly, Vol. 35 Nr. 4, S. 604-633.

ANDRULEIT, HARALD; BABIES, HANS GEORG; BAHR, ANDREAS; KUS, JOLANTA; MESSNER, JÜRGEN und SCHAUER, MICHAEL [2013A]: Energiestudie 2012 - Reserven, Ressourcen und Verfügbarkeit von Energierohstoffen, Paper presented at: DGMK/ÖGEW-Frühjahrstagung 2013, Fachbereich Aufsuchung und Gewinnung, Celle, 18./19. April 2013.

ANDRULEIT, HARALD; BAHR, ANDREAS; BABIES, HANS GEORG; FRANKE, Dieter; MESSNER, JÜRGEN; PIERAU, ROBERTO; SCHAUER, Michael; SCHMIDT, SANDRO und WEIHMANN, SARAH [2013B]: Energiestudie 2013 - Reserven, Ressourcen und Verfügbarkeit von Energierohstoffen, BGR, Hannover.

ANTONELLI, CRISTIANO [1999]: The evolution of the industrial organisation of the production of knowledge, in: Cambridge Journal of Economics, Vol. 23, S. 243-260.

ARTHUR, BRIAN W. [1989]: Competing Technologies, Increasing Returns, and Lock-In by Historical Events, in: The Economic Journal, Vol. 99, S. 116-131.

ARTUHR, BRIAN W. [2007]: The structure of invention, in: Research Policy, Nr. 36, S. 274-287.

ASTLEY, W. GRAHAM und CHARLES J. FOMBRUN [1983]: Collective Strategy: Social Ecology of Organizational Environments, in: Academy of management review, Vol. 8, Nr. 4, S. 576-587.

AUDRETSCH, DAVID, B. und FELDMAN, MARYANN P. [1996A]: Knowledge spillovers and the geography of innovation, in: Handbook of Regional and Urban Economics, Vol. 4, S. 2713-2739.

AUDRETSCH, DAVID B. und FELDMAN, MARYANN P. [1996B]: R&D Spillovers and the Geography of Innovation and Production, in: The American Economic Review, Vol 86, No. 3, S. 630-640.

BAHRENBERG, GERHARD; GIESE, ERNST und NIPPER, JOSEF [1990]: Statistische Methoden in der Geographie, Teubner, Stuttgart.

BARBER, BENJAMIN R. [1996]: Coca Cola und Heiliger Krieg: Wie Kapitalismus und Fundamentalismus Demokratie und Freiheit abschaffen, Scherz Verlag, Bern

BATHELT, HARALD [1991]: Schlüsseltechnologie-Industrien - Standortverhalten und Einfluß auf den regionalen Strukturwandel in den USA und in Kanada. Springer Verlag, Berlin.

BATHELT, HARALD [1999]: Technological Change and regional restructuring in Boston's Rout 128 Area, in: IWSG Working Papers 10-1999, S. 1-33.

BATHELT, HARALD und GLÜCKLER, JOHANNES [2003A]: Wirtschaftsgeographie-Ökonomische Beziehungen in räumlicher Perspektive, 2. Auflage Ulmer, Stuttgart.

BATHELT, HARALD und GLÜCKLER, JOHANNES [2003B]: Plädoyer für eine relationale Wirtschaftsgeographie, in: Geographische Revue, Vol. 2, S. 66-71.

BATHELT, HARALD; MALMBERG, ANDREAS und MASKELL PETER [2004]: Clusters and Knowledge: local buzz, global pipelines and the process of knowledge creation, in: Progress in Human Geography, Vol. 28, Nr. 1, S. 31-56.

BATHELT, HARALD und GLÜCKLER, JOHANNES [2012]: Wirtschaftsgeographie-Ökonomische Beziehungen in räumlicher Perspektive 3. Vollst. überarbeitete Auflage, Ulmer, Stuttgart.

BEEKEN ANDREAS; NEUMANN, THOMAS und WESTERHELLWEG, ANETTE [2008]: Five years of Operation of the first Offshore Wind research Platform in the German Bight - Fino 1. DEWEK 2008, Bremen.

BERGEK, ANNA und JACOBSSON, STAFFAN [2003]: The emergence of a growth industrie: a comparative analysis of the german, dutch and swedish wind turbine industries, in: METCALFE, STAN, J. und CANTNER, UWE (Hrsg.): Change, transformation and development, Physica Verlag, Heidelberg|New York, S. 197-237.

BETZ, ALBERT [1926]: Windenergie und ihre Ausnutzung durch Windmühlen, Vandenhoeck & Ruprecht , Göttingen.

BEURSKENS, JOS [2011]: Converting Offshore Wind into Electricity - The Netherlands' contribution to offshore wind energy knowledge, Eburon Academic Publishers, Delft.

BLANCO, ISABEL MARIA [2009]: The economies of wind energy, in: Renewable and Sustainable Energy Reviews, Vol. 13, S. 1372-1382.

BOËTIUS, HENNING [2006]: Geschichte der Elektrizität - Erzählt von Hennig Boëtius, Beltz, Weinheim Basel.

BÖHNER, JÜRGEN und KICKNER, SUSANNE [2006]: Woher weht der Wind? in: GeoBIT, Nr. 5, 2006, S.22-25.

BOGGS, JEFFREY S. und RANTISI, NORMA M. [2003]: The ‚relational turn' in economic geography, in: Journal of Economic Geography, Vol. 3, S. 109-116.

BOSCHMA, RON A. [1997]: New Industries and Windows of Locational Opportunity -A Long-Term Analysis of Belgium, in: Erdkunde, Vol. 51, Nr. 1, S. 12-22.

BOSCHMA, RON A. und LAMBOOY, JAN, G. [1999]: Evolutionary economics and economic geography, in: Journal of Evolutionary Economics, Vol. 9, S. 411-429.

BOSCHMA, RON A. [2005]: Proximity and Innovation: A Critical Assessment, in: Regional Studies, Vol 39:1, S. 61-74.

BOSCHMA, RON A. und FRENKEN, KOEN [2006]: Why is economic geography not an evolutionary science? Towards an evolutionary economic geography, in: Journal of Economic Geography, Vol. 6, S. 273-302.

BOSCHMA, RON A. und WENTING, RIK [2007]: The spatial evolution of British automobile industry: Does location matter?, in: Industrial and Corporate Change, Vol. 16, Nr. 2, S. 213-238.

BOSCHMA, RON A. und LEDDER, FLORIS [2010]: The evolution of the banking cluster in Amsterdam, 1850-1993: a survival analysis, in: FORNAHL, DIRK, und HENN, SEBASTIAN und MENZEL, MAX-PETER (Hrsg.), [2010]: Emerging Clusters - Theoretical, Empirical and Politcal Perspectives on the Initial Stage of Cluster Evolution, Edward Elgar, Cheltenham|Northhampton.

BOSCHMA, RON A. und MARTIN, RON (Hrsg.) [2010]: The Handbook of evolutionary economic geography, Edward Elgar Publishing, Massachusetts.

BRACHERT, MATTHIAS und HORNYCH, CHRISTOPH [2011]: Entrepreneurial opportunity and the formation of photovoltaic clusters in Eastern Germany, in: WÜSTEHAGEN, ROLF und WUEBKER, ROBERT (Hrsg.) [2011]: Handbook of research on Energy Entrepreneurship, Edward Elgar Publishing, Cheltenham|New York.

BRANSCOMB, LEWIS M. und AUERSWALD, PHILIP E. (Hrsg.) [2002]: Between Invention and Innovation - An Analysis of Funding for Early-Stage Technology Development, US-Department of Commerce, Washington D.C..

BRESCHI, STEFANO und MALERBA, FRANCO [2001]: The Geography of Innovation and Economic Clustering: Some Introductory Notes, in: Industrial and Corporate Change, Vol 10, Nr. 4, S. 817-833.

BRUNS, ELKE; KÖPPEL, JOHANN; OLHORST, DÖRTE und SCHÖN, SUSANNE [2008]: Die Innovationsbiographie der Windenergie - Absichten und Wirkungen von Steuerungsimpulsen, LIT Verlag Ruprecht , Berlin.

BRUNS, ELKE; OHLHORST, DÖRTE; WENZEL, BERND und KÖPPEL, JOHANN [2009]: Erneuerbare Energien in Deutchland - Eine Biographie des Innovationsgeschehens, Universitätsverlag der TU Berlin, Berlin.

BRUNS, ELKE und OHLHORST, DÖRTE [2011]: Wind Power Generation in Germany - a transdisciplinary view on the innovation biography, in: The journal of Transdisciplinary Enviromental Studies, Vol. 10, Nr. 1, S. 45 -67.

BRÜCHER, WOLFGANG [2008]: Erneuerbare Energien in der globalen Versorgung aus historisch-geographischer Perspektive in: Geographische Rundschau, Nr. 60, S. 4-12.

BRÜCHER, WOLFGANG [2009]: Energiegeographie - Wechselwirkungen zwischen Ressourcen, Raum und Politik, Geb. Borntraeger, Berlin|Stuttgart.

BUCK, BELA HIERONYMUS [2002]: Open Ocean Aquaculture und Offshore Windparks. Eine Machbarkeitsstudie über die multifunktionale Nutzung von Offshore-Windparks und Offshore-Marikultur im Raum Nordsee, Berichte zur Polar- und Meeresforschung, AWI, Bremerhaven.

BUENSTORF, GUIDO und FORNAHL, DIRK [2009]: B2C - bubble to cluster: the dot-com boom, spin-off entrepreneurship, and regional agglomeration, in: Journal of Evolutionary Economics, Vol. 19, S. 349-378.

BYZIO, ANDREAS; MAUTZ, RÜDIGER und ROSENBAUM WOLF [2005]: Energiewende in schwerer See? Konflikte um die Offshore-Windkraftnutzung, Oekom, München.

CALANTONE, ROGER und GARCIA, ROSANNA [2002]: A Critical look at technological innovation typology and innovativeness terminology: a literature review, in: The Journal of Product Innovation Management, Vol. 19, S. 110-132.

CALLAVIK, MAGNUS; LUNDBERG, PETER; BAHRMAN, MIKE und ROSENQVIST, ROGER [2012]: HVDC technologies for the future onshore and offshore grid. Paper presented at the Cigré Symposium “Grid of the future”, Kansas City, USA, October 2012, S. 1 - 6.

CAMPOS SILVA, PEDRO und KLAGGE, BRITTA [2011]: Branchen- und Standort-entwicklung der Windindustrie in globaler Perspektive: kontinuierliche Pfadentwicklung und die Rolle der Politik, in: Geographica Helvetica, Vol. 66, Nr. 4, S. 233-242.

CARLSSON, BO und STANKIEWIECZ, RIKARD [1991]: On the nature, function and composition of technological systems, in: Journal of evolutionary economics, Vol. 1, Nr. 2, S. 93-118.

CARLSSON, BO; JACOBSSON, STAFFAN; HOLMÉN, MAGNUS und RICKNE, ANNIKA [2002]: Innovation systems: analytical and methodological issues, in: Research Policy Nr. 31, S. 233-245.

CHRISTENSEN, CLAYTON, M. [1997]: The Innovator's Dilemma: When New Technologies Cause Great Firms to Fail, Harvard Business Press, Boston.

CHRISTENSEN, CLAYTON M.; SUÁREZ, FERNANDO F. und UTTERBACK, JAMES M. [1998]: Strategies for Survival in Fast-Changing Industries, in: Management Science, Vol. 44, Nr. 12, S. 207-220.

CHRISTENSEN, CLAYTON M.; MATZLER, KURT und FRIEDRICH VON DEN EICHEN, STEPHAN [2011]: The Innovator's Dilemma - Warum etablierte Unternehmen den Wettbewerb um bahnbrechende Innovationen verlieren, Verlag Franz Vahlen, München.

CLARK, KIM B. [1985]: The interaction of design hierarchies and market concepts in technological evolution. in: Research Policy, Nr. 14, S. 235-251.

CLARK, KIM B. [1987]: Managing technology in international competition: The case of product development in response to foreign entry: in: SPENCE, MICHAEL und HAZARD, HEATHER (Hrsg.): International Competitiveness, S. 27-74. Ballinger, Cambridge.

CLARK, KIM B. und FUJIMOTO, TAKAHIRO [1991]: Product Development Performance, Harvard Business School Press, Boston.

COE, NEIL M.; DICKEN, PETER und HESS, MARTIN [2008]: Global production networks: realizing the potential, in: Journal of Economic Geography, Vol. 8, S. 271-295.

COOKE, PHILIP; GOMEZ URANGA, MIKEL und ETXEBARRIA, GOIO [1997]: Regional innovation systems: Institutional and organizational dimensions, in: Research Policy, Nr. 26, S. 475-491.

COOKE, PHILIP [2001]: Regional Innovation Systems, Clusters and the Knowledge Economy, in: Industrial and Corporate Change, Vol. 10, Nr. 4, S. 945-974.

COOKE, PHILIP; ASHEIM, BJÖRN; BOSCHMA, RON A.; MARTIN, RON; SCHWARTZ, DAFNA und TÖDTLING, FRANZ (Hrsg.) [2011]: Handbook of regional innovation and growth, Edward Elgar Publishing Limited, Cheltenham|Northhampton.

CORTÁZAR GARCIA DE LA TORRE, IMANOL [2010]: Technological Evolution of the Wind Power Industry, Masterthesis - Tampere University of Technology, International Master's Programme in Business and Technology, May 2010.

DAHLIN, KRISTINA B. und BEHRENS, DEAN M. [2005]: When is an invention really radical? Defining an measuring technological radicalness, in: Reasearch Policy, Vol 34, S. 717-737.

DAVID, PAUL A. [1985]: Clio and the Economics of QWERTY, in: The American Economic Review, Vol. 75, Nr. 2, S. 332-337.

DE VALK, PAULINE [2013]: Accuracy of Calculation Procedures for Offshore Wind Turbine Structures, Master Thesis, TU Delft|Siemens, Delft.

DEGELE, NINA [2002]: Einführung in die Techniksoziologie, W. Fink Verlag, München.

DESROCHERS, PIERRE und LEPPÄLÄ, SAMULI [2010]: Opening up the 'Jacobs Spillovers' black box: local diversity, creativity and the processes underlying new combinations, in: Journal of Economic Geography, Nr. 11, S. 843-863.

DEWALD, ULRICH [2012]: Energieversorgung im Wandel - Marktformierung im deutschen Photovoltaik-Innovationssystem, Lit Verlag, Berlin.

DEWAR, ROBERT D. und DUTTON, JANE E. [1986]: The Adoption of Radical and Incremental Innovations: An Empirical Analysis, in: Management Science, Vol. 32, Nr. 11, S. 1422-1433.

DICKINSON, HENRY WINRAM [2011]: A Short History of the Steam Engine, Cambridge University Press, Cambridge.

DOLEZALEK, HANS [1992]: Oceanographic Research Towers in European Waters, in: ONR Europe Reports, Office of Naval Research European Office, Arlington.

DOSI, GIOVANNI [1982]: Technological paradigms and technological trajectories - A suggested interpretation of the determinants and directions of technological change, in: Research Policy, Vol. 11, Nr. 3, S. 147-162.

DOSI, GIOVANNI [1997]: Opportunities, incentives and the collective patterns of technological change, in: The Economic Journal, Vol. 107, S. 1530-1547.

DOSI, GIOVANNI; NELSON, RICHARD R. und WINTER, SIDNEY G. [2000]: The nature and dynamics of organizational capabilities, Oxford University Press, Oxford.

ESSLETZBICHLER, JÜRGEN und RIGBY, DAVID [2005]: Competition, variety and the geography of technology evolution, in: Tijdschrift for economische en sociale geografie, Vol. 96 Nr. 1, S. 48-62.

ESSLETZBICHLER, JÜRGEN [2012]: Renewable Energy Technology and Path Creation: A multi-scalar Approach to Energy Transition in the UK, in: European Planning Studies, Vol. 20 Nr. 5, S. 791-816.

VAN EST, QUIRINUS CORNELIS [1999]: Winds of Change - A comparative study of the politics of wind energy innovation in California and Denmark, International Books, Utrecht.

ESTEBAN, DOLORES M.; DIEZ, JAVIER J.; LÓPEZ, JOSE S. und NEGRO, VICENTE [2011]: Why offshore wind energy?, in: Renewable Energy, Nr. 36, S. 444-450.

FABER, THORSTEN und STECK, MATHIAS [2005]: Windenergieanlagen zu Wasser und zu Lande, S. 177-193.

FAGERBERG, JAN; MOWERY, DAVID C. und NELSON, RICHARD R. (Hrsg.) [2005]: The Oxford Handbook of Innovation, Oxford University Press, Oxford.

FELDMAN, MARYANN P. [2000]: Location and Innovation: The new economic geography of innovation, spillovers, and agglomeration, in: The Oxford Handbook of economic geography, S. 373-394.

FISCHER, GUNDULA [2004]: Die BMU-Forschungsplattform FINO 1 - Erfahrungen beim Bau und Messbetrieb, Hamburg.

FORNAHL, DIRK; HASSINK, ROBERT; KLAERDING, CLAUDIA; MOSSIG, IVO und SCHRÖDER, HEIKE [2012]: From the Old Path of Shipbuilding onto the New Path of Offshore Windenergy? The Case of Northern Germany, in: European Planning Studies, Vol. 20, Nr. 5, S.835-855.

FRATTINI, FREDERICO; DE MASSIS, ALFREDO; CHIESA, VITTORIO; CASSIA, LUCIO und CAMPOPIANO, GIOVANNA [2012]: Bringing to Market Technological Innovation: What Distinguishes Succes from Failure, in: International Journal of Engineering Business Management, Vol 4, S. 1-11.

FREEDMAN, CRAIG und BLAIR, ALEXANDER [2010]: Seeds of Destruction: The Decline and Fall of the US Car Indusry, in: The Economic and Labour Relations Review, Vol. 21, Nr. 1, S. 105-126.

FREEMAN, CHRISTOPHER und PÉREZ, CARLOTA [1988]: Structural crises of adjustment, business cycles and investment behavior, in: DOSI, GIOVANNI; FREEMAN, CHRISTOPHER; NELSON, RICHARD; SILVERBERG, GERALD und SOETE, LUC (Hrsg.): Technical Change and Economic Theory, Pinter Publishers, London.

FRENKEN, KOEN P. und NUVOLARI, ALESSANDRO [2004]: The early development of the steam engine: an evolutionary interpretation using complexity theory, in: Industrial and Corporate Change, Vol. 13, Nr. 2, S. 419-450.

FRENKEN, KOEN P. und BOSCHMAN, RON A. [2007]: A theoretical framework for evolutionary economic geography: industrial dynamics and urban growth as a branching process, in: Journal of Economic Geography, Nr. 7, S. 635-649.

FRENKEN, KOEN; VAN OORT, FRANK und VERBURG, THIJS [2007]: Related Variety, Unrelated Variety and Regional Economic Growth, in: Regional Studies, Vol 41.5, S. 685-697.

FRENKEN, KOEN; CEFIS, ELENA und STAM, ERIK [2011]: Industrial dynamics and economic geography: a survey, Working Paper 11.07, Eindoven Centre for Innovation Studies (ECIS), School of Innovation Sciences, Eindhoven University of Technology, The Netherlands, S. 1-34.

FUNK, JEFFREY L. [2008]: Components, Systems and Technological Discontinuities - Lessons from the IT Sector, in: Long Range Planning, Vol. 41, S. 555-573.

GALVÃO DINIZ FARIA, LOURENÇO [2014]: Understanding the evolution of eco-innovative activity on automotive sector: an investigation based on patent analysis. Paper to be presented at the DRUID Academy conference in Rebild, Aalborg, Denmark on January 15-17, 2014.

GARCIA, ROSANNA [2010]: Types of Innovation, in: NARAYANAN, V.K. und COLARELLI O'CONNOR (Hrsg.): Encyclopedia of Technology and Innovation Management, John Wiley & Sons, West Sussex, S. 93.

GARUD, RAGHU und KARNØE, PETER [2003]: Bricolage versus breakthrough: distributed and embedded agency in technology entrepreneurship, in: Research Policy, Nr. 32, S. 277-300.

GARUD, RAGHU und MUNIR, KAMAL [2008]: From transaction to transformation costs: The case of Polaroid's SX-70 camera, in: Research Policy, Nr. 37, S. 690-705.

GATIGNON, HUBERT; TUSHMAN, MICHAEL L.; SMITH, WENDY und ANDERSON, PHILIP [2002]: A Structural Approach to Assessing Innovation: Construct Development of Onnovation Locus, Type and Characteristics, in: Management Science, Nr. 48, S. 1103-1122.

GAUDIOSI, GAETANO [1996]: Offshore wind energy in the world context, Paper presented at the WREC 1996, Denver.

GEBHARDT, HANS; GLASER, RÜDIGER; RADTKE, ULRICH und REUBER, PAUL (Hrsg.) [2011]: Geographie - Physische Geographie und Humangeographie, Spektrum Verlag, Heidelberg.

GEE, KIRA [2007]: Nicht vor meiner Küste - Grundsatzkritik an Offshore-Windparks ist selten, aber Anwohner sind oft skeptisch, in: WZB-Mitteilungen, Heft 116, S. 36-38.

GEELS, FRANK W. [2004]: From sectoral systems of innovation to socio-technical systems: Insights about dynamics and change from sociology and institutional theory, in: Research Policy, Nr. 33, S. 897-920.

GEORGE, PIERRE [1950]: Géographie de l'énergie, Libr. De Médicis, Paris.

GEORGE, PIERRE [1973]: Géographie de l'électricité, Presses universitaires de France, Paris.

GIESE, NORBERT [2012]: REpower Systems SE: Windenergie gestern - heute -morgen, Präsentation im Rahmen der Hamburg Company Tour 24. Mai 2012, Hamburg.

GIPE, PAUL [1995]: Wind energy comes of Age, John Wiley and Sons, Inc., New York.

GLASMEIER, AMY [1991]: Technological Discontinuities and flexible production networks: The case of Switzerland and the world watch industry, in: Research Policy, Nr. 20, S. 469-485.

GREGOROWIUS, DANIEL [2006]: Zur touristischen Akzeptanz des geplanten Offshore-Windparks Nordergründe vor Wangerooge, in: Berichte zur Deutschen Landeskunde, Vol. 80, Nr. 3, S. 365-373.

GREGOROWIUS, DANIEL und ZEPP, HARALD [2006]: Offshore-Windkraftnutzung in der Deutschen Bucht. Was denken die Akteure? in: Europa Regional, Vol. 14, Nr. 3, S. 117-131.

GUYOL, NATHANIEL, B. [1971]: Energy in the Perspective of Geography, Prentice-Hall, Englewood Cliffs.

HALL, PETER und SOSKICE, DAVID (Hrsg.), [2001]: Varieties of Capitalism: The Institutional Foundations of Comparative Advantage, Oxford University Press, Oxford.

HAMHABER, JOHANNES [2010]: Humangeographische Zugänge in der geographischen Energieforschung vom euklidischen Raum zu sozial konstruierten Raumbezügen, in: SCHÜSSLER, FRANK (Hrsg.) [2010]: Geographische Energieforschung, Peter Lang, Frankfurt am Main, S. 9-20.

HARMS, HEIKO [2010]: wind up your energy - vom Windpark zum Windkraftwerk, Präsentation im Rahmen von Germanwind, 13.01.2010, Oldenburg.

HARVEY, DAVID [2003]: The New Imperialism. Oxford University Press, Oxford|New York.

HASSE, JÜRGEN [1999]: Bildstörung - Windenergie und Landschaftsästhetik, BIS - Bibliotheks- und Informationssystem der Universität Oldenburg, Oldenburg.

HAU, ERICH; LANGENBRINCK, JENS und PALZ, WOLFGANG [1993]: WEGA - Large Wind Turbines, Springer-Verlag, Berlin.

HAU, ERICH [2008]: Windkraftanlagen - Grundlagen, Technik, Einsatz, Wirtschaftlichkeit. Springer Verlag, Berlin.

HENDERSON, JEFFREY; DICKEN, PETER; HESS, MARTIN; COE, NEIL M. und WAI-CHUNG YEUNG, HENRY [2002]: Global production networks and the analysis of economic development, in: Review of International Political Economy, Vol. 9, Nr. 3, S.436-464.

HENDERSON, REBECCA M. und CLARK, KIM B. [1990]: Architectural Innovation: The Reconfiguration of Existing Product Technologies and the Failure of Established Firms, in: Administrative Science Quarterly, Nr. 35, S. 9-30.

HEYMAN, OLAF; WEIMERS, LARS und BOHL, MIE-LOTTE [2010]: HDVC - A key solution in future transmission systems, in: ABB-Library 2010, S. 1- 16.

HEYMANN, MATTHIAS [1995]: Die Geschichte der Windenergienutzung 1890-1990, Campus Verlag, Frankfurt am Main|New York.

HOEKMAN, JARNO; FRENKEN, KOEN und VAN OORT, FRANK [2008]: The geography of collaborative knowledge production in Europe, in: The Annals of Regional Science, Vol. 43, Nr. 2, S. 721-738.

HOWELLS, JEREMY R. L. [2002]: Tacit Knowledge, Innovation and Economic Geography, in: Urban Studies, Vol. 39, Nr. 5-6, S. 871-884.

HÜNTELER, JÖRN; OSSENBRINK, JAN; SCHMIDT, TOBIAS und HOFFMANN, VOLKER [2013]: Do deployment policies reduce technological diversity? Evidence from patent citation networks, Presentation held at: IST 2013 - Session on Policy Impacts on Transitions.

ISLAM, NAZRUL und OZCAN SERCAN [2012]: Disruptive Product Innovation Strategy: The Case of Portable Digital Music Player, in: EKEKWE, NDUBUISI und ISLAM NAZRUL (Hrsg.) [2012]: Disruptive Technologies, Innovation and Global Redesign: Emerging Implication, Idea Group Reference, Hershey.

JAEGER, ARNE [2013]: The Sleeping Giant. Sweden's Wind Energy Utilisation, in: MAEGAARD, PREBEN; KRENZ, ANNA und PALZ, WOLFGANG (Hrsg.) [2013]: Wind Power for the World - International Reviews and Developments, PSP, Singapur.

JANZING, BERNWARD [2008]: Die Zukunft der Windkraft, in: PETERMANN, JÜRGEN [2008]: Sichere Energie im 21. Jahrhundert, Hoffmann und Campe, Hamburg, S. 213-223.

JEANNERAT, HUGUES und CREVOISIER, OLIVIER [2011]: Non-technological innovation and multi-local territorial knowledge dynamics in the Swiss watch industry, in: Int. J. Innovation and Regional Development, Vol.3, Nr. 1, S. 26-44.

JENSEN, DIERK und KOENEMANN, DETLEF [2010]: Alpha Ventus - Unternehmen Offshore, BVA Bielefelder Verlag, Bielefeld.

JIUSTO, SCOTT [2009]: Energy Transformations and Geographic Research, in: CASTREE, NOEL; DEMERITT, DAVID; LIVERMAN, DIANA und RHOADS, BRUCE (Hrsg.) [2009]: A Companion to environmental Geography, Wiley-Blackwell, Oxford.

JONES, GEOFFREY und BOUAMANE, LOUBNA [2011]: Historical Trajectories and Corporate Competences in Wind Energy, Working Paper 11-112, Harvard Business School, Cambridge.

KAMMER, JOHANNES und NAUMANN, MATTHIAS [2010]: Wandel der Energiewirtschaft - Chance für regionale Profilbildung - Der Einfluss wirtschaftlicher und technischer Entwicklungen am Beispiel Hamburgs, in: RaumPlanung, Nr. 150/151, S. 148-152.

KAMMER, JOHANNES [2011]: Die Windenergieindustrie - Evolution von Akteuren und Unternehmensstrukturen in einer Wachstumsindustrie mit räumlicher Perspektive, Mitteilungen der Geographischen Gesellschaft in Hamburg - Band 103 NAGEL, FRANK, N. (Hrsg.) [2011], Franz Steiner Verlag, Stuttgart.

KARNØE, PETER [1993]: Approaches to innovation in modern wind energy technology: technology policies, science, engineers and craft taditions, Center for Economic Policy Research (CEPR) Publication No. 334, Stanford University, Stanford.

KARNØE, PETER und GARUD, RAGHU [2012]: Path Creation: Co-creation of Heterogeneous Resources in the Emergence of the Danish Wind Turbine Cluster, in: European Planning Studies, Vol. 20, Nr. 5, S. 733-752.

KENNEY, MARTIN (Hrsg.), [2000]: Understanding Silicon Valley - The Anatomy of an Entrepreneurial Region, Stanford University Press, Stanford.

KLAGGE, BRITTA; ZHIGAO, LIU und CAMPOS SILVA, PEDRO [2012]: Constructing China's wind energy innovation system, in: Energy Policy, Nr. 50, S. 370-382.

KLEPPER, STEVEN [1996]: Entry, Exit, Growth, and the Innovation over the Product Life Cycle, in: The American Economic Review, Vol. 86, Nr. 3, S. 562-583.

KLEPPER, STEVEN [1997]: Industry Life Cycles, in: Industrial and Corporate Change, Vol.6, Nr. 1, S. 145-182.

KLEPPER, STEVEN und SIMONS, KENNETH L. [1997]: Technological Extinctions of Industrial Firms: An Inquiry into their Nature and Causes, in: Industrial and Corporate Change, Vol. 6, Nr. 2, S. 379-460.

KLEPPER, STEVEN [2007]: Disagreements, Spinoffs, and the Evolution of Detroit as the Capital of the U.S. Automobile Industry, in: Management Science, Vol. 53, Nr. 4, S. 616-631.

KLIER, THOMAS H. und RUBENSTEIN, JAMES [2012]: Detroit back from the brink? Auto industry crisis and restructuring, 2008-11, in: Economic Perspectives 2Q, 2012, Federal Reserve Bank of Chicago, S. 35-54.

KOENEMANN, DETLEF [2013]: Wiener Melange, in: Sonne Wind & Wärme 04/2013, S. 60 -61.

KOMLOSY, ANDREA [2013]: Hegemonialer Wandel im Weltsystem: der Aufstieg Chinas, in: GIGA Focus, Nummer 4, 2013, S. 1-7.

KOSCHATZKY, KNUT [2001]: Räumliche Aspekte im Innovationsprozess - Ein Beitrag zur neuen Wirtschaftsgeographie aus Sicht der regionalen Innovationsforschung, LIT, Münster.

KOTTKAMP, RAINER [1988]: Systemzusammenhänge regionaler Energieleitbilder, Giessener Geographische Schriften - Band 64, Giessen.

KRAMER-KRONE, MARCUS [2005]: Wind - Energieträger der Zukunft, Potenziale, Modelle, Perspektiven, VDM, Berlin.

KRISTOFFERSEN, JESPER RUNGE [2005]: The Horns Rev Wind Farm and the Operational Experience with the Wind Farm Main Controller, Paper presented at the Copenhagen Offshore Wind 2005, 26-28 October 2005, Kopenhagen.

KÜHN, MARTIN [2002]: Offshore-Windenergietechnik - Technologieentwicklung und Perspektiven, in: FVS Themen 2002, S. 76-79.

LANGE, BERNHARD; BARD, JOCHEN; DURSTEWITZ, MICHAEL und BURKHARDT, CLAUS [2012]: Offshore Windenergie- und Meeresnutzung - Zusammenarbeit von Forschung und Wirtschaft, in: FVEE Themen 2012, Direkte Stromerzeugung - Offshore Wind- und Meeresenergie, S. 47-51.

LARSEN, JENS H. [2001]: The world's largest offshore wind farm, Middelgrunden 40MW, Paper presented at the world sustainable energy day 2001, 28.02. - 04.03.2001, Wels, Austria.

LEE, NEIL und RODRÍGUEZ-POSE, ANDRÉS [2013]: Innovation and spatial inequality in Europe and USA, in: Journal of Economic Geography, Vol. 13, Nr. 1, S. 1-22.

LINDER, SUSANNE [2013] Räumliche Diffusion von Photovoltaik-Anlagen in Baden-Württemberg, Würzburger Geographische Arbeiten Band 109, Würzburg.

LÖNKER, OLIVER und FRANKEN, MARCUS [2004]: Windstrom in Seenot - Der größte Rotoren-Park auf offenener See steht vor der dänischen Küste. Jetzt muss er komplett repariert werden. Zeit - Online 17.06.2004.

LÖNKER, OLIVER [2004]: Operation Offshore, in: Neue Energie, 12/04, S. 22.

LUCAS JR., HENRY C. und GOH, JIE MEIN [2009]: Disruptive technology: How Kodak missed the digital photography revolution, in: Journal of Strategic Information Systems, Vol. 20, S. 46-55.

LÜBBERT, DANIEL und LANGE, FELIX [2006]: Uran als Kernbrennstoff: Vorräte und Reichweite, Wissenschaftliche Dienste des Deutschen Bundestages - Infobrief WF VIII G - 069/06, Berlin.

LUNDVALL, BENGT AKE [1988]: Innovation as an interactive process: from user-producer interaction to the national system of innovation, in: DOSI et al. (Hrsg.): Technical change and economic theory, Pinter, London, S. 349-369.

LUNDVALL, BENGT AKE; JOHNSON, BJÖRN; ANDERSEN, ESBEN SLOTH und DALUM, BENT [2002]: National systems of production, innovation and competence building, in: Research Policy, Vol. 31, S. 213-231.

LYDING, PHILIPP und FAULSTICH, STEFAN [2012]: Diversifizierung des Windenergiemarktes für Neuinstallationen, in: Ingenieurspiegel, 4|2012, S. 24-26.

MACKENZIE, DONALD [1987]: Missile accuracy: A case study in the social processes of technological change, in: BIJKER, WIEBE E.; HUGHES, THOMAS P. und PINCH, TREVOR (Hrsg.): The Social Construction of Technological Systems: New Directions in the Sociology and History of Technology, MIT Press, Boston.

MALECKI, EDWARD J. [1991]: Technology and economic development: the dynamics of local, regional and national change, Longman, New York.

MALERBA, FRANCO und ORSENIGO, LUIGI [1996]: The Dynamics and Evolution of Industries, in: Industrial and Corporate Change, Vol. 5, Nr. 1, S. 51-87.

MALERBA, FRANCO und MONTOBBIO, FABIO [2002]: Sectoral systems and International Technological and Trade Specialisation, Paper presented at DRUID' Summer 2000 Conference, Rebild, June 15-17, 2000, S. 1-24.

MALERBA, FRANCO [2002]: Sectoral systems of innovation and production, in: Research Policy, Nr. 31, S. 247-264.

MALERBA, FRANCO [2004]: Sectoral systems of innovation: basic concepts, in: MALERBA FRANCO (Hrsg.) [2004]: Sectoral systems of innovation - concepts, issues and analyses of six major sectors in Europe. Cambridge University Press, Cambridge.

MANWELL, JAMES; MCGOWAN, JON und ROGERS, ANTHONY [2009]: Wind energy explained - theory, design and application, 2nd edition, Wiley, Chichester.

MARKARD, JOCHEN und TRUFFER, BERNHARD [2008]: Technological innovation systems and the multi-level perspective: Towards an integrated framework, in: Research Policy, Vol. 37, S. 596-615.

MARKARD, JOCHEN und PETERSEN, REGULA [2009]: The offshore trend: Structural changes in the wind power sector, in: Energy Policy, Nr. 37, S. 3545-3556.

MARTIN, ROMAN [2012]: Knowledge Bases and the Geography of Innovation, CIRCLE, Lund.

MARTIN, RON [2006]: Pfadabhängigkeit und die ökonomische Landschaft, in: BERNDT, CHRISTIAN und GLÜCKLER, JOHANNES (Hrsg.) [2006]: Denkanstöße zu einer anderen Geographie der Ökonomie, transcript Verlag, Bielefeld. S. 47-76.

MARTIN, RON und SUNLEY, PETER [2006]: Path dependence and regional economic evolution, in: Journal of Economic Geography, Vol. 6, Nr. 4, S. 395-437.

MARX, KARL [1867]: Das Kapital: Kritik der politischen Oekonomie, Erster Band - Der Produktionsprozess des Kapitals. Zweite verbesserte Auflage, Verlag von Otto Meissner, Hamburg.

MEADOWS, DENNIS L. [1972]: Die Grenzen des Wachstums - Bericht des Club of Rome zur Lage der Menschheit, dva informativ, Stuttgart.

MELNYK, MARKIAN W. und ANDERSEN, ROBERT M. [2009]: Offshore Power: Building Renewable Energy Projects in U.S. Waters, PennWell Books, Tulsa.

MENZEL, MAX-PETER und FORNAHL DIRK [2010]: Cluster life cycles - dimensions and rationales of cluster evolution, in: Industrial and Corporate Change, Vol. 19, Nr. 1, S. 205-238.

MENZEL, MAX-PETER; HENN, SEBASTIAN und FORNAHL, DIRK [2010]: Emerging clusters: a conceptual overview, in: FORNAHL, DIRK; HENN, SEBASTIAN und MENZEL, MAX-PETER (Hrsg.), [2010]: Emerging Clusters - Theoretical, Empirical and Politcal Perspectives on the Initial Stage of Cluster Evolution, Edward Elgar, Cheltenham|Northhampton.

MENZEL, MAX-PETER und KAMMER, JOHANNES [2011]: Pre-entry Experiences, Technological Designs, and Spatial Restructuring in the Global Wind Turbine Industry, Paper presented at the DIME Final Conference, 6-8 April 2011, Maastricht.

MENZEL, MAX-PETER und KAMMER, JOHANNES [2011A]: Unterschiede der Evolution von Industrien in Varieties of Capitalism - eine Überlebensanalyse der Windanlagenhersteller in Dänemark und den USA, in: Geographica Helvetica, Vol. 66, Nr. 4, S. 243-253.

MENZEL, MAX-PETER und ADRIAN, MARKUS [2013]: The Spatial Effects of Organizational Discontinuities in Global Value Chains: the Example of Wind Energy in Hamburg, Paper to be presented at the EMAEE 2013: 8th European Meeting on Applied Evolutionary Economics June 10-12 2013, Sophia Antipolis.

MOLLY, JENS P. [2009]: Wind Energy - Quo Vadis?, in: DEWI Magazin 02/2009, S. 6-15.

MOSSIG, IVO [2000]: Lokale Spin-off-Gründungen als Ursache räumlicher Branchencluster. Das Beispiel der deutschen Verpackungsmaschinen-Industrie, in: Geographische Zeitschrift, Vol. 88, Nr. 3/4, S. 220-233.

MOSSIG, IVO; FORNAHL, DIRK und SCHRÖDER, HEIKE [2010]: Heureka oder Phoenix aus der Asche? Der Entwicklungspfad der Offshore-Windenergieindustrie in Nordwestdeutschland, in: Zeitschrift für Wirtschaftsgeographie, Vol. 54, Nr. 3/4, S. 222-237.

MURMANN, JOHANN P. und TUSHMAN, MICHAEL L. [1997]: Dominant Designs, Technology Cycles, and Organizational Outcomes - Presented at the Risk, Managers and Options Conference in Honor of Ned Bowman, The Wharton School, November 1997 | Finale Version Publiziert in: STAW, B. und SUTTON, R. (Hrsg.) [1998]: Research in organizational Behavior, Vol. 20, S. 231-266.

MURMANN, JOHANN P. und FRENKEN, KOEN [2006]: Toward a systematic framework for research on dominant designs, technological innovations, and industrial change, in: Research Policy, Nr. 35, S. 925-952.

MUSIAL, WALTER und BUTTERFIELD, SANDY [2004]: Future for Offshore Wind Energy in the United States - Preprint, Paper to be presentend at EnergyOcean 2004, Palm Beach, Florida.

MYRDAL, GUNNAR [1959]: Ökonomische Theorie und unterentwickelte Regionen, Gustav Fischer Verlag, Stuttgart.

NAGEL, FRANK N. [1985]: Die Magdalenen-Inseln (Îles-de-la-Madeleine/Québec), Sonderdruck aus: Mitteilungen der Geographischen Gesellschaft in Hamburg, Band 75, S. 115-156, Hamburg.

NAGEL, FRANK N. [2002]: Die Atmosphärische Eisenbahn - auf den Spuren eines vergessenen Technik-Abenteuers, in: Verbinden, Verkehrswege in Vergangenheit, Gegenwart und Zukunft im Kreis Herzogtum Lauenburg, FLA - Beiträge für Wissenschaft und Kultur, Band 5, S. 83-99, Wentorf bei Hamburg.

NEGRO, SIMONA [2007]: Dynamics of Technological Innovation Systems - The case of Biomass Energy, Nederlandse Geografische Studies, Utrecht.

NELSON, RICHARD R. und WINTER, SIDNEY G. [1982]: An Evolutionary Theory of Economic Change, Harvard University Press, Boston.

NELSON, RICHARD R. und ROSENBERG, NATHAN [1993]: Technical Innovation and National Systems, in: NELSON, RICHARD R. (Hrsg.) [1993]: National Innovation Systems - A Comparative Analysis, Oxford University Press, New York.

NELSON, RICHARD R, [1995]: Recent Evolutionary Theorizing About Economic Change, in: Journal of Economic Literature, Vol. 33, S. 48-90.

NELSON, RICHARD R. und WINTER, SIDNEY G. [2002]: Evolutionary Theorizing in Economics, in: Journal of Economic Perspectives, Vol. 16, Nr. 2, S. 23-46.

NEUKIRCH, MARIO [2010]: Die internationale Pionierphase der Windenergienutzung - Dissertation zur Erlangung des Doktorgrades der Sozialwissenschaftlichen Fakultät der Georg-August-Universität Göttingen, Göttingen.

NIELSEN, HENRY; NIELSEN, KELD; PETERSEN, FLEMMING und JENSEN, HANS SIGGAARD [1998]: Risø National Laboratory - Forty Years of Research in a Changing Society, Risø.

NOHL, WERNER [2005]: Die Umweltverträglichkeit von Windkraftanlagen – nicht nur eine Frage technischer Umweltnormen, in: DENZER, VERA; HASSE, JÜRGEN; KLEEFELD, KLAUS-DIETER und RECKER, UDO (Hrsg.): Kulturlandschaft. Wahrnehmung – Inventarisation – Regionale Beispiele, Selbstverlag Landesamt für Denkmalpflege Hessen, Wiesbaden, S. 63-76.

OELKER, JAN [2005]: Windgesichter - Aufbruch der Windenergie in Deutschland, Sonnenbuch Verlag, Dresden.

OHLHORST, DÖRTE [2009]: Windenergie in Deutschland - Konstellationen, Dynamiken und Regulierungspotentiale im Innovationsprozess, VS Research, Wiesbaden.

OINAS, PAIVI und MALECKI, EDWARD, J. [2002]: The evolution of technologies in time and space: From national and regional to spatial innovation systems, in: International regional science review 25, 1, S. 102-131.

OLLEROS, FRANCISCO-JAVIER [1986]: Emerging Industries and the Burnout of Pioneers, in: Journal of Product Innovation Management, Vol. 3, Nr. 1, S. 5-18.

OSSENBRÜGGE, JÜRGEN [2001]: Regionale Innovationssysteme: Evolution und Steuerung geographischer Formen der wissensbasierten Wirtschaft, in: SCHWINGES, RAINER C.; MESSERLI, PAUL und MÜNGER, TAMARA (Hrsg.) [2001]: Innovationsräume: woher das Neue kommt - in Vergangenheit und Gegenwart, vdf Hochschulverlag, Zürich, S. 85-101.

OSTERMEIER, STEFAN [2005]: Nearshore - Windenergieanlage in der Unterems. In: Zwischen Weser und Ems. 2005/39, Wasser- und Schifffahrtsverwaltung der Bundes - Wasser- und Schifffahrtsdirektion Nordwest, S. 78-83.

PAUL, N/A [1932]: Illustration für: Giant Wind Turbines, in: Everyday Science and Mechanics, June 1932, S. 613-612.

PÉREZ, CARLOTA und SOETE, LUC [1988]: Catching up in technology: entry barriers and windows of opportunity, in: DOSI, G. et al. (Hrsg.) Technical Change and Economic Theory, London, S. 458-479.

PÉREZ, CARLOTA [2001]: Technological change and opportunities for development as a moving target, in: Cepal Review, Vol. 75, S. 109-130.

POLANYI, MICHAEL [1962]: Personal knowledge: towards a post-critical philosophy, Routledge, London.

POPADIUK, SILVIO und CHOO, CHUN WEI [2006]: Innovation and knowledge creation: How are these concepts related, in: International Journal of Information Management, Vol. 26, S. 302-312.

RAVE, KLAUS und RICHTER, BERNHARD [2008]: Im Aufwind - Schleswig Holsteins Beitrag zur Entwicklung der Windenergie, Wachholtz Verlag, Neumünster.

RAYNOR, MICHAEL E. [2007]: The Strategy Paradox - Why committing to success leads to failure (And what to do about it), Random House, New York.

RECHENBACH, BÄRBEL [2012]: „London Array" - Offshore - Windpark der Superlative, in: BauPortal, Nr. 6/2012, S. 7-9.

REDLINGER, ROBERT Y.; DANNEMAND ANDERSEN, PER und MORTHORST, POUL ERIK [2002]: Wind Energy in the 21st century, Palgrave, New York

REUTER, ANDREAS und BUSMAN, HANS-GERD [2010]: Windenergie - Herausforderungen an die Technologieentwicklung, in: Forschungs Verbund Erneuerbare Energien - Tagungsband 2010: Forschung für das Zeitalter der erneuerbaren Energien, S. 77-89.

RIGBY, DAVID L. und ESSLETZBICHLER, JÜRGEN [1997]: Evolution, Process Variety and Regional Trajectories of Technological Change in U.S. Manufacturing, in: Economic Geography, Vol. 73, Issue 3, S. 269-284.

ROGGEN, MARJOLEIN [2013]: Floating Wind, in: Global Contact, March 2013, S. 8-11.

ROSENBERG, NATHAN [1982]: Inside the black box: technology and economics. Cambridge University Press, Cambridge.

ROSENBLOOM, RICHARD S. und CHRISTENSEN, CLAYTON M. [1994]: Technological Discontinuities, Organizational Capabilities, and Strategic Commitments, in: Industrial and Corporate Change, Vol. 3, Nr. 3, S. 655-685.

ROSENKOPF, LORI und TUSHMAN, MICHAEL L. [1994]: The Coevolution of Technology and Organization, in: BAUM, JOEL A. C., und SINGH, JITENDRA V. (Hrsg.) [1994]: Evolutionary Dynamics of Organizations, Oxford University Press, New York|Oxford.

ROSENKOPF, LORI und TUSHMAN, MICHAEL L. [1998]: The Coevolution of community networks and technology: Lessons from the flight simulation industry, in: Industrial and Corporate Change, Vol. 7, Nr. 2, S. 311-346.

RUNGE, KARSTEN [2008]: Identifikation kritischer Punkte am Hybridkraftwerk Offshore aus umweltplanerischer Sicht, in: Abschlussbericht im Rahmen der Projektstudie Netzintegration von Offshore-Großwindanlagen - Grundlast von der Nordsee, Clausthal-Zellerfeld.

SANDERSON, SUSAN und UZUMERI, MUSTAFA [1995]: Managing product families: The case of the Sony Walkman, in: Research Policy, Nr. 24, S. 761-782.

SAUSSURE, FERDINAND [1916]: Cours de linguistique générale, Ed. critique par RUDOLF ENGLER: Tome 1 [1989], Harrassowitz, Wiesbaden.

SAXENIAN, ANNALEE [1981]: Silicon Chips and Spatial Structure: The Industrial Basis of Urbanization in Santa Clara County, California, Working Paper No. 345 - Institute of Urban & Regional Development, University of California, Berkeley.

SAXENIAN, ANNALEE [1991]: The origins and dynamics of production networks in Silicon Valley, in: Research Policy, Vol. 20, Nr. 5, S. 423-437.

SAXENIAN, ANNALEE [1996]: Regional Advantage - Culture and Competition in Silicon Valley and Route 128, Harvard University Press, Boston.

SCHAMP, EIKE W. [2000]: Vernetzte Produktion - Industriegeographie aus institutioneller Perspektive, Wissenschaftliche Buchgesellschaft, Darmstadt.

SCHAMP, EIKE W. [2012]: Evolutionäre Wirtschaftsgeographie - Eine kurze Einführung in den Diskussionsstand, in: Zeitschrift für Wirtschaftsgeographie, Jg. 56 (2012), Heft 3, S. 121-128.

SCHEUPLEIN, CHRISTOPH [2003]: Der Paradigmenwechsel als große Erzählung, in: Geographische Revue, Vol. 2/2003, S. 59-66.

SCHINDLER, JÖRG und ZITTEL, WERNER [2008]: Zukunft der weltweiten Erdölversorgung, Energy Watch Group / Ludwig-Bölkow-Stiftung, Ottobrun.

SCHLIEPHAKE, KONRAD und SCHULZE, BARBARA (Hrsg.) [2008]: Energie. Globale Probleme in lokaler Perspektive, Würzburger Geographische Hefte, Würzburg.

SCHMIDT, TOBIAS und HÜNTELER, JÖRN [2013]: Effects of Market Support Policies in Innovation in Wind Power and Solar PV, Interview Document - SusTec, ETH Zürich, Zürich.

SCHÖBEL, SÖREN; LÖSSE, JULIA; SCHNEEGANS, JULIANE und ZIEGLER, SIMONE (Hrsg.) [2008]: windKULTUREN: Windenergie und Kulturlandschaft, wvb, Berlin.

SCHÖBEL, SÖREN [2012]: Windenergie und Landschaftsästhetik - Zur landschaftsgerechten Anordnung von Windfarmen, Jovis, Berlin.

SCHUMPETER, JOSEPH [1934]: The theory of economic development. Harvard University Press, Cambridge Mass..

SCHÜSSLER, FRANK (Hrsg.) [2010]: Geographische Energieforschung, Peter Lang, Frankfurt am Main.

SCHWINGES, RAINER C.; MESSERLI, PAUL und MÜNGER, TAMARA (Hrsg.) [2001]: Innovationsräume: woher das Neue kommt - in Vergangenheit und Gegenwart, vdf Hochschulverlag, Zürich.

SCOTT, ALLAN J. und STORPER, MICHAEL [1987]: High technology industry and regional development: a theoretical critique and reconstruction, in: International Science Journal, Vol 39, S. 215-232.

SCOTT, DAVID [1984]: wind machine, in: Popular Science, August 1984, S. 61-63

SEIDEL, JENS [1996]: Elektrische Energie aus dem Wind - Basiswissen, Arbeitsvorschläge, Kopiervorlagen, VHEW, Frankfurt am Main.

SEUFFERT, OTMAR [2008]: Windkraft in Deutschland - Energie mit Zukunft? in: Geo-Öko, Vol. 29, Nr. 1-2, S. 114-174.

SIMMIE, JAMES; STERNBERG, ROLF und CARPENTER, JULIET [2014]: New technological path creation: evidence from British and German wind energy industries, in: Journal of Evolutionary Economics, Volume 24, Issue 4, S. 875-904.

SIMON, HERBERT A. [1962] The Architecture of Complexity, in: Proceedings of the American Philosophical Society, Vol. 106, Nr. 6, S. 467-482.

SINGER, CLIFFORD E. [2008]: Energy and International War - From Babylon to Baghdad and Beyond, World Scientific, Singapore.

SKIBA, MARTIN [2006]: Herausforderung Offshore-Windenergie - Status quo und Perspektiven, Vortrag im Rahmen der Jahrestagung der DPG - München 21.03.2006, Hamburg.

SOMMER, PASCAL [2009] Die Nutzung regenerativer Energien im Offshore-Bereich der Deutschen Bucht und ihre strukturellen Auswirkungen auf die Küstenregionen. Hausarbeit zum ersten Staatsexamen des Gymnasiallehramtes, Institut für Geographie der Universität Hamburg, Hamburg.

STAUDACHER, CHRISTIAN [2005]: Wirtschaftsgeographie regionaler Systeme, Facultas Verlag, Wien.

STEEN, MARKUS und HANSEN, GARD HOPSDAL [2013]: Same Sea, Different Ponds: Cross Sectorial Knowledge Spillovers in the North Sea, in: European Planning Studies, Published Online 30. Juli 2013, S. 1-20.

STIEBLER, MANFRED [2008]: Wind Energy Systems for Electric Power Generation, Springer, Heidelberg.

STONEMAN, PAUL [2005]: The Handbook of Economics of Innovation and Technological Change, Wiley Blackwell, Cambridge.

STORPER, MICHAEL und WALKER, RICHARD [1989]: The capitalist imperative - Territory, Technology, and Industrial Growth. Basil Blackwell, New York.

STORPER, MICHAEL [1997]: The Regional World - Territorial development in a global economy, The Guilford Press, New York|London.

STURGEON, TIMOTHY; VAN BIESEBROECK, JOHANNES und GEREFFI, GARY [2008]: Value chains, networks and clusters: reframing the global automotive industry, in: Journal of Economic Geography, Vol. 8, S. 297-321.

SUÁREZ, FERNANDO F. und UTTERBACK, JAMES M. [1995]: Dominant Design and the survival of Firms, in: Strategic Management Journal, Vol. 16, S. 415-430.

SUNLEY, PETER [2008]: Relational Economic Geography: A Partial Understanding or a New Paradigm?, in: Economic Geography, Vol. 84, Nr. 1, S. 1-26.

TACKE, FRANZ [2004]: Windenergie - Die Herausforderung | Gestern, Heute, Morgen. VDMA Verlag, Rheine.

THOMPSON, PETER und FOX-KEAN, MELANIE [2005]: Patent Citations and the Geography of Knowledge Spillovers: A Reassessment, in: The American Econmic Review, Vol. 95, Nr. 1, S. 450-460.

TUDOR, SEAN [2010]: A Brief History of Wind Power Development in Canada 1960s-1990s, Canada Science and Technology Museum, Ottawa.

TUSHMAN, MICHAEL L. und ANDERSON, PHILIP [1986]: Technological Discontinuities and Organizational Environments, in: Administrative Science Quarterly, Nr. 31, S. 439-465.

TUSHMAN, MICHAEL L. und NELSON, RICHARD R. [1990]: Introduction: Technology, Organizations, and Innovation, in: Administrative Science Quarterly, Nr. 35, S. 1-8.

TUSHMAN, MICHAEL L.; ANDERSON, PHILIP C. und O'REILLY, CHARLES [1997]: Technology Cycles, Innovation Streams, and Ambidextrous Organisations: Organization Renewal Trough Innovation Stream and Strategic Change, in: TUSHMAN, MICHAEL L. und ANDERSON, PHILIP C (Hrsg.) [1997]: Managing strategic innovation and change: A collection of readings. Oxford University Press. New York.

TÜRK, MATTHIAS und EMEIS, STEFAN [2007]: Abhängigkeit der Turbulenzintensität über See von der Windgeschwindigkeit, in: DEWI Magazin, Nr. 30.

UTTERBACK JAMES M. und ABERNATHY WILLIAM J. [1975]: A Dynamic Model of Process and Product Innovation, in: OMEGA, The International Journal of Management Science, Vol. 3, Nr. 6, S. 639-656.

VARRONE, CHRIS [2011]: Generation innovation, in: renewable energy focus, Vol. 12, Issue 1, S. 26-30.

VERBONG, GEERT und GEELS, FRANK [2007]: The ongoing energy transition: Lessons from a socio-technical, multi-level analysis of the Dutch electricity system (1960-2004), in: Energy Policy, Vol. 35, Nr. 2, S. 1025-1037.

VERNON, RAYMOND [1966]: International Investment and International Trade in the Product Cyle, in: The Quarterly Journal of Economics, Vol. 80, Nr. 2, S. 190-207.

VERNON, RAYMOND [1979]: The Product Cyle Hypothesis in a new International Environment, in: Oxford Bulletin of Economics and Statistics, Vol. 41, Nr. 4, S. 255-267.

VERSPAGEN, BART [2007]: Mapping technological trajectories as patent citation networks: a study on the history of fuel cell research, in: Advances in Complex Systems, Vol. 10, S. 93-115.

WEBER, ALFRED [1909]: Schriften zur Industriellen Standortlehre, in: NUTZINGER, HANS G. [1998]: Schriften zur Industriellen Standortlehre, Metropolis Verlag, Marburg.

WEINHOLD, NICOLE [2009]: „Wir haben mit der Unicredit hart gearbeitet" - BARD Geschäftsführer Heiko Roß über Finanzierung, Fertigungstiefe und fehlende Netze, in: neue energie 08/2009, S. 80-81.

WEINHOLD, NICOLE [2012]: Mehr Meer - Offshore-Pläne verfolgen in Europa neben Briten und Deutschen auch Küstenländer wie Dänemark und die Niederlande. Doch unzureichende Fördergesetze erschweren ihnen das Geschäft, in: neue energie 01/2012, S. 36-40.

WEISCHET, WOLFGANG und ENDLICHER, WILFRIED [2008]: Einführung in die allgemeine Klimatologie, Borntraeger, Berlin.

ZEILER, MANFRED; DAHLKE, CHRISTIAN und NOLTE, NICO [2005]: Offshore -Windparks in der ausschließlichen Wirtschaftszone von Nord- und Ostsee, in: promet, Jahrg. 31, Nr. 1, S. 71-75.

ZMARSLY, EWALD; KUTTLER, WILHELM und PETHE, HERMANN [1999]: Meteorologisch-klimatologisches Grundwissen: Eine Einführung, Ulmer, Stuttgart.

9.2 Eigenpublikationen von Unternehmen und Institutionen

AERODYN ENERGIESYSTEME GMBH [2013]: Aerodyn - 30 Jahre aerodyn, Entwicklung von Windenergieanlagen seit 1983, Rendsburg.

AGENTUR FÜR ERNEUERBARE ENERGIEN [2010]: Erneuerbare Energien 2020 - Potenzialatlas Deutschland, Eigenverlag, Berlin.

AGORA ENERGIEWENDE [2013]: Entwicklung der Windenergie in Deutschland - Kurzstudie, Berlin.

ALLGAIER WERKE GmbH [1954]: Betriebsanleitung für die Allgaier Windkraftanlage System Dr. Hütter Typ WE 10/G6 - Ausgabe Juli 1954, Uhingen.

ASHURST PARIS [2011]: Energy Briefing - The French offshore wind power development programme, Paris.

BIS [2013]: Bremerhaven - More than just a port for the offshore wind industry, Bremerhaven.

BMU - BUNDESMINISTERIUM FÜR UMWELT, NATURSCHUTZ UND REAKTORSICHERHEIT [2000]: Vereinbarung zwischen der Bundesregierung und den Energieversorgungsunternehmen vom 14. Juni 2000, Berlin.

BMU - BUNDESMINISTERIUM FÜR UMWELT, NATURSCHUTZ UND REAKTORSICHERHEIT [2002]: Strategie der Bundesregierung zur Windenergienutzung auf See, Berlin.

BMU - Bundesministerium für Umwelt, Naturschutz und Reaktorsicherheit [2013]: Offshore-Windenergie | Ein Überblick über die Aktivitäten in Deutschland, Berlin.

BMWI [2014]: Eckpunkte für die Reform des EEG 21. Januar 2014, Berlin.

BP [2013]: Statistical Review of World Energy June 2013, London.

BTM [1998-2010]: World Market Update, Ringkøbing.

Bundestag [2012]: Drucksache 17/11720 - Entschließungsantrag, Entwurf eines Dritten Gesetzes zur Neuregelung energiewirtschaftsrechtlicher Vorschriften, 28.11.2012, Berlin.

Bürger Windpark Emsdetten GmbH & Co. KG [2014]: Genussrechtsemission Bürgerwindpark Emsdetten, Emsdetten.

BWE [2012]: Repowering von Windenergieanlagen - Effizienz, Klimaschutz, regionale Wertschöpfung, Berlin.

DEA [2012]: Energy Policy in Denmark, Copenhagen.

DENA [2005]: dena-Netzstudie - Energiewirtschaftliche Planung für die Netzintegration von Windenergie in Deutschland an Land und Offshore bis zu Jahr 2020, Köln.

Deutsche WindGuard [2012]: Status des Windenergieausbaus in Deutschland - Zusätzliche Auswertunegn und Daten für das Jahr 2012, Oldenburg.

DEWI, Niedersächsische Energieagentur, Niedersächsisches Institut für Wirtschafts-Forschung [2001]: Untersuchung der wirtschaftlichen und energiewirtschaftlichen Effekte von Bau und Betrieb von Offshore-Windparks in der Nordsee auf das Land Niedersachsen, Hannover.

DONG [2006]: Horns Rev Offshore Project, Frederica.

DOTI [2012]: Fact-Sheet alpha ventus, Oldenburg.

EEHH [2011]: Hintergrundinformationen, Hamburg.

Elsam [2003]: Horns Rev Offshore Windfarm - Ground-Breaking Wind Power Plant in the North Sea, Frederica.

Enercon [2008]: Windblatt - Magazin für Windenergie 01/2008, Aurich.

EnergieAgentur.NRW [2014]: Branchenführer - Windenergie in NRW 2014, Düsseldorf.

EU [2001]: Richtline 2001/77/EG des Europäischen Parlaments und des Rates vom 27. September 2001, zur Förderung der Stromerzeugung aus erneuerbaren Energiequellen im Elektrizitätsbinnenmarkt, Brüssel.

EU [2007]: Renewable Energy Roadmap - Renewable energies in the 21st century: building a more sustainable future, Brüssel.

EWEA [1997]: Wind Energy - The Facts, Volume 3 - Industry and Employment, London.

EWEA [2009]: The Economics of Wind Energy -A report by the European Wind Energy Association, Brüssel.

EWEA [2009B]: Wind Energy the Facts - a guide to the technology, economics and future of wind power, London.

EWEA [2011]: Wind in our Sails - The coming of Europe's offshore wind energy industry, Brüssel.

EWEA [2013] Where's the money coming from? - Financing offshore wind farms, Brüssel.

EWEC [1990]: European Community Wind Energy Confrence - Proceedings of an International Conference held at Madrid, Spain 10-14 September 1990, H.S. Stephens & Associates, Bedford.

FRAUNHOFER ISET [2013]: Levelized Cost of Electricity - Renewable Energy Technologies - Study November 2013, Freiburg.

GARRAD HASSAN [2003]: Offshore Wind - Economies of scale, engineering resource and load factors, Bristol.

GERMANISCHER LLOYD - GARRAD HASSAN [1994]: Study of Offshore Wind Energy in the EC - JOULE I (Jour 0072) - Offshore Wind Turbines, Verlag Natürliche Energie, Brekendorf.

GREEN CITY ENERGY [2013]: Windpark Bayrischer Odenwald - Verkaufsprospekt, München.

HAMBURG [2013]: Ansprache des ersten Bürgermeisters der Freien und Hansestadt Hamburg anlässlich der 11. Hamburger Offshore Wind Konferenz, Hamburg.

HM GOVERNMENT [2009]: The UK Renewable Energy Strategy, London.

HM GOVERNMENT [2013]: Offshore Wind Industrial Strategy - Business and Government Action, London.

HK HAMBURG [2010]: Grünes Silicon Valley?, in: Hamburger Wirtschaft, Dezember 2010 - Extra Journal: Umwelthauptstadt Hamburg, Hamburg.

IHK NORD [2009]: Erneuerbare Energien in Norddeutschland; Industrielle Potenziale und Perspektiven - Positionspapier der IHK Nord, Arbeitsgemeinschaft Norddeutsche Industrie- und Handelskammern, Hamburg.

IPCC - INTERGOVERNMENTAL PANEL ON CLIMATE CHANGE [2007]: Climate Change 2007: Synthesis Report, Valencia.

IRENA - INTERNATIONAL RENEWABLE ENERGY AGENCY [2012]: Renewable Energy Technologies: Cost Analysis Series - Volume 1: Power Sector Issue 5/5 - Wind Power, Abu Dhabi.

IRENA - International Renewable Energy Agency [2013]: 30 Years of Policies for Wind Energy - Lessons from 12 Wind Energy Markets, Abu Dhabi.

IWES [2011]: Windenergie Report Deutschland 2011, Kassel.

Juwi Holding AG [2010]: Juwinews 09/2010, Wörrstadt.

KfW [2012]: Merkblatt Erneuerbare Energien - KfW-Programm Offshore - Windenergie, Frankfurt.

KPMG [2007]: Offshore Windfarms in Europe -Survey, Berlin.

KPMG [2010]: Offshore-Windparks in Europa - Marktstudie 2010, Berlin.

KPMG [2011]: Offshore-Wind - Potenziale für die deutsche Schiffbauindustrie, Berlin.

MAKE Consulting [2011]: Offshore Wind Power - Global Offshore Market Positioned for Steady Growth, Aarhus.

MAKE Consulting [2012]: Offshore Wind Power - Back on Track and Scaling Up, Aarhus.

OECD [2005]: Oslo Manual - Guidelines for collecting and interpreting innovation data. 3rd Edition, OECS, Paris.

Ofgem E-Serve [2014]: Renewables Obligation - Annual Report 2012-13, London.

PNE [2013]: PNE Wind AG - Imagebroschüre (deutsch), Cuxhaven.

Power [2006]: Case Study: European Offshore Wind Farms - A Survey for the Analysis of the Experiences and Lessons Learnt by Developers of Offshore Wind Farms, Oldenburg.

PWC [2012]: Volle Kraft aus Hochseewind, Hamburg.

Renewable UK [2011]: Offshore Wind - Forecasts of future costs and benefits, London.

Renewable UK [2013]: Building an Industry - Updated Scenarios for Industrial Development, London.

REpower Systems AG [2004]: 5M - Imagebroschüre, Hamburg.

RES-Legal [2011]: Research RES-LEGAL – Support system Country: Sweden, Brüssel.

RES-Legal [2013]: Electricity Promotion in France, Brüssel.

Roland Berger [2009]: Wind energy manufactuers' challenges - Using turbulent times to become fit for future, Hamburg.

SEA - Swedish Energy Agency [2012]: Energy in Sweden - Facts and Figures, Stockholm.

SIAG AG [2010]: Fokus - Maritime Systeme / Offshore - Experience in Steel, Emden.

STATISTIK DER KOHLENWIRTSCHAFT E.V. [2013]: Belegschaft im Steinkohlenbergbau der Bundesrepublik Deutschland, Stand 08.02.2013, Köln.

STRABAG [2011]: Strabag Offshore Wind verstärkt Präsenz in Hamburg - Projektkoordination erfolgt zukünftig von Hamburg aus. Hamburg.

VDMA [2013]: VDMA-Positionspapier - Offshore-Windenergie, Berlin.

VERTAX WIND LTD [2009]: Multi-Megawatt Vertical Axis Wind Turbine, Presentation by PETER C. HUNTER at the GL HOW Conference 2009.

VIND SYSSEL A.M.B.A. [1986]: Specifikation for V-S 130kW Vindmøllen, Jerslev.

WFG [2002]: Positionspapier zur Windkraftbranche in Nordfriesland, Husum.

WINDWORLD A/S [1995]: Wind Turbine Description W-2700/170kW 50Hz, Skagen.

9.3 Internetquellen

4COFFSHORE.COM [2014]: Offshore HVDC Converters Database.
www.4coffshore.com/windfarms/converters.aspx
(Zugriff am 17.04.2014)

4COFFSHORE.COM [2014B]: EnBW Hohe See.
www.4coffshore.com/windfarms/enbw-hohe-see-germany-de11.html
(Zugriff am 23.05.2014)

ALPHA-VENTUS.DE [2013]: Häufige Fragen zur Technik.
www.alpha-ventus.de/index.php?id=120
(Zugriff am 01.09.2013)

ALSTOM.COM [2012]: Alstom confirms four new factories.
www.alstom.com/press-centre/2012/4/alstom-confirms-four-new-factories-to-be-built-in-cherbourg-and-saint-nazaire-to-produce-haliade-150-turbines-for-the-edf-en-consortium/
(Zugriff: 14.03.2014)

AREVA.COM [2012]: Offshore Wind: AREVA to localize in Scotland and completes robust industrial plan in Europe.
www.AREVA.com/en/news-9602/Offshore-Wind-AREVA-to-localize-in-Scotland-and-completes-robust-industrial-plan-in-Europe
(Zugriff 03.03.2014)

BDEW.DE [2013]: Bruttostromerzeugung 2012 nach Energieträgern in Deutschland.

www.bdew.de/internet.nsf/id/DE_Brutto-Stromerzeugung_2007_nach_Energieträgern_in_Deutschland.html
(Zugriff: 09.02.2014)

BEATRICE.CO.UK [2013]: Beatrice Wind Farm Demonstrator Project. www.beatrice.co.uk/home
(Zugriff am 23.08.2013)

BLUEHGROUP.COM [2013]: Floating platform technology for offshore wind energy. www.bluehgroup.com
(Zugriff am 16.10.2013)

BOELL.DE [2013]: „In China, nuclear power is defined as renewable energy“. www.boell.de/en/2013/11/08/china-nuclear-power-defined-renewable-energy
(Zugriff am 09.11.2013)

BUNDESREGIERUNG.DE [2008]: Hightech - Beste Chancen für die maritime Wirtschaft. www.bundesregierung.de/Content/DE/Magazine/MagazinWirtschaftFinanzen/063/t1-hightech-maritime-wirtschaft.html
(Zugriff am 20.08.2013)

BUNDESTAG.DE [2010]: Laufzeitverlängerung von Atomkraftwerken zugestimmt. www.bundestag.de/dokumente/textarchiv/2010/32009392_kw43_de_atompolitik/index.html
(Zugriff am 01.08.2013)

BUSINESSGREEN.COM [2012]: Updated: Doosan shelves £170m Scottish offshore wind venture.
www.businessgreen.com/bg/news/2168506/reports-doosan-shelves-gbp170m-scottish-offshore-wind-venture
(Zugriff 15.03.2014)

BUSINESSGREEN.COM [2014]: Siemens: Hull factory decision rests on health of offshore wind market.
www.businessgreen.com/bg/analysis/2326927/siemens-hull-factory-decision-rests-on-health-of-offshore-wind-market
(Zugriff 12.03.2014)

CHINA.AHK.DE [2014]: Windenergie in China mit neuem Rückenwind.
http://china.ahk.de/services/building-energy-environment/new-market-mechanisms/articles/politics/single-article/artikel/windenergie-in-china-mit-neuem-rueckenwind/?cHash=8712a4432ea55798b9458c151de893f1
(Zugriff 29.03.2014)

CN-ONLINE.DE [2013]: Strabag baut vorerst nicht.
www.cn-online.de/lokales/news/strabag-bautvorerst-nicht.html

(Zugriff am 12.05.2014)

DAVIDSON, ROS in WINDPOWEROFFSHORE.COM [2013]: Analysis - Floating turbines planned for US west coast?
www.windpoweroffshore.com/article/1216167/analysis---floating-turbines-planned-us-west-coast?HAYILC=TOPIC
(Zugriff am 17.01.2014)

EIB.ORG [2010]: Thanet Offshore Windpark.
www.eib.org/projects/pipeline/2007/20070206.html?lang=de
(Zugriff am 23.08.2013)

EICKHOFF ANTRIEBSTECHNIK GMBH [2013]: Dauerhaft Strom vom Wind - EICO-GEAR.
www.eickhoff-bochum.de/de/download/Eickhoff Windkraftgetriebe Prospekt_D.pdf
(Zugriff am 01.08.2013)

ENOVA.DE [2012]: ENOVA - Schritt für Schritt in Richtung Zukunft.
www.enova.de/index.php?sid=4elmcmkk2iv68k16ti9id7rfai20ift0&m=1&hid=295
(Zugriff: 23.02.2012)

ERNEUERBAREENERGIEN.DE [2012] AREVA Wind - Firmenzentrale nach Bremen.
www.erneuerbareenergien.de/firmenzentrale-nach-bremen/150/438/39536
(Zugriff am 23.05.2014)

EWEA.ORG [2013]: France to invest €3,5 billion in offshore wind energy.
www.ewea.org/blog/2013/01/france-to-investe3-5-billion-in-offshore-wind-energy/
(Zugriff am 18.03.2013)

FAZ.NET [2010]: Briten planen größte Offshore-Windparks der Welt.
www.faz.net/aktuell/wirtschaft/windraeder-briten-planen-groesste-windparks-der-welt-1359922.html
(Zugriff am 11.03.2014)

FAZ.NET [2011]: Problemriesen auf Stahlfüßen.
www.faz.net/-gyg-6v3iv
(Zugriff am 11.11.2013)

FAZ.NET [2013]: Ein Meereskraftwerk feiert Bergfest - Der Bau von BARD Offshore 1.
www.faz.net/aktuell/wirtschaft/wirtschaftspolitik/energiepolitik/der-bau-von-bard-offshore-1-ein-meereskraftwerk-feiert-bergfest-12107453.html
(Zugriff am 23.08.2013)

FR-ONLINE.DE [2014]: Deutschlands längste Trasse.

www.fr-online.de/energie/suedlink-und-die-energiewende-deutschlands-laengste-trasse,1473634,26098256.html
(Zugriff am 02.04.2014)

FTD.DE [2011]: Weltkonzerne schachern um Windpionier BARD.
http://archive.today/NIuLc
(Zugriff am 12.03.2014)

INFLOW-FP7.EU [2014]: Inflow poject.
www.inflow-fp7.eu
(Zugriff am 05.03.2014)

INGENIEUR.DE [2011]: Windkraft mit zwei Flügeln soll Energiekosten senken.
www.ingenieur.de/Themen/Erneuerbare-Energien/Windkraft-zwei-Fluegeln-Energiekosten-senken
(Zugriff am 14.03.2014)

INGENIEUR.DE [2012]: Steife Brise für Oranjes Offshore-Windenergie.
www.ingenieur.de/Politik/Energie-Umweltpolitik/Steife-Brise-fuer-Oranjes-Offshore-Windenergie
(Zugriff am 02.12.2013)

INNOVATIVES-NIEDERSACHSEN.DE [2009]: Offshore Basis Cuxhaven eingeweiht.
www.innovatives-niedersachsen.de/DE/Nachrichten/Meldung/offshore-basis-cuxhaven-eingeweiht/739
(Zugriff am 12.05.2009)

IWES.FRAUNHOFER.DE [2011]: Regelung von Windenergieanlagen und Windparks.
www.iwes.fraunhofer.de/de/highlights20112012/regelung-von-windenergieanlagen-und-windparks.html
(Zugriff am 09.03.2014)

IWR.DE [2010]: Vestas eröffnet Büro in Berlin.
www.iwr.de/news.php?id=17146
(Zugriff am 12.05.2013)

IWR.DE [2012]: Dong Energy steigt bei Entwicklung der 8MW-Offshore-Anlage von Vestas ein.
www.iwr.de/news.php?id=22630
(Zugriff am 17.12.2012)

IWR.DE [2012B]: Frankreich will bei Offshore-Windenergie aufholen.
www.iwr.de/news.php?id=22382
(Zugriff am 02.02.2013)

IWR.DE [2013]: Windenergie: Siemens eröffnet zwei Testzentren in Dänemark. www.iwr.de/re/iwr/13/03/1204.html
(Zugriff am 13.03.2013)

IWR.DE [2013B]: Großbritannien will Investitionen in Offshore-Wind-Industrie ausbauen.
www.iwr.de/news.php?id=23830
(Zugriff am 14.03.2013)

IWR.DE [2013C]: Vestas versetzt 400 Mitarbeiter nach Aarhus.
www.iwr.de/news.php?id=23068
(Zugriff am 12.03.2014)

IWR.DE [2013D]: China ist auch 2012 größter Windenergie-Markt.
www.iwr.de/news.php?id=22950
(Zugriff am 04.02.2013)

IWR.DE [2014]: Samsung nimmt größte Offshore-Anlage in Betrieb.
www.iwr.de/news.php?id=25611
(Zugriff am 13.03.2013)

IWR.DE [2014B]: Offshore-Windenergie: Britische Regierung fördert vier Industrie-Unternehmen.
www.iwr.de/news.php?id=25855
(Zugriff am 13.03.2013)

KREISZEITUNG.DE [2014]: Offshore-Flaute kostet Jobs.
www.kreiszeitung.de/lokales/bremen/offshore-flaute-kostet-jobs-3327524.html
(Zugiff am 02.3.2014)

KRÜGER, REGINE [2011] in ERNEUERBAREENERGIEN.DE: Turbinen für Alaska.
www.erneuerbareenergien.de/turbinen-fuer-die-Kaeltezone/150/406/32397
(Zugriff am 24.01.2014)

LEHAVRE.FR [2014]: L'Éolien en Mer.
www.lehavre.fr/leolien-en-mer
(Zugriff am 14.03.2014)

NDR.DE [2013]: Kurzarbeit in der Offshore-Windkraft-Branche?
www.ndr.de/regional/niedersachsen/oldenburg/windreich101.html
(Zugriff am 02.03.2014]

OANDA.COM [2014]: Historische Wechselkurse.
www.oanda.com/lang/de/currency/historical-rates/
(Zugriff 02.04.2014)

OFFSHOREWIND.BIZ [2013]: France Aims for Large-Scale Offshore Wind Power.
www.offshorewind.biz/2013/05/28/france-aims-for-large-scale-offshore-wind-power
(Zugriff am 26.07.2013)

OFFSHOREWIND.BIZ [2013B]: Floating Gyro-Stabilized VAWT to be Tested in Norway.www.offshorewind.biz/2013/08/18/floating-gyro-stabilized-vawt-to-be-tested-in-norway-video/
(Zugriff am 04.03.2014)

OFFSHOREWIND.BIZ [2014A]: Senvion's Bearings Heat Up.
www.offshorewind.biz/2014/04/18senvions-bearings-heat-up/
(Zugriff am 17.04.2014)

OFFSHOREWIND.BIZ [2014B]: Nenuphar Cashes in €15Mln.
www.offshorewind.biz/2014/05/06/nenuphar-cashes-in-e15-mln/
(Zugriff am 17.05.2014)

OFFSHORE-WINDENERGIE.NET [2013]: Beteiligung.
www.offshore-windenergie.net/windparks/beteiligung
(Zugriff am 01.09.2013)

POWER-TECHNOLOGY.COM [2013]: Greater Gabbard Offshore Wind Project, United Kingdom.
www.power-technology.com/projects/greatergabbardoffsho/
(Zugriff am 23.08.2013)

RADIOBREMEN.DE [2014]: Weserwind meldet Kurzarbeit in Bremerhaven an.
www.radiobremen.de/politik/nachrichten/weserwind-kurzarbeit100.html
(Zugriff 22.01.2014)

RENEWABLEENERGYFOCUS.COM [2010]: Offshore wind - do we have what it takes?
www.renewableenergyfocus.com/view/8167/offshore-wind-do-we-have-what-it-takes/
(Zugriff am 12.11.2013)

RENEWABLEENERGYMAGAZINE.COM [2012]: Sway Turbine unveils unique 10MW offshore wind turbine.
www.renewableenergymagazine.com/article/sway-turbine-unveils-unique-10-mw-offshore-20121022
(Zugriff am 11.11.2012)

RENEWS.BIZ [2014]: Le Havre base for AREVA suppliers.
www.renwes.biz/57765/supply-trio-join-AREVA-encampment
(Zugriff am 14.03.2014)

REUTERS.COM [2011]: Dutch fall out of love with windmills.
www.reuters.com/article/2011/11/16/us-dutch-wind-idUSTRE-7AF1JM20111116
(Zugriff am 04.12.2013)

SCHRÖDER, TIM [2011] in ERNEUERBAREENERGIEN.DE: Wer traut sich schon ins tiefe Wasser?

www.erneuerbareenergien.de/wer-traut-sich-schon-ins-tiefe-wasser/150/474/29875
(Zugriff am 22.11.2012)

SEELYE, KATHARINE, Q. [2011] in NYTIMES.COM: Detroit Census Confirms a Desertation Like No Other.
www.nytimes.com/2011/03/23/us/23detroit.html
(Zugriff am 05.11.2013)

SIEMENS.CO.UK [2011]: Siemens selects ABP as preffered bidder for UK wind turbine factory.
www.siemens.co.uk/en/news_press/index/news_archive/Siemens-selects-ABP-as-preffered-bidder-for-UK-wind-turbine-factory
(Zugriff am 03.03.2014)

SIEMENS.COM [2013]: Siemens eröffnet weltgrößte Testzentren für Windturbinen in Dänemark.
www.siemens.com/press/de/pressemitteilungen/?press=/de/pressemitteilungen/2013/energy/wind-power/ew201303023.htm
(Zugriff am 25.03.2014)

SONNEWINDWAERME.DE [2009]: Newsticker - Windenergie.
www.sonnewindwaerme.de/category/themen/windenergie-0?page=165
(Zugriff am 23.08.2013)

SPIEGEL.DE [2013]: Norwegischer Ölkonzern: Statoil will größten schwimmenden Windpark Europas bauen.
www.spiegel.de/wirtschaft/unternehmen/oelkonzern-statoil-will-europas-groessten-schwimmenden-windpark-bauen-a-935566.html
(Zugriff am 22.01.2014)

SPIEGEL.DE [2014]: Gleichstromtrasse Sued.Link: Hier soll die neue Energieautobahn verlaufen.
www.spiegel.de/wirtschaft/unternehmen/gleichstromtrasse-suedlink-planung-und-verlauf-der-stromautobahn-a-951656.html
(Zugriff am 01.03.2014)

STOCKBURGER, CHRISTOPH [2013] in SPIEGEL.DE: Bankrott von Detroit - Abgesang auf die Autokultur.
www.spiegel.de/auto/aktuell/detroit-verliert-nach-der-pleite-an-bedeutung-für-die-industrie-a-912090.html
(Zugriff am 21.07.2013)

STRABAG-OFFSHORE.COM [2013]: Historie - Eine Idee und ihre Folgen.
www.strabag-offshore.com/de/wir-ueber-uns/historie.html
(Zugriff 12.12.2013)

STROBL, GÜNTHER [2012] in DERSTANDARD.AT: Nachhilfe für Windkraft bei VW, Toyota und Co.

www.derstandard.at/1334795569612/Windkraftentwickler-Nachhilfe-fuer-Windkraft-bei-VW-Toyota-und-Co
(Zugriff am 14.12.2013)

STROM-MAGAZIN.DE [2006]: Enercon beendet Windkraft-Engagement auf hoher See. www.strom-magazin.de/strommarkt/enercon-beendet-windkraft-engagement-auf-hoher-see_16363.html
(Zugriff am 16.07.2011]

TAGESSCHAU.DE [2013]: Der Diesel überholt den Benziner.
www.tagesschau.de/wirtschaft/neuzulassungen108.html
(Zugriff am 25.11.2013)

TAGESSPIEGEL.DE [2011]: Atomkraft - Ausstieg vom Ausstieg vom Ausstieg. www.tagesspiegel.de/politik/atomkraft-ausstieg-vom-ausstieg-vomausstieg/3950466.html
(Zugriff am 30.07.2013)

TELEGRAPH.CO.UK [2012]: AREVA plans 750 jobs with Scottish wind turbine factory. www.telegraph.co.uk/finance/newsbysector/energy/9689022/AREVA-plans-750-jobs-with-Scottish-wind-turbine-factory.html
(Zugriff am 14.03.2014)

TENNET.EU [2014]: Unsere Netzanbindungs-Projekte auf See.
www.tennet.eu/de/netz-und-projekte/offshore-projekte.html
(Zugriff am 17.04.2014)

THEGUARDIAN.COM [2010]: Edinburgh's role in Mitsubishi offshore wind turbine plan.www.theguardian.com/edinburgh/2010/dec/edinburgh-offshore-wind-power-mitsubishi-jobs
(Zugriff am 15.03.2014)

THEJOURNAL.CO.UK [2011]: Wind turbine firm Clipper halts north East investment.
www.thejournal.co.uk/news/north-east-news/wind-turbine-firm-clipper-halts-4426155
(Zugriff am 13.03.2014)

THOMAS, TORSTEN [2011]: Betreiber von Offshore-Windparks knausern beim Kabelschutz.
www.ingenieur.de/Fachbereiche/Windenergie/Betreiber-Offshore-Windparks-knausern-Kabelschutz
(Zugriff am 02.05.2013)

UKEN, MARLIES [2012]: Überforderter Windstrom-Pionier auf See.
www.zeit.de/wirtschaft/unternehmen/2012-07/siemens-offshore/komplettansicht
(Zugriff am 10.02.2014)

UNIVERSITY OF STRATHCLYDE [2013]: Intro of wind. www.esru.strath.ac.uk/EandE/Web_sites/98-9/offshore/wind/wintr.htm (Zugriff am 23.01.2013)

VDI-NACHRICHTEN.COM [2014]: Leistungsschub im Antriebsstrang. www.vdi-nachrichten.com/Technik-Wirtschaft/Leistungsschub-im-Antreibs-strang (Zugriff am 10.03.2014)

VESTAS.COM [2011]: Vestas signs option agreement for land at the port of Sheerness, Kent in the UK. www.vestas.com/en/media/~/media/od837c45c40f43e6b81268488ffe1a4b.ashx (Zugriff am 06.03.2014)

WEBER, TILMAN [2011] in ERNEUERBAREENERGIEN.DE: Technik für die See. www.erneuerbareenergien.de/technik-fuer-die-see/150/488/32578 (Zugriff am 26.02.2013)

WEBER, TILMAN [2012] in ERNEUERBAREENERGIEN.DE: „Immer das richtige Modell". www.erneuerbareenergien.de/immer-das-richtige-modell/150/469/58493 (Zugriff am 14.12.2013)

WELT.DE [2013]: Wind-Industrie wälzt Kosten auf Stromkunden ab. www.welt.de/dieweltbewegen/article139387701/Wind-Industrie-waelzt-Kosten-auf-Stromkunden-ab.html (Zugriff: 04.04.2014)

WELT.DE [2014]: Siemens steckt 191 Mio. € in britische Offshore-Wind-Produktion. www.welt.de/newsticker/bloomberg/article126152581/Siemens-steckt-191-Mio-in-britische-Offshore-Wind-Produktion.html (Zugriff: 25.03.2014)

WIND-ENERGIE.DE [2012]: Leistungssteigerung der Windkraftanlagen. www.wind-energie.de/system/files/images/page/2011/2012-02-17-groessen-wachstum.jpg (Zugriff am 12.07.2013)

WIND-ENERGIE.DE [2014]: Windenergieanlagen mit horizontaler achse. www.wind-energie.de/infocenter/technik/funktionsweise/leelaeufer (Zugriff: 06.03.2014)

WINDKRAFT-JOURNAL.DE [2012]: AREVA Wind eröffnet Niederlassung in Bremen.

www.windkraft-journal.de/2012/07/13/AREVA-wind-eroffnet-niederlassung-in-bremen/
(Zugriff am 17.05.2013)

WINDMESSE.DE [2013]: Großbritannien hält an Offshore-Ausbauplänen fest: 39 GW Offshore-Windenergie bis 2030.
www.windmesse.de/windenergie/news/14350-grossbritannien-halt-an-offshore-ausbauplanen-fest-39-GW-offshore-windenergie-bis-2030
(Zugriff 17.03.2014)

WINDMESSE.DE [2014]: Offshore-Wind: AREVA wird durch Kooperation mit Gamesa zu einem europäischen Branchenführer mit globalen Ambitionen.
www.windmesse.de/windenergie/news/14706-offshore-wind-AREVA-wird-durch-kooperation-mit-gamesa-zu-einem-europaeischen-branchenführer-mit-globalen-ambitionen
(Zugriff 14.03.2014)

WINDMONITOR.DE [2013A]: Größenentwicklung der Windenergieanlagen Onshore.
www.windmonitor.de
(Zugriff am 25.04.2013)

WINDMONITOR.DE [2013B]: Größenentwicklung der Windenergieanlagen.
www.windmonitor.de
(Zugriff am 25.04.2013)

WINDPARK ELLHÖFT GMBH & CO. KG [2013]: Aktuelle Produktionsergebnisse.
www.windpark-ellhoeft.de
(Zugriff am 08.02.2013)

WINDPOWERMONTHLY.COM [2004]: More technical problems at flagship project.
www.windpowermonthly.com/article/960850/technical-problems-flagship-project
(Zugriff 05.09.2012)

WINDPOWERMONTHLY.COM [2005]: Hole in the bucket halts installation.
www.windpowermonthly.com/article/1186395/vertiwind-2mw-vertical-axis-turbine-delayed
(Zugriff 03.06.2012)

WINDPOWERMONTHLY.COM [2009]: Technical Digest: Experimental 10 MW unit - Vertical axis Offshore.
www.windpowermonthly.com/article/965847/technical-digest-experimental-10-mw-unit---vertical-axis-offshore
(Zugriff 25.03.2014)

WINDPOWERMONTHLY.COM [2011]: Two blades - Condor Wind's 5MW offshore turbine.

www.windpowermonthly.com/article/1073749/two-blades---condor-winds-5mw-offshore-turbine
(Zugriff 02.03.2014)

WINDPOWERMONTHLY.COM [2012]: GE puts UK offshore wind turbine factory plan on hold.
www.windpowermonthly.com/article/1119192/ge-puts-uk-offshore-wind-turbine-factory-plan-hold
(Zugriff 12.03.2014)

WINDPOWERMONTHLY.COM [2013]: Vertiwind 2MW vertical-axix turbine delayed.
www.windpowermonthly.com/article/1186395/vertiwind-2mw-vertical-axis-turbine-delayed
(Zugriff 03.03.2014)

WINDPOWERMONTHLY.COM [2014]: Vestas to downsize Aarhus offices.
www.windpowermonthly.com/article/1283965/vestas-downsize-aarhus-offices
(Zugriff 27.03.2014)

WINDPOWEROFFSHORE.COM [2013]: Analysis: Is Aerogenerator-X going anywhere?
www.windpoweroffshore.com/article/1208793/analysis-aerogenerator-x-going-anywhere
(Zugriff 23.03.2014)

WINDPOWEROFFSHORE.COM [2013]: Thirteen 2MW floating turbines for France's south coast.
www.windpoweroffshore.com/article/1214784/thirteen-2mw-floating-turbines-frances-south-coast
(Zugriff am 23.03.2014)

WINDPOWEROFFSHORE.COM [2014]: 2-B Energy to launch two-blade 6MW offshore turbine in 2015.
www.windpoweroffshore.com/article/1226740/2-b-energy-launch-two-blade-6mw-offshore-turbine-2015
(Zugriff 21.02.2014)

WINDPOWER TV - WINDPOWERMONTHLY.COM [2014]: Windpower TV - Interview with Siemens Wind CTO Henrik Stiesdahl at the EWEA 2014.
www.windpowermonthly.com
(Zugriff 02.04.2014)

WINERGY AG [2013]: Winergy - Multi Duored Gearbox.
www.winergy-group.com/root/img/downloads/en/product-brochure-multi-duored-gearbox-winergy.pdf
(Zugriff am 01.08.2013)

WORLD-NUCLEAR.ORG [2014]: Nuclear Power in France.
www.world-nuclear.org/info/Country-Profiles/Countries-A-F/France/
(Zugriff am 15.03.2014)

ZEIT.DE [2011]: Jahrhundertbeben in Japan - Mehr als 10.000 Menschen werden vermisst.
www.zeit.de/wissen/umwelt/2011-03/japan-tote-erdbeben
(Zugriff am 31.07.2013)

ZEIT.DE [2011B]: Finanzinvestoren bauen jetzt Windparks.
www.zeit.de/wirtschaft/unternehment/2011-08/offshore-windkraft-finanzinvestoren
(Zugriff am 12.03.2014)

ZEIT.DE [2012]: Überforderter Windstrom-Pionier auf See.
www.zeit.de/wirtschaft/unternehmen/2012-07/siemens-offshore/komplettansicht
(Zugriff am 12.11.2013)

ZEIT.DE [2013]: Stete Brise.
www.zeit.de/2013/35/windenergie-offshore-windparks
(Zugriff am 04.04.2014)

9.4 Sonstige Presse

HAMBURGER ABENDBLATT [2009]: Windkraft beflügelt Hamburg, in: Hamburger Abendblatt, 13.05.2009, S. 23.

HAMBURGER ABENDBLATT [2014]: Experten: Aktuelle Ausbaupläne für Windanlagen auf See gefährdet, in: Hamburger Abendblatt, 17.02.2014, S. 27.

HAMBURGER MORGENPOST [2013]: Hamburg als neues Zentrum der Windenergie - Industrieverband sieht große Chance für die Stadt, in: Hamburger Morgenpost, 04.02.2013, S. 16.

DER SPIEGEL [1982]: Wind-Energie - Starke Perspektive, in: Der Spiegel 1982/34, S. 79-80.

DER SPIEGEL [1986]: Wie Don Quijote gegen Mühlenflügel, in: Der Spiegel 1986/30, S. 106-115.

LE MONDE [2011]: Un prototype offshore d'éolienne flottante va être testé en mer 2013, in Le Monde 09.02.2011, S. 11.

LE MONDE [2014]: GDF Suez et AREVA décrochent le deuxième appel d'offres sur les éoliennes en mer, in Le Monde 09.05.2014, S. 4.

9.5 Gesetzestexte

BMU [2000] - Gesetz für den Vorrang Erneuerbarer Energien - Ausfertigung: 29.03.2000, Inkrafttreten: 01.04.2000.

BMU [2004] - Gesetz für den Vorrang Erneuerbarer Energien - Ausfertigung: 21.07.2004, Inkrafttreten: 01.08.2004.

BMU [2009] - Gesetz für den Vorrang Erneuerbarer Energien - Ausfertigung: 25.10.2008, Inkrafttreten: 01.01.2009.

BMU [2011] - Dreizehntes Gesetz zur Änderung des Atomgesetzes - Ausfertigung: 31.07.2011, Inkrafttreten: 06.08.2011.

BMU [2012] - Gesetz für den Vorrang Erneuerbarer Energien - Ausfertigung: 30.06.2011, Inkrafttreten: 01.01.2012.

BMWi [2007] - Gesetz zur Finanzierung der Beendigung des subventionierten Steinkohlenbergbaus zum Jahr 2018 (Steinkohlefinanzierungsgesetz) - Ausfertigung: 20.12.2007, Inkrafttreten: 20.12.2007.

BRD [1990] - Gesetz über die Einspeisung von Strom aus erneuerbaren Energien in das öffentliche Netz (Stromeinspeisungsgesetz) - Inkrafttreten: 07.12.1990.

10. Anhang

10.1 Karten

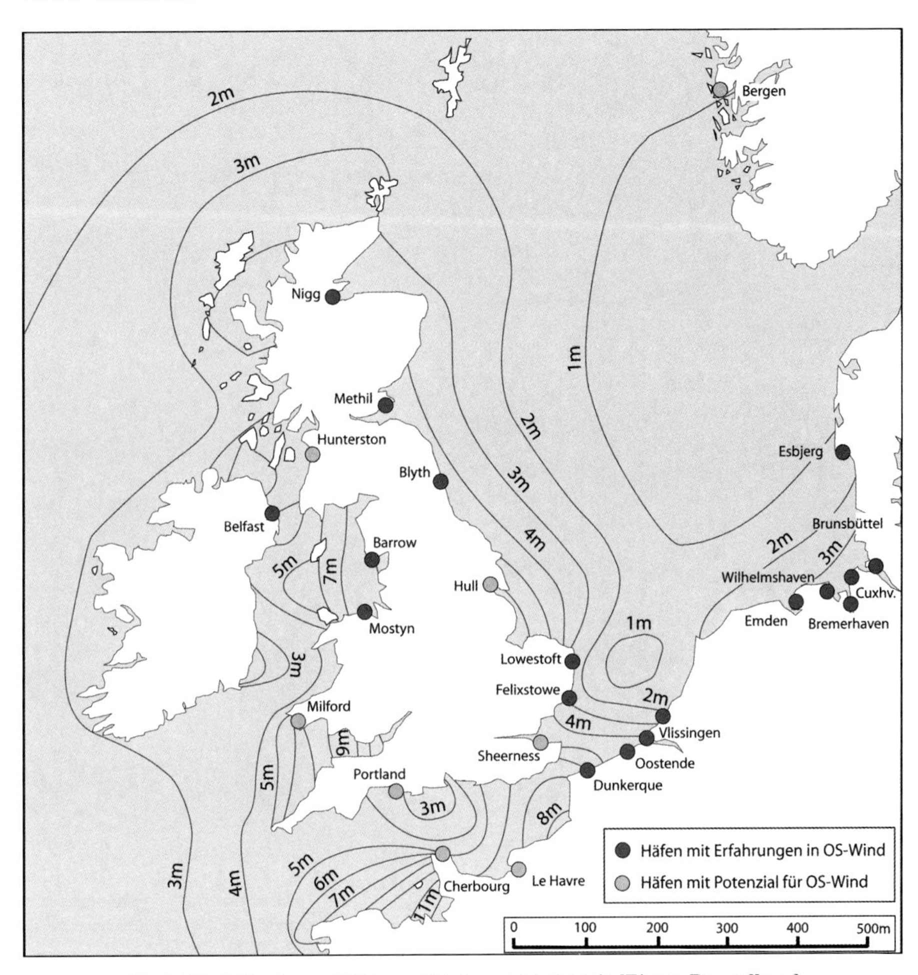

Karte 20: Häfen in der Offshore-Windenergieindustrie [Eigene Darstellung]

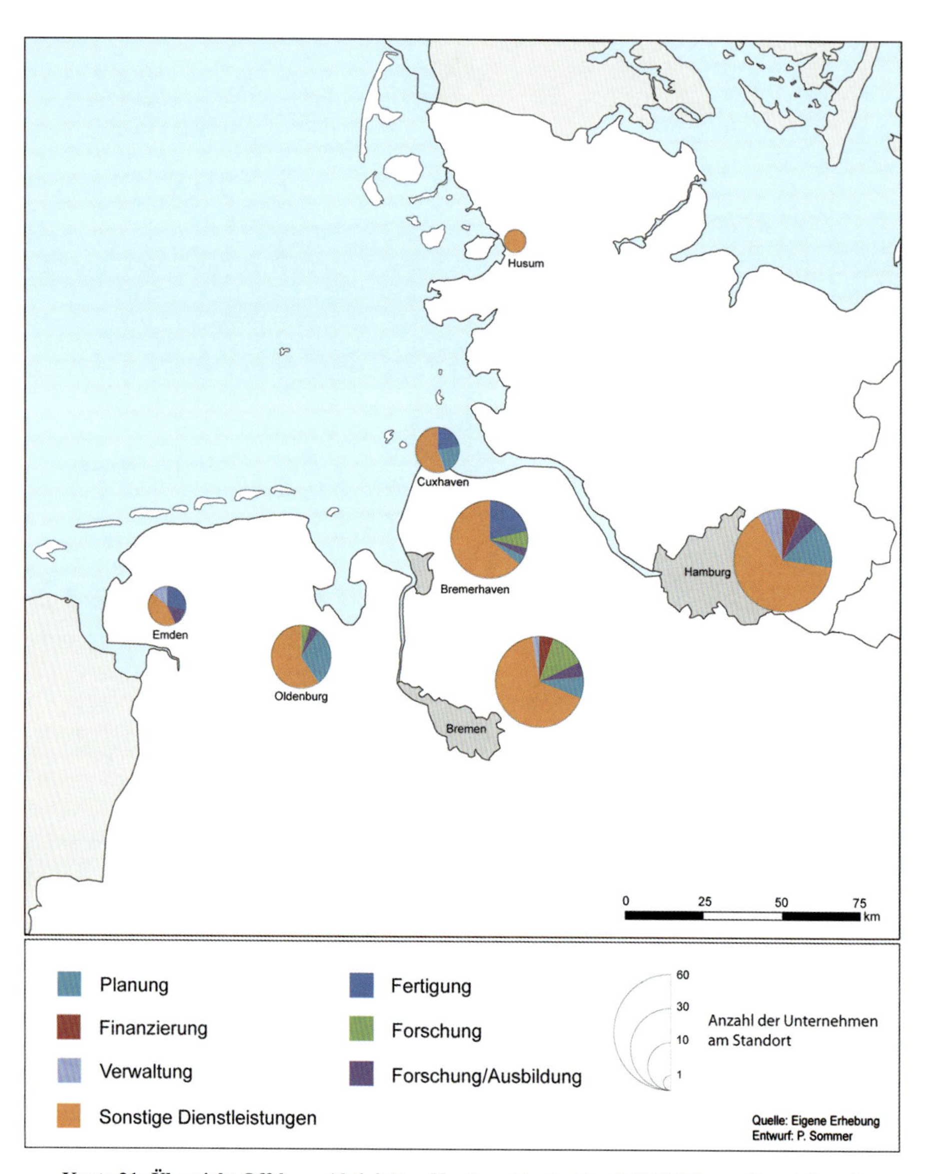

Karte 21: Übersicht Offshore-Aktivitäten Nordwestdeutschland 2009 [Eigene Darstellung]

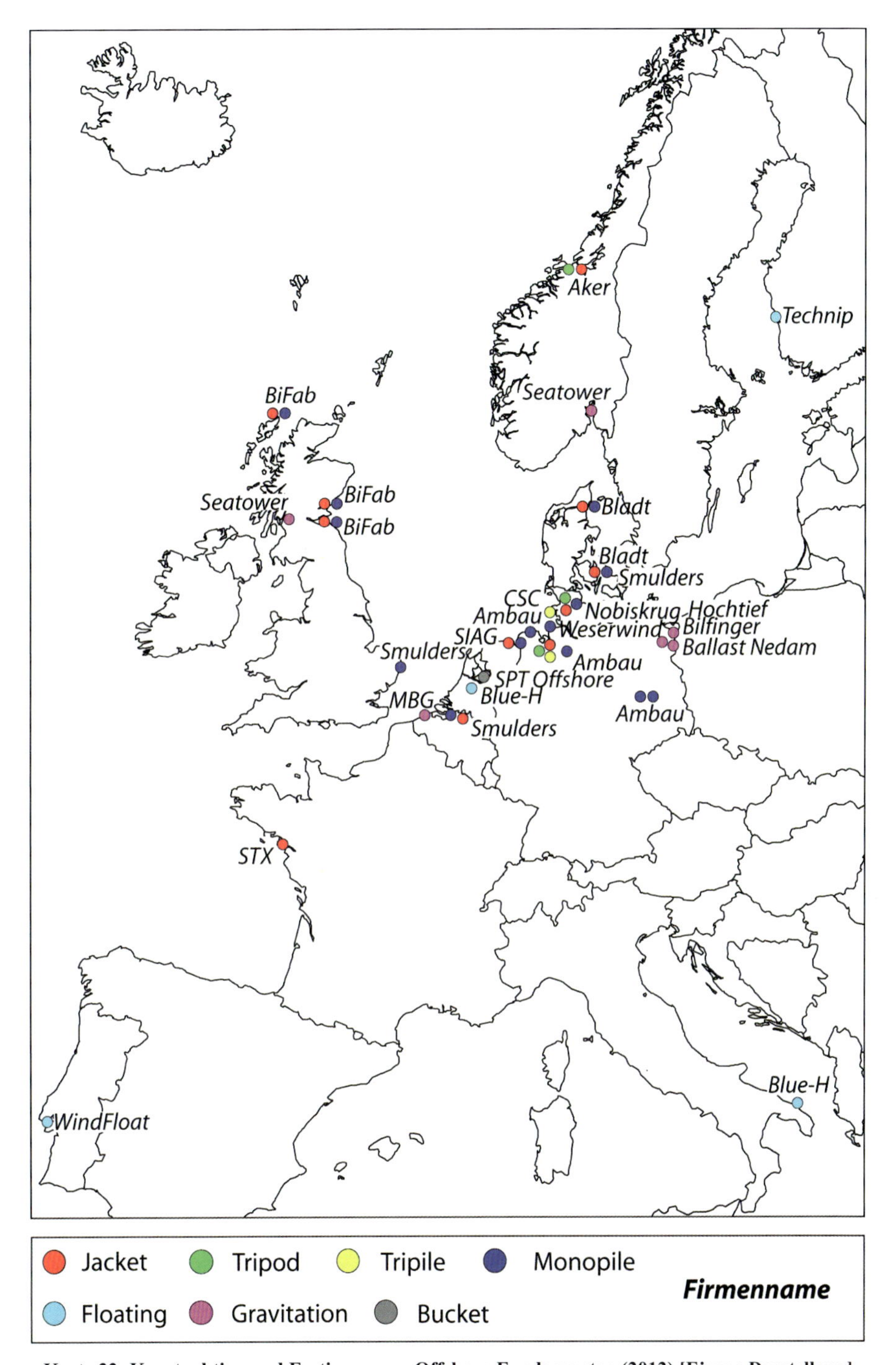

Karte 22: Konstruktion und Fertigung von Offshore-Fundamenten (2012) [Eigene Darstellung]

10.2 Übersicht Experteninterviews

Name	Kontext	Bereich	Interview	Datum
Prof. Dr. Fritz Vahrenholt	RWE Innogy GmbH	Management	Persönlich	01/2013
Prof. Dr. Martin Skiba	RWE Innogy GmbH	Management	Persönlich	01/2013
Norbert Giese	REpower Systems SE	Management	Persönlich	10/2012
Manuela Scheferling	AREVA-Wind GmbH	Marketing	Persönlich	12/2012
Christian Dahlke	BSH	Bundesbehörde	Persönlich	02/2013
Prof. Peter Quell	Fachhochschule Kiel	Forschung	Persönlich	01/2012
Heiko Glücklich	REpower Systems SE	Management	Persönlich	02/2013
Dr. Cord Böker	REpower Systems SE	Projektmanagement	Persönlich	02/2013
Dr. Johannes Kammer	Vattenfall Europe GmbH	Commercial Steering	Persönlich	02/2013
Christoph Huß	Vattenfall Europe GmbH	Projektmanagement	Persönlich	02/2013
Tim Klatt	Bilfinger Constuction GmbH	Technical Management	Persönlich	01/2013
Dr. Marc Seidel	REpower Systems SE	F&E *	Telefonisch	03/2013
Dr. Daniel Brickwell	BARD Holding GmbH	Management	Telefonisch	04/2013
Ralf Schüttendiebel	REpower Systems SE	F&E	Persönlich	11/2012
Dietmar Gosch	REpower Systems SE	Projektmanagement	Persönlich	01/2012
Anja Pietsch	REpower Systems SE	Controlling	Persönlich	01/2013
Benjamin Johannsen	REpower Systems SE	Produktmanagement	Persönlich	12/2012
Patrick Friebe	REpower Systems SE	Engineering	Persönlich	01/2013
Lorenz Carstensen	REpower Systems SE	Engineering	Persönlich	01/2013
Martin Schmidt	WindComm S.-H.	Wirtschaftsförderung	Telefonisch	04/2009
Jens Wrede	Entwicklungsgesellschaft Brunsbüttel mbH	Wirtschaftsförderung	Persönlich	03/2009
apl. Prof. Dr. Karsten Runge	OECOS GmbH	Raumplanung & UVP	Persönlich	03/2009
Martin Greve	Martin Greve GmbH	Messeplanung	Telefonisch	03/2009
Heiner Holzhausen	Wilhelmshavener Hafenwirtschaftsvereinigung e.V.	Hafenförderung	Schriftlich	04/2009
Nico Nolte	BSH	Bundesbehörde	Schriftlich	04/2009
Dr. Mathias Grabs	BIS	Wirtschaftsförderung	Telefonisch	04/2009

Prof. Dr. Michael Vogel	Hochschule Bremer-haven	Forschung	Telefonisch	04/2009
Markus Lang	REM-Consult	Consulting	Persönlich	04/2009
* Die privatwirtschaftliche und Industrielle F&E wird in diesem Rahmen von der Hochschulforschung abgegrenzt - Es ist jedoch anzumerken, dass die Grenzen fließend verlaufen.				

Tabelle 25: Übersicht Experteninterviews [Eigene Zusammenfassung]

10.3 Identifikationsmatritzen

Komponenten (Technische Attribute) / Produkt-Attribute

	Rotorblatt- (Typ)	Nabe- (Typ)	Blattverstellung- (Typ)	Achse/Welle- (Typ)	Getriebe- (Typ)	Haltebremse- (Typ)	Generator- (Typ)	Maschinenträger- (Typ)	Umrichter- (Typ)	Gondelverkleidung- (Typ)	Azimut (Typ)	Turm- (Typ)	Befeuerung- (Typ)	SCADA- (Typ)	Anemometer-(Typ)	Korrosionsschutz- (Typ)
Funktionsprinzip																
zwingend benötigt*	3	3		3			3	3				3				
Elektrotechnik																
Ertrag	2		2		2		2		2		2	2		2		
Frequenz			1		1		1		1					1		
Netzstabilität							1		1					1		
Energieumwandlung							1									
Leistung																
Steuerbarkeit	1		1		1	1	1		1		1			1	1	
Nennleistung	1				1		1				1	1				
Verfügbarkeit					1		1		1		1			1		
Rotordurchmesser	1											1				
Nennwindgeschwindigkeit	1				1							1				
Optische Externalitäten																
Höhe	1											1				
Sonstige Externalitäten																
Zuverlässigkeit	1		1	1	1		1		1	1		1		1		1
Betriebssicherheit			2	2	2	2	2	2	2	2	2	2	2	2	2	2
Stabilität		1		1	1	1		1				1				
Kraftübertragung	1	1		1	1	1		1			1	1				
Summe	11	5	7	8	10	5	14	7	9	3	8	13	2	9	3	3

Abbildung 62: Identifikation der Kernkomponenten Matrix 1 [Eigene Darstellung]

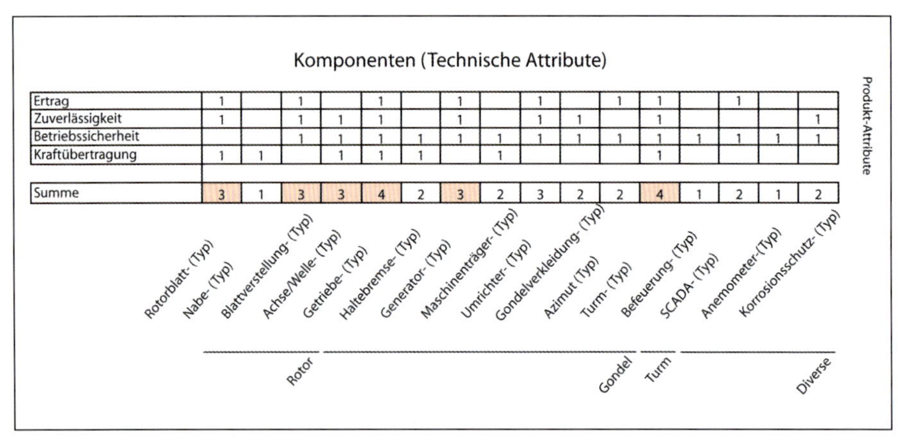

Komponenten (Technische Attribute) / Produkt-Attribute

	Rotorblatt- (Typ)	Nabe- (Typ)	Blattverstellung- (Typ)	Achse/Welle- (Typ)	Getriebe- (Typ)	Haltebremse- (Typ)	Generator- (Typ)	Maschinenträger- (Typ)	Umrichter- (Typ)	Gondelverkleidung- (Typ)	Azimut (Typ)	Turm- (Typ)	Befeuerung- (Typ)	SCADA- (Typ)	Anemometer-(Typ)	Korrosionsschutz- (Typ)
Ertrag	1		1		1		1		1		1	1		1		
Zuverlässigkeit	1		1	1	1		1		1	1		1				1
Betriebssicherheit			1	1	1	1	1	1	1	1	1	1	1	1	1	1
Kraftübertragung	1	1		1	1	1		1				1				
Summe	3	1	3	3	4	2	3	2	3	2	2	4	1	2	1	2

Abbildung 63: Identifikation der Kernkomponenten Matrix 2 [Eigene Darstellung]

10.4 Die Evolution ausgewählter Offshore-WEA-Hersteller

Die Evolution ausgewählter Offshore-WEA-Hersteller

1980 1990 1995 2000 2005 2010 2015

AREVA-Wind

Gamesa Offshore* 2013

Multibrid * 2000 - 2007

AREVA-Wind * 2007

AREVA möchte REpower kaufen

2014 JV-Offshore

BARD

BARD * 2003 - 2013

Marktaustritt

REpower

HSW-Wind *1988 - 2000

Jacobs Energie *1991 - 2001

BWU *1996 - 2001

pro + pro *1997 - 2001

REpower Systems *2001 (Ab 2014 Senvion)

Siemens

AN *1988 - 2005

Bonus *1980 - 2004 (1980 -1983 Danregn Vindkraft A/S)

SIEMENS Windpower *2004

Siemens möchte REpower kaufen

Vestas

Nordtank* 1980 - 1997

Micon * 1983 - 1997

NedWind * 1980 - 1998

WindWorld * 1987 - 1999

NEG Micon * 1997 - 2004

Mitsubishi-Wind*2010

Vestas *1979

2014 JV-Offshore

Hersteller Offshore aktiv

Hersteller Offshore inaktiv

JV-Offshore

Zusammenschluss zu Joint Venture

Gescheiterte Übernahme

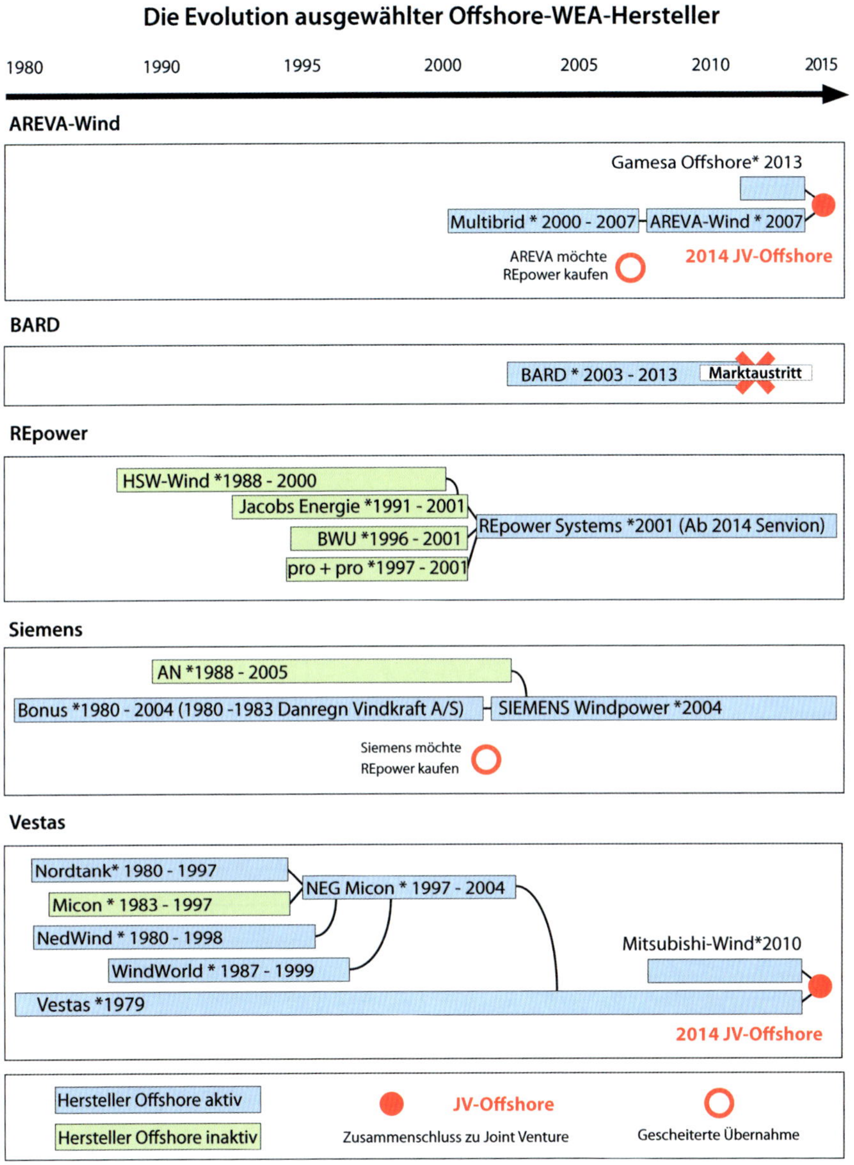

Abbildung 64: Die Evolution ausgewählter Offshore-WEA-Hersteller [Eigene Darstellung]

10.5 Europäische Offshore-Windparks (Errichtet)

Jahr	Land (Park)	Windpark	WEA-Hersteller	WEA	MW (WEA)	MW (Park)
1986	DK	Ebeltoft	Nordtank	55kW	0,055	0,88
1991	DK	Vindeby	Bonus	B35/450	0,45	4,95
1991	SE	Nogersund*	Wind World	W2500/220	0,22	0,22
1994	NL	Lely	NedWind	40/500	0,5	2
1995	DK	Tunö Knob	Vestas	V39-500	0,5	5
1996	NL	Dronten	Nordtank	Nordtank 600/44	0,6	16,8
1996	SE	Bockstigen-Valor	Wind World	WindWorld 550kW	0,5	2,5
1998	UK	Blyth	Vestas	V66	2	4
2000	SE	Utgrunden	Enron	EW1.5s	1,5	10,5
2001	DK	Middelgrunden	Bonus	B76/2000	2	40
2001	SE	Yttre Stengrund**	NEG Micon	NM72/2000	2	10
2002	DK	Frederikshaven	Vestas	V90/3000	3	6
2002	DK	Horns Rev	Vestas	V80/2000	2	160
2003	DK	Nysted (Rödsand 1)	Bonus	B82/2300	2,3	165,6
2003	DK	Samsö	Bonus	B82/2300	2,3	23
2003	IRL	Arklow Bank	GE	GE3.6sl	3,6	25,2
2003	UK	North Hoyle	Vestas	V80/2000	2	60
2004	D	ENOVA Offshore Ems-Emden	Enercon	E-112	4,5	4,5
2004	DK	Ronland	Vestas	V80/2000	2	8
2004	UK	Scroby Sands	Vestas	V80/2000	2	60
2005	UK	Kentish Flats	Vestas	V90/3000	3	90
2006	D	Breitling (Rostock)	Nordex	N90/2500	2,5	2,5
2006	NL	Egmond an Zee	Vestas	V90/3000	3	108
2006	UK	Barrow	Vestas	V90/3000	3	90
2007	FIN	Kemi Ajos 1	WinWinD	WWD-3-100	3	15
2007	SE	Lillgrund	Siemens	SWT-2.3-93	2,3	110,4
2007	UK	Beatrice	Repower	5M	5	10
2007	UK	Burbo Bank	Siemens	SWT-3.6-107	3,6	90
2008	BE	Thornton Bank I	Repower	5M	5	30
2008	D	BARD VM Hooksiel	BARD	5.0	5	5
2008	FIN	Kemi Ajos 2	WinWinD	WWD-3-100	3	15
2008	NL	Princess Amalia	Vestas	V80/2000	2	120
2008	UK	Lynn and Inner Dowsing	Siemens	SWT-3.6-107	3,6	194,4
2009	DK	Horns Rev 2	Siemens	SWT-2.3-93	2,3	209,3

2009	DK	Storebaelt (Sprogö)	Vestas	V90/3000	3	21
2009	NO	Hywind	Siemens	SWT-2.3-93	2,3	2,3
2009	UK	Rhyl Flats	Siemens	SWT-3.6-107	3,6	90
2010	BE	Belwind 1	Vestas	V90/3000	3	165
2010	D	alpha ventus	Repower, AREVA	5M, M5000	5	60
2010	DK	Rödsand 2	Siemens	SWT-2.3-93	2,3	207
2010	FIN	Pori Offhore I	Siemens	SWT-2.3-101	2,3	2,3
2010	SE	Vindpark Vänern	WinWinD	WWD-3-100	3	30
2010	UK	Gunfleet Sands I +II	Siemens	SWT-3.6-107	3,6	172,8
2010	UK	Robin Rigg	Vestas	V90/3000	3	180
2010	UK	Thanet	Vestas	V90/3000	3	300
2011	D	Baltic I	Siemens	SWT-2.3-93	2,3	48,3
2011	DK	Avedore Holme	Siemens	SWT-3.6-120	3,6	10,8
2011	NO	Sway Prototype	SWAY	Sway 1:6 Downwind	-	-
2011	UK	Ormonde	Repower	5M	5	150
2011	UK	Sheringham Shoal	Siemens	SWT-3.6-107	3,6	316,8
2011	UK	Walney	Siemens	SWT-3.6-X	3,6	367,2
2012	PT	Windfloat	Vestas	V80-2.0	2,0	2,0
2012	UK	Greater Gabbard	Siemens	SWT-3.6-107	3,6	504
2012	UK	London Array 1	Siemens	SWT-3.6-120	3,6	630
2013	BE	Thornton Bank 2+3	Repower	6.2M126	6,15	295,2
2013	D	BARD Offshore I	BARD	5.0	5	400
2013	DK	Anholt	Siemens	SWT-3.6-120	3,6	400
2013	SE	Karehamn	Vestas	V112-3	3	48
2013	UK	Lincs	Siemens	SWT-3.6-120	3,6	270
2013	UK	Teesside	Siemens	SWT-2.3-93	2,3	62

* Der finale Rückbau der Anlage fand im Jahr 2008 statt.

** Der Rückbau von Yttre Stengrund wurde im Jahr 2014 von Vattenfall abgesegnet, nachdem es zu einem dauerhaften Ersatzteilmangel kam und eine Wirtschaftlichkeit des Parks nicht mehr gegeben war.

Tabelle 26: Übersicht Offshore-Windparks
[Eigene Zusammenstellung, Quellen: LORC.DK 2013, 4COFFSHORE.COM 2013, EVU]

10.6 Europäische Offshore-Windparks (Im Bau/In Planung)*

Jahr	Land (Park)	Windpark	WEA-Hersteller	WEA	MW (WEA)	MW (Park)
2014	D	Riffgatt	Siemens	SWT-3.6-120	3,6	108
2014	D	Trianel Borkum I	AREVA	M5000	5,0	200
2014	UK	Energy Park Fife	Samsung	S7.0-171	7,0	7,0
2015	BE	North Wind	Vestas	V112-3.0	3,0	216
2015	D	Amrumbank West	Siemens	SWT-3.6-120	3,6	288
2015	D	Baltic 2	Siemens	SWT-3.6-120	3,6	288
2015	D	Borkum Riffgrund I	Siemens	SWT-4.0-120	4,0	312
2015	D	Butendiek	Siemens	SWT-3.6-120	3,6	288
2015	D	DanTysk	Siemens	SWT-3.6-120	3,6	288
2015	D	Global Tech I	AREVA	M5000	5,0	400
2015	D	Innogy Nordsee I	Senvion	6.2M126	6,15	332,1
2015	D	Nordsee Ost	Senvion	S6.2M126	6,15	295,2
2015	F	SEM-REV	N.N	N.N.	-	8
2015	NL	Luchterduinen	Vestas	V112-3.0	3,0	129
2015	NL	Westmeerwind	Siemens	SWT-3.0-108	3,0	144
2015	UK	Galloper	AREVA	M5000	5,0	340
2015	UK	Gwynt y Mor	Siemens	SWT-3.6-107	3,6	576
2015	UK	Humber Gateway	Vestas	V112-3.0	3,0	219
2015	UK	Kentish Flats II	Vestas	V112-3.0	3,0	49,5
2015	UK	Westermost Rough	Siemens	SWT-6.0-154	6,0	210
2015	UK	West of Duddon Sands	Siemens	SWT-3.6-120	3,6	389
2016	D	Meerwind S/O	Siemens	SWT-3.6-120	3,6	288
2016	D	Sandbank	Siemens	SWT-4.0-130	4,0	288
2016	D	Trianel Borkum II	AREVA	M5000	5,0	200
2016	NL	2BEnergy Test	2B-Energy	2B6	6,0	6
2016	NL	Gemini	Siemens	SWT-4.0-130	4,0	400
2016	NL	Westermeerwind	Siemens	SWT-3.0-113	3,0	144
2017	UK	Burbo Bank II	Vestas	V164-8.0	8,0	256
2016	UK	Dudgeon	Siemens	SWT-6.0-154	6,0	402
2017	D	Wikinger	AREVA	M5000	5,0	400
2018	D	Arcadis Ost	Alstom	Haliade 150	5,0	348
-	BE	Belwind 2	N.N.	N.N.	-	~165
-	BE	RENTEL	N.N.	N.N.	-	~400
-	BE	SeaStar	N.N.	N.N.	-	~400
-	BE	Norther	N.N.	N.N.	-	~400
-	D	Albatros	N.N.	N.N.	-	~553
-	D	Arkona Becken SO	N.N.	N.N.	-	~400

-	D	Borkum Riffgrund II	Siemens	SWT-3,6-120	3,6	349,2
-	D	Borkum Riffgrund West	N.N.	N.N.	-	~270
-	D	Delta Nordsee I	N.N.	N.N.	-	~210
-	D	Delta Nordsee II	N.N.	N.N.	-	~200
-	D	Deutsche Bucht	AREVA	M5000	5,0	210
-	D	Gode Wind I	Siemens	SWT-6.0-154	6,0	330
-	D	Gode Wind II	Siemens	SWT-6.0-154	6,0	252
-	D	Gode Wind IV	Siemens	SWT-6.0-154	6,0	252
-	D	He Dreiht	N.N.	N.N.	-	~400
-	D	Hohe See	Senvion	6.2M126	6,15	492
-	D	Innogy Nordsee II	Senvion	6.2M126	6,15	295,2
-	D	Innogy Nordsee III	Senvion	6.2M126	6,15	369
-	D	Kaikas	N.N.	N.N.	-	~581
-	D	MEG Offshore I	AREVA	M5000	5,0	400
-	D	Nordergründe	Senvion	6.2M126	6,15	110,7
-	D	Nördlicher Grund	N.N.	N.N.	-	~384
-	D	Notos	N.N.	N.N.	-	~265
-	D	Veja Mate	N.N.	N.N.	-	~400
-	DK	Mejlflak	N.N.	N.N.	-	~100
-	DK	Nearshore LAB	N.N.	N.N.	-	~36
-	E	Arinaga Harbour	N.N.	N.N.	-	13,5
-	F	Côte d'Albâtre	N.N.	N.N.	-	~65
-	F	Floatgen/Ideol	Gamesa	G87-2.0	2,0	2,0
-	F	Inflow	N.N.	VAWT	2,0	2,0
-	F	Mistral	N.N.	N.N.	-	~10
-	FIN	Suurhiekka	N.N.	N.N.	-	~400
-	I	Manfredonia	N.N.	N.N.	-	~300
-	I	San Michele	N.N.	N.N.	-	~160
-	I	Talbot	N.N.	N.N.	-	~350
-	I	Taranto	N.N.	N.N.	-	~30
-	IRL	Arklow Bank II	N.N.	N.N.	-	~500
-	IRL	Codling	N.N.	N.N.	-	~1000
-	NL	Beaufort	N.N.	N.N.	-	~300
-	NL	Breeveertien II	N.N.	N.N.	-	~350
-	NL	Brown Ridge Oost	Vestas	V90-3.0	3,0	282
-	NL	Clearcamp	BARD	5.0	5,0	275
-	NL	Den Helder I	N.N.	N.N.	-	~500
-	NL	Q4	Vestas	V90-3.0	3,0	78
-	NL	Q4 West	Vestas	V90-3.0	3,0	210
-	NL	Tromp Binnen	N.N.	N.N.	-	~300

-	NL	West Rijn	N.N.	N.N.	-	~260
-	NO	Haogøya	N.N.	N.N.	-	~8
-	NO	Kvitsøy	N.N.	N.N.	-	~8
-	NO	Metcentre	N.N.	N.N.	-	~20
-	NO	Rennesøy	N.N.	N.N.	-	~8
-	NO	SWAY 10MW	SWAY	ST10	10,0	10,0
-	NO	SWAY 2,6MW	N.N.	N.N.	2,6	2,6
-	SE	Kriegers Flak II	N.N.	N.N.	-	~640
-	SE	Stenkalles Grund	N.N.	N.N.	-	~100
-	SE	Stora Middelgrund	N.N.	N.N.	-	~700
-	SE	Storgrundet	N.N.	N.N.	-	~300
-	SE	Taggen	N.N.	N.N.	-	~300
-	SE	Trollebonda	N.N.	N.N.	-	~150
-	SE	Utgrunden II	N.N.	N.N.	-	~100
-	UK	Beatrice II	N.N.	N.N.	-	~650
-	UK	Blyth Demonstrator	N.N.	N.N.	-	~100
-	UK	East Anglia	N.N.	N.N.	-	~1200
-	UK	EOWDC	N.N.	N.N.	-	84
-	UK	Moray Firth	MHI Vestas	N.N.	-	~700
-	UK	Race Bank	N.N.	N.N.	-	~580
-	UK	Rampion	N.N.	N.N.	-	~700
-	UK	Triton Knoll	N.N.	N.N.	-	~400

* Die hier aufgeführte Liste erhebt keinen Anspruch auf Vollständigkeit. Nur in Konstruktion befindliche Parks und zum aktuellen Zeitpunkt (2014) genehmigte Planungsvorhaben werden gelistet.

Tabelle 27: Übersicht Offshore-Windparks (Im Bau/In Planung)
[Eigene Zusammenstellung, Quellen: LORC.DK 2013, 4COFFSHORE.COM 2013, EVU]

10.7 Schadensfälle in europäischen OWP

Windpark	Schadensjahr	Anzahl defekte WEA	Defekte Komponente	Schadensgrund
alpha ventus	2009/2010	6	Getriebe	Materialfehler
Arklow Bank	2004	-	Kabel	Offshorekabel defekt
Blyth	2008	-	Kabel	Offshorekabel defekt
Bockstigen	1997	-	Kabel	Offshorekabel defekt
Burbo Bank	2009	-	Kabel	Onshorekabel defekt
Burbo Bank	2010	~10	Rotorblattlager	Korrosion
Egmond an Zee	2008	13	Getriebe	Spannungen, Korrosion
Egmond an Zee	2009	36	Fundamente	Grout/Transition Piece
Gunfleet Sands	2010	~10	Rotorlager	Korrosion

Greater Gabbard	2010	140	Fundamente	Grout/Transition Piece
Greater Gabbard	2010	140	Fundamente	Schweißfehler
Hooksiel	2004	1	Fundament	Schaden am Bucket
Horns Rev	2003	20	Transformator	Korrosion
Horns Rev	2004	80	Transformator	Korrosion
Horns Rev	2010	80	Fundamente	Grout/Transition Piece
Horns Rev	2010	-	Substation	Erdungsfehler
Kentish Flats	2007	30	Getriebe	Spannungen, Korrosion
Kentish Flats	2009	20	Getriebe	Mechanische Fehler
Kentish Flats	2010	30	Fundamente	Grout/Transition Piece
Lynn/Inner Dowsing	2010	~10	Rotorblattlager	Korrosion
Middelgrunden	2002	-	Kabel	Offshorekabel defekt
Middelgrunden	2003	3	Transformator/ Getriebe	Korrosion
Middelgrunden	2004	1	Transformator	Korrosion
North Hoyle	2006	6	Getriebe	Korrosion
Nysted	2003	30	Getriebe/ Blätter/ Befeuerung	Korrosion, Blitzeinschläge
Nysted	2007	-	Substation	Kurzschluss
Rhyl Flats	2010	~10	Rotorblattlager	Korrosion
Scroby Sands	2007	-	Kabel	Offshorekabel defekt
Scroby Sands	2008	-	Kabel	Offshorekabel defekt
Yttre Stengrund	2002	1	Getriebe/ Generator	Überhitzung
Diverse	2007	o.A.	Getriebe	Korrosion*
Diverse	2010	o.A.	Fundamente	Strukturfehler
* Aufgrund der Schadenshäufungen an der Vestas V90-3.0 entwickelte Vestas das Turbinenmodell für den Offshore-Einsatz komplett neu.				

Tabelle 28: Übersicht Schäden in Offshore-Windparks [Eigene Zusammenstellung]

GEOGRAPHISCHE GESELLSCHAFT IN HAMBURG

ANSCHRIFT

Geographische Gesellschaft in Hamburg
Bundesstraße 55
20146 Hamburg

HOMEPAGE

www.geographie-hamburg.de

E-MAIL

ggh@geographie-hamburg.de

TÄTIGKEITSBERICHT

Veranstaltungen der Geographischen Gesellschaft in Hamburg

1. Vorträge

Prof. Dr. Jürgen Scheffran & Prof. Dr. Jürgen Böhner, Universität Hamburg:
„Das Energiethema in den Geowissenschaften: Grundlagen und aktuelle Zugänge“
23.10.2014

Kathrin Ammermann, Bundesamt für Naturschutz, Leipzig:
„Energielandschaften und ihre landschaftsökologischen Grundlagen“
06.11.2014

Dr. Matthias Naumann, Leibniz-Institut für Regionalentwicklung und Strukturplanung, Erkner:
„Lokale Konflikte in der Umsetzung der Energiewende“
20.11.2014

Dr. Harald Pauli, Österreichische Akademie der Wissenschaften & Universität für Bodenkultur, Wien:
„Wenn Europas Berge grüner werden: alpine Pflanzenvielfalt durch die Lupe der Langzeitbeobachtung“
04.12.2014

Prof. Dr. Lasafam Itturizaga, Universität Göttingen:
„Gletscher und ihre Dynamik im Mensch-Umwelt-Kontext im Karakorum (Pakistan)“
15.01.2015

Prof. Dr. Michael Richter, Universität Erlangen-Nürnberg:
„Klimavielfalt, Klimawandel und Klimafolgen in den tropischen Anden“
29.01.2015

2. Exkursionen

Dr. Michael Waibel, Universität Hamburg:
„Tchibo: Filialnetzplanung und Standortbewertung“
16.05.2014

Prof. Dr. Frank N. Nagel, Universität Hamburg:
„Nordwestspanien“
13.05.-24.05.2014

Dr. Klaus Hamann, Handeloh:
„Dithmarschen / Speicherkoog“
21.06.2014

Prof. Dr. Jürgen Lafrenz, Universität Hamburg:
„Die Seidenstraße: von der chinesischen Mauer bis zum Fuße des Elbrus-Gebirges“
20.08. - 10.09.2014

Prof. Dr. Frank N. Nagel, Universität Hamburg:
„Nordwestspanien“ (Wiederholung)
16.09. - 27.09.2014

Mitteilungen der Geographischen Gesellschaft in Hamburg

Bd. 72 (1982) **Beiträge zur Stadtgeographie I. Städte in Übersee – Hofmeister, B.:** Die Stadt in Australien und USA – ein Vergleich / **Nagel, F. N. u. G. Oberbeck:** Neue Formen städtischer Entwicklung im Südwesten der USA / **Jaschke, D.:** Kolonialzeitliche Städte in Südostasien (George Town auf Penang) / **Wolfram-Seifert, U.:** Agglomeration Medan (Indonesien). IV, 175 S.; 12 Abb., 38 Fot., 29 Tab., 8 Kart., 10 Faltkart., 2 fbg. Faltkart. in Tasche, ISBN 3-515-04084-6 **€ 24**

Bd. 73 (1983) **Schnurr, H.-E.: Das Wanderungsgeschehen in der Agglomeration Bremen von 1970 bis 1980.** Eine empirische Untersuchung unterschiedlicher Wanderungsarten u. deren Bedeutung für die räumliche Bevölkerungsverteilung. XVI, 203 S.; 32 Tab., 27 Abb., 6 Faltkart., ISBN 3-515-04219-9 **€ 20**

Bd. 74 (1984) **Budesheim, W.: Die Entwicklung der mittelalterlichen Kulturlandschaft des heutigen Kreises Herzogtum Lauenburg** unter besonderer Berücksichtigung der slawischen Besiedlung. X, 270 S.; 49 Abb., 18 Listen, 2 Mod. u. 2 Tab., 1 fbg. Faltkarte in Tasche, ISBN 3-515-04221-0 **€ 32**

Bd. 75 (1985) **Beiträge zur Kulturlandschaftsforschung und zur Regionalplanung – Denecke, D.:** Historische Geographie und räumliche Planung / **Kolb, A.:** Das frühe europäische Entdeckungszeitalter im indopazifischen Raum / **Jaschke, D.:** Der Einfluß des Fremdenverkehrs auf das Kulturlandschaftsgefüge mediterraner Küstengebiete / **Nagel, F. N.:** Die Magdalenen-Inseln (Iles-de-la-Madeleine/Québec). Kulturlandschaft, Ressourcen und Entwicklungsperspektiven. 159 S.; 9 Abb., 36 Tab., 2 Faltkart., 16 Fot., ISBN 3-515-04548-1 **€ 30**

Bd. 76 (1986) **Beiträge zur Stadtgeographie II. Städtesysteme und Verstädterung in Übersee – Preston, R. E.:** Stability and change in the Canadian central place system / **Wolfram-Seifert, U.:** Städtesystem in Indonesien / **Steinberg, H. G.:** Verstädterung der Republik Südafrika. VIII, 183 S.; 23 Abb., 7 Faltbl., 3 Beil., ISBN 3-515-04829-4 **€ 33**

Bd. 77 (1987) **Dreyer-Eimbcke, O.: Island, Grönland und das nördliche Eismeer im Bild der Kartographie seit dem 10. Jahrhundert.** VI, 170 S.; 25 Kart. (2 fbg., 11 Faltbl.), ISBN 3-515-05102-3 **€ 43**

Bd. 78 (1988) **Beiträge zur Landschaftsökologie und zur Vegetationsgeographie – Thannheiser, D.:** Landschaftsökologische Studie bei Cambridge Bay, Victoria Island, N. W. T., Canada / **Sasse, E.:** Vegetation der Seemarschen Mittelnorwegens / **Willers, T.:** Vegetation der Seemarschen und Salzböden an der finnischen Küste. VIII, 358 S.; 104 Abb., 56 Tab., ISBN 3-515-05364-6 **€ 43**

Bd. 79 (1989) **Halfpap, M.: Siedlungen und Wirtschaft der holsteinischen Elbmarschen unterhalb Hamburgs** unter historisch-genetischem Aspekt einschließlich der Betrachtung der heutigen Situation. IX, 254 S.; 6 Abb., 19 Kart. (6 Faltbl.), 10 Tab., ISBN 3-515-05487-1 **€ 36**

Bd. 80 (1990) **Der nordatlantische Raum.** Festschrift für Gerhard Oberbeck (31 Beiträge). 735 S.; 105 Abb., 41 Tab., 27 Fot., 18 Kart., ISBN 3-515-05866-4 **€ 64**

Bd. 81 (1991) **Baartz, R.: Entwicklung und Strukturwandel der deutschen Hochseefischerei** unter besonderer Berücksichtigung ihrer Bedeutung für Siedlung, Wirtschaft und Verkehr Cuxhavens. XXXII, 664 S.; 106 Abb., 28 Kart., 11 Fot., 73 Tab., ISBN 3-515-06067-7 **€ 50**

Bd. 82 (1992) **Hansen, K. C.: Der Strukturwandel im deutsch-dänischen Grenzgebiet** dargestellt an ausgewählten Beispielen aus dem ländlichen Raum. VII, 200 S.; 20 Abb., 18 Kart., 48 Tab., ISBN 3-515-06196-7 **€ 25**

Bd. 83 (1993) **Müller-Heyne, C.: Staatlich gelenkte Maßnahmen zur Erschließung und Entwicklung der ländlichen Kulturlandschaft** aufgezeigt am Beispiel des Elbe-Weser-Raumes. XI, 296 S.; 8 Abb., 6 Kart., 20 Fot., 34 Tab., ISBN 3-515-06467-2 **€ 25**

Bd. 84 (1995) **Baartz, R.: Der Konflikt zwischen Sport und Umwelt** am Beispiel der Entwicklung des Golfsports im Raum Brandenburg-Berlin. XIII, 233 S.; 20 Fot., 8 Abb., 6 Kart., ISBN 3-515-06696-9 **€ 30**

Bd. 85 (1995) **Stadtentwicklung und Stadterneuerung – Daase, M.:** Stadterneuerung in innenstadtnahen Wohngebieten am Beispiel von Hamburg-Ottensen / **Klotzhuber, I.:** Londoner Docklands. Management und Zukunft eines derelikten innenstadtnahen Hafengebiets / **Westerholt, R.:** Singapur. Struktureller Wandel und Konzepte der Stadterneuerung. 383 S.; 133 Abb. (65 Fot.), 9 Kart. (4 fbg.), 30 Tab., ISBN 3-515-06932-1 **€ 45**

Bd. 86 (1996) **Seewasserstraße Elbe – Möhl, S.:** Sedimenttransport in der Tide-Elbe. Formänderungen von Riffeln als Kennwert der Materialablagerung / **Rieckhoff, C.:** Gefahrenpotential des Schiffsverkehrs auf der Seewasserstraße Elbe. V, 277 S.; 111 Abb., 31 Tab., 6 Kart. u. 2 Fot., ISBN 3-515-07112-1 **€ 33**

Bd. 87 (1997) **Goldammer, G.: Der Schaale-Kanal.** Relikterforschung historischer Binnenkanäle zwischen Elbe und Ostsee. IV, 330 S.; 58 Abb. (20 fbg.), 23 Tab., 10 Kart. (4 fbg.), i. Anh.: 2 Urkunden, 4 Abb. (2 fbg.), 1 Tab., 15 Kart. (11 fbg.), 23 Farbfot., 1 fbg. Faltkarte in Tasche, ISBN 3-515-07382-5 **€ 48**

Bd. 88 (1998) **Nordmeyer, W.: Die Geographische Gesellschaft in Hamburg 1873-1918.** Geographie zwischen Politik und Kommerz / **Anhang:** Verzeichnis der Publikationen in den Mitteilungen der Geographischen Gesellschaft 1873-1998. IX, 244 S.; 19 Abb., 9 Tab., 1 fbg. Faltkarte, ISBN 3-515-07447-3 **€ 28**

Bd. 89 (1999) **Müller, M.: Regionalentwicklung Irlands.** Historische Prozesse, Wirtschaftskultur und EU-Förderpolitik. VIII, 326 S.; 42 Kart., 14 Abb. (5 Farbfot.), 10 Tab., ISBN 3-515-07615-8 **€ 35**

Bd. 90 (2000) **Möller, I.: Pflanzensoziologische und vegetationsökologische Studien in Nordwestspitzbergen.** XVI, 226 S.; 53 Abb. (5 Farbfot.), 10 Tab., ISBN 3-515-07783-9 **€ 33**

Bd. 91 (2001) **Kulturlandschaftsforschung und Industriearchäologie.** Ergebnisse der Fachsitzung des 52. Deutschen Geographentags Hamburg (9 Beiträge). VII, 193 S.; 33 Abb., 51 Fot., 5 Tab., ISBN 3-515-07950-5 **€ 35**

Bd. 92 (2002) **Weber, J.: Kroatien.** Regionalentwicklung und Transformationsprozesse. IX, 322 S.; 16 Fot. (8 fbg.), 34 Kart., 11 Tab., 10 Graf., ISBN 3-515-08074-0 **€ 42**

Bd. 93 (2002) **Müller-Krug, C. H.: Das Bauhaus und die Gestaltung mitteldeutscher Bergbaufolgelandschaften.** Ein Beitrag zur Kunst- und Kulturlandschaftsforschung. XIV, 324 S.; 41 Abb. (4 fbg.), 16 Tab., 10 Kart. (9 fbg.), ISBN 3-515-08103-8 **€ 49**

Bd. 94 (2003) **Wahl, N. A.: Schätzung der Bodenwasserspeicherkapazität durch Simulation der genutzten Dornbuschsavanne in Namibia.** XII, 129 S.; 13 Abb., 15 Tab., 7 Kart., ISBN 3-515-08354-5 **€ 30**

Bd. 95 (2003) **Haacks, M.: Die Küstenvegetation von Neuseeland.** XIV, 271 S.; 27 Abb., 80 Tab., 37 Kart. (2 fbg.), 13 Fot. (6 fbg.), 3 Faltbl. in Tasche, ISBN 3-515-08355-3 **€ 49**

Bd. 96 (2004) **Zimmermann-Schulze, K.: Ländliche Siedlungen in Estland. Deutschbaltische Güter und die historisch-agrarische Kulturlandschaft.** XII, 318 S.; 12 Abb., 18 Tab., 32 Kart. (7 fbg.), 16 Fot. (1 fbg.), ISBN 3-515-08758-3 **€ 49**

Bd. 97 (2005) **Pflüger, B.: Das Meereis um Südgrönland 1777-2002.** IV, 255 S.; 123 Abb., 25 Tab., 1 CD-ROM, 3 Fot. (1 fbg.), ISBN 3-515-08779-6 **€ 45**

Bd. 98 (2006) **Halama, A.: Rittergüter in Mecklenburg-Schwerin. Kulturgeographischer Wandel vom 19. Jahrhundert bis zur Gegenwart.** XVI, 378 S.; 10 Abb., 35 Tab., 36 Kart. (3 fbg.), 32 Fot. (4 fbg.), 4 Faltbl. in Tasche, ISBN 3-515-08780-X **€ 49**

Bd. 99 (2007) **Wehberg, J.: Der Fjellbirkenwald in Lappland. Eine vegetationsökologische Studie.** XV, 215 S.; 90 Abb. (davon 4 fbg. und 7 Fotos), im Anhang: 1 CD-ROM mit zusätzlichen Abbildungen, Tabellen und Fotos, teils farbig, ISBN 978-3-515-09104-6 **€ 45**

Bd. 100 (2008) **Pries, M.: Waterfronts im Wandel. Baltimore und New York.** II, 274 S.; 83 Abb., (davon 43 fbg.), 7 Tabellen, 6 Fotos, ISBN 978-3-515-09338-5 **€ 65**

Bd. 101 (2009) **Rogge, C.: Postsozialistischer Wandel ländlicher Siedlungen in Mecklenburg. Determinanten – Prozesse – Modelle.** 296 S.; 39 Karten (davon 21 fbg.), 64 Abb. (davon 2 fbg.) und 24 Seiten Tabellen, ISBN 978-3-515-09339-2 **€ 65**

Bd. 102 (2010) **Brauckmann, S.: Eisenbahnkulturlandschaft. Erlebbarkeit und Potentiale.** XXII, 394 S.; 34 Tab., 128 Abb. (davon 116 fbg.), ISBN 978-3-515-09809-0 **€ 59**

Bd. 103 (2011) **Kammer, J.: Die Windenergieindustrie.** XVI, 324 S. + 1 CD; 11 Karten (alle fbg.) davon 5 nur auf CD, 15 Tab., 29 Abb. (davon 2 fbg.), 18 Fotos (alle fbg.), ISBN 978-3-515-10073-1 **€ 64**

Bd. 104 (2012) **Broermann, J. M. B.: Kulturlandschaftskataster in der Raumplanung.** Informationssysteme zur Erfassung, Bewertung und Pflege urbaner Kulturlandschaft. XII, 332 S.; 14 Tabellen, 68 Abbildungen (davon 47 im Anh.), 17 Farbfotos, 47 Schwarzweiß-Fotos (im Anh.), ISBN 978-3-515-10366-4 **€ 59**

Bd. 105 (2013) **Daneke, Christian: Modellierung von Stadtentwicklungsprozessen am Fallbeispiel Hamburg.** Unter Berücksichtigung stadtklimatologischer Aspekte. XVIII, 182 S.; 39 Tabellen, 71 Abbildungen (davon 29 farbig), ISBN 978-3-515-10486-9 **€ 59**

Bd. 106 (2014) **Winkler, Eike: Magdeburg-Buckau und Hamburg-Wilhelmsburg.** Industrielle Kulturlandschaftselemente, räumliche Identität und nachhaltige Stadtentwicklung. XVIII, 386 S., 1 CD; 101 Abbildungen (davon 16 farbig), 8 Tabellen, ISBN 978-3-515-10759-4 **€ 65**

Bd. 107 (2015) **Sommer, Pascal: Die Entwicklung der Windenergie: Onshore versus Offshore.** Industrieräumlicher Wandel in Europa zwischen inkrementeller und radikaler Innovation. XXII, 322 S., 64 Abb. (davon 22 farbig), 28 Tabellen, 22 Karten (davon 10 farbig), ISBN 978-3-515-11087-7 **€ 59**